职业教育建筑类专业“互联网+”创新教材

钢筋混凝土结构工程施工

主　编　张悠荣

副主编　董建军

参　编　林冶强　蔡　雷　吴　斌

陆建兵　周秋月

主　审　顾国忠

机械工业出版社

本书以一个框架结构工程为案例，整合图纸、规范、图集和相关专业知识，加强实践教学环节，注重按图施工能力的培养。

本书包括8个项目：施工准备与基础知识、钢筋混凝土独立基础施工、框架柱施工、框架梁施工、钢筋混凝土板施工、剪力墙施工、现浇楼梯施工、高层建筑施工。每个项目根据自身的特点，分解成具有教学价值的若干学习任务，突出分部分项工程的施工工艺流程和施工方法，让学生在实训操作中掌握钢筋混凝土结构工程施工技术。正文后附某框架结构工程施工图一套。

本书可作为高职高专建筑工程技术及相关专业的教材，也可以作为建筑行业施工员、技术员、质量员、预算员及钢筋工、木工、混凝土工的参考用书。

为方便教学，本书配有二维码视频资源和PPT电子课件，凡选用本书作为授课教材的教师均可登录www.cmpedu.com，以教师身份免费注册下载。编辑咨询电话：010-88379934，机工社职教建筑QQ群：221010660。

图书在版编目（CIP）数据

钢筋混凝土结构工程施工/张悠荣主编. —北京：机械工业出版社，2022.9（2024.6重印）

职业教育建筑类专业“互联网+”创新教材

ISBN 978-7-111-71448-4

Ⅰ.①钢…　Ⅱ.①张…　Ⅲ.①钢筋混凝土结构-工程施工-高等职业教育-教材　Ⅳ.①TU755

中国版本图书馆CIP数据核字（2022）第153188号

机械工业出版社（北京市百万庄大街22号　邮政编码100037）
策划编辑：王靖辉　责任编辑：王靖辉
责任校对：潘　蕊　责任印制：刘　媛
涿州市般润文化传播有限公司印刷
2024年6月第1版第2次印刷
184mm×260mm · 28印张 · 682千字
标准书号：ISBN 978-7-111-71448-4
定价：69.80元

电话服务	网络服务
客服电话：010-88361066	机　工　官　网：www.cmpbook.com
010-88379833	机　工　官　博：weibo.com/cmp1952
010-68326294	金　书　网：www.golden-book.com
封底无防伪标均为盗版	机工教育服务网：www.cmpedu.com

前　　言

本书主教材以一个框架结构工程为案例，整合图纸、规范、图集和相关专业知识，以实训操作为主，把施工工艺与实际施工过程融合为一体，充分体现“做中学、做中教”的先进教学理念。在此基础上，本书增加了活页式实训手册部分，学生通过完成每一个任务，真正把理论与实践紧密结合起来，体现职业教育中的工学结合的特征。

本书编写中力求体现以下职业教育特色：

1. 注重按图施工能力的培养，加强实践教学环节

以典型工程施工图为教学载体，采用任务驱动的形式，注重按图施工能力的培养。适应职业学校加强实践教学的需要，利用校内工厂和校外基地进行实训、实习教学。项目和任务的编排以减少材料消耗和安全施工为原则，尽可能循环使用建筑材料，做到绿色施工，例如实训中采用的模板是传统的组合钢模板，具有周转次数多、拼装方便等优点，避免了采用木夹板模板切割等带来的材料消耗和安全隐患。

2. “拆分”和“组合”相结合

（1）“拆分”　本书的研究对象是一个完整的房屋建造项目及其形成过程中的各种组织、管理及施工工艺，这是一项复杂的系统工程，生产周期长，材料消耗量大。为了保障教学实施，降低材料消耗，并使学生能够更好地学习专业核心技能，将这一系统工程化整为零，按照分部、分项工程，把施工过程拆分成一个个学习项目和任务，与岗位的核心能力有机对应。

（2）“组合”　通过拆分，学生完成了施工一线岗位工作所需的单个知识点和技能点的学习、训练，但尚未形成综合职业能力，因此必须通过“组合”将单个知识点和技能点按照工作过程进行串接“组合”，以完成将所学的内容能够付诸实际应用的目标（形成整体的工程施工意识、专业基础和实际操作思维与能力）。

3. 活页式

活页式实训手册作为主教材的配套内容，更注重学生在实际学习与操作中对理论知识点与技能方法的确认、记忆与掌握。在项目化教学的任务、子任务的完成过程中，让学生先体会主教材上的理论知识点、技能方法在实际操作中的体现，再将自己在实际操作中对理论知识点的理解、体会与感悟在活页式实训手册上记下来，检验主教材所述理论知识点、技能方法与实际操作中的异同。识记并深化对“同”的理解与掌握，研究并探索对“异”的发现与总结。

4. 图片、二维码视频资料丰富

主教材中配有丰富的来自实训工厂或工地施工现场的实践图片和视频，对各分部、分项、任务、环节的施工要点进行实际展示与说明，让学生在实训之前的理论教学中有更深的

印象和理解。活页式实训手册中列出许多让学生记录学习、操作过程的要求，指导学生在实训过程中按要求进行操作。

5. 素质教育在教学中的体现

一是严把质量关。工程施工的房屋、桥梁、道路等与人们的生命财产安全直接相关，施工人员在施工过程中对质量要严格把关，在施工技术教学中，要让学生严格做到按图施工、按规范施工，教师做到检查与验收相结合。二是严守安全关。不仅要让学生掌握各分部分项工程施工过程中的质量合格标准，还要求学生在每次实训中严格做到安全“三宝”（安全帽、安全绳、安全网）规范。三是培养学生吃苦耐劳、勤奋上进、精益求精的学习习惯和工匠精神，构筑起学生一生立身行事、爱岗敬业、不断发展的良好素养与能力。

本书由张悠荣任主编，董建军任副主编，林冶强、蔡雷、吴斌、陆建兵、周秋月参与编写。具体编写分工为：主教材的项目2、项目3、项目4、项目5，实训手册的项目5、项目7由张悠荣编写；主教材的项目6、项目7、项目8由董建军编写；实训手册项目2的任务1~任务3、项目3、项目6、项目8的任务4和任务5由林冶强编写；实训手册的项目1、项目2的任务4和任务5、项目4、项目8的任务1~任务3由蔡雷编写；主教材的附录、实训手册项目2的任务6和任务7由吴斌编写；主教材项目1的任务1~任务5由周秋月编写；主教材项目1的任务6和任务7由陆建兵编写。

本书由常州第一建筑集团有限公司研究员级高级工程师顾国忠主审。本书得到了江苏城乡建设职业学院的领导和老师及常州大学李承辉老师的大力支持，在此表示衷心感谢。

由于编者水平有限，书中难免有不足之处，恳请读者批评指正（读者意见反馈信箱：627953403@qq.com）。

编　者

二维码清单

（续）

（续）

目　录

项目1

施工准备与基础知识

【项目概述】

钢筋混凝土结构工程包括钢筋工程、模板工程、混凝土工程三大部分。通过本项目的学习，学生可了解本课程的基本概况，了解钢筋混凝土结构工程施工前的准备工作，掌握钢筋工程、模板工程、混凝土工程的基础知识。

任务1　施工技术准备

【学习目标】

1. 掌握施工图识读方法。
2. 了解施工组织设计、施工方案、规范、图集等技术文件。
3. 培养认真钻研、自主学习的能力，不断提高技术水平。

【任务描述】

识读某框架结构工程的建筑施工图、结构施工图。

【相关知识】

施工前的技术准备工作如下：

一、认真做好扩大初步设计方案的审查工作

任务确定以后，应提前与设计单位沟通，掌握扩大初步设计方案的编制情况，使方案的设计在质量、功能、工艺技术等方面均能适应建筑材料和建设工程的发展水平，为施工扫除障碍。

二、熟悉和审查施工图

1）审查施工图是否完整和齐全，是否符合国家有关工程设计和施工的方针及政策。

2）审查施工图与其说明书在内容上是否一致，与各组成部分间有无矛盾或错误。

3）审查建筑图与其相关结构图纸在尺寸、坐标、标高和说明方面是否一致，技术要求是否明确。

4）熟悉工业项目的生产工艺流程和技术要求，掌握配套投产的先后次序和相互关系；

审查设备安装图纸与其相配合的土建图纸，在坐标和标高尺寸上是否一致，土建施工的质量标准能否满足设备安装的工艺要求。

5）审查基础设计或地基处理方案同建造地点的工程地质和水文地质条件是否一致；弄清建筑物与地下构筑物、管线间的相互关系。

6）掌握拟建工程的建筑和结构的形式和特点，需要采取哪些新技术；复核主要承重结构或构件的强度、刚度和稳定性能否满足施工要求；对于工程复杂、施工难度大和技术要求高的分部（项）工程，要审查现有施工技术和管理水平能否满足工程质量和工期要求，建筑设备及加工订货有何特殊要求等。

熟悉和审查施工图主要是为编制施工组织设计提供各项依据，通常按图纸自审、会审和现场签证等3个阶段进行。图纸自审由施工单位主持，并写出图纸自审记录；图纸会审由建设单位主持，设计和施工单位共同参加，形成图纸会审纪要，由建设单位正式行文，三方共同会签并盖公章，作为指导施工和工程结算的依据；图纸现场签证是在工程施工中，遵循技术核定和设计变更签证制度，对所发现的问题进行现场签证，作为指导施工、竣工验收和结算的依据。

三、调查分析原始资料

1. 自然条件调查分析

自然条件调查分析包括对建设地区的气象、建设场地的地形、工程地质和水文地质、施工现场地上和地下障碍物状况、周围民宅的坚固程度及其居民的健康状况等项的调查分析。它为编制施工现场的“三通一平”（路通、水通、电通和场地平整）计划提供依据，如地上建筑物的拆除、高压输电线路的搬迁、地下构筑物的拆除和各种管线的搬迁等项工作。

2. 技术经济条件调查分析

技术经济条件调查分析包括对地方建筑生产企业、地方资源、交通运输、水电及其他能源、主要设备、国家拨款材料和特种物资及其生产能力等项的调查分析。

四、编制施工组织设计

拟建工程应根据工程规模、结构特点和建设单位要求，编制指导该工程施工全过程的施工组织设计。

五、编制施工图预算和施工预算

施工图预算应按照施工图所确定的工程量、施工组织设计拟定的施工方法、建筑工程预算定额和有关费用定额，由施工单位编制。

施工预算是施工企业为了加强企业内部经济核算，在施工图预算的控制下，依据企业的内部施工定额，以建筑安装单位工程为对象，根据施工图、施工定额、施工及验收规范、标准图集以及施工组织设计（施工方案）编制的单位工程施工所需要的人工、材料、施工机械台班用量的技术经济文件。

【任务实施】

一、图纸准备

框架结构工程施工图一套（包括建筑施工图和结构施工图），详见附录。

二、建筑施工图识读

1. 建筑施工图设计总说明的主要内容

设计依据，项目概况，建筑定位、设计标高与尺寸标注，砌体工程，楼地面工程，屋面工程，门窗工程，栏杆工程，装饰工程，室内外附属工程，防火设计说明等。

2. 建筑平面图的内容

房间的使用功能，轴线位置关系，墙体位置、厚度，门窗洞口的位置和大小，屋面形式、排水坡度、排水方式等。

3. 立面图的内容

建筑总高度及层高、外墙装饰做法、门窗洞口的高度、室内外高差、楼层标高及主要部位标高等。

4. 剖面图的内容

建筑竖向构造做法、楼层标高及相关部位标高等。

5. 建筑详图的内容

建筑各节点详细做法。

三、结构施工图识读

1. 结构设计总说明的主要内容

设计总则、设计依据、设计使用荷载标准值（kN/m^2）、主要材料、主要构造及施工要求等。

2. 基础平面图的内容

基础的形式和平面位置、地基概况及异常地基处理方式等。

3. 基础详图的内容

基础的尺寸大小和埋置深度，基础钢筋和柱插筋的配置等。

4. 柱定位平面图的内容

框架柱的位置、形状及尺寸大小，及其钢筋的配置、竖向钢筋的连接方式等。

5. 梁配筋图的内容

梁的平面位置及梁顶标高、梁的尺寸大小、梁钢筋的配置等。

6. 结构平面图的内容

楼板的平面位置、厚度及楼面标高，楼板钢筋的配置，楼板上预留洞口的位置、大小等。

7. 局部构造详图的内容

结构局部节点详细做法。

【质量标准】

1. 知道施工图的分类

按专业的分工不同，施工图可分为建筑施工图、结构施工图和设备施工图。

1）建筑施工图（简称建施）主要表示建筑物的整体布局、外部造型、内部布置、细部构造、装饰装修和施工要求等，主要包括总平面图、建筑平面图、建筑立面图、建筑剖面图、建筑详图等。

2）结构施工图（简称结施）主要表示房屋的结构设计内容，如房屋承重构件的布置和构件的形状、大小、材料等，主要包括结构平面布置图、结构详图等。

3）设备施工图（简称设施）包括给水排水、供暖通风、电器照明等施工图，主要包括平面布置图、系统图样等。

2. 知道施工图的一般编排顺序

简单的房屋施工图就有几十张图纸，大型复杂建筑物的一套图纸甚至有数百张。因此，为了便于看图、易于查找，就应把这些图纸按顺序编排在一起。编排顺序一般为：图纸目录、施工总说明、建筑施工图、结构施工图、设备施工图、装饰装修图等。

另外，根据图纸内容的主次关系，各专业的施工图一般也会系统地排在一起。例如基本图在前，详图在后；全局性的图纸在前，局部图在后；布置图在前，构件图在后；先施工的图纸在前，后施工的图纸在后等。

3. 掌握相关的投影原理和规律，并熟悉房屋建筑的基本构造

施工图是根据投影原理绘制的，用以表明房屋建筑的设计及构造做法，所以要看懂施工图，应掌握点、直线、平面、球体、棱柱、圆锥体等基本形体的投影规律（包括轴测投影）和基本原理。另外还要结合实际熟悉房屋建筑的基本构造，多了解现代建筑的风格和样式。

4. 必须熟悉相关的国家标准

房屋施工中，除符合一般的投影原理及平图、剖面、断面等的基本图示方法外，为了保证质量、提高效率、表达统一、符合设计和施工的基本要求，以便于识读工程图，国家颁布了有关建筑制图的多种标准，包括专业部分的《总图制图标准》（GB/T 50103—2010）、《建筑制图标准》（GB/T 50104—2010）、《建筑结构制图标准》（GB/T 50105—2010）、《建筑给水排水制图标准》（GB/T 50106—2010）、《暖通空调制图标准》（GB/T 50114—2010）和总纲性质的《房屋建筑制图统一标准》（GB/T 50001—2017）。无论是绘图还是读图，都必须熟悉相关的国家制图与识图标准。

5. 必须记住常用的图例符号

施工图以及专业图纸一般都采用较小的比例，所以施工图中的建筑配件大都用规定的图例符号来表示，并注上相应的代号及编号。因此，想要读懂施工图，还应熟记这些常用的图例符号。

6. 看图时要先粗后细、先大后小、互相对照

一个大型的工程各个方面的施工都要用图纸来表示。在识图时，一般要先看图纸目录、总平面图，大致了解工程的概况，如设计单位、建设单位、新建房屋的位置、周围的环境、施工技术的要求等。对照目录检查图纸是否齐全、采用了哪些标准，并备齐这些标准。然后开始阅读建筑的平、立、剖面图等基本图样，还要深入细致地阅读构件图和详图，详细了解整个施工的情况及技术要求。阅读中还要注意对照，如平、立、剖面图的对照，基本图和详图的对照，建筑图和结构图的对照，图形和文字的对照等。

7. 有联系地、综合地结合实际看图

要想熟练地识图，还要经常深入现场，对照图纸，观察实物，这也是提高识图的一个重要方法。

任务2 劳动组织准备

【学习目标】

1. 了解项目经理部组织机构形式。
2. 了解施工交底制度。
3. 培养善于思考、精于管理的工作能力。

【任务描述】

组建项目经理部，并实施交底。

【相关知识】

一、成立项目经理部

施工单位承接一个项目后，应立即成立项目经理部。根据工程的规模、结构特点和复杂程度，确定项目经理部的人选和名额；遵循合理分工与密切协作、因事设职与因职选人的原则，建立有施工经验、有开拓精神和工作效率高的项目经理部。项目经理部组织机构如图1-1所示。

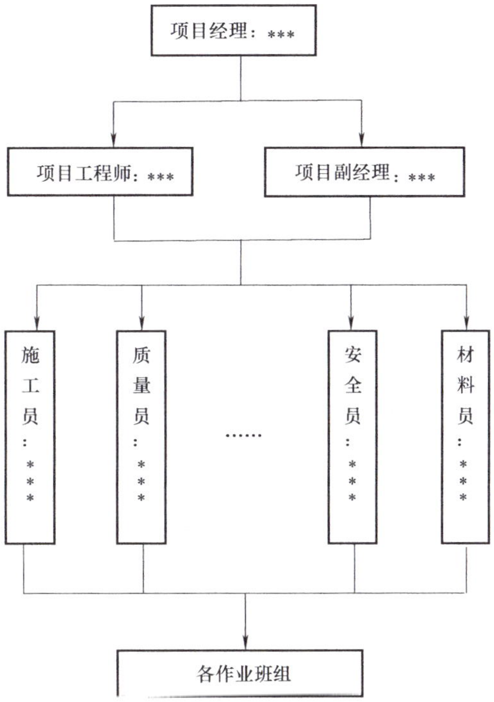

图1-1 项目经理部组织机构图

二、建立精干的工作队组

根据采用的施工组织方式，确定合理的劳动组织，建立相应的专业或混合工作队组。

三、集结施工力量，组织劳动力进场

按照开工日期和劳动力需要量计划，组织工人进场，安排好职工生活，并进行安全、防火和文明施工等教育。

四、做好职工入场教育工作

施工技术交底实为一种施工方法。在建筑施工企业中的技术交底，是指在某一单位工程开工前，或一个分项工程施工前，由相关专业技术人员向参与施工的人员进行的技术性交待，其目的是使施工人员对工程特点、技术质量要求、施工方法与措施和安全等方面有一个较详细的了解，以便于科学地组织施工，避免技术质量等事故的发生。各项技术交底记录也是工程技术档案资料中不可缺少的部分。

为落实施工计划和技术责任制，应按管理系统逐级进行交底。交底包括：工程施工进度计划和月、旬作业计划；各项安全技术措施、降低成本措施和质量保证措施；质量标准和验收规范要求；设计变更和技术核定事项等。必要时应进行现场示范，同时健全各项规章制度，加强遵纪守法教育。

【任务实施】

一、组建项目经理部

本课程采取项目化教学形式，以实训操作为主，施工一个规模较小的框架结构工程，按照工程施工组织形式成立项目经理部。项目部成员可自荐产生、选举产生，也可由教师确定，如项目经理由教师担任、项目工程师由学习委员担任、项目副经理由班长担任、施工员由本课程课代表担任、质量员由劳动委员担任、安全员由纪律委员担任、材料员由生活委员担任等。项目部成员职务为兼职，因其本身为各组成员，如图 1-2 所示。

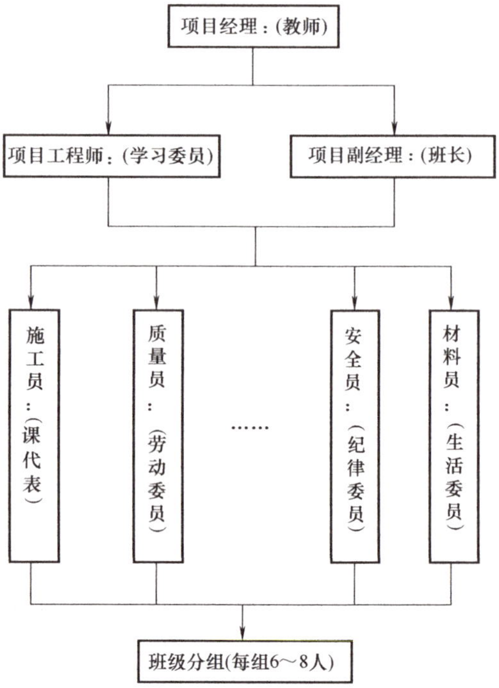

图 1-2 实训工程项目经理部组织机构图

二、技术交底

教师可作为本工程专业技术人员向参与施工的人员（学生）进行技术性交底，交底的内容包括以下几个方面：

1）工程情况，当地地形、地貌，工程地质及各项技术经济指标。

2）设计图纸的具体要求、做法及其施工难度。

3）施工中的具体做法、采用的工艺标准，关键部位及其实施过程中可能遇到的问题与解决办法。

4）施工进度要求、工序搭接、施工部署与施工班组任务的确定。

5）施工中所采用的主要施工机械的型号、数量及其进场时间、作业程序安排等有关问题。

6）施工质量标准和安全技术具体措施及其注意事项。

【质量标准】

一、项目经理部

1）项目经理部是组织设置的项目管理机构，承担项目实施的管理任务和目标实现的全面责任。

2）项目经理部由项目经理领导，接受组织职能部门的指导、监督、检查、服务和考核，并负责对项目资源进行合理使用和动态管理。

3）项目经理部应在项目启动前建立，并在项目竣工验收、审计完成后或按合同约定解体。

4）建立项目经理部应遵循下列步骤：

① 根据项目管理规划大纲确定项目经理部的管理任务和组织结构。

② 根据项目管理目标责任书进行目标分解与责任划分。

③ 确定项目经理部的组织设置。

④ 确定人员的职责、分工和权限。

⑤ 制定工作制度、考核制度与奖惩制度。

5）项目经理部的组织结构应根据项目的规模、结构、复杂程度，专业特点，人员素质和地域范围确定。

6）项目经理部所制订的规章制度，应报上一级组织管理层批准。

二、项目经理

1）项目经理应由法定代表人任命，并根据法定代表人授权的范围、期限和内容，履行管理职责，对项目实施全过程、全面管理。

2）大中型项目的项目经理必须取得工程建设类相应专业注册执业资格证书。

3）项目经理应具备下列素质：

① 符合项目管理要求的能力，善于进行组织、协调与沟通。

② 相应的项目管理经验和业绩。

③ 项目管理需要的专业技术、管理、经济、法律和法规知识。

④ 良好的职业道德和团队协作精神，遵纪守法、爱岗敬业、诚信尽责。

⑤ 身体健康。

4）项目经理不应同时承担两个或两个以上未完项目领导岗位的工作。

5）在项目运行正常的情况下，组织不应随意撤换项目经理。由于特殊原因需要撤换项目经理时，应进行审计，并按有关合同规定报告相关方。

任务3 施工物资准备

【学习目标】

1. 掌握物资准备的内容。
2. 了解物资准备的程序。
3. 培养兵马未动、粮草先行的工作作风。

【任务描述】

施工前准备各种物资。

【相关知识】

1. 物资准备工作内容

（1）建筑材料准备　根据施工预算的材料分析和施工进度计划的要求，编制建筑材料需要量计划，为施工备料、确定仓库和堆场面积以及组织运输提供依据。

（2）建筑施工机具准备　根据施工方案和进度计划的要求，编制施工机具需要量计划，为组织运输和确定机具停放场地提供依据。

（3）生产工艺设备准备　按照生产工艺流程及其工艺布置图的要求，编制工艺设备需要量计划，为组织运输和确定堆场面积提供依据。

（4）构（配）件和制品加工准备　根据施工预算所提供的构（配）件和制品加工要求，编制相应计划，为组织运输和确定堆场面积提供依据。

2. 物资准备工作程序

1）编制各种物资需要量计划。

2）签订物资供应合同。

3）确定物资运输方案和计划。

4）组织物资按计划进场和保管。

【任务实施】

本课程项目化教学所准备物资的多少，主要取决于班级人数和施工场地大小。下面所准备的物资是以一个班（分成6组、每组一般6~8人）为例，场地大小约$8m\times6m=48m^2$。多个班就相应增加场地，学校可统一管理，如选择在学校实训工厂。大部分物资以后可周转使用。

1. 建筑材料

（1）钢管　钢管是脚手架的主要材料。实训脚手架采用的是扣件式钢筋脚手架，需购置48mm×3.5mm（或48mm×3.0mm）规格钢管2.0t。钢管进场后需刷防锈漆（一般是黄色），然后根据施工的需要可配置成多种类型的钢管，如短管（长度1.0m、1.2m、1.5m等）、中管（长度1.8m、2.4m、3.0m、3.6m等）、长管（长度4.8m、6.0m等）。

（2）扣件　扣件式钢筋脚手架的连接件是扣件，扣件分为三种类型：直角扣件、对接扣件、旋转扣件，如图1-3所示。直角扣件需购置500只，对接扣件需购置100只，旋转扣件需购置50只。

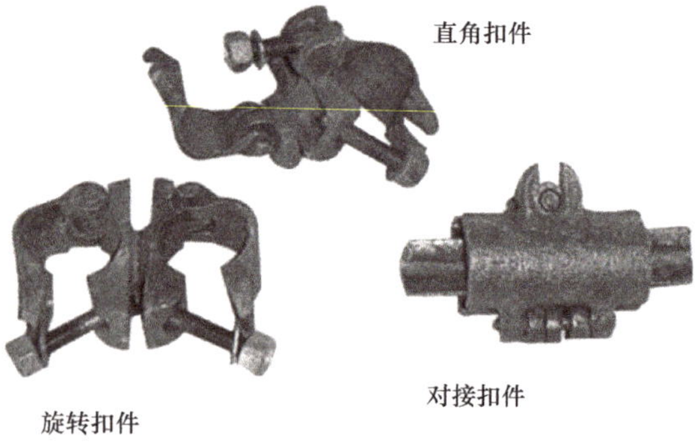

图1-3　扣件

（3）模板　实际工程中，现浇钢筋混凝土结构施工中的模板多用木夹板模板。考虑到实际教学情况，为了模板能多次周转使用及操作中的安全问题，实训中采用传统的组合钢模板（特点是周转次数多、不易损坏、操作安全、拼装方便等）。

组合钢模板的组成包括平面模板、阳角模板、阴角模板、连接角模及U形卡（模板连接件），如图1-4所示。

1）组合钢模板的平面模板规格很多，宽度有100mm、150mm、200mm、250mm、300mm等，长度有450mm、600mm、750mm、900mm、1050mm、1200mm、1350mm、1500mm。施工时根据图纸的要求和现场实际情况进行配置。根据附录图纸，平面模板可配置为：P2512

（250mm 宽、1200mm 长）30 块、P2509（250mm 宽、900mm 长）10 块、P2506（250mm 宽、600mm 长）10 块、P1012（100mm 宽、1200mm 长）10 块，其他规格根据需要配置以备用。

2）楼板用的钢模板配置为 P0909（900mm 宽、900mm 长）20 块。

3）连接角模（50mm×50mm）450mm 长、600mm 长、1200mm 长、1500mm 长可各配置 25 根。

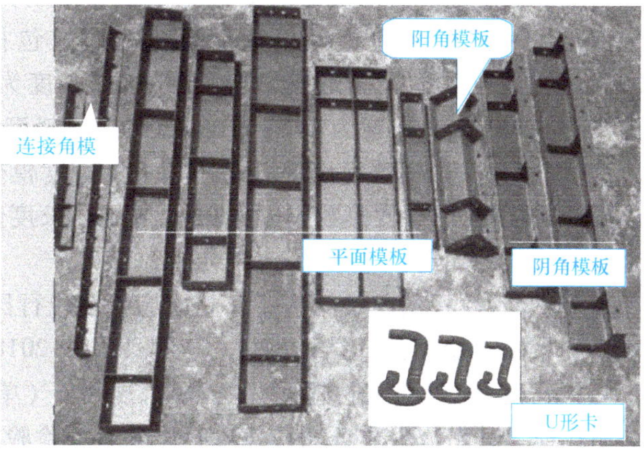

图 1-4 组合钢模板

4）阴角模板（150mm×150mm）450mm 长、600mm 长、1200mm 长、1500mm 长可各配置 25 根。

5）阳角模板（100mm×100mm）450mm 长、600mm 长、1200mm 长、1500mm 长可各配置 25 根。

6）U 形卡配置 500 只。

（4）钢筋 钢筋可由学校实训工厂统一订购，每个班用量约 300kg。

（5）扎丝 扎丝可在学校实训工厂领取。

（6）对拉螺杆 直径 12mm、长 650mm（两端丝口长各 100mm）对拉螺杆配置 50 根。与对拉螺杆配套的螺母 120 只。山形卡（与直径 48mm 钢管配套）100 只。

2. 施工机具

实训过程中要使用的施工机具较多，可在学校实训工厂领取。

3. 机械设备

实训过程中要使用的机械设备较少，若需使用，可向学校实训工厂机械设备室借用。

【质量标准】

1. 钢管

1）脚手架钢管应采用现行国家标准《直缝电焊钢管》（GB/T 13793—2016）或《低压流体输送用焊接钢管》（GB/T 3091—2015）中规定的 Q235 普通钢管，钢管的钢材质量应符合现行国家标准《碳素结构钢》（GB/T 700—2006）中 Q235 级钢的规定。

2）脚手架钢管宜采用 ϕ48.3mm×3.5mm 钢管。每根钢管的质量不应大于 25.8kg。

2. 扣件

1）扣件应采用铸铁或铸钢制件，其质量和性能应符合现行国家标准《钢管脚手架扣件》（GB 15831—2006）的规定。采用其他材料制作的扣件，应经试验证明其质量符合该标准的规定后方可使用。

2）扣件在螺栓拧紧扭力矩达到 65N · m 时，不得发生破坏。

3. 组合钢模板

1）组合钢模板由钢模板和配件两大部分组成。钢模板的肋高为 55mm，宽度、长度和孔距采用模数制设计。钢模板经专用设备压轧成型并焊接，采用配套的通用配件，能组合拼装成不同尺寸的板面和整体模架。组合钢模板包括宽度为 100～300mm、长度为 450～1500mm 的组合小钢模，宽度为 350～600mm、长度为 450～1800mm 的组合宽面钢模板和宽度为 750～1200mm、长度为 450～2100mm 的组合轻型大钢模。

2）钢模板采用模数制设计。通用模板的宽度模数以 50mm 进级，宽度超过 600mm 时，应以 150mm 进级；长度模数应以 150mm 进级，长度超过 900mm 时，应以 300mm 进级，并符合相关规范的规定。

3）组合钢模板的各类材料，其材质应符合现行国家标准《碳素结构钢》（GB/T 700—2006）和《低合金高强度结构钢》（GB/T 1591—2018）的规定。

4）组合钢模板的钢材应采用 Q235、规格 δ（单位为 mm）为 2.50、2.75、3.00 的钢板。制作前，其出厂材质证明应按现行国家有关检验标准进行复检，并填写检验记录。改制再生钢材加工钢模板不得采用。

5）钢模板的规格应符合表 1-1 的要求。

表 1-1　钢模板规格　（单位：mm）

<table>
<tr><th>名　称</th><th>宽　　度</th><th>长　　度</th><th>肋　高</th></tr>
<tr><td>平面模板</td><td>1200、1050、900、750、600、550、500、450、400、350、300、250、200、150、100</td><td>2100、1800、1500、1200、900、750、600、450</td><td rowspan="4">55</td></tr>
<tr><td>阴角模板</td><td>150×150、100×150</td><td rowspan="2">1800、1500、1200、900、750、600、450</td></tr>
<tr><td>阳角模板</td><td>100×150、50×50</td></tr>
<tr><td>连接角模</td><td>50×50</td><td>1500、1200、900、750、600、450</td></tr>
</table>

任务 4　施工现场准备

【学习目标】

1. 了解施工现场准备内容。
2. 了解永久性坐标和高程设置过程。
3. 培养认真细致、踏实努力的工作作风。

【任务描述】

进行施工场地平整，并设置永久性坐标和高程。

【相关知识】

（1）做好“三通一平”，认真设置消火栓　确保施工现场水通、电通、道路畅通和场地平整；按消防要求，设置足够数量的消火栓。

（2）施工现场控制网测量　根据给定的永久性坐标和高程，按照建筑总平面图要求，进行施工场地控制网测量，设置场区永久性控制测量标桩。

（3）建造施工设施　按照施工平面图和施工设施需要量计划，建造各项施工设施，为正式开工准备好用房。

(4) 组织施工机具进场 根据施工机具需要量计划，按施工平面图要求，组织施工机械、设备和工具进场，按规定地点和方式存放，并进行相应的保养和试运转等项工作。

(5) 组织建筑材料进场 根据建筑材料、构（配）件和制品需要量计划，组织其进场，按规定地点和方式储存或堆放。

(6) 拟订有关试验、试制项目计划 建筑材料进场后，应进行各项材料的试验、检验。对于新技术项目，应拟订相应试验和试制计划，并在开工前实施。

(7) 作好季节性施工准备 按照施工组织设计要求，认真落实冬施、雨施和高温季节施工项目的施工设施和技术组织措施。

【任务实施】

一、实训仪器工具

实训工具见表 1-2。

表 1-2 实训工具

序号	工具名称	数量	序号	工具名称	数量
1	水准仪	1 台/2 组	5	镰刀	2 把/组
2	水准尺	1 套/2 组	6	铁锹	2 把/组
3	50m 长卷尺	1 把/班	7	镐	1 把/组
4	50m 钢卷尺	1 把/组	—	—	—

二、实施过程

1. 施工场地平整

本课程实行项目化教学，施工场地由学校确定后，“三通一平”工作中的“三通”一般都能达到要求。在实训前，主要解决的是“一平”工作，因为施工场地第一次使用或假期后使用，会高低不平、杂草丛生，所以需除草、平整场地，如图 1-5 所示。

图 1-5 施工场地平整

2. 设置永久性坐标和高程

实际项目中，定位放线前应有坐标基准点和高程基准点，这些点由建设单位提供。在实训时，教师根据场地大小、施工图轴线尺寸等确定坐标基准点和高程基准点，以方便后续施工。具体做法可参见本书项目 2 的任务 2。

【质量标准】

1）场地平整为施工中的一个重要项目，其一般施工工艺程序安排是：现场勘察→清除地面障碍物→标定整平范围→设置水准基点→设置方格网、测量标高→计算土方挖填工程量→平整土方→场地碾压→验收。

2）当确定平整工程后，施工人员首先应到现场进行勘察，了解场地地形、地貌和周围环境。根据建筑总平面图及规划了解并确定现场平整场地的大致范围。

3）平整前必须把场地平整范围内的障碍物（如树木、电线、电杆、管道、房屋、坟墓等）清理干净，然后根据总图要求的标高，从水准基点引进基准标高，作为确定土方量计算的基点。

4）土方量的计算有方格网法和横截面法，可根据地形具体情况采用。现场抄平的程序和方法由确定的计算方法进行。通过抄平测量，可计算出该场地按设计要求平整需挖土和回填的土方量，再考虑基础开挖还有多少挖出（减去回填）的土方量，并进行挖填方的平衡计算，做好土方平衡调配，减少重复挖运，以节约运费。

5）大面积平整土方宜采用机械进行，如用推土机、铲运机推运平整土方；有大量挖方时，应用挖土机等进行。在平整过程中要交错用压路机压实。

6）平整场地应做好地面排水。平整场地的表面坡度应符合设计要求，如设计无要求时，一般应向排水沟方向做成不小于0.2%的坡度。

7）场地平整应经常测量，并校核其平面位置、水平标高和边坡坡度是否符合设计要求。平面控制桩和水准控制点应采取可靠措施加以保护，定期复测和检查。土方不应堆在边坡边缘。

任务5　钢筋工程基础知识

【学习目标】

1. 掌握钢筋的分类。
2. 掌握钢筋的下料长度计算与代换方法。
3. 掌握钢筋的加工过程和连接方式。
4. 了解钢筋工程的检验标准。
5. 培养认真学习、反复练习的计算能力；培养创新思维、改进方法的工作能力；培养规范计算、对标校核的职业素养。

【任务描述】

学习钢筋工程基础知识。

【相关知识】

一、钢筋的分类

钢筋种类很多，通常按轧制外形、直径大小、生产工艺、在结构中的作用以及力学性能进行分类。

1. 按轧制外形分

1）热轧光圆钢筋：经热轧成型，横截面通常为圆形、表面光滑的成品钢筋，牌号为HPB300（HPB是Hot-rolled Plain Bars的英文缩写）。

2）热轧带肋钢筋：表面带肋，横截面通常为圆形的钢筋。普通热轧带肋钢筋有HRB335、HRB400、HRB500三个牌号（HRB是Hot-rolled Ribbed Bars的英文缩写）；细晶粒热轧带肋钢筋有HRB335F、HRB400F、HRB500F三个牌号。

3）钢线（分为低碳钢线和碳素钢线两种）及钢绞线。

4）冷轧扭钢筋：经冷轧并冷扭成型的钢筋。

2. 按直径大小分

有钢丝（直径3~5mm）、细钢筋（直径6~10mm）、中粗钢筋（直径12~20mm）、粗钢筋（直径大于22mm）。

3. 按生产工艺分

有热轧、冷轧（冷轧扭、冷轧带肋）、冷拉钢筋，还有以Ⅳ级钢筋经热处理而成的热处理钢筋（又称为调直钢筋）。

4. 按在结构中的作用分

有受压钢筋、受拉钢筋、架立钢筋、分布钢筋、箍筋等。

5. 按力学性能分

有Ⅰ级钢筋（300/420级）用Φ表示、Ⅱ级钢筋（335/455级）用Φ表示、Ⅲ级钢筋（400/540级）用Φ表示和Ⅳ级钢筋（500/630级）用Φ表示。

二、钢筋进场检验

钢筋进场应有产品合格证、出厂检验报告，每捆（盘）钢筋均应有标牌，同时还应进行外观检查，要求钢筋应平直、无损伤，表面不得有裂纹、油污、颗粒状或片状老锈。进场钢筋应按现行国家相关标准的规定抽取试件做力学性能和重量偏差检验，合格后方可使用。

钢筋在加工过程出现脆断、焊接性能不良或力学性能显著不正常等现象时，还应进行化学成分检验或其他专项检验。

【任务实施】

一、钢筋的配料与代换

1. 钢筋下料长度计算

（1）钢筋弯曲调整值计算　钢筋下料长度计算是钢筋配料的关键。实际图中注明的钢筋尺寸是钢筋的外包尺寸，在钢筋加工时，也按外包尺寸进行验收。钢筋弯曲后的特点是：在钢筋弯曲处，内皮缩短，外皮延伸，而中心线尺寸不变，故钢筋的下料长度即中心线尺寸。钢筋成型后的量度尺寸都是沿直线量的外皮尺寸，同时弯曲处又成圆弧，因此弯曲钢筋的尺寸大于下料尺寸，两者之间的差值称为弯曲调整值，即在下料时，下料长度应用量度尺寸减去弯曲调整值。

钢筋弯曲的常见形式及调整值计算简图如图1-6所示。

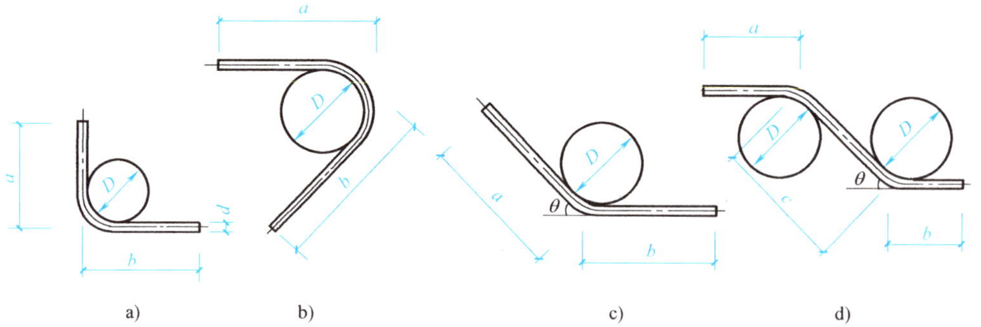

图 1-6 钢筋弯曲的常见形式及调整值计算简图

a）钢筋弯曲 90° b）钢筋弯曲 135° c）钢筋一次弯曲 30°、45°、60° d）弯起钢筋弯曲 30°、45°、60°

a、*b*—量度尺寸

1）钢筋弯曲之间的有关规定。

① 受力钢筋的弯钩和弯弧规定：HPB300 级钢筋末端应做 180°弯钩，弯弧内直径 $D \geqslant 2.5d$（钢筋直径），弯钩的弯后平直部分长度 $\geqslant 3d$（钢筋直径）；当设计要求钢筋末端做 135°弯折时，HRB335、HRB400 级钢筋的弯弧内直径 $D \geqslant 4d$（钢筋直径），弯钩的弯后平直部分长度应符合设计要求，钢筋做不大于 90°的弯折，弯折处的弯弧内直径 $D \geqslant 5d$（钢筋直径）。

② 箍筋的弯钩和弯弧规定：除焊接封闭环式箍筋外，钢筋末端应做弯钩，弯钩形式应符合设计要求。当设计无要求时，应符合下面规定：箍筋弯钩的弯弧内直径除应满足上述规定外，还应不小于受力钢筋直径。箍筋弯弧的弯折角度，对一般结构，不应小于 90°，对有抗震要求的结构，应为 135°，箍筋弯后平直部分的长度，对一般结构，不宜小于箍筋直径的 5 倍，对有抗震要求的结构，不应小于箍筋直径的 10 倍，且不小于 75mm。

2）钢筋弯折各种角度时的弯曲调整值计算。

① 钢筋弯折各种角度时的弯曲调整值：弯起钢筋弯曲调整值的计算简图如图 1-6a、b、c 所示；钢筋弯折各种角度时的弯曲调整值计算式及取值见表 1-3。

表 1-3 钢筋弯折各种角度时的弯曲调整值计算式及取值

弯折角度	钢筋级别	弯曲调整值 δ		弯弧直径
		计算式	取值	
45°	HPB300 级	$\delta=0.022D+0.436d$	$0.55d$	$D=5d$
60°	HRB335 级	$\delta=0.054D+0.631d$	$0.9d$	
90°	HRB400 级	$\delta=0.215D+1.215d$	$2.29d$	
135°	HPB300 级、HRB335 级、HRB400 级	$\delta=0.822D-0.178d$	$1.88d$	$D=2.5d$
			$3.11d$	$D=4d$

② 弯起钢筋弯曲 45°、60°的弯曲调整值：弯起钢筋弯曲调整值的计算简图如图 1-6 所示；弯起钢筋弯曲调整值计算式及取值见表 1-4。

③ 钢筋 180°弯钩长度增加值：根据规范规定，HPB300 级钢筋两端做 180°弯钩，其弯曲直径 $D=2.5d$，平直部分长度为 $3d$，如图 1-7 所示。度量方法为以外包尺寸度量，每个弯钩长度增加值为 $6.25d$。

表 1-4 弯起钢筋弯曲 30°、45°、60°的弯曲调整值计算式及取值

弯折角度	钢筋级别	弯曲调整值 δ		弯弧直径
		计算式	取值	
45°	HPB300 级	$\delta=0.043D+0.457d$	$0.67d$	$D=5d$
60°	HRB335 级 HRB400 级	$\delta=0.108D+0.685d$	$1.23d$	

箍筋做 180°弯钩时，其平直部分长度为 $5d$，其每个弯钩增加长度为 $8.25d$。

（2）钢筋下料长度计算

1）一般钢筋下料长度计算。

① 直钢筋下料长度＝构件长度−混凝土保护层厚度＋弯钩增加长度

② 弯起钢筋下料长度＝直段长度＋斜段长度−弯曲调整值＋弯钩增加长度

③ 箍筋下料长度＝箍筋周长＋箍筋调整值

2）箍筋调整值。

箍筋调整值为弯钩增加长度与弯曲量度差值两项之和，根据箍筋外包尺寸或内包尺寸而定，详见表 1-5。

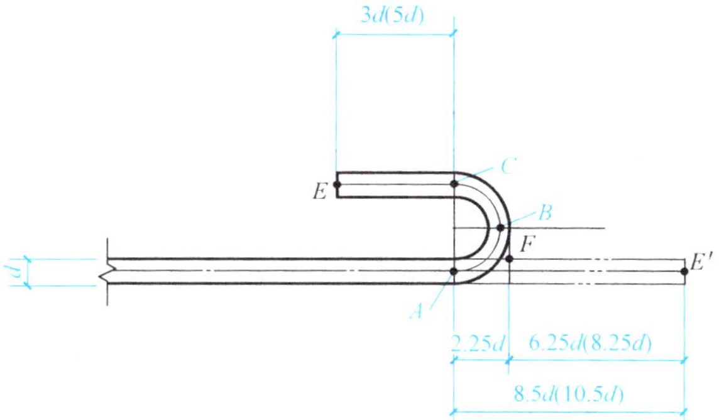

图 1-7 180°弯钩长度增加值计算简图

表 1-5 箍筋调整值

箍筋量度方法	箍筋直径/mm			
	4~5	6	8	10 ~12
量外包尺寸	40	50	60	70
量内包尺寸	80	100	120	150~170

2. 钢筋配料单及料牌的填写

（1）钢筋配料单的作用及形式　钢筋配料单是根据施工设计图样标定的钢筋的品种、规格、外形尺寸、数量进行编号，并计算下料长度，用表格形式表达的技术文件。

1）钢筋配料单的作用：钢筋配料单是确定钢筋下料加工的依据，是提出材料计划、签发施工任务单和限额领料单的依据，是钢筋施工的重要工序。合理的配料单能节约材料、简化施工操作。

2）配料单的形式：钢筋配料单一般用表格的形式反映，由构件名称、钢筋编号、钢筋简图、尺寸、钢号、数量、下料长度及质量等内容组成。

（2）钢筋配料单的编制方法及步骤

1）熟悉构件配件钢筋图，弄清每一个编号钢筋的直径、规格、种类、形状和数量等。

2）绘制钢筋简图。

3）计算每种规格的钢筋下料长度。

4）填写钢筋配料单（钢筋质量可参考表 1-6）。

表 1-6 钢筋质量表

直径/mm	每米质量/kg	直径/mm	每米质量/kg
6	0.222	16	1.580
8	0.395	18	2.000
10	0.617	20	2.470
12	0.888	22	3.000
14	1.210	25	3.860

(3) 钢筋的标牌与标识　除填写配料单外，还需为每一个编号的钢筋制作相应的标牌与标识，即料牌，作为钢筋加工的依据，并在安装中作为区别、核实工程项目钢筋的标志。

【例 1-1】 某教学楼第一层楼共有 5 根 L1 梁，梁的钢筋如图 1-8 所示，梁的混凝土保护层厚度取 25mm，箍筋为 135°斜弯钩。试编制该梁的钢筋配料单（HRB335 级钢筋末端为 90°弯钩，弯起直段长度为 250mm）。

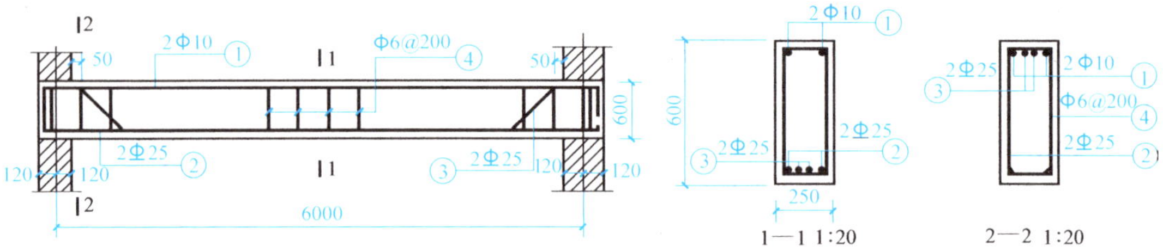

图 1-8 L1 梁（共 5 根）

解：

1. 熟悉构件配筋图，绘出各钢筋简图，见表 1-7。

2. 计算各钢筋下料长度：

① 号钢筋属直钢筋，为 HPB300 级钢筋，两端需要 180°弯钩，每个弯钩长度增加值为 $6.25d$，端头保护层厚 25mm，则：

下料长度＝构件长度－两端保护层厚度＋弯钩增加长度

$$=[(6000+2\times120)-2\times25+2\times6.25\times10]\text{mm}$$

$$=6315\text{mm}$$

②号钢筋属直钢筋，为 HRB335 级钢筋，钢筋弯折调整值查表 1-3，弯折 90°时取 $2.29d$，则：

下料长度＝构件长度－两端保护层厚度＋弯钩增加长度

$$=(6000+2\times120)-2\times25+(2\times250-2\times2.29d)$$

$$=[6190+(500-2\times2.29\times25)]\text{mm}$$

$$=6575.5\text{mm}$$

③ 号钢筋为弯起钢筋，钢筋下料长度计算式为：

弯起钢筋下料长度＝直段长度＋斜段长度－弯曲调整值＋弯钩增加长度

分段计算其长度：

$$\text{端部平直段长度}=(240+50-25)\text{mm}$$

$$=265\text{mm}$$

$$斜段长度=(梁高-2倍保护层厚度)\times\sqrt{2}$$
$$=(600-2\times25)\times1.414\text{mm}=550\times1.414\text{mm}$$
$$\approx778\text{mm}\ (斜段长度为45°直角三角的斜边长)$$

中间直线段长度 $=(6000+240-2\times25-2\times265-2\times550)\text{mm}=4560\text{mm}$。

HRB335 级钢筋锚固长度为 250mm，末端无弯钩。钢筋的弯曲调整值查表 1-4，弯起 45°时取 $0.67d$；钢筋的弯折调整值查表 1-3，弯折 90°时取 $2.29d$。则

$$钢筋下料长度=(2\times250+2\times265+4560)+2\times778-4\times0.67d-2\times2.29d$$
$$=(5590+1556-4\times0.67\times25-2\times2.29\times25)\text{mm}$$
$$=6965\text{mm}$$

④ 号钢筋为箍筋，则

$$下料长度=箍筋周长+箍筋调整值$$
$$=2\times[(250-2\times25)+(600-2\times25)]\text{mm}+2\times50\text{mm}$$
$$=1600\text{mm}$$
$$箍筋数量=(构件净长-2\times50)/箍筋间距+1$$
$$=(6000-240-100)/200+1$$
$$=29.3\ (取30根)$$

计算结果汇总于表 1-7。

表 1-7 钢筋配料单

构件名称	钢筋编号	简 图	直径/mm	钢筋级别	下料长度/mm	单位根数	合计根数	质量/kg
L1 梁（共 5 根）	①		10	Φ	6315	2	10	39.0
	②	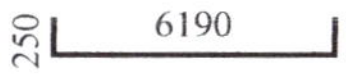	25	Φ̲	6575	2	10	253.8
	③	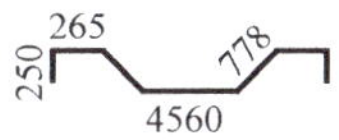	25	Φ̲	6965	2	10	268.5
	④	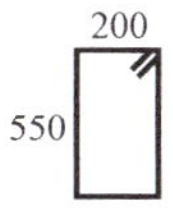	6	Φ	1600	30	150	53.3

注：钢筋质量=钢筋总长度（m）×钢筋每米质量（kg/m）。

3. 钢筋的代换

（1）钢筋代换原则　在施工中，当确认工地不可能供应设计图要求的钢筋品种和规格时，在征得设计单位的同意，并办理设计变更文件后，才允许根据库存条件进行钢筋代换。代换前，必须充分了解设计意图、构件特征和代换钢筋性能，严格遵守现行国家设计规范、施工验收规范及有关技术规定。代换后应仍能满足各类极限状态的有关计算要求以及配筋构造规定，如：受力钢筋和箍筋的最小直径、间距、锚固长度、配筋百分率以及混凝土保护层厚度等。一般情况下，代换钢筋还必须满足截面对称的要求。

梁内纵向受力钢筋与弯起钢筋应分别进行代换，以保证正截面与斜截面强度。偏心受压

构件或偏心受拉构件（如框架柱、承受起重机荷载的柱、屋架上弦等）进行钢筋代换时，应按受力方向（受压或受拉）分别代换，不得取整个截面配筋量计算。对吊车梁等承受反复荷载作用的构件，必要时，应在钢筋代换后进行疲劳验算。同一截面内配置不同种类和直径的钢筋代换时，每根钢筋拉力差不宜过大（同类型钢筋直径差一般不大于5mm），以免构件受力不匀。钢筋代换应避免出现大材小用、优材劣用，或不符合专料专用等现象。钢筋代换后，其用量不宜大于原设计用量的5%，也不应低于原设计用量的2%。

对抗裂性要求高的构件（如吊车梁、屋架下弦等），不宜用HPB300级钢筋代换HRB335、HRB400级带肋钢筋，以免裂缝开展过宽。当构件受裂缝宽度控制时，代换后应进行裂缝宽度验算。如代换后裂缝宽度有一定增大（但不超过允许的最大裂缝宽度），还应对构件作挠度验算。

进行钢筋代换时，除应考虑代换后仍能满足结构各项技术性能要求之外，还要保证用料的经济性和加工操作的方便。

（2）钢筋代换计算

1）等强度代换。当结构构件按强度控制时，可按强度相等的原则代换，称为等强度代换。代换前后，钢筋的钢筋抗力不小于施工图上原设计配筋的钢筋抗力，即

$$A_{s2} f_{y2} \geqslant A_{s1} f_{y1} \tag{1-1}$$

将圆面积公式：$A_s = \pi d^2/4$ 代入式（1-1），有

$$n_2 {d_2}^2 f_{y2} \geqslant n_1 {d_1}^2 f_{y1} \tag{1-2}$$

当原设计钢筋与拟代换的钢筋直径相同时（$d_1 = d_2$）：

$$n_2 f_{y2} \geqslant n_1 f_{y1} \tag{1-3}$$

当原设计钢筋与拟代换的钢筋级别相同时（$f_{y1} = f_{y2}$）：

$$n_2 {d_2}^2 \geqslant n_1 {d_1}^2 \tag{1-4}$$

式中 f_{y1}、f_{y2}——原设计钢筋和拟代换钢筋的抗拉强度设计值（N/mm^2）；

A_{s1}、A_{s2}——原设计钢筋和拟代换钢筋的计算截面面积（mm^2）；

n_1、n_2——原设计钢筋和拟代换钢筋的根数；

d_1、d_2——原设计钢筋和拟代换钢筋的直径（mm）。

2）等面积代换。当构件按最小配筋率配筋时，可按钢筋面积相等的原则进行代换，称为等面积代换。

$$A_{s2} \geqslant A_{s1}$$

或

$$n_2 {d_2}^2 \geqslant n_1 {d_1}^2 \tag{1-5}$$

式中 A_{s1}、n_1、d_1——原设计钢筋的计算截面面积（mm^2）、根数、直径（mm）；

A_{s2}、n_2、d_2——拟代换钢筋的计算截面面积（mm^2）、根数、直径（mm）。

当构件受裂缝宽度或抗裂性要求控制时，代换后应进行裂缝或抗裂性验算。代换后，还应满足构造方面的要求（如钢筋间距、最小直径、最少根数、锚固长度、对称性等）及设计中提出的其他要求。

二、钢筋的加工

钢筋一般在钢筋车间加工，然后运至现场绑扎或安装。加工过程一般有冷拉、冷拔、调

直、切断、除锈、弯曲等。

1. 钢筋的冷加工

(1) 钢筋冷拉　钢筋冷拉是指在常温下，以超过钢筋屈服强度的拉应力拉伸钢筋，使钢筋产生塑性变形，以提高强度、节约钢材。冷拉时，钢筋被拉直，表面锈渣自动剥落，因此冷拉不但可提高强度，还可以同时完成调直、除锈工作。

钢筋的冷拉可采用控制应力和控制冷拉率两种方法。

冷拉应以表1-8规定的控制应力进行。同时，冷拉后检查钢筋的冷拉率。如不超过表1-8规定的冷拉率，认为合格；如超过表1-8规定的冷拉率，则应对钢筋进行力学性能试验。

表1-8　冷拉控制应力及最大冷拉率

钢筋级别		冷拉控制应力/(N/mm^2)	最大冷拉率(%)
HRB335级	$d \leq 25mm$	450	5.5
	$d = 28 \sim 40mm$	430	
HRB400级 $d = 8 \sim 40mm$		500	5.0

(2) 钢筋冷拔　冷拔是指对Φ6~Φ8的钢筋通过钨合金拔丝模孔（图1-9）进行强力拉拔，使钢筋产生塑性变形。其轴向被拉伸、径向被压缩、内部晶格变形，因而抗拉强度提高（提高50%~90%），塑性降低，并呈硬钢特性。冷拔总压缩率（β）是指由盘条拔至成品钢筋的横截面缩减率。若原材料钢筋直径为d_0，成品钢筋直径为d，则总压缩率$\beta = (d_0^2 - d^2)/d_0^2 \times 100\%$。总压缩率越大，则钢筋的抗拉强度提高越多，塑性降低越多。

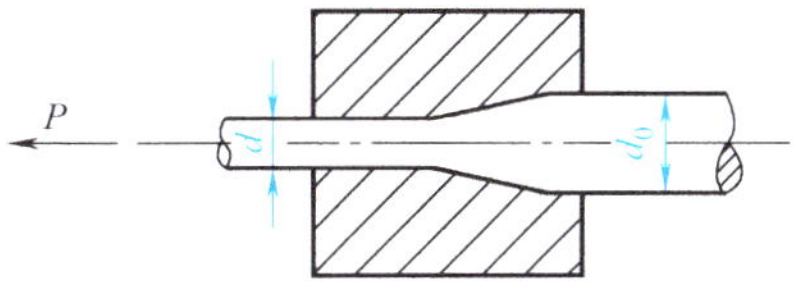

图1-9　钢筋冷拔示意图

2. 钢筋的调直、切断及弯曲

钢筋调直宜采用机械调直，也可采用冷拉调直。采用冷拉方法调直钢筋时，HRB335、HRB400级钢筋的冷拉率不宜大于1%。除利用冷拉调直钢筋外，粗钢筋还可采用锤直和拔直的方法；直径1~14mm的钢筋可采用调直机进行调直、除锈或切断。冷拔低碳钢丝在调直机上调直后，其表面不得有明显擦伤，抗拉强度不得低于设计要求。

钢筋的表面应洁净，油渍、漆污和用锤敲击时能剥落的浮皮、铁锈等应在使用前清除干净。在焊接前，焊点处的水锈应清除干净。钢筋的除锈宜在钢筋冷拉或钢丝调直过程中进行，这对大量钢筋的除锈来说较为经济省时。用机械方法除锈（如采用电动除锈机除锈）对钢筋的局部除锈来说较为方便。手工（用钢丝刷、沙盘）喷砂和酸洗等除锈由于费工费料，现已很少采用。

钢筋下料时须按下料长度切断。钢筋切断可采用手动切断器或钢筋切断机。手动切断器一般只用于直径小于12mm的钢筋；钢筋切断机可切断直径小于40mm的钢筋。切断时根据下料长度统一排料。先断长料，后断短料；减少短头，减少损耗。

钢筋下料之后，应按钢筋配料单进行画线，以便将钢筋准确地加工成所规定的尺寸。当钢筋的弯曲形状比较复杂时，可先放出实样，再进行弯曲。钢筋弯曲宜采用弯曲机，弯曲机可弯直径为6~40mm的钢筋。当无弯曲机时，直径小于25mm的钢筋也可采用板钩弯曲。目前钢筋弯曲机主要用于弯曲粗钢筋。为了提高工效，工地常自制多头弯曲机（一个电动机带动几个钢筋弯曲盘)，以弯曲细钢筋。

加工钢筋的允许偏差：对受力钢筋，顺长度方向，全长的净尺寸偏差不应超过±10mm；弯起筋的弯折位置偏差不应超过±20mm；箍筋的内净尺寸偏差不应超过±5mm。

三、钢筋的连接

钢筋的连接主要有绑扎、焊接和机械连接三种形式。

1. 钢筋的绑扎

绑扎仍是目前钢筋连接的主要形式之一，尤其是板筋。钢筋绑扎时，应采用钢丝扎牢；板和墙的钢筋网，除外围两行钢筋的相交点全部扎牢外，中间部分交叉点可相隔交错扎牢，保证受力钢筋位置不产生偏移；梁和柱的钢筋应与受力钢筋垂直设置。弯钩叠合处应沿受力钢筋方向错开设置。钢筋绑扎搭接接头的末端与钢筋弯起点的距离不得小于钢筋直径的 10 倍，接头宜设在构件受力较小处。钢筋搭接处应在中部和两端用钢丝扎牢。受拉钢筋和受压钢筋的搭接长度及接头位置应符合现行规范的规定。

2. 钢筋的焊接

采用焊接代替绑扎，可改善结构受力性能，提高工效，节约钢材，降低成本。结构的有些部位（如轴心受拉或小偏心受拉构件中的钢筋接头）应焊接。普通混凝土中直径大于 20mm 的钢筋、轻集料混凝土中直径大于 20mm 的 HRB335 级钢筋及直径大于 25mm 的 HRB335、HRB400 级钢筋，均宜采用焊接接头。

钢筋的焊接应采用闪光对焊、电渣压焊、电弧焊、电阻点焊和气压焊。钢筋与钢板的 T 形连接宜采用埋弧压焊或电弧焊。

钢筋的焊接质量与钢材的焊接性、焊接工艺有关。在相同的焊接工艺条件下，能获得良好焊接质量的钢材，称其在该工艺条件下的焊接性好，相反则称其在该工艺条件下的焊接性差。钢筋的焊接性与其碳含量及合金元素含量有关。碳、锰含量多，则焊接性差；加入适量的钛，可改善焊接性能。焊接参数和操作水平也会影响焊接质量，即使焊接性差的钢材，若焊接工艺适宜，也可获得良好的焊接质量。

钢筋焊接的接头形式、焊接工艺和质量验收应符合《钢筋焊接及验收规程》（JGJ 18—2012）的规定。

(1) 对焊　闪光对焊广泛用于钢筋接长及预应力钢筋与螺栓端杆的焊接。热轧钢筋的焊接宜优先采用闪光对焊，条件不可能时才用电弧焊。闪光对焊适用于焊接直径为 10~40mm 的Ⅰ~Ⅲ级钢筋及直径为 10~25mm 的Ⅳ级钢筋。

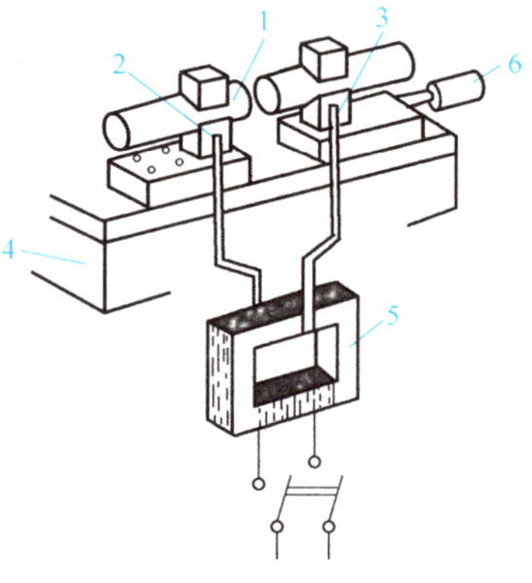

图 1-10　钢筋闪光对焊原理
1—焊接钢筋　2—固定电极
3—可动电极　4—机座
5—变压器　6—手动顶压机构

1-1　钢筋对焊

钢筋闪光对焊原理（图 1-10）是利用对焊机使两段钢筋接触，通过低电压的强电流，待钢筋被加热到一定温度变软后，进行轴向加压顶锻，形成对焊接头。钢筋闪光对焊的焊接工艺根据具体情况选择：钢筋直径小时，可采用连续闪光焊；钢筋直径较大，端面比较平整时，宜采用预热闪光焊；端面不够平整时，宜采用闪光—预热—闪光焊。

1）连续闪光焊：这种焊接工艺过程是待钢筋夹紧在电极钳口上后，闭合电源，使两个钢筋端面轻微接触。由于钢筋端部不平，开始只有一点或数点接触，接触点很快熔化，并产生金属蒸气飞溅，形成闪光现象。闪光一开始，即徐徐移动钢筋，形成连续闪光过程，同时接头也被加热。待接头烧平、闪去杂质和氧化膜、白热熔化时，随即施加轴向压力迅速进行顶锻，使两根钢筋焊牢。

连续闪光焊所能适用的最大钢筋直径，应随着焊机容量的降低和钢筋级别的增加而减小，详见表 1-9。

表 1-9 连续闪光焊钢筋上限直径 （单位：mm）

焊机容量/(kV·A)	钢筋级别	钢筋直径
150	HRB335 级	22
	HRB400 级	20
100	HRB335 级	18
	HRB400 级	16
75	HRB335 级	14
	HRB400 级	12

2）预热闪光焊：施焊时，先闭合电源，然后使两个钢筋端面交替地接触和分开。这时钢筋端面间隙中即发出断续的闪光，形成预热过程。当钢筋达到预热温度后进入闪光阶段，随后顶锻而成。

3）闪光—预热—闪光焊：在预热闪光焊前加一次闪光过程。目的是使不平整的钢筋端面烧化平整，使预热均匀，然后按预热闪光焊操作。

焊接大直径的钢筋（直径在 25mm 以上）时，多用预热闪光焊与闪光—预热—闪光焊。

HRB400 级钢筋中，焊接性差的高强钢筋宜用强电流进行焊接，焊后再进行通电热处理。通电热处理的目的是对焊接接头进行一次退火或高温回火处理，以消除热影响区产生的脆性组织，改善接头的塑性。通电热处理的方法是：待接头冷却到 300℃（暗黑色）以下后，将电极钳口调至最大间距，接头居中，重新夹紧。采用较低变压器级数进行脉冲式通电加热时，频率以 0.5~1s/次为宜。热处理温度通过试验确定，一般在 750~850℃（橘红色）范围内选择，随后在空气中自然冷却。

采用连续闪光焊时，应合理选择调伸长度、烧化留量、顶锻留量以及变压器级数等；采用闪光—预热—闪光焊时，除上述参数外，还应考虑一次烧化留量、二次烧化留量、预热留量和预热时间等参数。焊接不同直径的钢筋时，其截面比不宜超过 1.5。焊接参数按大直径的钢筋选择。负温下焊接时，由于冷却快，易产生冷脆现象，内应力也大。为此，负温下焊接应减小温度梯度和冷却速度。

钢筋闪光对焊后，除对接头进行外观检查（无裂纹和烧伤，接头弯折不大于 4°，接头轴线偏移不大于钢筋直径的 1/10，也不大于 2mm）外，还应按《钢筋焊接及验收规程》（JGJ 18—2012）的规定进行抗拉强度和冷弯试验。

1-2 钢筋电渣压力焊

（2）电渣压力焊 现浇钢筋混凝土框架结构中，竖向钢筋的连接宜采用自动或手工电渣压焊进行焊接（直径为 14~40mm 的 HRB335 级钢筋）。与电弧焊比较，电渣压焊工效高、节约钢材、成本低，在高层建筑施工中得到广泛应用。

电渣压焊的设备包括电源、控制箱、焊接夹具、焊剂盒。自动电渣压焊的设备还包括控制系统及操作箱。焊接夹具（图 1-11）应具有一定刚度，要求坚固、灵巧、上下钳口同心，上下钢筋的轴线应尽量一致，其最大偏移不得超过 0.1d（d 为钢筋直径），也不得大于 2mm。焊接时，先将钢筋的端部约 120mm 范围内的铁锈除尽，将夹具夹牢在下部钢筋上，并将上部钢筋扶直夹牢于活动电极中，上下钢筋间放一小块导电剂（或钢丝小球），装上药盒，装满焊药，接通电路，用手柄使电弧引燃（引弧）。然后稳弧一定时间，使之形成渣池，并使钢筋熔化（稳弧）。随着钢筋的熔化，用手柄使上部钢筋缓缓下送。稳弧时间的长短视电流、电压和钢筋直径而定。如电流 850A、工作电压 40V 左右时，ϕ30 及 ϕ32 钢筋的稳弧时间约 50s。稳弧达到规定时间后，在断电的同时用手柄进行加压顶锻，以排除焊渣。引弧、稳弧、顶锻三个过程连续进行。电渣压焊的参数为焊接电流、渣池电压和焊接通电时间，均根据钢筋直径选择。

电渣压焊的接头应按规范规定的方法检查外观质量，并进行拉力试验。

（3）电弧焊　电弧焊利用弧焊机使焊条与焊件之间产生高温电弧，使电弧燃烧范围内的焊条和焊件熔化，待其凝固后，便形成焊缝或接头。钢筋电弧焊有帮条焊接头、搭接焊接头、坡口焊接头和熔槽帮条焊接头四种接头形式。下面介绍帮条焊接头、搭接焊接头和坡口焊接头，熔槽帮条焊及其他电弧焊接方法详见《钢筋焊接及验收规程》（JGJ 18—2012）。

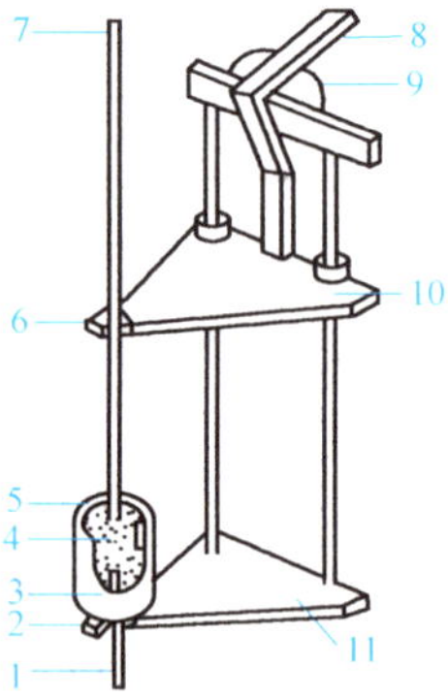

图 1-11　焊接夹具构造示意图

1、7—钢筋　2—固定电极　3—药盒　4—导电剂　5—焊药　6—活动电极　8—手柄　9—支架　10—滑动架　11—固定架

1-3　钢筋电弧焊

1）帮条焊接头。其适用于焊接直径为 10~40mm 的各级热轧钢筋。宜采用双面焊，不能进行双面焊时，也可采用单面焊，如图 1-12a 所示。帮条宜采用与主筋同级别、同直径的钢筋制作，帮条长度见表 1-10。帮条级别与主筋相同时，帮条的直径可比主筋小一个规格；帮条直径与主筋相同时，帮条钢筋的级别可比主筋低一级。

2）搭接焊接头。其只适用于焊接直径为 10~40mm 的 HPB300、HRB335 级钢筋。焊接时，宜采用双面焊，不能进行双面焊时，也可采用单面焊，如图 1-12b 所示。搭接长度与帮条长度相同，详见表 1-10。钢筋帮条焊接头或搭接焊接头的焊缝厚度 h 应不小于 0.3 倍钢筋直径；焊缝宽度 b 不小于 0.7 倍钢筋直径。

3）坡口焊接头。其有平焊和立焊两种。这种接头比前两种节约钢材，适用于在现场焊接装配整体式构件接头中直径 18~40mm 的各级热轧钢筋。坡口立焊时，坡口角度为 45°，如图 1-12c 所示。钢垫板长为 40~60mm。平焊时，钢垫板宽度为钢筋直径加 10mm；立焊时，其宽度等于钢筋直径。钢筋根部间隙平焊时为 4~6mm，立焊时为 3~5mm，最大间隙均不宜超过 10mm。

表 1-10 钢筋帮条长度

项次	钢筋级别	焊缝形式	帮条长度
1	HPB300 级	单面焊	>8d
		双面焊	>4d
2	HRB335 级	单面焊	>10d
		双面焊	>5d

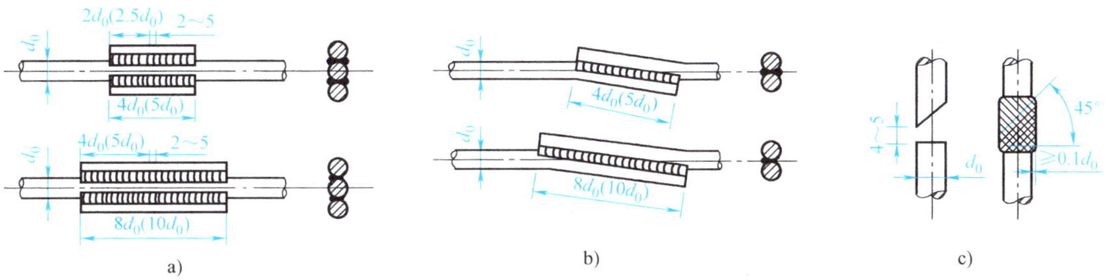

图 1-12 接头形式

a）帮条焊接头 b）搭接焊接头 c）立焊的坡口焊接头

焊接电流的大小应根据钢筋直径和焊条的直径间隙选择。

帮条焊、搭接焊和坡口焊的焊接接头除应进行间隙外观质量检查外，也需抽样做拉力试验。如对焊接质量有怀疑或发现异常情况，还应进行无损检测（X 射线、γ 射线、超声波探伤等）。

（4）电阻点焊 电阻点焊是利用点焊机进行交叉钢筋的焊接，可成型为钢筋网片或骨架，以代替人工绑扎。同人工绑扎相比较，电阻点焊具有功效高、节约劳动力、成品整体性好、节约材料、降低成本等特点。

电阻点焊的工作原理如图 1-13 所示。将钢筋的交叉部分置于点焊机的两个电极间，然后通电，钢筋温度升至一定高度后熔化，再加压使交叉处的钢筋焊接在一起。焊点的压入深度应符合下列要求：热轧钢筋点焊时，压入深度为较小钢筋直径的 30%~45%；冷拔低碳钢丝点焊时，压入深度为较小钢丝直径的 30%~35%。

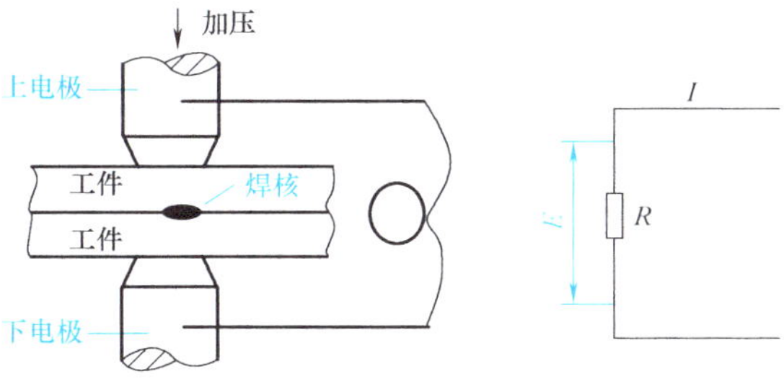

图 1-13 电阻点焊原理

1-4 钢筋电阻点焊

（5）气压焊 气压焊接钢筋时，利用乙炔-氧混合气体燃烧的高温火焰，对已有初始压力的两根钢筋端面接合处加热，使钢筋端部产生塑性变形，并促使钢筋端面的金属原子互相扩散。当钢筋加热到 1250~1350℃（相当于钢材熔点的 0.80~0.90 倍，此时钢筋加热部位呈橘黄色，有白亮闪光出现）时，进行加压顶锻，使钢筋内的原子得以再结晶而焊接在一起。

钢筋气压焊接属于热压焊。在焊接加热过程中，加热温度为钢材熔点的 0.8～0.9 倍，钢材未呈熔化液态，且加热时间较短，钢筋的热输入量较少，所以不会出现钢筋材质裂化倾向。另外，气压焊设备轻巧、使用灵活、效率高、节省电能、焊接成本低，可进行全方位（竖向、水平和斜向）焊接，目前已在我国得到推广应用。

加热系统中的加热能源是氧和乙炔。系统中的流量计用来控制氧和乙炔的输入量，焊接不同直径的钢筋要求不同的流量。加热器用来将氧和乙炔混合后，从喷火嘴喷出火焰，加热钢筋。火焰应能均匀加热钢筋，有足够的温度和功率，并且安全可靠。

加压顶锻时压力平稳。压接器是气压焊的主要设备之一，应能准确、方便地将两根钢筋固定在同一轴线上，并将油泵产生的压力均匀地传递给钢筋，达到焊接的目的。施工时，压接器需反复装拆，要求重量轻、构造简单和装拆方便。

气压焊接的钢筋要用砂轮切割机断料，不能用钢筋切断机切断，要求端面与钢筋轴线垂直。焊接前应打磨钢筋端面，清除氧化层和污物，使其呈现出金属光泽，并即刻喷涂一小层焊接活化剂，保护端面不再氧化。

钢筋加热前，先对钢筋施加 30～40MPa 的初始压力，使钢筋端面贴合。当加热到缝隙密合后，上下摆动加热器，适当增大钢筋加热范围，促使钢筋端面金属原子互相渗透，也便于加压顶锻。加压顶锻的压应力为 34～40MPa，使焊接部位产生塑性变形。直径小于 22mm 的钢筋可以一次顶锻成型，大直径钢筋可以进行二次顶锻。

气压焊的接头应按规定的方法检查外观质量，并进行拉力试验。

3. 钢筋的机械连接

钢筋的机械连接主要有套管式挤压连接、锥螺纹套筒连接、直螺纹套筒连接三种形式。

（1）套管式挤压连接　钢筋套管式挤压连接也称钢筋套管式冷压连接。它是将需连接的带肋钢筋插入特制钢套管内，利用液压驱动的挤压机进行侧向加压数道，使钢套管产生塑性变形的连接方式。套管塑性变形后即与带肋钢筋紧密咬合，达到连接的效果（图 1-14）。套管挤压连接适用于竖向、横向及其他方向的较大直径带肋钢筋的连接。

与焊接相比较，套管式挤压连接的接头强度高、质量稳定可靠、挤压连接速度快，一般每台班可挤压直径为 25mm 的钢筋接头 150～200 个。此外，挤压连接具有节省电能、不受钢筋可焊性能的影响、不受气候影响、无明火、施工简便和接头可靠度高等特点，适用于垂直、水平、倾斜、高处及水下等各方位的钢筋连接，尤其适用于不可焊钢筋及进口钢筋的连接。

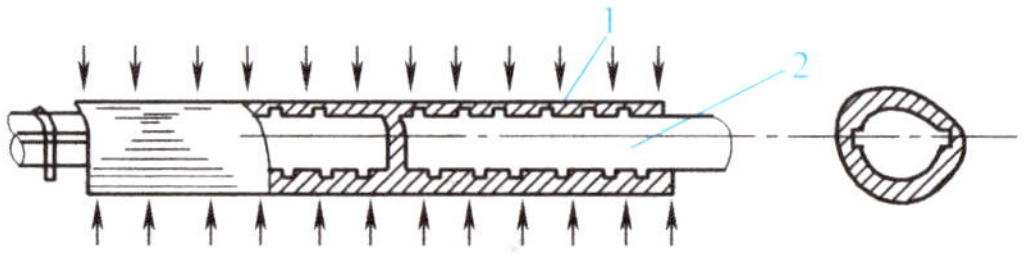

图 1-14　钢筋径向挤压连接原理图

1—钢套管　2—被连接的钢筋

1-5　钢筋套管挤压连接

一般规定采用挤压连接的钢筋必须具有资质证明，性能符合国家标准要求。钢套管必须有材料质量证明书，其技术性能应符合钢套管质量验收的有关规定。正式施工前，必须进行现场条件下的挤压连接试验，要求每批材料制作 3 个接头，按照套管挤压连接质量检验标准规定合格后，方可进行施工。

钢筋检验连接的工艺参数主要是压接顺序、压接力和压接道数。压接顺序从中间逐道向两端压接。压接力要能保证套管与钢筋紧密咬合，压接力和压接道数取决于钢筋直径、套管型号和挤压机型号。

钢筋及钢套管压接之前，要清除钢筋压接部位的铁锈、油污、砂浆等，钢筋端部必须平直。如有弯折扭曲，应予以矫直、修磨、锯切，以免影响压接后钢筋接头的性能。钢筋端部应做能够准确判断钢筋伸入套管内长度的位置标记。压接前应按设备操作说明书的有关规定调整设备，检查设备是否正常，调整油浆的压力，根据要压接钢筋的直径，选配相应的压模。如发现设备有异常，必须排除故障后再使用。

（2）锥螺纹套筒连接　钢筋锥螺纹套筒连接是利用锥形螺纹套筒将两根钢筋端头对接在一起，利用螺纹的机械咬合力传递拉力或压力的连接方式。用这种连接方式的钢套筒内壁，在工厂用专用机床加工锥螺纹，钢筋的对接端头在施工现场用套丝机加工与套筒匹配的螺纹。连接时，在确定螺纹无油污和损伤后，先用手旋入钢筋，然后用扭矩完成连接（图1-15）。锥螺纹套筒连接施工速度快、不受气候影响、质量稳定、对中性好。

钢筋锥螺纹套筒连接施工过程：钢筋下料→钢筋套螺纹→钢筋连接。

1）钢筋下料。钢筋下料可用钢筋切断机或砂轮锯，但不得用气割下料。钢筋下料时，要求端面垂直于钢筋轴线，端头不得挠曲或出现马蹄形。

钢筋要有复试证明。钢筋的连接套必须有明显的规格标记，锥孔两端必须用密封盖封住，应有产品出厂合格证，并按规格分类包装。

2）钢筋套螺纹。钢筋套螺纹可以在施工现场或钢筋加工厂进行预制。为确保钢筋套螺纹的质量，操作工人必须持证上岗作业。套螺纹工人应对其加工的每个丝头用牙形规和卡规逐个进行检查。达到质量要求的钢筋丝头，一端戴上与钢筋规格相同的塑料保护帽，另一端按规定的力矩值拧紧连接套，并按规格分类堆放整齐。

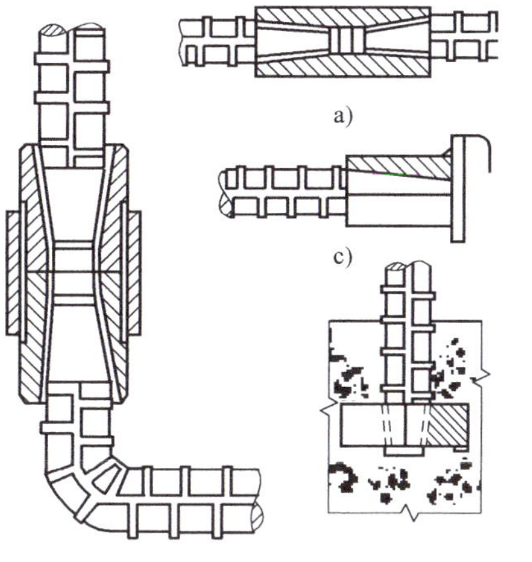

图 1-15　钢筋锥螺纹套筒连接

a）两根直钢筋连接　b）一根直钢筋与一根弯钢筋连接　c）在金属结构上接装钢筋　d）在混凝土结构上插接钢筋

1-6　钢筋锥螺纹套筒连接

3）钢筋连接。钢筋连接之前，先回收钢筋待连接端的塑料保护帽和连接套上的密封盖，并检查钢筋规格是否与连接套规格相同；检查锥螺纹是否完好无损、清洁，发现杂物或锈蚀，可用铁刷清理干净，然后把已拧好连接套的一头钢筋拧到被连接的钢筋上，用扭力扳手按规定的力矩拧紧至发出响声，并随手画上油漆标记，以防钢筋接头漏拧。连接水平钢筋时，必须将钢筋托平，再按以上方法连接。

（3）直螺纹套筒连接　为了提高螺纹套筒连接的质量，近年来开发了直螺纹套筒连接技术，并得到广泛运用。钢筋直螺纹套筒连接是将钢筋待连接的端头用滚轧加工工艺滚轧成规整的直螺纹，再用相配套的直螺纹套筒将两根钢筋相对拧紧，实现连接，如图 1-16 所示。

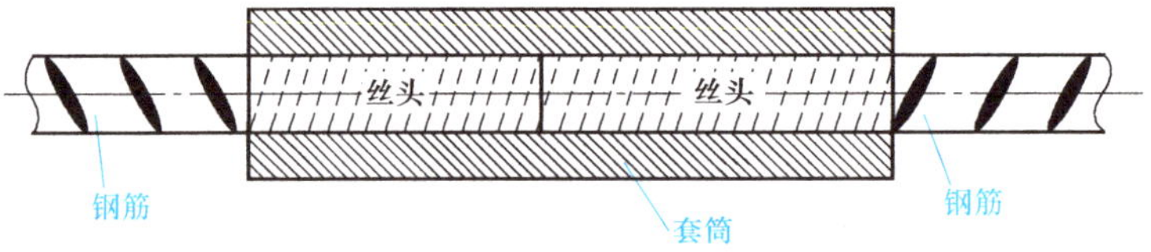

图 1-16　直螺纹套筒连接

1-7　钢筋直螺纹套筒连接

根据钢材冷作硬化的原理，钢筋上滚轧出的直螺纹强度大幅提高，从而使直螺纹接头的抗拉强度普遍高于母材的抗拉强度。

钢筋直螺纹套筒连接中的螺纹是专用的滚轧螺纹设备加工的，钢筋接头质量好、强度高；钢筋连接操作方便，速度快；钢筋滚丝可在工地的钢筋加工场地预制，不占工期；在施工面上连接钢筋时，不用电、不用气、无明火作业，可全天候施工；可用于水平、竖直等各种不同位置钢筋的连接。

目前钢筋直螺纹加工由剥肋滚轧方式发展到压肋滚轧方式。

滚压直螺纹又分为直接滚压直螺纹和挤压肋滚压直螺纹两种。采用专用滚压套丝机，先将钢筋的横肋和纵肋进行滚压或挤压处理，使钢筋滚丝前的柱体达到螺纹加工的圆度尺寸，然后再进行螺纹滚压成型。螺纹经滚压后材质发生硬化，强度约提高 6%~8%。全部直螺纹成型过程由专用滚压套丝机一次完成。

剥肋滚压直螺纹是将钢筋的横肋和纵肋进行剥切处理，使钢筋滚丝前的柱体圆度精度高，达到同一尺寸，然后再进行螺纹滚压成型。从剥肋到滚压直螺纹成型过程由专用套丝机一次完成。剥肋滚压直螺纹的精度高，操作方便，性能稳定，耗材量少。

直螺纹工艺流程为：钢筋平头→钢筋滚压或挤压（剥肋）→螺纹成型→丝头检验→套筒检验→钢筋就位→拧下钢筋保护帽和套筒保护帽→接头拧紧→做标记→施工质量检验。

【质量标准】

一、钢筋的检查验收

钢筋工程属于隐蔽工程，在浇混凝土前应对钢筋及预埋件进行隐蔽工程验收，并按规定作好隐蔽工程记录，以便查验。其内容包括：纵向受力钢筋的品种、规格、数量、位置是否正确，特别是要注意检查负筋的位置；钢筋的连接方式、接头位置、接头数量、接头面积百分率是否符合规定；箍筋、横向钢筋的品种、规格、数量、间距等；预埋件的规格、数量、位置等。检查钢筋绑扎是否牢固，有无变形、松脱和开焊。

钢筋工程的施工质量检验应按主控项目和一般项目区分，按规定的检验方法进行检验。检验批合格质量应符合下列规定：主控项目的质量经抽样检验合格，一般项目的质量经抽样检验合格。当采用计数检验时，除有专门要求外，一般项目的合格点率应达到 80%及以上，且不得有严重缺陷；具有完整的施工操作依据和质量验收记录。

1. 主控项目

1）钢筋进场时，应按国家现行相关标准的规定抽取试件作力学性能和重量偏差检验，检验结果必须符合有关标准的规定。

检查数量：按进场的批次和产品的抽样检验方案确定。

检验方法：检查出厂合格证、出厂检验报告和进场复验报告。

钢筋进场时，应检查产品合格证和出厂检验报告，并按相关标准的规定进行抽样检验。

由于工程量、运输条件和各种钢筋的用量等的差异，很难对钢筋进场的批量大小作出统一规定。实际检查时，若有关标准中对进场检验作了具体规定，应遵照执行；若有关标准中只有对产品出厂检验的规定，则在进场检验时，批量应按下列情况确定：

① 对同一厂家、同一牌号、同一规格的钢筋，当一次进场的数量大于该产品的出厂检验批量时，应划分为若干个出厂检验批量，按出厂检验的抽样方案执行。

② 对同一厂家、同一牌号、同一规格的钢筋，当一次进场的数量小于或等于该产品的出厂检验批量时，应作为一个检验批量，按出厂检验的抽样方案执行。

③ 对不同进场时间的同批钢筋，当确有可靠依据时，可按一次进场的钢筋处理。

产品合格证、出厂检验报告是对产品质量的证明资料，应列出产品的主要性能指标；当用户有特殊要求时，还应列出某些专门检验数据。有时产品合格证、出厂检验报告可以合并。进场复验报告是进场抽样检验的结果，可作为材料能否在工程中应用的判断依据。

每批钢筋的检验数量应按相关产品标准执行。《钢筋混凝土用钢　第1部分：热轧光圆钢筋》(GB 1499.1—2017) 和《钢筋混凝土用钢　第2部分：热轧带肋钢筋》(GB 1499.2—2018) 中规定，每批抽取5个试件，先进行重量偏差检验，再取其中2个试件进行力学性能检验。

2）对有抗震设防要求的结构，其纵向受力钢筋的性能应满足设计要求。当设计无具体要求时，对按一、二、三级抗震等级设计的框架和斜撑构件（含梯段）中的纵向受力钢筋，应采用HRB335E、HRB400E、HRB500E、HRBF335E、HRBF400E或HRBF500E钢筋，其强度和最大力下总伸长率的实测值应符合下列规定：

① 钢筋的抗拉强度实测值与屈服强度实测值的比值不应小于1.25。

② 钢筋的屈服强度实测值与屈服强度标准值的比值不应大于1.30。

③ 钢筋的最大力下总伸长率不应小于9%。

检查数量：按进场的批次和产品的抽样检验方案确定。

检验方法：检查进场复验报告。

3）当发现钢筋脆断、焊接性能不良或力学性能显著不正常等现象时，应对该批钢筋进行化学成分检验或其他专项检验。

检验方法：检查化学成分等专项检验报告。

4）受力钢筋的弯钩和弯折应符合下列规定：

① HPB300级钢筋末端应做180°弯钩，弯弧内直径不应小于钢筋直径的2.5倍，弯后平直部分长度不应小于钢筋直径的3倍。

② 当设计要求钢筋末端需做135°弯钩时，HRB335、HRB400级钢筋的弯弧内直径不应小于钢筋直径的4倍，弯钩的弯后平直部分长度应符合设计要求。

③ 钢筋做不大于90°的弯折时，弯折处的弯弧内直径不应小于钢筋直径的5倍。

检查数量：每工作班同一类型钢筋、同一加工设备抽查不应少于3件。

检验方法：钢尺检查。

5）除焊接封闭环式箍筋外，箍筋的末端应做弯钩，弯钩形式应符合设计要求。当设计无具体要求时，应符合下列规定：

① 箍筋弯钩的弯弧内直径除应满足上述规定外，还应不小于受力钢筋直径。

② 箍筋弯钩的弯折角度：对一般结构，不应小于 90°；对有抗震等要求的结构，应为 135°。

③ 箍筋弯后平直部分长度：对一般结构，不宜小于箍筋直径的 5 倍；对有抗震等要求的结构，不应小于箍筋直径的 10 倍，且不小于 75mm。

检查数量：每工作班同一类型钢筋、同一加工设备抽查不应少于 3 件。

检验方法：钢尺检查。

6）钢筋调直后应进行力学性能和质量偏差的检验，其强度应符合有关标准的规定。盘卷钢筋和直条钢筋调直后的断后伸长率、质量负偏差应符合表 1-11 的规定。

表 1-11 盘卷钢筋和直条钢筋调直后的断后伸长率、质量负偏差要求

钢筋牌号	断后伸长率 A(%)	质量负偏差(%)		
		直径 6~12mm	直径 14~20mm	直径 22~50mm
HPB300	≥21	≤10	—	—
HRB335、HRBF335	≥16	≤8	≤6	≤5
HRB400、HRBF400	≥15			
RRB400	≥13			
HRB500、HRBF500	≥14			

注：1. 断后伸长率 A 的量测标距为钢筋公称直径的 5 倍。

2. 质量负偏差（%）按公式 $[(W_0-W_d)/W_0]\times100$ 计算，其中 W_0 为钢筋理论质量（kg/m），W_d 为调直后钢筋的实际质量（kg/m）。

3. 对直径为 28~40mm 的带肋钢筋，表中断后伸长率可降低 1%；对直径大于 40mm 的带肋切筋，表中断后伸长率可降低 2%。

采用无延伸功能的机械设备调直的钢筋，可不进行本条规定的检验。

检查数量：同一厂家、同一牌号、同一规格调直钢筋，质量不大于 30t 为一批；每批取 3 个试件。

检验方法：3 个试件先进行质量偏差检验，再取其中 2 个试件经时效处理后进行力学性能检验。检验质量偏差时，试件切口应平滑，且与长度方向垂直，长度不应小于 500mm；长度和质量的量测精度分别不应低于 1mm 和 1g。

7）纵向受力钢筋的连接方式应符合设计要求。

检查数量：全数检查。

检验方法：观察。

8）在施工现场，应按国家现行标准《钢筋机械连接技术规程》（JGJ 107—2016）、《钢筋焊接及验收规程》（JGJ 18—2012）的规定抽取钢筋机械连接接头、焊接接头试件做力学性能检验，其质量应符合有关规程的规定。

检查数量：按有关规程确定。

检验方法：检查产品合格证、接头力学性能试验报告。

9）钢筋安装时，受力钢筋的品种、级别、规格和数量必须符合设计要求。

检查数量：全数检查。

检验方法：观察、钢尺检查。

2. 一般项目

1）钢筋应平直、无损伤，表面不得有裂纹、油污、顺粒状或片状老锈。

检查数量：进场时和使用前全数检查。

检验方法：观察。

2）钢筋宜采用无延伸功能的机械设备进行调直，也可采用冷拉方法调直。当采用冷拉方法调直时，HPB300 光圆钢筋的冷拉率不宜大于 4%；HRB335、HRB400、HRB500、HRBF335、HRBF400、HRBF500 及 RRB400 带肋钢筋的冷拉率不宜大于 1%。

检查数量：每工作班同一类型钢筋、同一加工设备抽查不应少于 3 件。

检验方法：观察、钢尺检查。

3）钢筋加工的形状、尺寸应符合设计要求，其偏差应符合表 1-12 的规定。

检查数量：每工作班同一类型钢筋、同一加工设备抽查不应少于 3 件。

检验方法：钢尺检查。

表 1-12 钢筋加工的允许偏差 （单位：mm）

项目	允许偏差
受力钢筋长度方向全长的净尺寸	±10
弯起钢筋的弯折位置	±20
箍筋内净尺寸	±5

4）钢筋的接头宜设置在受力较小处。同一纵向受力钢筋不宜设置两个或两个以上接头。接头末端至钢筋弯起点的距离不应小于钢筋直径的 10 倍。

检查数量：全数检查。

检验方法：观察、钢尺检查。

5）施工现场应按国家现行标准《钢筋机械连接技术规程》（JGJ 107—2016）、《钢筋焊接及验收规程》（JGJ 18—2012）的规定对钢筋机械连接接头、焊接接头的外观进行检查，其质量应符合有关规范的规定。

检查数量：全数检查。

检验方法：观察。

6）当受力钢筋采用机械连接接头或焊接接头时，设置在同一构件的接头宜相互错开。纵向受力钢筋机械连接接头连接区段的长度为 $35d$（d 为纵向受力钢筋的较大直径）；纵向受力钢筋焊接接头连接区段的长度为 $35d$（d 为纵向受力钢筋的较大直径），且不小于 500mm。凡接头中点位于该连接区段长度内的接头均属于同一连接区段。同一连接区段内，纵向受力钢筋机械连接及焊接的接头面积百分率为该区段内有接头的纵向受力钢筋截面面积与全部纵向受力钢筋截面面积的比值。

同一连接区段内，纵向受力钢筋的接头面积百分率应符合设计要求。当设计无具体要求时，在受拉区不大于 50%；接头不宜设置在有抗震设防要求的框架梁端、柱端的箍筋加密区。当无法避开时，对等强度高质量机械连接接头，接头面积百分率不应大于 50%；直接承受动力荷载的结构构件中，不宜采用焊接接头；当采用机械连接接头时，接头面积百分率不应大于 50%。

检查数量：在同一检验批内，对梁、柱和独立基础，应抽查构件数量的 10%，且不少于 3 件；对墙和板，应按有代表性的自然间抽查 10%，且不少于 3 间；对大空间结构，墙可按相邻轴线间高度 5m 左右划分检查面，板可按纵、横轴线划分检查面，抽查 10%，且均不少于 3 面。

检验方法：观察、钢尺检查。

7）同一构件中，相邻纵向受力钢筋的绑扎搭接接头宜相互错开。绑扎搭接接头中，钢筋的横向净距不小于钢筋直径，且不小于 25mm。

钢筋绑扎搭接接头均属于同一连接区段的长度为 $1.3l_1$（l_1 为搭接长度），凡搭接接头中点位于该连接区段长度内的搭接接头均属于同一连接区段。同一连接区段内，纵向钢筋搭接接头面积百分率为该区段内有搭接接头的纵向受力钢筋截面面积与全部纵向受力钢筋截面面积的比值（图 1-17）。

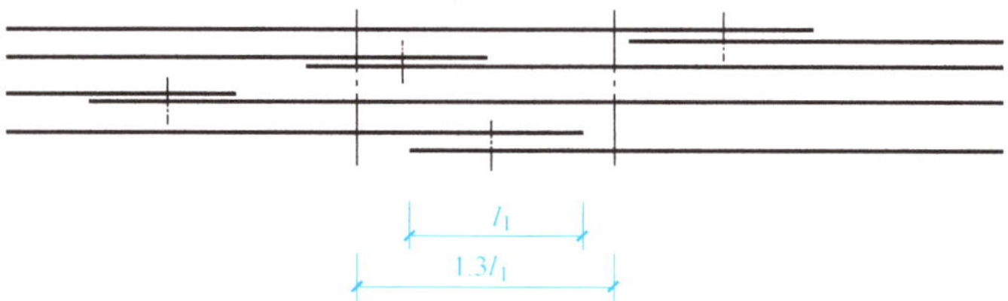

图 1-17 钢筋绑扎搭接接头连接区段及接头面积百分率

注：图中所示搭接接头同一连接区段内的搭接钢筋为两根，当各钢筋直径相同时，接头面积百分率为 50%。

同一连接区段内，纵向钢筋搭接接头面积百分率应符合设计要求。当设计无具体要求时，对梁类、板类及墙类构件，不宜大于 25%；对柱类构件，不宜大于 50%；当工程中确有必要增大接头面积百分率时，对梁类构件，不应大于 50%；对其他构件，可根据实际情况放宽。纵向受力钢筋绑扎搭接接头的最小搭接长度应符合规范的规定。

检查数量：在同一检验批中，对梁、柱和独立基础，应抽查构件数量的 10%，且不少于 3 件；对墙和板，应按有代表性的自然间抽查 10%，且不少于 3 间；对大空间结构，墙可按相邻轴线间高度 5m 左右划分检查面，板可按纵、横轴线划分检查面，抽查 10%，且均不少于 3 面。

检验方法：观察、钢尺检查。

8）在梁、柱类构件的纵向受力钢筋搭接长度范围内，应按设计要求配置箍筋。当设计无具体要求时，箍筋直径不应小于搭接钢筋较大直径的 0.25 倍；受拉搭接区段的箍筋间距不应大于搭接钢筋较小直径的 5 倍，且不应大于 100mm；受压搭接区段的箍筋间距不应大于搭接钢筋较小直径的 10 倍，且不应大于 200mm；当柱中纵向受力钢筋直径大于 25mm 时，应在搭接接头两端面外 100mm 范围内各设置两个箍筋，其间距宜为 50mm。

检查数量：在同一检验批内，对梁、柱和独立基础，应抽查构件数量的 10%，且不少于 3 件；对墙和板，应按有代表性的自然间抽查 10%，且不少于 3 间；对大空间结构，墙可按相邻轴线间高度 5m 左右划分检查面，板可按纵、横轴线划分检查面，抽查 10%，且均不少于 3 面。

检验方法：钢尺检查。

9）钢筋安装位置的允许偏差和检验方法应符合表1-13的规定。

检查数量：在同一检验批内，对梁、柱和独立基础，应抽查构件数量的10%，且不少于3件；对墙和板，应按有代表性的自然间抽查10%，且不少于3间；对大空间结构，墙可按相邻轴线间高度5m左右划分检查面，板可按纵、横轴线划分检查面，抽查10%，且均不少于3面。

表1-13 钢筋安装位置的允许偏差和检验方法

项目		允许偏差/mm	检验方法
绑扎钢筋网	长、宽	±10	尺量
	网眼尺寸	±20	尺量连续三档，取最大偏差值
绑扎钢筋骨架	长	±10	尺量
	宽、高	±5	尺量
纵向受力钢筋	锚固长度	−20	尺量
	间距	±10	尺量两端、中间各一点，取最大偏差值
	排距	±5	
纵向受力钢筋、箍筋的混凝土保护层厚度	基础	±10	尺量
	柱、梁	±5	尺量
	板、墙、壳	±3	尺量
绑扎箍筋、横向钢筋间距		±20	尺量连续三档，取最大偏差值
钢筋弯起点位置		20	尺量，沿纵、横两个方向量测，并取其中的较大偏差值
预埋件	中心线位置	5	尺量
	水平高差	+3，0	塞尺量测

二、钢筋工程常见质量事故

1. 钢筋工程质量事故类别

（1）钢筋材质达不到材料标准或设计要求　常见的有钢筋屈服点和极限强度低、钢筋裂缝、钢筋脆断、焊接性能不良等。钢筋材质不符合要求首先是因为钢筋流通领域复杂，大量钢筋经过多次转手造成，出厂证明与货源不一致的情况较普遍，加上从国外进口了不同材质的钢筋，造成进场的钢筋质量问题较多。其次，进场后的钢筋管理混乱，不同品种钢筋混杂。此外，还有使用前未按施工规范规定验收与抽查等原因。

（2）漏筋或少筋　常见的有漏放或错放钢筋，造成钢筋设计截面不足等。主要原因有看错图、钢筋配料错误、钢筋代用不当等。

（3）钢筋错位偏差　常见的有基础预留插筋错误、梁板上面钢筋下移、柱与柱或柱与梁连接钢筋错位等。主要原因除看错图外，还有施工工艺不当、钢筋固定不牢固、施工操作中踩踏或碰撞钢筋等。

（4）钢筋脆断　这里所说的钢筋脆断，不包括材质不合格钢筋的脆断。常见的有低合金钢筋或进口钢筋运输装卸中脆断、电焊脆断等。主要原因为：钢筋加工成型工艺错误；运输装卸方法不当，使钢筋承受过大的冲击应力；对进口钢筋的性能不了解；焊接工艺不良；不适当地使用点焊固定钢筋位置等。

（5）钢筋锈蚀　常见的有钢筋严重锈蚀、掉皮、有效截面减小；构件内钢筋严重锈蚀后，导致混凝土裂缝等。主要原因为：钢筋储存保管不当、构件混凝土密实度差、保护层小、不适当掺用氯盐等。

2. 钢筋工程质量事故处理方法

（1）补加遗漏的钢筋　例如，预埋钢筋遗漏或错位严重，可在混凝土中钻孔补埋规定的钢筋；凿除混凝土保护层，补加所需的钢筋，再用喷射混凝土等方法修复保护层等。

（2）增密箍筋加固　例如纵向钢筋弯折严重将降低承载能力，并造成抗裂性能恶化等后果。此时可在钢筋弯折处及附近用间距较小的（如30mm左右）钢箍加固。试验结果表明，这种密箍处理方法对混凝土有一定的约束作用，能提高混凝土的极限强度，推迟混凝土中斜裂缝的出现时间，并保证弯折受压钢筋强度得以充分发挥。

（3）结构或构件补强加固　常用的方法有外包钢筋混凝土、外包钢、粘贴钢板、增设预应力卸荷体系等。

（4）降级使用　锈蚀严重的钢筋，或性能不良但仍可使用的钢筋，可采用降级使用；因钢筋事故，导致构件承载能力等性能降低的预制构件，也可采用降低等级使用的方法处理。

（5）试验分析排除疑点　常用的方法有对可疑的钢筋进行全面试验分析、对有钢筋事故的结构构件进行理论分析和载荷试验等。如试验结果证明不必采用专门处理措施也可确保结构安全，则可不必处理，但须征得设计单位同意。

（6）焊接热处理　例如电弧点焊可能造成脆断，可用高温或中温回火或正火处理方法，改善焊点及附近区域的钢材性能等。

（7）更换钢筋　在混凝土浇筑前，发现钢筋材质有问题时，通常采用此法。

3. 选择处理方法的注意事项

除了遵守其他事故处理方法选择时的一般要求外，还应注意以下事项：

1）确认事故钢筋的性质与作用即区分出事故钢筋属于受力筋，还是构造钢筋，或仅是施工阶段所需的钢筋。实践证明，并非所有的钢筋工程事故都只能选择加固补强的方法处理。

2）注意区分同性质事故的不同原因　例如钢筋脆断并非都是材质问题，不一定都需要调换钢筋。

3）以试验分析结果为前提　钢筋工程事故处理前，往往需要对钢材做必要的试验，有的还要做荷载试验。只有分析试验结果，才能正确选择处理方法。

任务6　模板工程基础知识

【学习目标】

1. 掌握模板的分类。

2. 掌握模板工程的设计。
3. 掌握模板的施工工艺。
4. 了解模板工程的检验标准。
5. 培养动手操作的实践能力；树立安全操作的职业岗位意识。

【任务描述】

学习模板工程基础知识。

【相关知识】

模板是使混凝土结构和构件按所要求的几何尺寸成型的模型板。模板系统由面板、支架和连接件三部分系统组成，可简称为模板。

在现浇钢筋混凝土结构施工中，对模板的要求是保证工程结构各部分形状尺寸和相互位置的正确性，具有足够的承载能力、刚度和稳定性，构造简单，装拆方便，接缝不得漏浆。由于模板工程量大，材料和劳动力消耗多，因此正确选择模板形式、材料及合理组织施工对加速现浇钢筋混凝土结构施工和降低工程造价具有重要作用。

模板有多种分类方式，通常按以下方式分类：按所用材料不同分为木模板、组合钢模板、木胶合板模板、竹胶合板模板、塑料模板、玻璃模板、铝合金模板等；按结构类型不同分为基础模板、柱模板、墙模板、梁和楼板模板、楼梯模板等；按施工方法不同分为现场装拆式模板、固定式模板和移动式模板。

1. 组合钢模板

（1）钢模板　钢模板包括平面模板、阳角模板、阴角模板和连接角模。

1）平面模板。平面模板用于基础、墙体、梁、板、柱等各种结构的平面部位，由面板和肋组成，肋上设有 U 形卡孔和插销孔，利用 U 形卡和 L 形插销等拼装成大块板，如图 1-18a 所示。

2）阳角模板。阳角模板主要用于混凝土构件阳角，如图 1-18b 所示。

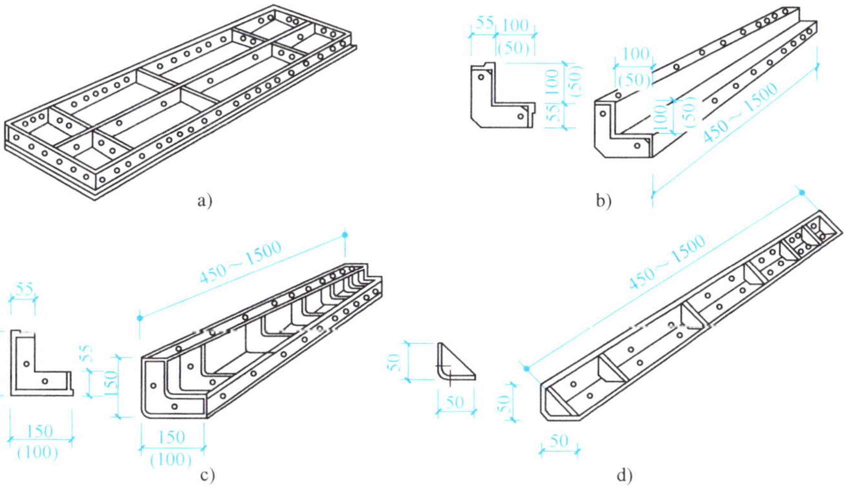

图 1-18　钢模板类型

a）平面模板　b）阳角模板　c）阴角模板　d）连接角模

3）阴角模板。阴角模板用于混凝土构件阴角，如内墙角、水池内角及梁板交接处阴角等，如图 1-18c 所示。

4）连接角模。连接角模用于垂直连接平模板，构成阳角，如图 1-18d 所示。

（2）连接件　定型组合钢模板的连接件包括 U 形卡、L 形插销、钩头螺栓、紧固螺栓、对拉螺栓、蝶形扣件和山型卡等，如图 1-19 所示。

1）U 形卡。模板的主要连接件，用于相邻模板的拼装。

2）L 形插销。用于插入两块模板纵向连接处的插销孔内，以增强模板纵向接头处的刚度。

3）钩头螺栓。连接模板与支撑系统的连接件。

4）紧固螺栓。用于内、外钢楞之间的连接件。

5）对拉螺栓。又称穿墙螺栓，用于连接墙壁两侧模板，保持墙壁厚度，承受混凝土侧压力及水平荷载，使模板不致变形。

6）蝶形扣件和山型卡。用于钢楞之间或钢楞与模板之间的扣紧。

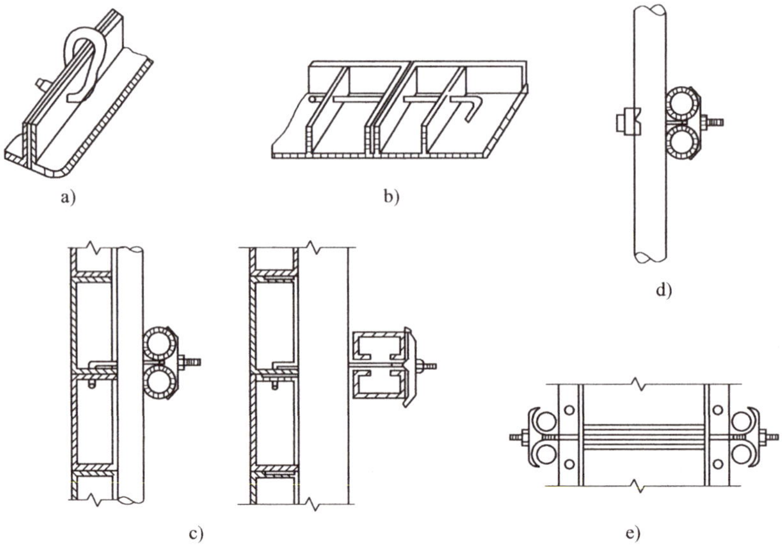

图 1-19　钢模板连接件

a）U 形卡连接　b）L 形插销连接　c）钩头螺栓连接　d）紧固螺栓连接　e）对拉螺栓连接

（3）支承件　组合钢模板的支承件包括钢楞、钢支架、柱箍、斜撑及钢桁架等。

1）钢楞。钢楞即模板的横档和竖档，分内钢楞与外钢楞。内钢楞的配置方向一般应与钢模板垂直，直接承受钢模板传来的荷载，其间距一般为 700~900mm。钢楞一般用圆钢管、矩形钢管、槽钢或内卷边槽钢，钢管用得较多。

2）钢支架。常用钢管支架如图 1-20a 所示，由内外两节钢管制成，其高低调节距模数为 100mm；支架底部除垫板外，均用木楔调整标高，以利于拆卸。另一种钢管支架本身装有调节螺杆，能调节一个孔距的高度，使用方便，但成本略高，如图 1-20b 所示。

当荷载较大、单根支架承载力不足时，可用组合钢支架或钢管井架，如图 1-20c 所示。还可用扣件式钢管脚手架、门型脚手架作支架，如图 1-20d 所示。

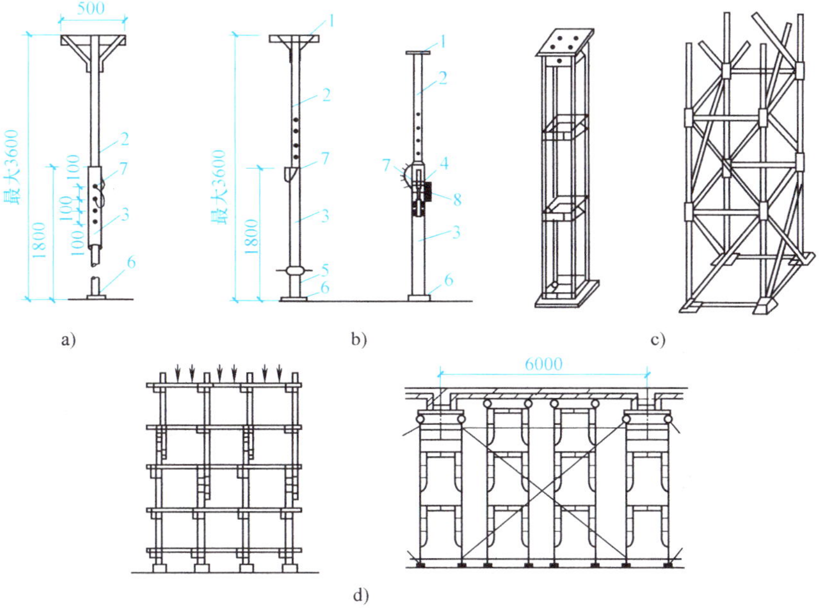

图 1-20 钢支架

a）钢管支架 b）调节螺杆钢管支架 c）组合钢支架和钢管井架 d）扣件式钢管脚手架支架和门型脚手架支架

1—顶板 2—插管 3—套管 4—转盘 5—螺杆 6—底板 7—插销 8—转动手柄

3）柱箍。柱模板四边设钢柱箍，钢柱箍由相邻钢管互相成直角组成，或用对拉螺栓拉紧，如图 1-21 所示。

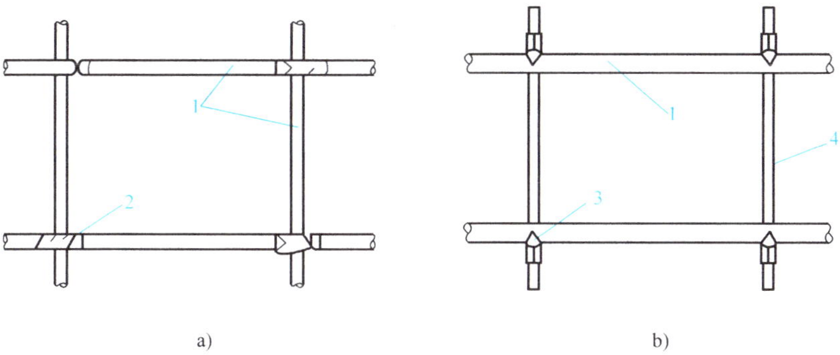

图 1-21 柱箍

1—圆钢管 2—直角扣件 3—山形卡 4—对拉螺栓

4）斜撑。由组合钢模板拼成的整片墙模或柱模，在吊装就位后，应由斜撑调整和固定其垂直位置，如图 1-22 所示。

5）钢桁架。两端可支承在钢筋托具、墙、梁侧模板的横档以及柱顶梁底横档上，以支承梁或板的模板，如图 1-23 所示。

（4）钢模配板 采用组合钢模板时，同一构件的模板展开可用不同规格的钢模作多种

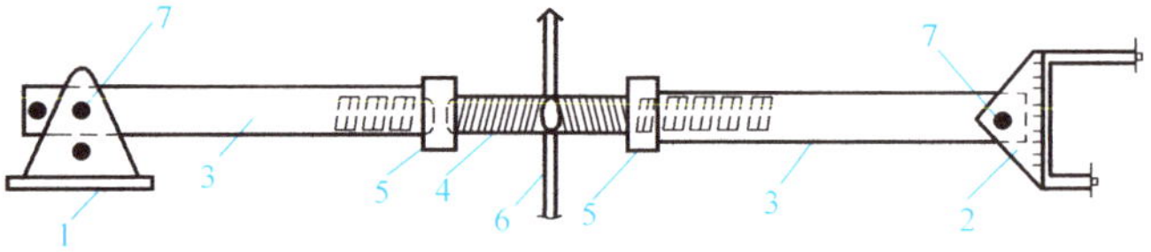

图 1-22 斜撑

1—底座 2—顶撑 3—钢管斜撑 4—花篮螺栓 5—螺母 6—旋杆 7—销钉

方式的组合排列，因而形成不同的配板方案。配板方案对支模效率、工程质量和经济效益都有一定影响。合理的配板方案应满足：钢模块数少、木模嵌补量少，并能使支承件布置简单、受力合理。配板原则如下：

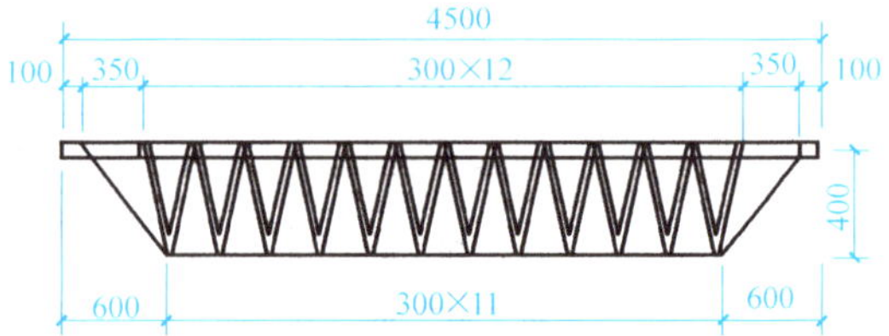

图 1-23 钢桁架

1）优先采用通用规格及大规格的模板，这样模板的整体性好，又可以减少装拆工作。

2）合理排列模板。宜以其长边沿梁、板、墙的长度方向或柱的方向排列，以利使用长度规格大的钢模，并扩大钢模的支承跨度。如结构的宽度恰好是钢模长度的整数倍，也可将钢模的长边沿结构的短边排列。模板端头接缝宜错开布置，以提高模板的整体性，并使模板在长度方向易保持平直。

3）合理使用角模。对无特殊要求的阳角，可不用阳角模，而用连接角模代替。阴角模宜用于长度大的阴角，柱头、梁口及其他短边转角（阴角）处，可用方木嵌补。

4）便于模板支承件（钢楞或钢桁架）的布置。对面积较大的预拼装大模板，及钢模端头接缝集中在一条线上时直接支承钢模的钢楞，其间距布置要考虑接缝位置，使每块钢模都有两道钢楞支承。对端头错缝连接的模板，其直接支承钢模的钢楞或桁架的间距可不受接缝位置的限制。

2. 木胶合板

（1）使用特点　木胶合板是一组单板（薄木片）按相邻层木纹方向相互垂直组坯、相互胶合成的板材。其表板和内层板对称配置在中心层或板芯的两侧。混凝土模板用的木胶合板属于具有高耐候性、高耐水性的Ⅰ类胶合板，胶粘剂为酚醛树脂。

木胶合板用作混凝土模板具有以下特点：

1）板幅大、板面平整。既可减少安装工作量、节省现场人工费用，又可减少混凝土外露表面的装饰及磨去接缝的费用。

2）承载能力大，特别是经表面处理后耐磨性好，能多次重复使用。

3）材质轻，厚 18mm 的木胶板，单位面积质量约为 10kg，模板的运输、堆放、使用和管理等都较为方便。

4）保温性能好，能防止温度变化过快，冬期施工有助于混凝土的保温。

5）锯截方便，易加工成各种形状的模板。

6）便于按工程的需要弯曲成型，用作曲面模板。

（2）构造与尺寸　模板用的木胶合板通常由5、7、9、11层等奇数层单板经热压固化而胶合成型。相邻层的纹理方向相互垂直，通常最外层表板的纹理方向和胶合板板面的长向平行（图1-24），因此，整张胶合板的长向为强方向，短向为弱方向，使用时必须加以注意。

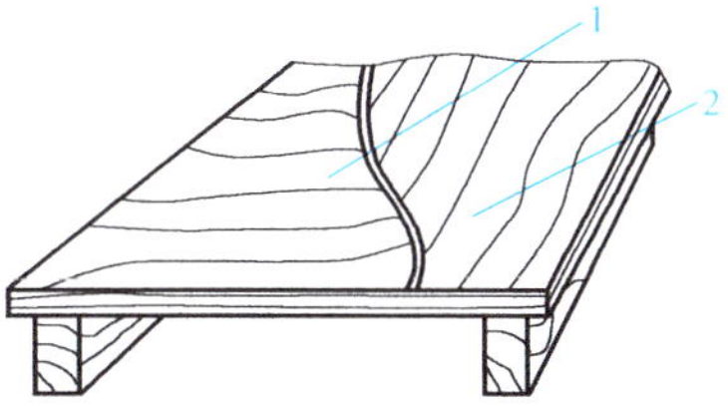

图1-24　木胶合板纹理方向与使用

1—表板　2—芯板

模板用木胶合板的幅面尺寸，一般宽度为1200mm左右，长度为2400mm左右，厚度为12～18mm。表1-14列出我国常用模板木胶合板的规格尺寸。

表1-14　常用模板木胶合板的规格尺寸　（单位：mm）

厚　度	层　数	宽　度	长　度
12	至少5层	915	1830
15	至少7层	1220	1830
18		915	2135
		1220	2440

【任务实施】

一、模板工程设计

1. 模板工程设计计算

（1）模板荷载的计算　计算模板及其支架的荷载，分为荷载标准值和荷载设计值，后者应以前者乘以相应的荷载分项系数。

1）荷载标准值。计算正常使用极限状态的变形时，应采用荷载标准值。

① 模板及支架自重标准值：应根据设计图样确定，见表1-15。

表1-15　模板及支架自重标准值　（单位：kN/m^2）

模板构件名称	木模板	组合钢模板	钢框胶合板模板
平板的模板及小楞	0.30	0.50	0.40
楼板模板（其中包括梁的模板）	0.50	0.75	0.60
楼板模板及其支架（楼层高度为4m以下）	0.75	1.10	0.95

② 新浇混凝土自重标准值：对普通混凝土，可采用$24kN/m^3$；对其他混凝土，可根据实际重力密度确定。

③ 钢筋自重标准值：按设计图样计算确定，一般可按每立方米混凝土含量计算。对框架梁，其值为$1.5kN/m^3$；对楼板，其值为$1.1kN/m^3$。

④ 施工人员及设备荷载标准值：

a. 计算模板及直接支承模板的小楞时，对均布荷载取$2.5kN/m^2$，另应以集中荷载2.5kN再行验算，比较两者所得的弯矩值，按其中较大者采用。

b. 计算直接支承小楞结构构件时，均布活荷载取$1.5kN/m^2$。

c. 计算支架立柱及其他支承结构构件时，均布活荷载取$1.0kN/m^2$。

取值时，对大型浇筑设备（如上料平台、混凝土输送泵等），按实际情况计算；混凝土堆骨料高度超过100mm以上者，按实际高度计算；模板单块宽度小于150mm时，集中荷载可分布在相邻的两块板上。

⑤ 振捣混凝土时产生的荷载标准值：对水平面模板可采用2.0kN/m²；对竖直面模板可采用4.0kN/m²（作用范围在新浇筑混凝土侧压力的有效压头高度以内）。

⑥ 新浇筑混凝土对模板侧面的压力标准值：采用内部振捣器时，可按以下两式计算，并取其较小值：

$$F=0.22\gamma_c t_0\beta_1\beta_2 v^{1/2} \tag{1-6}$$

$$F=\gamma_c H \tag{1-7}$$

式中 F——新浇筑混凝土对模板的最大侧压力（kN/m^2）；

γ_c——混凝土的重力密度（kN/m^3）；

t_0——新浇筑混凝土的初凝时间（h），可按实测确定，当缺乏试验资料时，可采用 $t_0=200/(T+15)$ 计算（T 为混凝土的温度，℃）；

β_1——外加剂影响修正系数，不掺外加剂时取1.0，掺具有缓凝作用的外加剂时取1.2；

β_2——混凝土坍落度影响修正系数，当坍落度小于30mm时，取0.85，坍落度为50~90mm时，取1.0，坍落度为110~150mm时，取1.15；

v——混凝土的浇筑速度（m/h）；

H——混凝土侧压力计算位置处至新浇筑混凝土顶面的总高度（m）。

⑦ 倾倒混凝土时产生的水平荷载标准值：倾倒混凝土时对竖直面模板产生的水平荷载标准值，可按表1-16采用。

除上述7项荷载外，当水平模板支撑结构的上部继续浇筑混凝土时，还应考虑由上部传递下来的荷载。

表1-16 倾倒混凝土时产生的水平荷载标准值 （单位：kN/m^2）

向模板内供料方法	水平荷载	向模板内供料方法	水平荷载
溜槽、串筒或导管	2	容积为0.2~0.8m^3的运输器具	4
容积小于0.2m^3的运输器具	2	容积大于0.8m^3的运输器具	6

⑧ 风荷载标准值：风荷载的标准值应按现行国家标准《建筑结构荷载规范》（GB 50009—2012）中的规定采用，其基本风压值应按该规范附表D·4中 $n=10$ 年采用。

2）荷载设计值。计算模板及其支架结构或构件的强度、稳定性和连接强度时，应采用荷载设计值。钢模板及其支架的荷载设计值可乘以系数0.95折减。

（2）模板结构的挠度　模板结构除必须保证足够的承载能力外，还应保证有足够的刚度。当梁板跨度≥4m时，模板应按设计要求起拱。如无设计要求，起拱高度宜为全长跨度的1/1000~3/1000，钢模板取小值（1/1000~2/1000）。

1）当验算模板及其支架的挠度时，其最大变形值不得超过下列允许值：

① 对结构表面外露（不作装修）的模板，为模板构件计算跨度的1/400。

② 对结构表面隐蔽（作装修）的模板，为模板构件计算跨度的1/250。

③ 支架的压缩变形值或弹性挠度为相应的结构计算跨度的1/1000。

④《组合钢模板技术规范》(GB/T 50214—2013) 规定，组合钢模板及其构配件的允许挠度按表 1-17 执行。

表 1-17 模板结构允许挠度 (单位：mm)

名称	允许挠度	名称	允许挠度
钢模板的面板	1.5	柱箍	B/500
单块模板	1.5	桁架	L/1000
钢楞	L/500	—	—

注：L 为计算跨度，B 为柱宽。

2) 当验算模板及支架在自重和风荷载作用下的抗倾覆稳定性时，其抗倾倒系数不小于 1.15。

3)《钢框胶合板模板技术规程》(JGJ 96—2011) 规定：

① 钢框胶合板模板面板各跨的挠度计算值不宜大于面板相应跨度的 1/300，且不宜大于 1mm。

② 钢框胶合板钢楞各跨的挠度计算值不宜大于钢楞相应跨度的 1/1000，且不宜大于 1mm。

2. 估算模板用量

现浇钢筋混凝土结构施工中的模板施工方案是编制施工组织设计的重要组成部分之一。必须根据拟建工程的工程量、结构形式、工期要求和施工方法，择优选用模板施工方案，并按照分层分段流水施工的原则，确定模板的周转顺序和模板的投入量。模板工程量通常是指模板与混凝土相接触的面积，因此，应该按照工程施工图的构件尺寸详细进行计算，但一般在编制施工组织设计时，往往只能按照扩大初步设计或技术设计的内容估算模板工程量。

模板投入量是指施工单位应配置的模板实际工程量，其与模板工程量的关系可用下式表示：

$$模板投入量=模板工程量/周转次数$$

所以，在保证工程质量和工期要求的前提下，应尽量加大模板的周转次数，以减少模板投入量，这对降低工程成本是非常重要的。

(1) 模板估算参考资料

1) 按项目结构类型和模板面积估算模板工程量，可参考表 1-18。

表 1-18 组合钢模板工程量估算表

项目 结构类型	模板面积/m^2		各部位模板面积(%)				
	按每立方米混凝土计	按每平方米建筑面积计	柱	梁	墙	板	其他
工业框架结构	8.4	2.5	14	38	—	29	19
框架式基础	4.0	3.7	45	10	—	36	9
轻工业框架	9.8	2.0	12	44	—	40	4
轻工业框架 (预制楼板在外)	9.3	1.2	20	73	—	—	7
公共建筑框架	9.7	2.2	17	40	—	33	10
公共建筑框架 (预制楼板在外)	6.1	1.7	28	52	—	—	20

（续）

项目 结构类型	模板面积/m²		各部位模板面积(%)				
	按每立方米混凝土计	按每平方米建筑面积计	柱	梁	墙	板	其他
无梁楼板结构	6.8	1.5	14	15	25	43	3
多层民用框架	9.0	2.5	18	25	13	38	6
多层民用框架（预制楼板在外）	7.8	1.5	30	43	21	—	6
多层剪力墙住宅	14.6	3.0	—	—	95	—	5

注：1. 本表数值为±0.000 以上现浇钢筋混凝土结构模板面积。
2. 本表不含预制构件模板面积。

2）按工程概预算提供的各类构件混凝土工程量估算模板工程量时，可参考表 1-19。

表 1-19　各类构件每立方米混凝土所需模板面积表

构件名称	规格尺寸/m	模板面积/m²	构件名称	规格尺寸/m	模板面积/m²
带形基础	—	2.16	梁	0.25<宽≤0.35	8.89
独立基础	—	1.76		0.35<宽≤0.45	6.67
满堂基础	无梁	0.26	墙	厚≤0.1	25.60
	有梁	1.52		0.1<厚≤0.2	13.60
设备基础	边长≤5	2.91		厚>0.2	8.20
	5<边长≤20	2.23	电梯井壁	—	14.80
	20<边长≤100	1.50	挡土墙	—	6.80
	边长>100	0.80	有梁板	厚≤0.1	10.70
柱	周长≤1.2	14.70		厚>0.1	8.07
	1.2<周长≤1.8	9.30	无梁板	—	4.20
	周长>1.8	6.80	平板	厚≤0.1	12.00
梁	宽≤0.25	12.00		厚>0.1	8.00

（2）模板面积计算公式　为了正确估算模板工程量，必须先计算每立方米混凝土结构的展开面积，然后乘以各种构件的工程量（m³）。每立方米混凝土的模板面积为下：

$$U=A/V \tag{1-8}$$

式中　U——每立方米混凝土的模板面积（m^2/m^3）；

A——模板的展开面积（m^2）；

V——混凝土的体积（m^3）。

钢筋混凝土结构各主要类型构件每立方米混凝土的模板面积的计算方法如下：

1）柱模板面积计算。

① 边长为 $a \times a$ 的正方形截面柱

$$U=4/a \tag{1-9}$$

② 直径为 d 的圆形截面柱

$$U=4/d \tag{1-10}$$

③ 边长为 $a \times b$ 的矩形截面柱（h 为柱高）

$$U=2(a+b)/(bh) \tag{1-11}$$

2）矩形梁模板面积计算。对钢筋混凝土矩形梁，每立方米混凝土的模板面积计算式为

$$U=(2h+b)/(bh) \tag{1-12}$$

式中 b——梁宽（mm）；
　　h——梁高（mm）。

3）楼板模板面积计算。楼板的模板面积计算式为

$$U=1/d \tag{1-13}$$

式中 d——楼板厚度（mm）。

4）墙模板面积计算。混凝土或钢筋混凝土墙的模板面积计算式为

$$U=2/d \tag{1-14}$$

式中 d——墙厚（mm）。

二、模板的施工工艺

1. 模板安装的规定

模板的支设安装应遵守下列规定：

1）按配板设计循序拼装，以保证模板系统的整体稳定。

2）配件必须装插牢固。支柱和斜撑下的支撑面应平整垫实，要有足够的受压面积。支撑件应着力于外钢楞。

3）预埋件与预留孔洞必须位置正确，安设牢固。

4）基础模板必须支撑牢固，防止变形，侧模斜撑的底部应加设垫木。

5）墙和柱子模板的底面应找平，下端应与事先做好的定位基准靠紧垫平。在墙、柱子上继续安装模板时，模板应有可靠的支撑点，其平直度应进行校正。

6）楼板模板支模时，应先完成一个格构的水平支撑及斜撑安装，再逐渐向外扩展，以保持支撑系统的稳定性。

7）墙柱与梁板同时施工时，应先支设墙柱模板，调整固定后，再在其上架设梁板模板。

8）支柱所设的水平撑与剪力撑，应按构造与整体稳定性布置。

9）预组装墙模板吊装就位后，下端应垫平，紧靠定位基准；两侧模板均应利用斜撑调整和固定其垂直度。

10）支柱在高度方向所设的水平撑与剪力撑应按构造与整体稳定性布置。

11）多层及高层建筑中，上下层对应的模板支柱应设置在同一竖向中心线上。

12）对现浇混凝土梁、板，当跨度不小于 4m 时，模板应按设计要求起拱。当设计无具体要求时，起拱高度宜为跨度的 1/1000～3/1000。

13）曲面结构可用双曲可调模板，采用平面模板组装时，应使模板面与设计曲面的最大差值不超过设计的允许值。

2. 模板拆除的规定

现浇混凝土结构模板的拆除日期取决于结构的性质、模板的用途和混凝土的硬化速度。及时拆模可提高模板的周转，为后续工作创造条件。如过早拆模，因混凝土未达到一定强度，过早承受荷载，会产生变形，甚至会造成重大的质量事故。

1）非承重模板（如侧板）应在混凝土强度能保证其表面及棱角不因拆除模板而受损坏时方可拆除。

2）承重模板应在与结构同条件养护的试块达到表1-20规定的强度时方可拆除。

表1-20　底模拆模时的混凝土强度要求

项次	构件类型	构件跨度/m	达到设计的混凝土立方体抗压强度标准值的百分率(%)
1	板	≤2	50
		>2,≤8	75
		>8	100
2	梁、拱、壳	≤8	75
		>8	100
3	悬臂构件	—	100

3）在拆除模板过程中，如发现混凝土有影响结构安全的质量问题时，应暂停拆除。经过处理后，方可继续拆除。

4）对已拆除模板及其支架的结构，应在混凝土强度达到设计强度后才允许承受全部计算荷载。当承受的施工荷载大于计算荷载时，必须经过核算，加设临时支撑。

3. 拆除模板的注意事项

1）拆模时不要用力过猛，拆下来的模板要及时运走、整理、堆放以便再用。

2）模板及其支架拆除的顺序及安全措施应按施工技术方案执行。拆模程序一般应是后支的先拆，先拆除非承重部分，后拆除承重部分；谁安谁拆；重大复杂模板的拆除，事先应制订拆模方案。

3）拆除框架结构模板的顺序，首先是柱模板，然后是楼板底板、梁侧模板，最后是梁底模板。拆除跨度较大的梁下支柱时，应先从跨中开始，分别拆向两端。

4）楼层板支柱的拆除应按下列要求进行：上层楼板正在浇筑混凝土时，下一层楼板的模板支柱不得拆除，再下一层楼板模板的支柱仅可拆除一部分；跨度4m及4m以上的梁下均应保留支柱，其间距不大于3m。

5）拆模时，应尽量避免混凝土表面或模板受到损坏，注意防止整块板落下伤人。

【质量标准】

一、模板工程施工质量检查验收

在浇筑混凝土之前，应对模板工程进行验收。模板及其支架应具有足够的承载能力、刚度和稳定性，能可靠地承受浇筑混凝土的重量、侧压力以及施工荷载。模板安装和浇筑混凝土时，应对模板及其支架进行观察和维护。发生异常情况时，应按施工技术方案及时进行处理。

模板工程的施工质量检验应分主控项目、一般项目按规定的检验方法进行检验。检验批合格质量应符合下列规定：主控项目的质量经抽样检验合格，一般项目的质量经抽样检验合格；当采用计数检验时，除有专门要求外，一般项目的合格率应达到80%及以上，且不得有严重缺陷；具有完整的施工操作依据和质量验收记录。

1. 主控项目

1）安装现浇结构的上层模板及其支架时，下层楼板应具有承受上层荷载的承载能力，或加设支架；上、下层支架的立柱应对准，并铺设垫板。

检查数量：全数检查。

检验方法：对照模板设计文件和施工技术方案观察。

2）在涂刷模板隔离剂时，不得沾污钢筋和混凝土接槎处。

检查数量：全数检查。

检验方法：观察。

3）底模及其支架拆除时的混凝土强度应符合规范要求。

检查数量：全数检查。

检验方法：检查同条件养护试件强度试验报告。

4）后浇带模板的拆除和支顶应按施工技术方案执行。

检查数量：全数检查。

检验方法：观察。

2. 一般项目

1）模板安装应满足下列要求：

① 模板的接缝不应漏浆；在浇筑混凝土前，木模板应浇水湿润，但模板内不应有积水。

② 模板与混凝土的接触面应清理干净，并涂刷隔离剂，但不得采用影响结构性能或妨碍装饰工程施工的隔离剂。

③ 浇筑混凝土前，模板内的杂物应清理干净。

④ 对清水混凝土工程及装饰混凝土工程，应使用能达到设计效果的模板。

检查数量：全数检查。

检验方法：观察。

2）用作模板的地坪、胎模等应平整光洁，不得产生影响构件质量的下沉、裂缝、起砂或起鼓。

检查数量：全数检查。

检验方法：观察。

3）对跨度不小于4m的现浇钢筋混凝土梁、板，其模板应按设计要求起拱。当设计无具体要求时，起拱高度宜为跨度的1/1000～3/1000。

检查数量：在同一检验批内，对梁，应抽查构件数量的10%，且不少于3件；对板，应按有代表性的自然间抽查10%，且不少于3间；对大空间结构，板可按纵、横轴线划分检查面，抽查10%，且不少于3面。

检验方法：水准仪或拉线、钢尺检查。

4）固定在模板上的预埋件、预留孔和预留洞均不得遗漏，且应安装牢固，其允许偏差应符合表1-21的规定。现浇结构模板安装的允许偏差及检验方法应符合表1-22的规定。

检查数量：在同一检验批内，对梁、柱和独立基础，应抽查构件数量的10%，且不少于3件；对墙和板，应按有代表性的自然间抽查10%，且不少于3间；对大空间结构，墙可按相邻轴线间高度5m左右划分检查面，抽查10%，且均不少于3面。

检验方法：钢尺检查。

表1-21 预埋件和预留孔洞的允许偏差

项目		允许偏差/mm
预埋钢板中心线位置		3
预埋管、预留孔中心线位置		3
插筋	中心线位置	5
	外露长度	+10,0
预埋螺栓	中心线位置	2
	尺寸	+10,0
预留孔	中心线位置	10
	尺寸	+10,0

注：检查中心线位置时，应沿纵、横两个方向量测，并取其中的较大值。

表1-22 现浇结构模板安装的允许偏差及检验方法

项目		允许偏差/mm	检验方法
轴线位置		5	尺量
底模上表面标高		±5	水准仪或拉线、尺量
模板内部尺寸	基础	±10	尺量
	柱、墙、梁	±5	尺量
	楼梯相邻踏步高差	±5	尺量
垂直度	柱、墙层高≤6m	8	经纬仪或吊线、尺量
	柱、墙层高>6m	10	
相邻两板表面高低差		2	尺量
表面平整度		5	2m靠尺和塞尺检查

注：检查轴线位置时，应沿纵、横两个方向量测，并取其中的较大值。

5）预制构件模板安装的允许偏差及检验方法应符合表1-23的规定。

表1-23 预制构件模板安装的允许偏差及检验方法

项目		允许偏差/mm	检验方法
长度	板、梁	±5	钢尺量两角边，取其中较大值
	薄腹梁、桁架	±10	
	柱	0,-10	
	墙板	0,-5	
宽度	板、墙板	0,-5	钢尺量一端及中部，取其中较大值
	梁、薄腹梁、桁架、柱	+2,-5	

（续）

项目		允许偏差/mm	检验方法
高(厚)度	板	+2,-3	钢尺量一端及中部，取其中较大值
高(厚)度	墙板	0,-5	钢尺量一端及中部，取其中较大值
高(厚)度	梁、薄腹梁、桁架、柱	+2,-5	钢尺量一端及中部，取其中较大值
侧向弯曲	梁、板、柱	L/1000 且≤15	拉线、钢尺量最大弯曲处
侧向弯曲	墙板、薄腹梁、桁架	L/1500 且≤15	拉线、钢尺量最大弯曲处
板的表面平整度		3	2m 靠尺和塞尺检查
相邻两板表面高低差		1	钢尺检查
对角线差	板	7	钢尺量两个对角线
对角线差	墙板	5	钢尺量两个对角线
翘曲	板、墙板	L/1500	调平尺在两端量测
设计起拱	梁、薄腹梁、桁架、柱	±3	拉线、钢尺量跨中

注：L 为构件长度（mm）。

检查数量：首次使用及大修后的模板应全数检查；使用中的模板应定期检查，并根据使用情况不定期抽查。

检验方法：钢尺检查。

6）侧模拆除时的混凝土强度应能保证其表面及棱角不受损伤。模板拆除时，不应对楼层形成冲击荷载。拆除的模板和支架宜分散堆放，并及时清运。

检查数量：全数检查。

检验方法：观察。

二、模板工程常见质量事故

模板的制作与安装质量，对于保证混凝土、钢筋混凝土结构与构件的外观平整和几何尺寸的准确以及结构的强度、刚度等起着重要作用。由于支模不妥、模板的支架系统失稳或强度不足引起的工程质量事故时有发生，应引起高度重视。

1. 支模不妥引起的工程质量事故

（1）“工”字形薄腹大梁扭曲事故　某工程预制“工”字形薄腹大梁，共200余根，在春节过后即将解冻时浇筑混凝土。浇筑时，对地基冻溶后的软化情况估计不足，没采取预防措施，致使大梁在浇筑后模板局部下陷，10根大梁发生扭曲，不能使用。

（2）现浇混凝土楼盖板裂缝事故　某教学楼为现浇钢筋混凝土楼盖。在支梁模板时，板的底模不是压在梁的侧模上。在浇筑混凝土的过程中，由于施工人员浇筑混凝土时小车来回行走，引起板与梁相接部分的模板受震变形，以致混凝土凝固后，在这个部位的板面上发生很长的裂缝而影响使用。说明板底模下的支撑不牢造成梁、板模板的错位而引起混凝土的开裂。

（3）模板膨胀、板面裂缝事故　某工程为现浇钢筋混凝土楼板，由于用了过分干燥的木料做板面模板，在浇筑混凝土以后的养护期间，模板受潮膨胀，发生上拱现象，使混凝土板面产生上宽下窄的裂缝。这种裂缝在初期不很明显，随着混凝土的收缩和气温变化而逐步扩展。有时这种裂缝并不贯通楼板，而是顶面有裂缝，底面无裂缝，但至少会影响楼板的寿命。

（4）支撑方法不当，结构质量受损事故　某工程为3层混合结构，现浇钢筋混凝土梁、板，房间跨度为6m。为了浇筑混凝土楼盖时不影响地面的施工，决定在支撑楼盖模板时不用顶柱，改用斜支撑。在距地1m高的砖墙上挑出12cm的砖牛腿，五皮砖高，作为支撑斜支撑的支座。在浇筑大梁混凝土的过程中发现土砖牛腿被压坏，模板局部塌陷，严重影响结构的质量，后来不得不临时改用立柱。

（5）支撑垫木不当，梁裂事故　某厂同时建造三个仓库，结构形式相同，外墙为承重砖墙，中部为现浇钢筋混凝土梁和柱，屋面板为预制板。第一个仓库施工时，当梁柱拆模后，发现部分梁上有裂缝，位置在跨度的1/3处。起初认为这种裂缝是由于模板立柱下陷引起的，所以在第二个仓库施工时，将立柱下面进行适当加固。但在拆模后，仍发现与前一仓库相同的裂缝。后来经详细检查，才发现在施工过程中，当运砖的小车经过模板立柱下面的横向垫木时，经常发生振动，这种振动通过立柱传给了大梁模板，使刚凝固的混凝土大梁受震开裂。在第三个仓库施工时，针对此因素采取相应措施，将垫木断开，使小车压不上，于是裂缝不再出现了。

2. 模板的支架系统失稳

（1）事故特征　因支承系统失稳，造成倒塌或结构变形等事故。

（2）原因分析

1）模板上的荷载大小不同，支架的高低不同，支架的用料不同、间距不同，则承受的应力不同。当荷载大于支架的极限应力时，支架就会发生变形、失稳而倒塌。

2）施工管理不善，没有按《混凝土结构工程施工质量验收规范》（GB 50204—2015）中有关规定施工。模板支架在施工前应该先进行设计和结构计算。盲目施工是支架系统失稳的主要原因。

3）施工班组、操作技工没有经过培训，不熟悉新材料、新工艺，盲目操作，造成事故。

3. 模板的强度不足而炸模

（1）事故特征　模板施工前没有经过核算，模板的刚度和强度不足，在浇筑混凝土的承压力和侧压力的作用下变形、炸模。

（2）原因分析　立墙板、立柱、梁的模板没有根据构件的厚度和高度要求进行设计，有的支架、夹具和对销拉接件的间距过大，则模板的强度不足，尤其是用泵送混凝土的浇筑速度快，侧压力大，更容易产生炸模。

任务7　混凝土工程基础知识

【学习目标】

1. 掌握混凝土的施工工艺。
2. 了解混凝土工程的检验标准。
3. 培养对混凝土配合比的精确计算、精益求精的精神；养成混凝土浇筑过程中的安全意识及规范流程的习惯。

【任务描述】

学习混凝土工程基础知识。

【相关知识】

混凝土是指由胶凝材料将集料胶结成整体的工程复合材料。通常情况下，“混凝土”一词是指用水泥作胶凝材料，砂、石作集料，与水（可含外加剂和掺合料）按一定比例配合，经搅拌而得的水泥混凝土，也称普通混凝土。

【任务实施】

混凝土的施工工艺主要有混凝土的制备→混凝土的搅拌→混凝土的运输→混凝土的浇筑→混凝土的振捣→混凝土的养护→混凝土的拆模。

1. 混凝土的制备

混凝土制备应采用符合质量要求的原材料，按规定的配合比配料，混合料应拌和均匀，以保证设计强度、特殊要求（如抗冻、抗渗等）和施工和易性要求，并应节约水泥，减轻劳动强度。

（1）混凝土配制强度按下式计算：

$$f_{cu,0} \geqslant f_{cu,k} + 1.645\sigma \tag{1-15}$$

式中 $f_{cu,0}$——混凝土配制强度（N/mm^2）；

$f_{cu,k}$——混凝土立方体抗压强度标准值（N/mm^2）；

σ——混凝土强度标准差（N/mm^2），可用统计资料计算，或按强度等级取值：当混凝土设计强度≤C20 时，取 $4N/mm^2$，当混凝土设计强度为 C25～C40 时，取 $5N/mm^2$，当混凝土设计强度≥C45 时，取 $6N/mm^2$。

（2）混凝土施工配合比及施工配料　实验室配合比所用的砂石都是不含水分的，而施工现场或搅拌站的砂石都含有一定的水分，其含水率是变化的，所以施工时的配合比应进行调整，称为施工配合比。

设实验室配合比为：水泥∶砂∶石 = $1:x:y$，水灰比 W/C，现场砂石含水率分别为 W_x、W_y，则施工配合比为：水泥∶砂∶石 = $1:x(1+W_x):y(1+W_y)$，水灰比不变，但用水量应减少。

【例 1-2】 某工程混凝土实验室配合比为 1∶2.56∶5.55，$W/C = 0.65$，每立方米混凝土的水泥用量为 275kg，现场测得砂、石含水率分别为 3%、1%，求施工配合比及各种材料的用量。

解：

1）施工配合比：

水泥∶砂∶石 = $1:[2.56\times(1+3\%)]:[5.55\times(1+1\%)] = 1:2.64:5.61$

2）调整后，每立方米混凝土的材料用量为：

水泥：275kg

砂：$275\times2.64 = 726$kg

石：$275\times5.61 = 1542.75$kg

水：$275\times0.65-275\times2.56\times3\%-275\times5.55\times1\% = 142.4$kg

2. 混凝土的搅拌

混凝土的搅拌就是根据混凝土的配合比，把水、水泥和粗细集料进行均匀拌和的过程。

同时，通过搅拌还要使材料达到强化、塑化的作用。

（1）混凝土搅拌机 混凝土搅拌机按工作原理分为自落式搅拌机和强制式搅拌机两大类。

1）自落式搅拌机。自落式搅拌机的搅拌筒内壁装有叶片，搅拌筒旋转，叶片将物料提升一定的高度后自由下落，各物料颗粒分散拌和成均匀的混合物。这种搅拌机体现的是重力原理。自落式搅拌机按搅拌筒的形状不同分为鼓筒式、锥形反转出料式和双锥形倾翻出料式三种类型。其中，前两种在工程中应用较广泛。

鼓筒式搅拌机是一种最早使用的传统形式的自落式搅拌机，如图 1-25 所示。这种搅拌机具有结构紧凑、运转平稳、机动性好、使用方便、耐用可靠等优点，在相当长时间内广泛使用于施工现场。该机种适于搅拌塑性混凝土，但由于存在拌和出料困难、卸料时间长、搅拌筒利用率低、水泥耗量大等缺点，现属于淘汰机型。常见型号有 JG150、JG250 等。

锥形反转出料式搅拌机的搅拌筒呈双锥形，如图 1-26 所示。筒内装有搅拌叶片和出料叶片，正转搅拌，反转出料，具有搅拌质量好、生产效率高、运转平稳、操作简单、出料干净迅速和不易发生粘筒等优点，正逐步取代鼓筒式搅拌机。

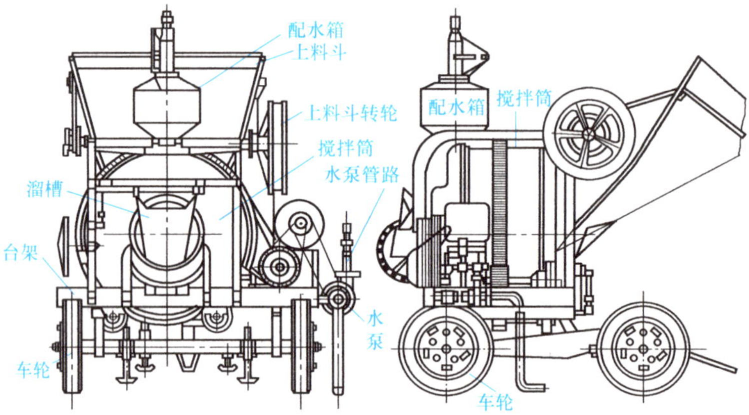

图 1-25 鼓筒式搅拌机

锥形反转出料式搅拌机适于施工现场搅拌塑性、半干硬性混凝土。常用型号有 JZ150、JZ250、JZ350 等。

2）强制式搅拌机。强制式搅拌机的轴上装有叶片，通过叶片强制搅拌装在搅拌筒中的物料，使物料沿环向、径向和竖向运动，拌和成均匀的混合物。这种搅拌机体现的是剪切拌和原理。强制式搅拌机和自落式搅拌机相比，搅拌作用强烈、均匀，搅拌时间短，生产效率高，质量好，而且出料干净，适于搅拌低流动性混凝土、干硬性混凝土和轻集料混凝土。

强制式搅拌机按构造特征分为立轴式（图 1-27）和卧轴式（图 1-28）两类。常用机型有 JD250、JW250、JW500、JD500。

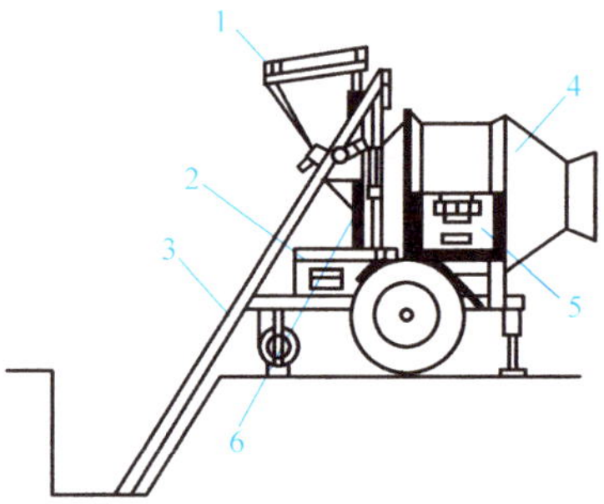

图 1-26 锥形反转出料式搅拌机

1—上料斗 2—电动机 3—上料轨道 4—搅拌筒 5—开关箱 6—水管

（2）混凝土搅拌

1）搅拌时间。

① 混凝土的搅拌时间是指从全部材料投入搅拌筒起，到开始卸料为止所经历的时间。混凝土搅拌的最短时间可按表 1-24 来用。

② 混凝土的搅拌时间与搅拌质量密切相关，随搅拌机类型和混凝土的和易性不同而变化。在一定范围内，随着搅拌时间的延长，混凝土强度会有所提高，但搅拌时间过长既不经济，又会降低混凝土的和易性，影响混凝土的质量。

③ 加气混凝土还会因搅拌时间过长而使含气量下降。

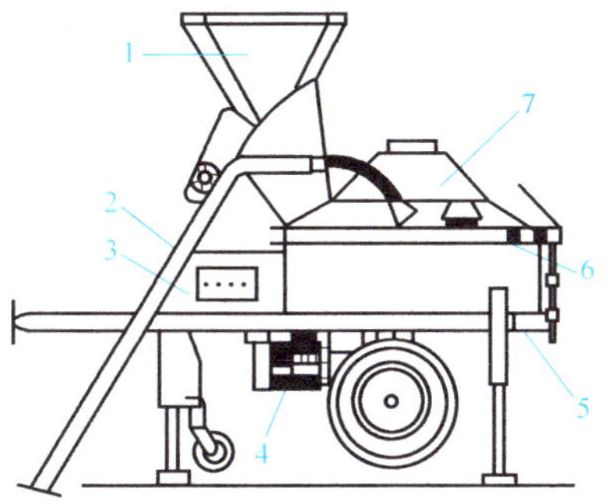

图 1-27 立轴强制式搅拌机

1—上料斗 2—上料轨道 3—开关箱
4—电动机 5—出浆口 6—进水管 7—搅拌筒

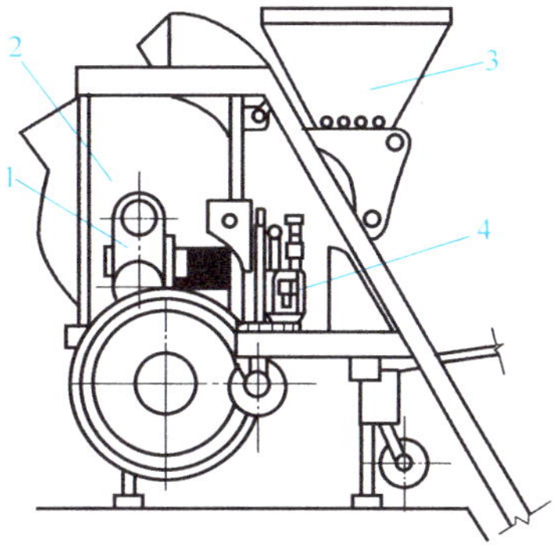

图 1-28 卧轴强制式搅拌机

1—变速装置 2—搅拌筒
3—上料斗 4—水泵

表 1-24 混凝土搅拌的最短时间 （单位：s）

混凝土坍落度/mm	搅拌机类型	搅拌机容量/L		
		<250	250~500	>500
≤30	自落式	90	120	150
	强制式	60	90	120
>30	自落式	90	90	120
	强制式	60	60	90

注：1. 掺有外加剂时，搅拌时间应适当延长。
2. 全轻混凝土宜采用强制式搅拌机搅拌，搅拌时间均应延长 60~90s。
3. 轻集料宜在搅拌前预湿。采用强制式搅拌机搅拌的加料顺序是：先加粗细集料和水泥搅拌 60s，再加水继续搅拌。采用自落式搅拌机的加料顺序是：先加 1/2 的用水量，然后加粗细集料和水泥，均匀搅拌 60s，再加剩余用水量继续搅拌。
4. 当采用其他形式的搅拌设备时，搅拌的最短时间应按设备说明书的规定经试验确定。

2）投料顺序和方法。投料顺序应从提高搅拌质量，减少叶片、衬板的磨损，减少拌和物与搅拌筒的黏结，减少水泥飞扬，改善工作环境，提高混凝土强度及节约水泥等方面综合考虑确定。投料方法主要有一次投料法、二次投料法和水泥裹砂法。

① 一次投料法。在上料斗中先装石子，再加水泥和砂，然后一次投入搅拌筒中进行搅拌的投料方法。对于自落式搅拌机，要在搅拌筒内先加部分水，投料时用砂压住水泥，然后陆续加水，这样水泥不致飞扬，并且水泥和砂先进入搅拌筒形成水泥砂浆，可缩短水泥包裹石子的时间。对于强制式搅拌机，因出料口在下部，不能先加水，应在投放干料的同时，缓慢、均匀、分散地加水。

② 二次投料法。先向搅拌机内投入水和水泥，待其搅拌 1min 后再投入石子和砂，继续搅拌到规定时间的投料方法。这种投料方法能改善混凝土的性能，提高混凝土的强度，在保证规定的混凝土强度的前提下可节约水泥。目前常用的方法有两种：预拌水泥砂浆法和预拌水泥净浆法。

预拌水泥砂浆法是指先将水泥、砂和水加入搅拌筒内进行充分搅拌，成为均匀的水泥砂浆后，再加入石子搅拌成均匀的混凝土。预拌水泥净浆法是先将水泥和水充分搅拌成均匀的水泥净浆后，再加入砂和石子搅拌成混凝土。

与一次投料法相比，二次投料法可使混凝土强度提高 10%~15%，节约水泥 15%~20%。

③ 水泥裹砂法。用这种方法拌制的混凝土称为造壳混凝土（简称 SEC 混凝土）。它是分两次加水，两次搅拌。先将全部砂、石子和部分水倒入搅拌机拌和，使集料湿润，称为造壳搅拌，搅拌时间以 45~75s 为宜。再倒入全部水泥搅拌 20s，加入拌合水和外加剂进行第二次搅拌，60s 左右完成。

3）进料容量。

① 进料容量是将搅拌前各种材料的体积累积起来的容量，又称干料容量。

② 进料容量与搅拌机搅拌筒的几何容量有一定比例关系。进料容量约为出料容量的 1.4~1.8 倍（通常取 1.5 倍），如任意超载（超载 10%），就会使材料在搅拌筒内无充分的空间进行拌和，影响混凝土的和易性。反之，装料过少，又不能充分发挥搅拌机的效能。

4）搅拌要求。

① 严格执行混凝土施工配合比，及时进行混凝土施工配合比的调整。

② 严格进行各原材料的计量。

③ 搅拌前应充分润湿搅拌筒，搅拌第一盘混凝土时应按配合比对粗集料减量。

④ 控制好混凝土的搅拌时间。

⑤ 按要求检查混凝土坍落度并反馈信息。严禁随意加减用水量。

⑥ 搅拌好的混凝土要卸净，不得边出料边进料。

⑦ 搅拌完毕或间歇时间较长，应清洗搅拌筒。搅拌筒内不应有积水。

⑧ 保持搅拌机清洁完好，做好其维修保养。

（3）混凝土的搅拌站　混凝土在搅拌站集中拌制，可以做到自动上料、自动称量、自动出料，自动化程度大大提高，劳动强度降低，混凝土质量改善，效益提高。施工现场可根据情况选用移动式搅拌站等。

目前很多城市使用商品混凝土，供应半径达 15~20km，用混凝土搅拌运输车（图 1-29）直接运到工地，浇筑入模，有很多优点。

图 1-29　混凝土搅拌运输车

3. 混凝土的运输

混凝土由拌制地点运至浇筑地点的运输分为水平运输（地面水平运输和楼面水平运输）和垂直运输。常用的水平运输设备有：手推车、机动翻斗车、混凝土搅拌运输车、自卸汽车等。常用的垂直运输设备有：龙门架、井架、塔式起重机、混凝土泵等。混凝土运输设备的选择应根据建筑物的结构特点、运输的距离、运输量、地形及道路条件、现有设备情况等因素综合考虑确定。

（1）混凝土的运输要求

1）混凝土在运输过程中不应产生分层、离析现象。如有离析现象，必须在浇筑前进行二次搅拌。

2）混凝土运至浇筑地点开始浇筑时，应满足设计配合比所规定的坍落度，见表1-25。

表1-25 混凝土浇筑时的坍落度

项次	结构类型	坍落度/mm
1	基础或地面等垫层、无配筋的厚大结构（挡土墙、基础或厚大的块体等）或配筋稀疏的结构	10~30
2	板、梁和大中型截面的结构	30~50
3	配筋密列的结构（薄壁、斗仓、筒仓、细柱等）	50~70
4	配筋特密的结构	70~90

注：1. 本表是指采用机械振捣的混凝土坍落度，采用人工振捣时可适当增大混凝土坍落度。
2. 需要配置大坍落度混凝土时，应加入混凝土外加剂。
3. 曲面、斜面结构的混凝土，其坍落度应根据需要另行选用。

3）混凝土从搅拌机中卸出，运至浇筑地点，必须在混凝土初凝之前浇捣完毕，其允许延续时间不超过表1-26的规定。

4）运输工作应保证混凝土的浇筑工作连续进行。

表1-26 混凝土从搅拌机中卸出后到浇筑完毕的延续时间 （单位：min）

混凝土强度等级	气温	
	<25℃	≥25℃
≤30	120	90
>30	90	60

注：1. 对掺加外加剂或快硬水泥拌制的混凝土，其延续时间应按试验确定。
2. 运输、浇筑延续时间应适当缩短。

（2）混凝土运输工具的选择

1）采用地面运输，短距离多用双轮手推车、机动翻斗车，长距离宜用自卸汽车、混凝土搅拌运输车。

2）垂直运输可采用各种井架、龙门架或塔式起重机作为工具。对于浇筑量大、浇筑速度比较稳定的大型设备基础和高层建筑，宜采用混凝土泵，也可采用自升式塔式起重机或爬升式塔式起重机运输。

3）常用的混凝土泵有液压活塞泵（如图1-30所示）和挤压泵两种。液压活塞泵利用活塞的往复运动将混凝土吸入和排出。混凝土输送管有直管、弯管、锥形管和浇筑软管等，一般由合金钢、橡胶、塑料等材料制成，常用混凝土输送管的管径为100~150mm。用混凝土泵运输的混凝土通常称为泵送混凝土。

① 泵送混凝土对原材料的要求如下：

a. 粗骨料：碎石最大粒径与输送管内径之比不宜大于1∶3；卵石最大粒径与输送管内径之比不宜大于1∶2.5。

b. 砂：以天然砂为宜，砂率宜控制在40%~50%，通过0.315mm筛孔的砂不少于15%。

c. 水泥：最少水泥用量为300kg/m³，坍落度宜为80~180mm，混凝土内宜适量掺入外加剂。泵送轻集料混凝土的原材料选用及配合比，应通过试验确定。

② 泵送混凝土施工中应注意的问题：

a. 输送管的布置宜短直，尽量减少弯管数，转弯宜缓，管段接头要严密，少用锥形管。

b. 混凝土的供料应保证混凝土泵能连续工作，不间断；正确选择集料级配，严格控制配合比。

c. 泵送前，为减少泵送阻力，应先用适量与混凝土内成分相同的水泥浆或水泥砂浆润滑输送管内壁。

d. 泵送过程中，泵的受料斗内应充满混凝土，防止吸入空气形成阻塞。

e. 防止停歇时间过长，若停歇时间超过45min，应立即用压力或其他方法冲洗管内残留的混凝土。

f. 泵送结束后，要及时清洗泵体和管道。

g. 用混凝土泵浇筑的建筑物，要加强养护，防止龟裂。

4. 混凝土的浇筑

（1）浇筑前的准备工作　为了保证混凝土的工程质量和混凝土工程施工的顺利进行，在浇筑前一定要充分做好准备工作。

1）地基的检查与清理。

① 在地基上直接浇筑混凝土时（如基础、地面），应对其轴线位置、标高和各部分尺寸进行复核和检查，如有不符，应立即修正。

② 清除地基底面上的杂物和淤泥、浮土，地基面上凹凸不平处应加以修理整平。

③ 对于干燥的非黏土地基，应洒水润湿；对于岩石地基或混凝土基础垫层，应用清水清洗，但不得留有积水。

④ 当有地下水涌出或地表水流入地基时，应考虑排水，并应考虑混凝土浇筑后及硬化过程中的排入措施，以防冲刷新浇筑的混凝土。

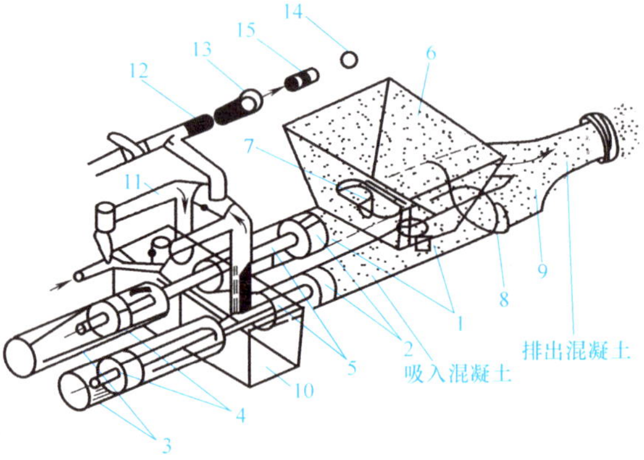

图1-30　液压活塞式混凝土泵工作原理图

1—混凝土缸　2—混凝土活塞　3—液压缸　4—液压活塞　5—活塞杆　6—受料斗　7—吸入端水平片阀　8—排出端竖直片阀　9—锥形输送管　10—水箱　11—水洗装置换向阀　12—水洗用高压软管　13—水洗用法兰　14—海绵球　15—清洗活塞

⑤ 检查基槽和基坑的支护及边坡的安全措施，以避免运输车辆行驶而造成塌方事故。

2）模板的检查。

① 检查模板的轴线位置、标高、截面尺寸以及预留孔洞和预埋件的位置，并应与设计相一致。

② 检查模板的支撑是否牢固，对于妨碍浇筑的支撑应加以调整，以免在浇筑过程中产生变形、位移或影响浇筑。

③ 模板安装时应认真涂刷隔离剂，以利于脱模。模板内的泥土、木屑等杂物应清除。

④ 木模应浇水充分润湿，尚未胀密的缝隙应用纸筋灰或水泥袋纸嵌塞；对于缝隙较大

处，应用木片等填塞，以防漏浆。金属模板的缝隙和孔洞也应堵塞。

3）钢筋的检查。

① 钢筋及预埋件的规格、数量、安装位置应与设计相一致，绑扎与安装应牢固。

② 清除钢筋上的油污、砂浆等，并按规定加垫好钢筋的混凝土保护层。

③ 协同有关人员作好隐蔽工程记录。

4）供水、供电及原材料的保证。

① 浇筑期间应保证水、电及照明不中断，并应考虑临时停水断电措施。

② 浇筑地点应储备一定数量的水泥、砂、石等原材料，并满足配合比要求，以保证浇筑的连续性。

5）机具的检查及准备。

① 搅拌机、运输车辆、振捣器及串筒、溜槽、料斗应按需准备充足，并保证完好。

② 准备急需的备品、配件，以备修理用。

6）道路及脚手架的检查。

① 运输道路应平整、通畅、无障碍物，并应考虑空载和重载车辆的分流，以免发生碰撞。

② 脚手架的搭设应安全牢固，脚手板的铺设应合理适用，并能满足浇筑的要求。

7）安全与技术交底。

① 对各项安全设施要认真检查，并进行安全技术的交底工作，以消除事故隐患。

② 对班组的计划工作量、劳动力的组合与分工、施工顺序及方法、施工缝的留置位置及处理、操作要点及要求进行技术交底。

8）其他。做好浇筑期间的防雨、防冻、防曝晒的设施准备工作以及浇筑完毕后的养护准备工作。

（2）混凝土的浇筑　为确保混凝土的工程质量，混凝土的浇筑工作必须遵守下列规定：

1）混凝土的自由下落高度。浇筑混凝土时，为避免发生离析现象，混凝土自高处倾落的自由高度（称为自由下落高度）不应超过 2m。自由下落高度较大时，应使用溜槽或串筒，以防混凝土发生离析现象。溜槽一般用木板制作，表面包薄钢板，如图 1-31 所示，使用时，其水平倾角不宜超过 30°。串筒用薄钢板制成，每节筒长 700mm 左右，用钩环连接，筒内设有缓冲挡板，如图 1-32 所示。

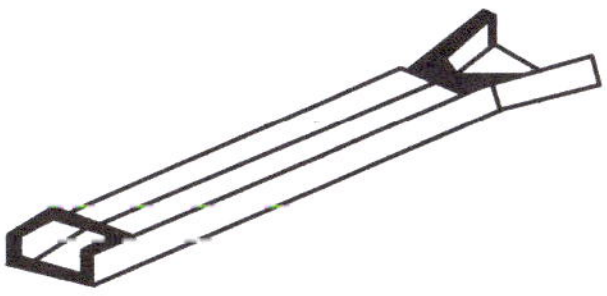

图 1-31　溜槽

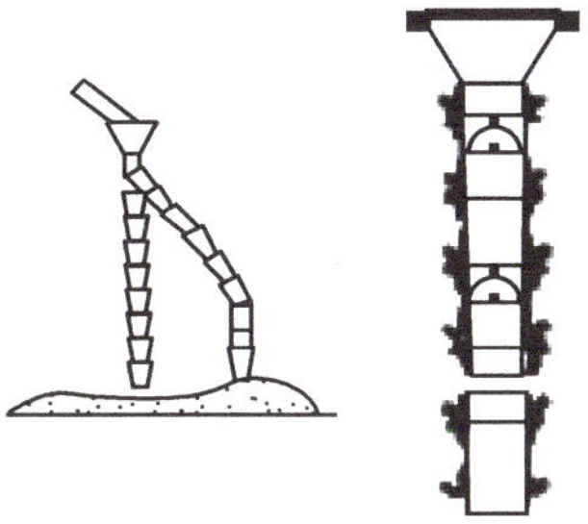

图 1-32　串筒

2）混凝土分层浇筑。为了使混凝土能够振捣密实，浇筑时应分层浇灌、振捣，并在下层混凝土初凝之前，将上层混凝土浇灌并振捣完毕。如果在下层混凝土已经初凝以后，再浇筑上面一层混凝土，在振捣上层混凝土时，下层混凝土由于受震动，已凝结的混凝土结构就会遭到破坏。混凝土分层浇筑时，每层的厚度应符合表 1-27 的规定。

表 1-27　混凝土浇筑层厚度

捣实混凝土的方法		浇筑层厚度/mm
插入式振捣		振捣器作用部分长度的 1.25 倍
表面振捣		200
人工振捣	在基础、无筋混凝土或配筋稀疏的结构中	250
	在梁、墙板、柱结构中	200
	在配筋密列的结构中	150
轻集料混凝土	插入式振捣	300
	表面振动(振动时需加荷)	200

3）竖向结构混凝土浇筑。竖向结构（墙、柱等）浇筑混凝土前，底部应先填 50~100mm 厚与混凝土内砂浆成分相同的水泥砂浆。浇筑时不得发生离析现象。当浇筑高度超过 3m 时，应采用串筒、溜槽或振动串筒下落，如图 1-33 所示。

4）梁和板混凝土的浇筑。在一般情况下，梁和板的混凝土应同时浇筑。较大尺寸的梁（梁的高度大于 1m）、拱和类似的结构可单独浇筑。

在浇筑与柱和墙连成整体的梁和板时，应在柱和墙浇筑完毕后停歇 1~1.5h，使其获得初步沉实后，再继续浇筑梁和板。

（3）施工缝　施工缝指的是在混凝土浇筑过程中，因设计要求或施工需要分段浇筑，而在先后浇筑的混凝土之间所形成的接缝。施工缝并不是一种真实存在的缝，它只是因先浇筑的混凝土超过初凝时间，而与后浇筑的混凝土之间存在的一个结合面。

由于施工缝处新老混凝土连接的强度比整体混凝土强度低，所以施工缝一般应留在结构受剪力较小且便于施工的部位。混凝土浇筑后，缝已不存在，与房屋的伸缩缝、沉降缝和防震缝不同。

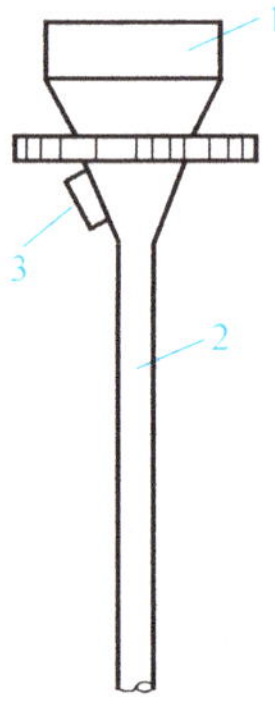

图 1-33　振动串筒

1—漏斗　2—节管　3—振动器（每隔 2~3 根节管安一台）

1）施工缝的留设位置。

① 柱子的施工缝宜留在基础与柱子的交接处的水平面上、梁的下面、吊车梁牛腿的下面、吊车梁的上面或无梁楼盖柱帽的下面，如图 1-34 所示。框架结构中，如果梁的负筋向下弯入柱内，施工缝也可设置在这些钢筋的下端，以便于绑扎。柱的施工缝应留成水平缝。

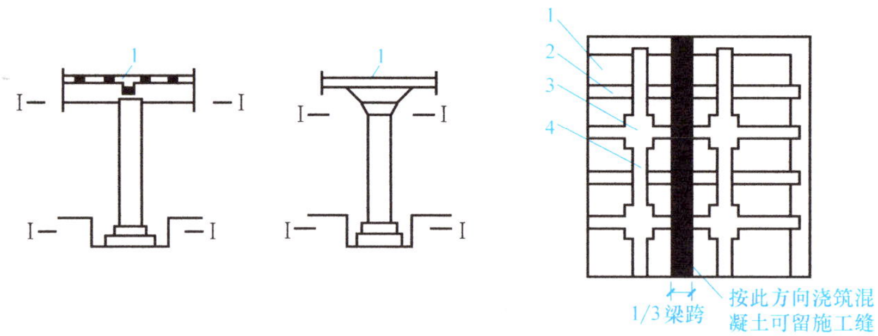

图 1-34　施工缝的留置

1—楼板　2—次梁　3—柱　4—主梁

② 与板连成整体的大断面梁（高度大于 1m 的混凝土梁）单独浇筑时，施工缝应留置在板底面以下 20~30mm 处。板有梁托时，应留在梁托下部。

③ 有主次梁的楼板宜顺着次梁方向浇筑，施工缝应留置在次梁跨度中间 1/3 的范围内，如图 1-36 所示。

④ 单向板的施工缝可留置在平行于板的短边的任何位置处。

⑤ 楼梯梯段施工缝宜设置在梯段板跨度端部 1/3 范围内。

⑥ 墙的施工缝留置在门洞口过梁跨中 1/3 范围内，也可留在纵横墙的交接处。

⑦ 对双向受力楼板、大体积混凝土结构、拱、弯拱、薄壳、蓄水池、斗包、多层框架及其他结构复杂工程，施工缝应按设计要求留置。

应该注意的是，留设施工缝是不得已而为之，并不是每个工程都必须设施工缝。有的结构不允许留施工缝。

2）施工缝的形式。工程中无防水要求时常采用平面缝，有防水要求时常采用企口缝和高低缝，如图 1-35 所示。

3）施工缝的处理。

① 在施工缝处继续浇筑混凝土时，已浇筑混凝土的抗压强度应不小于 $1.2N/mm^2$。

② 继续浇筑前，应清除已硬化混凝土表面上的水泥薄膜、松动的石子以及软弱的混凝土层，并加以充分湿润和冲洗干净，且不得积水。

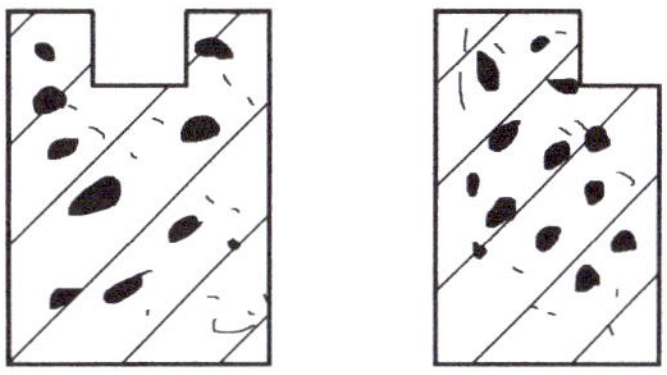
图 1-35 企口缝、高低缝

③ 在浇筑混凝土前，先铺一层水泥浆或与混凝土内成分相同的水泥砂浆，然后再浇筑混凝土。

④ 混凝土应细致捣实，使新旧混凝土紧密结合。

（4）混凝土的浇筑方法

1）多层钢筋混凝土框架结构的浇筑。

① 浇筑框架结构首先要划分施工层和施工段，施工层一般按结构层划分，而每一个施工层的施工段划分，则要考虑工序数量、技术要求、结构特点等。

② 混凝土的浇筑顺序：先浇捣柱子，在柱子浇捣完毕后，停歇 1~1.5h，使混凝土达到一定强度后，再浇捣梁和板。

2）大体积钢筋混凝土结构的浇筑。大体积钢筋混凝土结构多为工业建筑中的设备基础及高层建筑中厚大的桩基承台或基础底板等。特点是混凝土浇筑面和浇筑量大，整体性要求高，不能留施工缝；浇筑后水泥的水化热量大，且聚集在构件内部，形成较大的内外温差，易导致混凝土表面产生收缩裂缝等。为保证混凝土的浇筑工作连续进行，不留施工缝，应在下一层混凝土初凝之前，将上一层混凝土浇筑完毕。混凝土应按不小于下式的浇筑量进行浇筑：

$$Q = FH/T \tag{1-16}$$

式中 Q——混凝土最小浇筑量（m^3/h）；

F——混凝土浇筑区的面积（m^2）；

H——浇筑层厚度（m）；

T——下层混凝土从开始浇筑到初凝所允许的时间间隔（h）。

大体积钢筋混凝土结构的浇筑方案一般分为全面分层、分段分层和斜面分层三种，如图1-36所示。

① 全面分层：即在第一层浇筑完毕后，再回头浇筑第二层，如此逐层浇筑，直至完工为止。

② 分段分层：混凝土从底层开始浇筑，进行2~3m后再回头浇第二层，如此浇筑各层。

③ 斜面分层：要求斜坡坡度不大于1/3，适用于结构长度大大超过厚度3倍的情况。

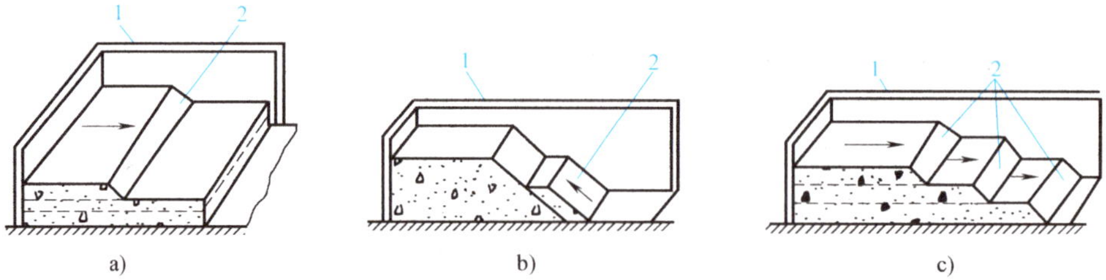

图1-36 大体积混凝土浇筑方案

a）全面分层 b）分段分层 c）斜面分层

1—模板 2—新浇筑的混凝土

3）大体积钢筋混凝土早期温度裂缝的预防。厚大钢筋混凝土结构由于体积大，水泥水化热聚积在内部不易散发，内部温度显著升高，外表散热快，形成较大内外温差，内部产生压应力，外表产生拉应力。如内外温差过大（25℃以上），则混凝土表面将产生裂缝。当混凝土内部逐渐散热冷却，产生收缩时，由于受到基底中已硬混凝土的约束，不能自由收缩，而产生拉应力。温差越大，约束程度越高，结构长度越大，则拉应力越大。当拉应力超过混凝土的抗拉强度时即产生裂缝，裂缝从基底向上发展，甚至贯穿整个基础。这种裂缝比表面裂缝危害更大。要防止混凝土早期产生温度裂缝，就要降低混凝土的温度应力，控制混凝土的内外温差，使之不超过25℃，以防止表面开裂；控制混凝土冷却过程中的总温差和降温速度，以防止基底开裂。

早期温度裂缝的预防方法主要有：优先采用水化热低的水泥（如矿渣硅酸盐水泥）；减少水泥用量；掺入适量的粉煤灰或在浇筑时投入适量毛石；放慢浇筑速度，减少浇筑厚度，采用人工降温措施（拌制时用低温水，养护时用循环水冷却）；浇筑后及时覆盖，以控制内外温差，减缓降温速度，尤其注意寒潮的不利影响；必要时，取得设计单位同意后，可分块浇筑，块和块间留1m宽后浇带，待各分块混凝土干缩后，再浇后浇带。分块长度可根据有关手册计算，当结构厚度在1m以内时，分块长度一般为20~30m。后浇带是在现浇混凝土结构施工过程中，克服由于温度、收缩不均可能产生有害裂缝而设置的临时施工缝。该缝需根据设计要求保留一段时间后再浇筑混凝土，将整个结构连成整体。后浇带的留置位置应按设计要求和施工技术方案确定。后浇带的设置距离应在考虑有效降低温度和收缩应力的条件下，通过计算来获得。在正常的施工条件下，有关规范对此的规定是：如混凝土置于室内和土中，后浇带的设置距离为30m，露天为20m。后浇带的保留时间应根据设计确定。若设计无要求时，一般至少保留28d以上。后浇带的宽度应考虑施工简便，避免应力集中。一般其宽度为700~1000mm。后浇带内的钢筋应完好保存。

后浇带混凝土浇筑应严格按照施工技术方案进行。在浇筑混凝土前，必须将整个混凝土表面按照施工缝的要求进行处理。填充后浇带混凝土可采用微膨胀或无收缩水泥，也可采用普通水泥加入相应的外加剂拌制，但必须要求填筑混凝土的强度等级比原来结构强度提高一级，并保持至少 15d 的湿润养护。

4）大体积钢筋混凝土的泌水处理。大体积混凝土的特点是上下浇筑层的施工间隔时间较长，各分层之间易产生泌水层，使混凝土强度降低，出现酥软、脱皮、起砂等不良后果。采用自流方式和抽吸方法排除泌水，会带走一部分水泥浆，影响混凝土的质量。在同一结构中使用两种坍落度的混凝土，或在混凝土拌合物中掺减水剂，都可以减少泌水现象。

5. 混凝土的振捣

振捣方式分为人工振捣和机械振捣两种。人工振捣是利用捣锤或插钎等工具的冲击力来使混凝土密实成型，其效率低、效果差；机械振捣是将振动器的振动力传给混凝土，使之发生强迫振动而密实成型，其效率高、质量好。

混凝土振动机械按工作方式分为内部振动器、表面振动器、外部振动器和振动台等，如图 1-37 所示。这些振动机械的构造原理，主要是利用偏心轴或偏心块的高速旋转，使振动器因离心力的作用而振动。

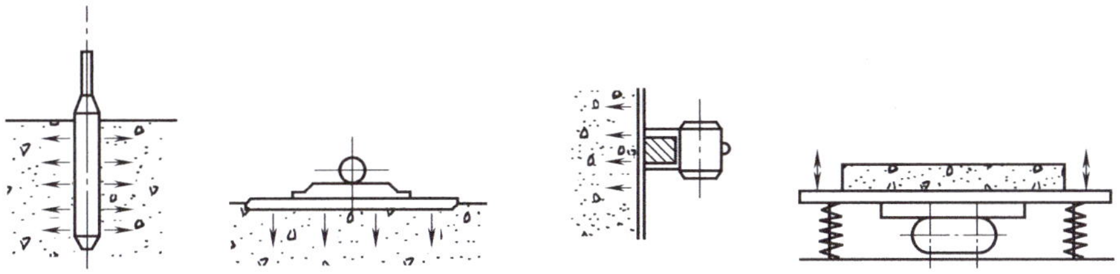

图 1-37 振动机械示意图

a）内部振动器 b）表面振动器 c）外部振动器 d）振动台

（1）内部振动器 内部振动器又称插入式振动器，如图 1-38 所示，适用于振捣梁、柱、墙等构件和大体积混凝土。插入式振动器操作要点如下：

1）插入式振动器的振捣方法有两种。一是垂直振捣，即振动棒与混凝土表面垂直；二是斜向振捣，即振动棒与混凝土表面成 40°～45°。

2）混凝土分层浇筑时，应将振动棒上下来回抽动 50～100mm。同时，还应将振动棒深入下层混凝土中 50mm 左右，如图 1-39 所示。

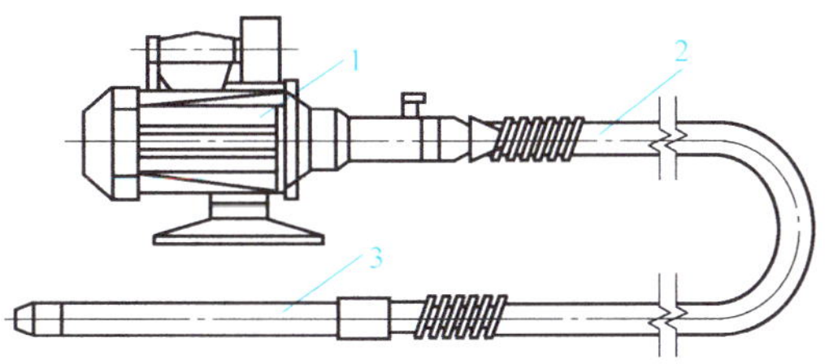

图 1-38 插入式振动器

1—电动机 2—软轴 3—振动棒

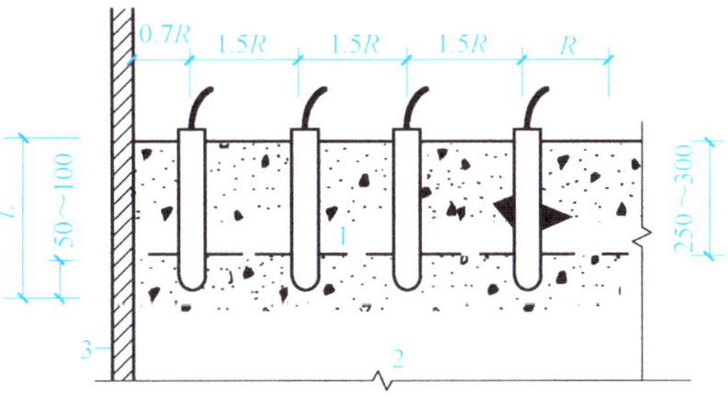

图 1-39 插入式振动器的插入深度

1—新浇筑的混凝土 2—下层已振捣但尚未初凝的混凝土 3—模板

R—有效作用半径 L—振动棒长度

3）振捣器的操作要做到快插慢拔，插点要均匀，逐点移动，按顺序进行，不得遗漏，达到均匀振实的效果。振动棒的移动可采用行列式或交错式，如图 1-40 所示。

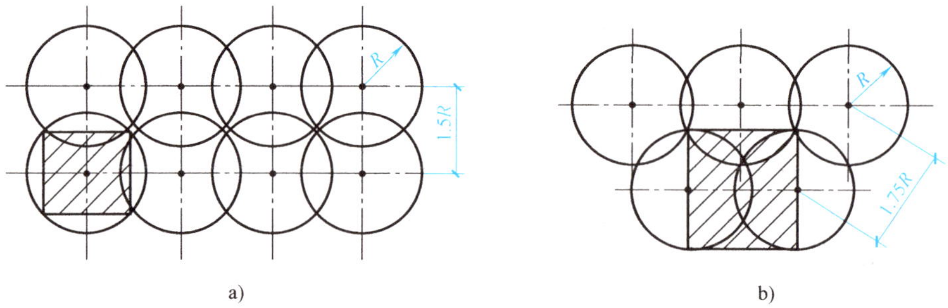

图 1-40 振捣点的布置

a）行列式 b）交错式

R—振动棒有效作用半径

4）每一振捣点的振捣时间一般为 20～30s。

5）使用振动器时，不允许将其支承在结构钢筋上或碰撞钢筋，不宜紧靠模板振捣。

（2）表面振动器　表面振动器又称平板振动器，是将电动机轴上装有左右两个偏心块的振动器固定在一块平板上而成的。其振动作用可直接传递于混凝土面层上。这种振动器适用于振捣楼板、空心板、地面和薄壳等薄壁结构。

（3）外部振动器　外部振动器又称附着式振动器，它是直接安装在模板上进行振捣，利用偏心块旋转时产生的振动力通过模板传给混凝土，达到振实的目的，适用于振捣断面较小或钢筋较密的柱子、梁、板等构件。

（4）振动台　振动台一般在预制厂用于振实干硬性混凝土和轻集料混凝土，宜采用加压振动的方法，加压力为 $1\sim3kN/m^2$。

6. 混凝土的养护

混凝土浇筑后逐渐凝结硬化，强度也不断增大，这个过程主要由水泥的水化作用来实现，而水泥的水化作用又必须在适当的温湿度条件下才能完成。如果混凝土浇筑后即处在炎热、干燥、风吹、日晒的气候环境中，就会使混凝土中的水分很快蒸发，影响混凝土中水泥的正常水化作用。轻则使混凝土表面脱皮、起砂或出现干缩裂缝；严重的会因混凝土内部疏松，降低混凝土的强度或使混凝土遭到破坏。因此，混凝土的养护绝不是一件可有可无的工作，而是混凝土施工过程中的一个重要环节。

混凝土浇筑后，必须根据水泥品种、气候条件和工期要求加强养护措施。混凝土养护的方法很多，通常按养护工艺分为自然养护和蒸汽养护两大类。而自然养护又分为浇水养护及喷膜养护，施工现场以浇水养护为主要养护方法。

（1）浇水养护　浇水养护是指混凝土终凝后，在日平均气温高于 5℃ 的自然气候条件下，用草帘、草袋将混凝土表面覆盖，并经常浇水，以保持覆盖物充分湿润。对于楼地面混凝土工程也可采用蓄水养护的办法加以解决。浇水养护时必须注意以下事项：

1）对于一般塑性混凝土，应在浇筑后 12h 内立即加以覆盖和浇水润湿，炎热的夏天养护时间可缩短至 2～3h。而对于干硬性混凝土，在浇筑后 1～2h 内即可养护，使混凝土保持湿润状态。

2）在已浇筑的混凝土强度达到 $1.2N/mm^2$ 以后，方可允许操作人员在其上行走或安装模板及支架等。

3）混凝土的浇水养护日期视水泥品种而定。对硅酸盐水泥、普通硅酸盐水泥或矿渣硅酸盐水泥拌制的混凝土，不得少于7d；对掺用缓凝型外加剂或有抗渗要求的混凝土，不得少于14d；采用其他品种水泥时，混凝土的养护时间应根据水泥的技术性能确定。

4）养护用水应与拌制用水相同，浇水的次数应以能保证混凝土具有足够的润湿度为准。

5）在养护过程中，如发现因遮盖不好、浇水不足，致使混凝土表面泛白或出现干缩细小裂缝时，应立即仔细加以覆盖，充分浇水，加强养护，并延长浇水养护日期加以补救。

6）平均气温低于5℃时，不得浇水养护。

（2）喷膜养护　喷膜养护是将一定配合比的塑料溶液用喷洒工具喷洒在混凝土表面，待溶液挥发后，塑料在混凝土表面结成一层薄膜，使混凝土表面与空气隔绝，封闭混凝土中水分的蒸发而完成水泥的水化作用，达到养护的目的。喷膜养护适用于不易浇水养护的高耸构筑物和大面积混凝土的养护，也可用于缺水地区。一般待混凝土收水后，混凝土表面以手指轻按无指印时即可进行喷膜养护。

7. 混凝土的拆模

模板拆除日期取决于混凝土的强度、模板的用途、结构的性质及混凝土硬化时的气温。

对不承重的模板，在混凝土强度能保证其表面棱角不因拆除模板而受损坏时，即可拆除。对承重模板，如梁、板等底模，应待混凝土达到规定强度后，方可拆除。

【质量标准】

一、混凝土的质量检查

1. 混凝土在拌制和浇筑过程中的质量检查

1）混凝土组成材料的质量和用量，每一工作班至少检查两次，按质量比投料，偏差应在允许范围之内：水泥、外掺混合材料为±2%，水、外加剂为±2%，粗、细集料为±3%。

2）在一个工作班内，如混凝土配合比由于外界影响（如砂、石含水率的变化）而有变动时，应及时检查。

3）混凝土的搅拌时间应随时检查。

4）检查混凝土在拌制地点及浇筑地点的坍落度，每一个工作班至少两次。

2. 混凝土强度检查

为了检查混凝土是否达到设计强度等级，混凝土是否已达到拆模、起吊强度以及预应力构件混凝土是否达到张拉、放松预应力筋时所规定的强度，应制作试块，做抗压强度试验。

1）检查混凝土是否达到设计强度等级。混凝土立方体抗压强度是检查结构或构件混凝土是否达到设计强度等级的依据。检查方法是，制作边长为150mm的立方体试块，在温度为（20±2）℃、相对湿度为95%以上的潮湿环境或水中的标准条件下，经28d养护后试验确定。试验结果作为核算结构或构件的混凝土强度是否达到设计要求的依据。

混凝土强度试样应在混凝土的浇筑地点随机抽取，试件的取样频率和数量应符合下列规定：

① 每 100 盘且不超过 $100m^3$ 同配合比的混凝土，取样次数不应少于一次。

② 每一个工作班拌制的同配合比的混凝土不足 100 盘且不超过 $100m^3$ 时，取样次数不应少于一次。

③ 当一次连续浇筑的同配合比混凝土超过 $1000m^3$ 时，每 $200m^3$ 取样不应少于一次。

④ 对房屋建筑，每一楼层、同一配合比的混凝土，取样不应少于一次。

每次取样应至少制作一组标准养护试件。

2）为了检查结构或构件的拆模、出厂、吊装、张拉、放张及施工期间临时负荷的需要，还应留置与结构或构件同条件养护的试块。试块的组数可按实际需要确定。

3. 混凝土强度验收评定标准

混凝土强度应分批进行验收。同批混凝土应由强度等级相同、龄期相同以及生产工艺和配合比基本相同的混凝土组成。每批混凝土的强度应以同批内全部标准试件的强度代表值来评定。

1）每组混凝土试件应在同盘混凝土中取样制作，其强度代表值应符合下列规定：

① 取三个试件强度的算术平均值作为该组试块的强度代表值。

② 当一组试件中，强度的最大值或最小值与中间值之差超过中间值的 15%时，取中间值作为该组试件的强度代表值。

③ 当一组试件中，强度的最大值和最小值与中间值之差均超过中间值的 15%时，该组试件的强度不应作为评定的依据。

2）混凝土强度评定有两种方法：统计法和非统计法。

采用统计法评定时，应按下列规定进行：

① 当连续生产的混凝土，生产条件在较长时间内保持一致，且同一品种、同一强度等级混凝土的强度变异性保持稳定时，由连续的三组试件代表一个验收批，其强度同时满足下列要求：

$$m_{f_{cu}} \geq f_{cu,k} + 0.7\sigma_0 \tag{1-17}$$

$$f_{cu,min} \geq f_{cu,k} - 0.7\sigma_0 \tag{1-18}$$

当混凝土强度等级不高于 C20 时，强度的最小值还应满足下式要求：

$$f_{cu,min} \geq 0.85 f_{cu,k} \tag{1-19}$$

当混凝土强度等级高于 C20 时，强度的最小值还应满足下式要求：

$$f_{cu,min} \geq 0.9 f_{cu,k} \tag{1-20}$$

式中 $m_{f_{cu}}$——同一检验批混凝土立方体抗压强度的平均值（MPa），精确到 0.1MPa；

$f_{cu,k}$——混凝土立方体抗压强度标准值（MPa），精确到 0.1MPa；

$f_{cu,min}$——同一检验批混凝土立方体抗压强度的最小值（MPa），精确到 0.1MPa；

σ_0——检验批混凝土立方体抗压强度标准差（MPa），精确到 0.1MPa，当计算值小于 2.5MPa 时，应取 2.5MPa。

$$\sigma_0 = \sqrt{\frac{\sum_{i=1}^{n} f_{cu,i}^2 - n m_{f_{cu}}^2}{n-1}} \tag{1-21}$$

式中 $f_{cu,i}$——前一检验期内同一品种、同一强度等级的 i 组混凝土试件的立方体抗压强度代表值（MPa），精确到 0.1MPa，该检验期不应少于 60d，也不得大于 90d；

n——前一检验期内的样本容量，在该期间内，样本容量不应少于45。

② 当混凝土的生产条件不能满足上述规定时，若样本容量不少于10组，其强度应同时满足下列要求：

$$m_{f_{cu}} \geqslant f_{cu,k} + \lambda_1 S_{f_{cu}} \tag{1-22}$$

$$f_{cu,min} \geqslant \lambda_2 f_{cu,k} \tag{1-23}$$

式中 $m_{f_{cu}}$——同一检验批混凝土立方体抗压强度的平均值（MPa），精确到0.1MPa；

$S_{f_{cu}}$——同一验收批混凝土立方体抗压强度的标准差（MPa），精确到0.01MPa，当计算值小于2.5MPa时，应取2.5MPa。

混凝土立方体抗压强度的标准差 $S_{f_{cu}}$ 可按下式计算：

$$\sigma_{f_{cu}} = \sqrt{\frac{\sum_{i=1}^{m} f_{cu,i}^2 - n m_{f_{cu}}^2}{n-1}} \tag{1-24}$$

式中 n——本检验期内的样本容量，$n \geqslant 10$；

λ_1、λ_2——合格评定系数，按表1-28取用。

表1-28 混凝土强度合格评定系数

试件组数	10~14	15~24	≥25
λ_1	1.15	1.05	0.95
λ_2	0.90	0.85	

当检验结果能满足①或②中的规定时，则该批混凝土强度应评定为合格；当不能满足上述规定时，则该批混凝土强度应评定为不合格。

当用于评定的样本容量少于10组时，应采用非统计方法评定混凝土强度，其强度应同时符合下列规定：

$$m_{f_{cu}} \geqslant \lambda_3 f_{cu,k} \tag{1-25}$$

$$f_{cu,min} \geqslant \lambda_4 f_{cu,k} \tag{1-26}$$

式中 λ_3、λ_4——合格评定系数，按表1-29取用。

表1-29 混凝土强度的非统计法合格评定系数

混凝土强度等级	<C60	≥C60
λ_3	1.15	1.10
λ_4	0.95	

由于抽样检验存在一定的局限性，混凝土的质量评定可能出现误判，因此，如混凝土试件强度不符合上述要求时，允许从结构上钻取芯样进行试压检查，也可用回弹仪或超声波仪直接在构件上进行非破损检验。

【例1-3】 有6组混凝土试块，设计强度为C20，每组试块的强度平均值分别为（单位MPa）：23.1，22.2，24.1，20.7，19.1，21.2。试评定其强度是否合格。

解： 由已知条件，应采用非统计法进行评定：

$m_{f_{cu}} = (23.1+22.2+24.1+20.7+19.1+21.2)/6 = 21.7\text{MPa} < 1.15\times20 = 23\text{MPa}$，不符合

要求。

$f_{cu,min}=19.1MPa>0.95f_{cu,k}=0.95\times20=19MPa$，符合要求。

结论：该组试件评定为不合格。

【例 1-4】 假设某框架结构主体混凝土设计强度 C20，共有 11 组试件，其数据如下（单位：MPa）：24.2，23.5，22.8，25.1，24.3，21.2，20.7，22.6，23.7，24.5，25.2。试评定其强度是否合格。

解： 由已知条件，应采用统计法进行评定：

1）求 $m_{f_{cu}}$：

$m_{f_{cu}}=(24.2+23.5+22.8+25.1+24.3+21.2+20.7+22.6+23.7+24.5+25.2)MPa/11=23.4MPa$

将题目数据代入式（1-24），得 $S_{f_{cu}}=1.48MPa$，小于 2.5MPa，应取 2.5MPa。

2）查表 1-28，得 $\lambda_1=1.15$，$\lambda_2=0.90$。代入式（1-22）、式（1-23）得

$$m_{f_{cu}}=23.4MPa>(20+1.15\times2.5)MPa=22.9MPa$$

$$f_{cu,min}=20.7MPa>0.90f_{cu,k}=0.90\times20MPa=18MPa$$

结论：该组试块评定为合格。

4. 混凝土工程施工质量验收标准

混凝土工程的施工质量检验应按主控项目、一般项目所规定的检验方法进行。检验批合格质量应符合下列规定：主控项目的质量经抽样检验合格，一般项目的质量经抽样检验合格；当采用计数检验时，除有专门要求外，一般项目的合格率应达到 80% 以上，且不得有严重缺陷；具有完整的施工操作依据和质量验收记录。

（1）原材料

1）主控项目。

① 水泥进场时，应对其品种、级别、包装或散装仓号、出厂日期等进行检查，并应对其强度、安定性及其他必要的性能指标进行复验，其质量必须符合现行国家标准《通用硅酸盐水泥》（GB 175—2007）等的规定。

当在使用中对水泥质量有怀疑或水泥出厂超过三个月（快硬硅酸盐水泥超过一个月）时，应进行复验，并按复验结果使用。

钢筋混凝土结构、预应力混凝土结构中，严禁使用含氯化物的水泥。

检查数量：按同一生产厂家、同一等级、同一品种、同一批号且连续进场的水泥，袋装不超过 200t 为一批，散装不超过 500t 为一批，每批抽样不少于一次。

检验方法：检查产品合格证、出厂检验报告和进场复验报告。

② 混凝土中掺用外加剂的质量及应用技术应符合现行国家标准《混凝土外加剂》（GB 8076—2008）、《混凝土外加剂应用技术规范》（GB 50119—2013）等和有关环境保护的规定。

预应力混凝土结构中，严禁使用含氯化物的外加剂。钢筋混凝土结构中，当使用含氯化物的外加剂时，混凝土中氯化物的总含量应符合现行国家标准《混凝土质量控制标准》（GB 50164—2011）的规定。

检查数量：按进场的批次和产品的抽样检验方案确定。

检验方法：检查产品合格证、出厂检验报告和进场复验报告。

③ 混凝土中氯化物和碱的总含量应符合现行国家标准《混凝土结构设计规范》（GB 50010—2010）和设计的要求。

检验方法：检查原材料试验报告和氯化物、碱的总含量计算书。

2）一般项目。

① 混凝土中掺用矿物掺合料的质量应符合现行国家标准《用于水泥和混凝土中的粉煤灰》（GB/T 1596—2017）等的规定。矿物掺合料的掺量应通过试验确定。

检查数量：按进场的批次和产品的抽样检验方案确定。

检验方法：检查出厂合格证和进场复验报告。

② 普通混凝土所用的粗、细集料的质量应符合国家现行标准《普通混凝土用砂、石质量及检验方法标准》（JGJ 52—2006）的规定。

检查数量：按进场的批次和产品的抽样检验方案确定。

检验方法：检查进场复验报告。

混凝土用的粗集料，其最大颗粒粒径不得超过构件截面最小尺寸的1/4，且不得超过钢筋最小净间距的3/4。

对混凝土实心板，集料的最大粒径不宜超过板厚的1/3，且不得超过40mm。

③ 拌制混凝土宜采用饮用水；当采用其他水源时，水质应符合国家现行标准《混凝土用水标准》（JGJ 63—2006）的规定。

检查数量：同一水源检查不应少于一次。

检验方法：检查水质试验报告。

（2）配合比设计

1）主控项目。混凝土应按国家现行标准《普通混凝土配合比设计规程》（JGJ 55—2011）的有关规定，根据混凝土强度等级、耐久性和工作性等要求进行配合比设计。

对有特殊要求的混凝土，其配合比设计还应符合国家现行有关标准的专门规定。

检验方法：检查配合比设计资料。

2）一般项目。

① 首次使用的混凝土配合比应进行开盘鉴定，其工作性应满足设计配合比的要求。开始生产时应至少留置一组标准养护试件，作为验证配合比的依据。

检验方法：检查开盘鉴定资料和试件强度试验报告。

② 混凝土拌制前，应测定砂、石含水率，并根据测试结果调整材料用量，提出施工配合比。

检查数量：每工作班检查一次。

检验方法：检查含水率测试结果和施工配合比通知单。

（3）混凝土施工

1）主控项目。结构混凝土的强度等级必须符合设计要求。用于检查结构构件混凝土强度的试件，应在混凝土的浇筑地点随机抽取。取样与试件留置应符合下列规定：

① 每拌制100盘且不超过100m^{3}同配合比的混凝土，取样不得少于一次。

② 每工作班拌制的同一配合比的混凝土不足100盘时，取样不得少于一次。

③ 当一次连续浇筑超过1000m^{3}时，同一配合比的混凝土每200m^{3}取样不得少于一次。

④ 每一楼层、同一配合比的混凝土，取样不得少于一次。

⑤ 每次取样应至少留置一组标准养护试件，同条件养护试件的留置组数应根据实际需

要确定。

检验方法：检查施工记录及试件强度试验报告。

对有抗渗要求的混凝土结构，其混凝土试件应在浇筑地点随机取样。同一工程、同一配合比的混凝土，取样不应少于一次，留置组数可根据实际需要确定。

检验方法：检查试件抗渗试验报告。

混凝土原材料每盘称量的允许偏差应符合表 1-30 的规定。

表 1-30 混凝土原材料每盘称量的允许偏差

材料名称	允许偏差
水泥、掺合料	±2%
粗、细集料	±3%
水、外加剂	±2%

注：1. 各种量器应定期校验，每次使用前应进行零点校核，保持计量准确。
2. 当遇雨天或含水率有显著变化时，应增加含水率检测次数，并及时调整水和集料的用量。

检查数量：每工作班抽查不应少于一次。

检验方法：复称。

混凝土运输、浇筑及间歇的全部时间不应超过混凝土的初凝时间。同一施工段的混凝土应连续浇筑，并应在底层混凝土初凝之前将上一层混凝土浇筑完毕。当底层混凝土初凝后，浇筑上一层混凝土时，应按施工技术方案中对施工缝的要求进行处理。

检查数量：全数检查。

检验方法：观察，检查施工记录。

2）一般项目。施工缝的位置应在混凝土浇筑前按设计要求和施工技术方案确定。施工缝的处理应按施工技术方案执行。

检查数量：全数检查。

检验方法：观察，检查施工记录。

后浇带的留置位置应按设计要求和施工技术方案确定。后浇带混凝土的浇筑应按施工技术方案进行。

检查数量：全数检查。

检验方法：观察，检查施工记录。

混凝土浇筑完毕后，应按施工技术方案及时采取有效的养护措施，并应符合下列规定：

① 应在浇筑完毕后的 12h 以内对混凝土加以覆盖，并保湿养护。

② 混凝土浇水养护的时间：对采用硅酸盐水泥、普通硅酸盐水泥或矿渣硅酸盐水泥拌制的混凝土，不得少于 7d；对掺用缓凝型外加剂或有抗渗要求的混凝土，不得少于 14d。

③ 浇水次数应能保证混凝土处于湿润状态；混凝土养护用水应与拌制用水相同。

④ 采用塑料布覆盖养护的混凝土，其敞露的全部表面应覆盖严密，并应保持塑料布内有凝结水。

⑤ 混凝土强度达到 $1.2N/mm^2$ 前，不得在其上踩踏或安装模板及支架。

当日平均气温低于 5℃时，不得浇水；当采用其他品种水泥时，混凝土的养护时间应根据所采用水泥的技术性能确定；混凝土表面不便浇水或使用塑料布时，宜涂刷养护剂；对大体积混凝土的养护，应根据气候条件按施工技术方案采取控温措施。

检查数量：全数检查。

检验方法：观察，检查施工记录。

5. 混凝土结构工程检查验收应具备的技术资料

1）水泥产品合格证、出厂检验报告、进场复验报告。

2）外加剂产品合格证、出厂检验报告、进场复验报告。

3）混凝土中氯化物、碱的总含量计算书。

4）掺合料出厂合格证、进场复试报告。

5）粗、细集料进场复验报告。

6）水质试验报告。

7）混凝土配合比设计资料。

8）砂、石含水率测试结果记录。

9）混凝土配合比通知单。

10）混凝土试件强度试验报告。

11）混凝土试件抗渗试验报告。

12）施工记录。

13）检验批质量验收记录。

14）混凝土分项工程质量验收记录。

二、混凝土的质量事故分析

1. 现浇混凝土结构质量缺陷及产生原因

（1）现浇结构外观质量缺陷的确定　现浇结构的外观质量缺陷，应由监理（建设）单位、施工单位等各方根据其对结构性能和使用功能影响的严重程度，按表1-31确定。

表 1-31　现浇结构的外观质量缺陷

名　称	现象	严重缺陷	一般缺陷
露筋	构件内钢筋未被混凝土包裹	纵向受力钢筋有露筋	其他钢筋有少量露筋
蜂窝	混凝土表面缺少水泥砂浆而造成石子外露	构件主要受力部位有蜂窝	其他部位有少量蜂窝
孔洞	混凝土中孔穴深度和长度均超过保护层厚度	构件主要受力部位有孔洞	其他部位有少量孔洞
夹渣	混凝土中夹有杂物，且深度超过保护层厚度	构件主要受力部位有夹渣	其他部位有少量夹渣
疏松	混凝土中局部不密实	构件主要受力部位有疏松	其他部位有少量疏松
裂缝	缝隙从混凝土表面延伸至混凝土内部	构件主要受力部位有裂缝，影响结构性能	其他部位有少量裂缝，不影响结构性能
连接部位缺陷	构件连接处混凝土缺陷及连接钢筋、连接件松动	连接部位有影响结构传力性能的缺陷	连接部位有基本不影响结构传力性能的缺陷

（续）

名　称	现象	严重缺陷	一般缺陷
外形缺陷	缺棱掉角、棱角不直、翘曲不平、飞边凸肋等	清水混凝土构件有影响使用功能或装饰效果的外形缺陷	其他混凝土构件有不影响使用功能的外形缺陷
外表缺陷	构件表面麻面、掉皮、起砂、沾污等	具有重要装饰效果的清水混凝土构件有外表缺陷	其他混凝土构件有不影响使用功能的外表缺陷

（2）混凝土质量缺陷产生的原因　混凝土质量缺陷产生的原因主要如下：

1）蜂窝。蜂窝是由于混凝土配合比不准确、浇筑方法不当、振捣不足、模板严重漏浆等原因造成的浆少而石子多的现象。

2）麻面。麻面是由于模板表面粗糙、模板湿润度不够、模板接缝不严密、振捣时发生少量漏浆等原因造成的混凝土表面局部出现缺浆、小凹坑或麻点，形成粗糙面的现象。

3）露筋。浇筑时垫块位移，甚至漏放，钢筋紧贴模板，或者因混凝土保护层处漏振或振捣不密实而造成露筋。

4）孔洞。混凝土结构内存在空隙，砂浆严重分离，石子成堆，砂与水泥分离。另外，有泥块等杂物掺入也会形成孔洞。

5）缝隙和薄夹层。主要是混凝土内部处理不当的施工缝、温度缝和收缩缝以及混凝土内有外来杂物而造成的夹层。

6）裂缝。构件制作时受到剧烈振动，混凝土浇筑后模板变形或沉陷，混凝土表面水分蒸发过快，养护不及时，以及构件堆放、运输、吊装时位置不当或受到碰撞而产生裂缝。

（3）混凝土质量缺陷的防治与处理

1）表面抹浆修补。对数量不多的小蜂窝、麻面、露筋、露石的混凝土表面，主要方法是保护钢筋和混凝土不受侵蚀，可用1：2~1：2.5水泥砂浆抹面修整。

2）细石混凝土填补。当蜂窝比较严重或露筋较深时，应去掉不密实的混凝土，用清水洗净并充分湿润后，再用比原强度等级高一级的细石混凝土填补，并仔细捣实。

3）水泥灌浆与化学灌浆。对于宽度大于0.5mm的裂缝，宜采用水泥灌浆；对于宽度小于0.5mm的裂缝，宜采用化学灌浆。

2. 常见质量事故

（1）混凝土试件强度偏低

1）现象：混凝土试件强度达不到设计要求。

2）原因分析

① 混凝土原材料质量不符合要求。

② 混凝土拌制时间短或拌合物不均匀。

③ 混凝土配合比每盘称量不准确。

④ 混凝土试件没有做好，如模子变形、振捣不密实、养护不及时。

（2）混凝土施工出现冷缝

1）现象：已浇筑完毕的混凝土表面有不规则的接缝痕迹。

2）原因分析

① 泵送混凝土由于堵管或机械故障等原因，造成混凝土运输、浇筑及间歇时间过长。

② 施工缝未处理好，接缝清理不干净，无接浆，直接在底层混凝土上浇筑上一层混

凝土。

③ 混凝土浇筑顺序安排不妥当，造成底层混凝土初凝后浇筑上一层混凝土。

（3）混凝土施工坍落度过大

1）现象：混凝土坍落度大，和易性差。

2）原因分析：

① 随意往泵送混凝土内加水。

② 雨期施工，不做含水率测试，施工配合比不正确。

3. 案例

【例 1-5】 框架柱因浇筑质量差而引起的事故：某影剧院观众厅看台为框架结构，有柱子 14 根。底层柱从基础顶起到一层大梁止，高 7.5m，断面尺寸为 740mm×400mm。混凝土浇筑后，拆模时发现 13 根柱有严重的蜂窝、孔洞、漏筋现象，特别是在地面以上 1m 处尤其集中与严重。具体情况是：柱全部侧面面积 142m^2，蜂窝面积有 7.41m^2，占 5.2%。其中最严重的是 K4，仅蜂窝中露筋面积就有 0.56m^2。露筋位置在地面以上 1m 处，正是钢筋的搭接部位。某影剧院看台混凝土结构和施工缺陷如图 1-41 所示。

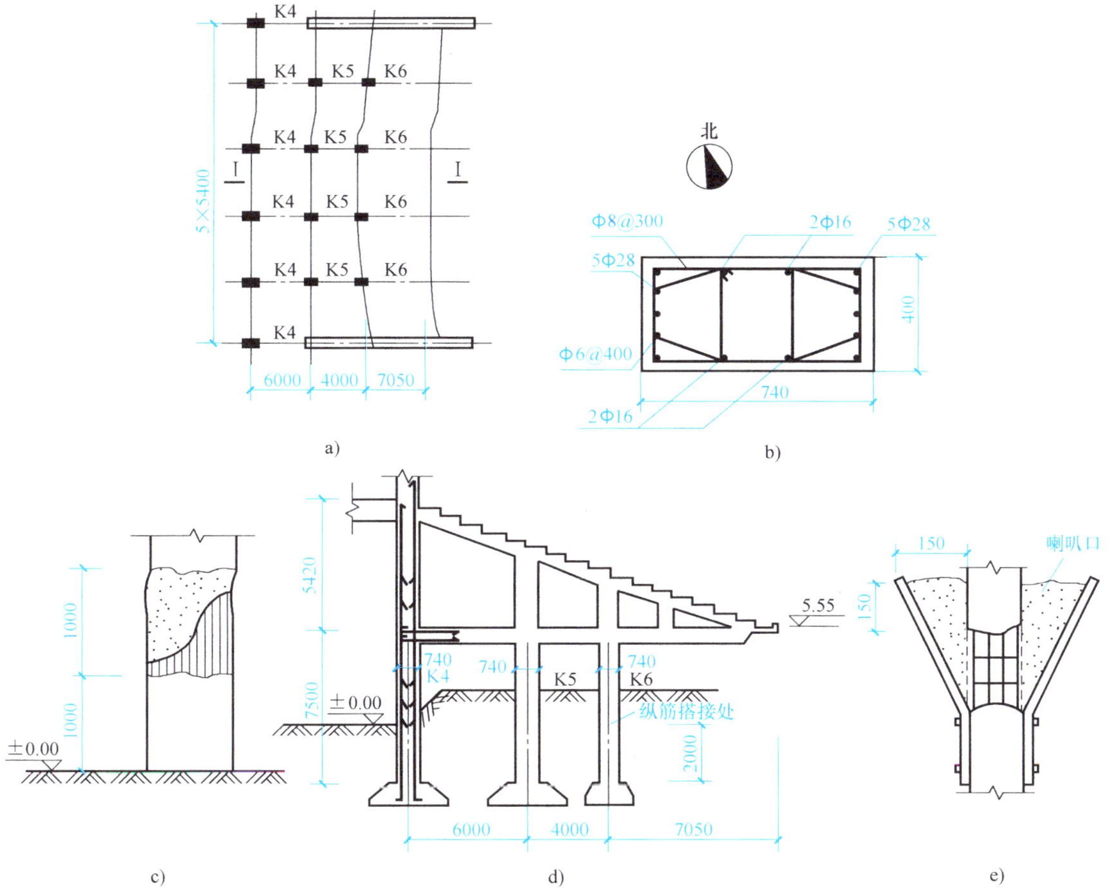

图 1-41 某影剧院看台混凝土结构和施工缺陷示意图

a）平面图 b）K4、K5、K6 截面配筋图 c）柱内钢筋搭接图 d）剖面图 e）补强示意图

（1）经调查分析，引起这一质量事故的原因有：

1）配合比控制不严。只有做试块时才认真按配合比称重配料，一般情况下配合比控制极为马虎，尤其是水灰比控制不严。

2）浇筑高度超高。规范规定，混凝土自由倾落高度不宜超过2m。该工程柱高7.5m，施工时柱子模板上未留浇筑的洞口，混凝土从7.5m高处倒下，也未用串筒或溜槽等设备，一倾到底，这样势必造成混凝土的离析，从而易造成振捣不密实与漏筋。

3）柱子钢筋搭接处的设计净距太小，只有31~37.5mm，不符合设计规范规定的柱纵筋净距应≥50mm的要求。实际上，有的露筋处净距仅为0或10mm。

综上分析，事故主要原因是施工人员责任心不强，违反操作规程，混凝土配合比控制不严，浇筑高度超高而又未采取特殊措施。

（2）对此事故采取如下补强加固措施：

1）剔除全部蜂窝四周的松散混凝土；将湿麻袋塞在凿剔面上24h，使混凝土湿透厚度至少40~50mm；按照蜂窝尺寸支设有喇叭口的模板，如图1-43e所示；灌注加有早强剂的C30（旧混凝土为C25）豆石混凝土；养护14d；拆模后将喇叭口上的混凝土凿除。

2）将混凝土强度提高一级浇筑。

3）养护要加强，保持湿润14d，以防混凝土发生较大收缩，使新、旧混凝土产生裂缝。

此外，还应对柱进行超声波探伤，查明是否还有隐患。

【例1-6】 混凝土初期收缩事故案例：某办公楼为现浇钢筋混凝土框架结构。在达到预定混凝土强度，拆除楼板模板时，发现板上有无数走向不规则的极细裂纹，如图1-42所示。裂缝宽0.05~0.15mm，有时上下贯通，但其总体特征是板上裂纹多于板下裂纹。

查得施工时的气象条件是：上午9时气温13℃，风速7m/s，相对湿度40%；中午温度15℃，风速13m/s（最大瞬时风速达18m/s），相对湿度29%；下午5时温度11℃，风速11m/s，相对湿度39%。混凝土灌注就是在这种非常干燥的条件下进行的。由于异常干燥加上强风影响，故使得混凝土在凝结后不久即出现裂纹。根据有关资料记载：当风速为16m/s时，混凝土的蒸发速度为无风时的4倍；当相对湿度10%时，混凝土的蒸发速度为相对湿度90%时的9倍以上。根据这些参数推算，本工程在上述气象条件下的蒸发速度可达通常条件的8~10倍。

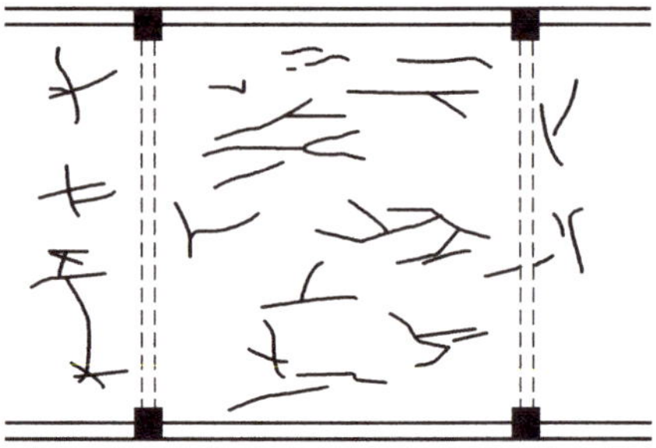

图1-42 混凝土板面塑性收缩裂缝

因此可以认为，与大气接触的楼板上面受干燥空气和强风的影响是产生较多失水收缩裂纹的主因；而曾受模板保护的楼板下面，这种失水收缩裂纹比较少。经过对灌注楼板时预留的试块和对楼板承载能力进行试验，混凝土均能达到设计要求。

上述案例说明，具有失水收缩的混凝土初期裂纹对楼板的承载力并无影响。但是为了建筑物的耐久性考虑，还应使用树脂注入法进行补强。

项目2 钢筋混凝土独立基础施工

【项目概述】

独立基础在各种类型基础中相对比较简单。通过本项目的学习，学生应掌握独立基础的基本知识，了解独立基础施工中各种仪器、工具、机械的使用方法以及各材料的性能和使用方法，熟悉独立基础施工工艺流程和施工方法，掌握独立基础施工的质量要求。

任务1　钢筋混凝土独立基础施工图识读

【学习目标】

1. 掌握基础的常见类型。
2. 熟悉钢筋混凝土独立基础平法制图规则。
3. 培养认真仔细的看图习惯以及查规范、查图集的好习惯。

【任务描述】

学习钢筋混凝土独立基础平法制图规则；结合实训项目结构施工图，识读基础平面图、基础详图。

【相关知识】

一、常见的基础类型

常见的基础类型主要有：独立基础、条形基础、筏形基础、箱形基础、桩基础等。

1. 独立基础

建筑物上部结构采用框架结构或单层排架结构承重时，基础常采用圆柱形和多边形等形式的独立式基础，这类基础称为独立基础。独立基础分三种：阶梯形基础、坡形基础（也称锥形基础）、杯形基础，如图2-1所示。

2. 条形基础

条形基础是指基础长度远远大于宽度的一种基础形式。按上部结构分为墙下条形基础和柱下条形基础，如图2-2所示。

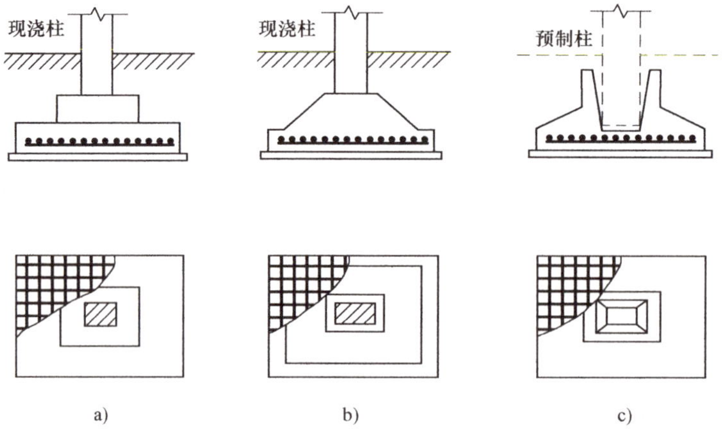

图 2-1 独立基础

a）阶梯形基础 b）坡形基础 c）杯形基础

3. 筏形基础

当建筑物上部荷载较大而地基承载能力又比较弱时，用简单的独立基础或条形基础已不能适应地基变形的需要，这时常将墙下基础或柱下基础连成一片，使整个建筑物的荷载承受在一块整板上，这种满堂式的板式基础称筏形基础，如图 2-3 所示。筏形基础的底面积大，故可减小基底压强，同时也可提高地基土的承载力，并能更有效地增强基础的整体性，调整不均匀沉降。

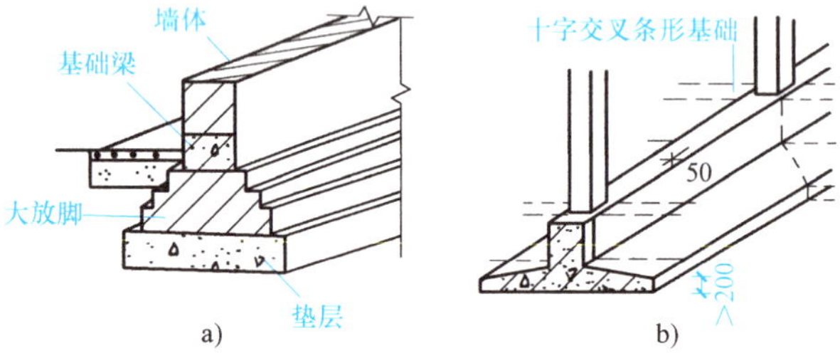

图 2-2 条形基础

a）墙下条形基础 b）柱下条形基础

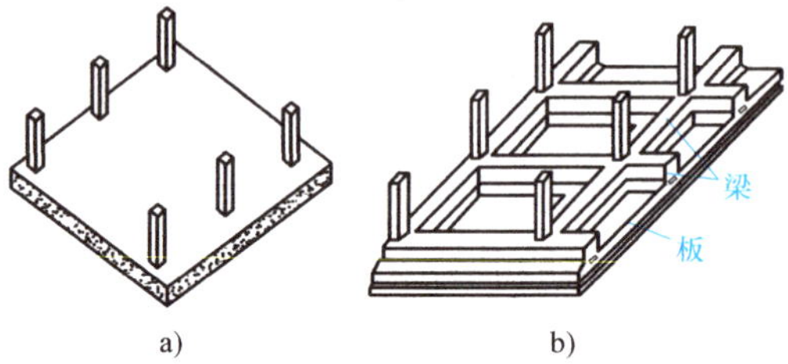

图 2-3 筏形基础

a）平板式筏形基础 b）梁板式筏形基础

4. 箱形基础

箱形基础是由钢筋混凝土的底板、顶板和若干纵横墙组成的，形成中空箱体的整体结构，共同来承受上部结构的荷载，如图 2-4 所示。箱形基础整体空间刚度大，对抵抗地基的不均匀沉降有利，一般适用于高层建筑或在软弱地基上建造的上部荷载较大的建筑物。当基础的中空部分尺寸较大时，可用于地下室。

5. 桩基础

桩基础由基桩和连接于桩顶的承台共同组成，如图 2-5 所示。若桩身全部埋于土中，承台底面与土体接触，则称为低承台桩基；若桩身上部露出地面而承台底位于地面以上，则称为高承台桩基。建筑桩基通常为低承台桩基。高层建筑中，桩基础应用广泛。

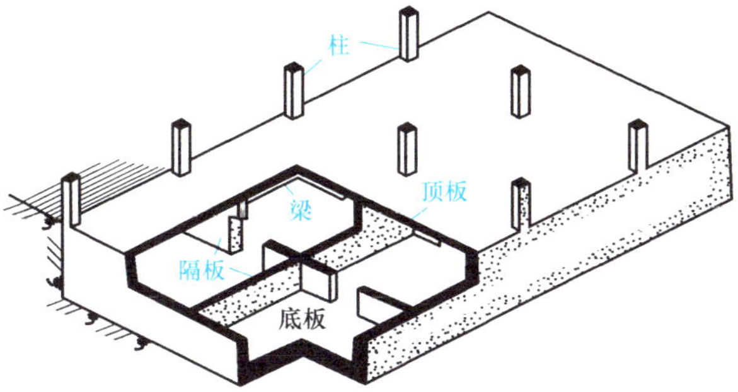

图 2-4 箱形基础

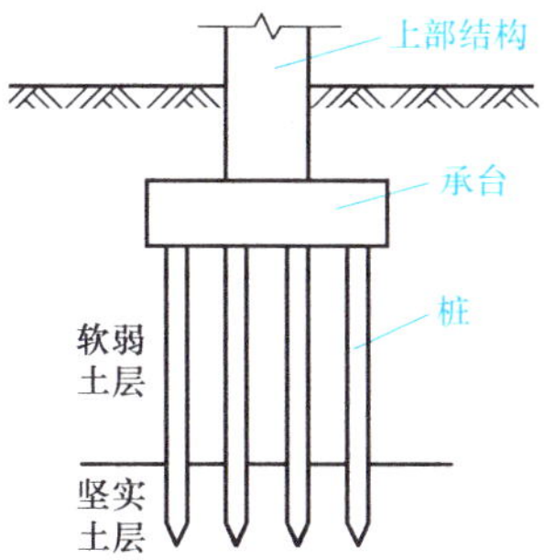

图 2-5 桩基础

二、独立基础平法施工图制图规则

独立基础、条形基础、筏形基础及桩基承台的平法制图规则见图集 22G101-3。下面以平法表示的独立基础为例。

（一）独立基础平法施工图的表示方法

独立基础平法施工图有平面注写与截面注写两种表达方式，工程中可根据具体情况选择一种，或两种方式相结合进行独立基础的施工图设计。

当绘制独立基础平面布置图时，应将独立基础平面与基础所支承的柱一起绘制。当设置基础联系梁时，可根据图面的疏密情况，将基础联系梁与基础平面布置图一起绘制，或将基础联系梁布置图单独绘制。

在独立基础平面布置图上应标注基础定位尺寸；当独立基础的柱中心线或杯口中心线与建筑轴线不重合时，应标注其定位尺寸。编号相同且定位尺寸相同的基础，可仅选择一个进行标注。

（二）独立基础编号

独立基础编号规则见表 2-1。

表 2-1 独立基础编号规则

类　　型	基础底板截面形状	代　　号	序　　号
普通独立基础	阶形	DJ_J	××
	坡形	DJ_P	××
杯口独立基础	阶形	BJ_J	××
	坡形	BJ_P	××

注：在实际工程中，若采用独立基础，一般只采用一种类型，所以为编写方便，一般独立基础只编号为 J-××。

应注意：当独立基础截面形状为坡形时，其坡面应采用能保证混凝土浇筑、振捣密实的较缓坡度；当采用较陡坡度时，应要求施工采取在基础顶部坡面加模板等措施，以确保独立基础的坡面浇筑成型、振捣密实。

（三）独立基础的平面注写方式

独立基础的平面注写方式分为集中标注和原位标注两部分内容。

1. 集中标注

普通独立基础和杯口独立基础的集中标注是指在基础平面图上集中引注基础编号、截面竖向尺寸、配筋三项必注内容以及基础底面标高（与基础底面基准标高不同时）和必要的文字注解两项选注内容。

素混凝土普通独立基础的集中标注除无基础配筋内容外，均与钢筋混凝土普通独立基础相同。

独立基础集中标注的具体内容，规定如下：

1）注写独立基础编号（必注内容），见表 2-1。

独立基础底板的截面形状通常有两种：

① 阶形截面编号加下标“J”，如 $DJ_{J××}$、$BJ_{J××}$；

② 坡形截面编号加下标“P”，如 $DJ_{P××}$、$BJ_{P××}$。

2）注写独立基础截面竖向尺寸（必注内容）。下面以普通独立基础为例进行说明。

普通独立基础注写 $h_1/h_2/h_3\cdots$，具体标注为：

① 当基础为阶形截面时，如图 2-6 所示。

【例 2-1】 当阶形截面普通独立基础 $DJ_{J××}$ 的竖向尺寸注写为 300/300/400 时，表示 $h_1=300mm$、$h_2=300mm$、$h_3=400mm$，基础底板总厚度为 1000mm。

② 当基础为坡形截面时，独立基础竖向尺寸注写为 h_1/h_2，如图 2-7 所示。

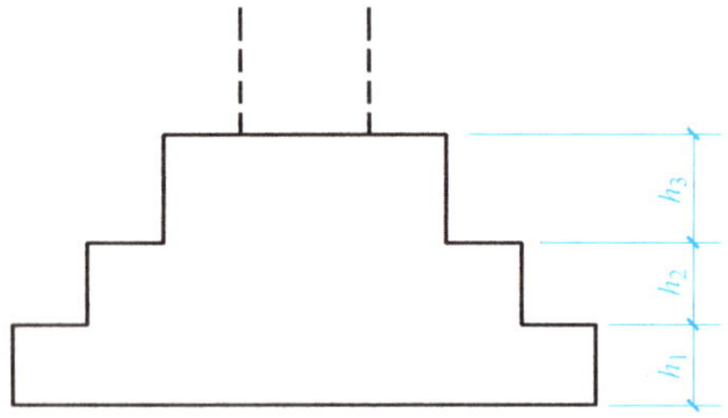

图 2-6 阶形独立基础竖向尺寸

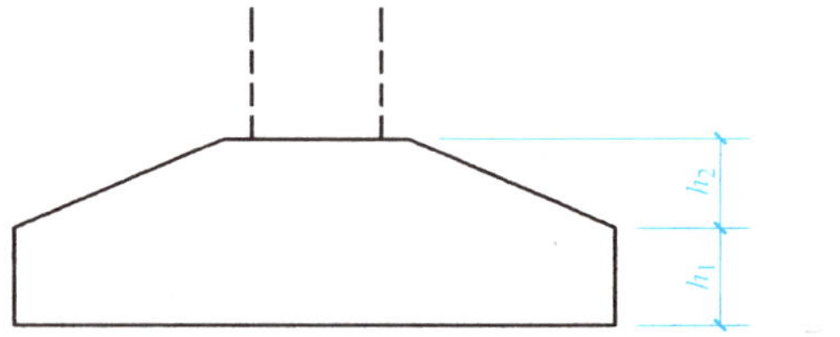

图 2-7 坡形独立基础竖向尺寸

【例 2-2】 当坡形截面普通独立基础 $DJ_{P××}$ 的竖向尺寸注写为 350/300 时，表示 $h_1=350mm$、$h_2=300mm$，基础底板总厚度为 650mm。

3）注写独立基础底板配筋。普通独立基础的底部双向配筋注写规定如下：

① 以 B 代表各种独立基础底板的底部配筋。

② x 向配筋以 x 打头，y 向配筋以 y 打头注写；当两向配筋相同时，则以 $x\&y$ 打头注写。

【例 2-3】 当独立基础底板配筋标注为 B：x ⌀16@150，y ⌀16@200 时，表示基础底板底部配置 HRB400 级钢筋，x 向直径为⌀16，分布间距 150mm，y 向直径为⌀16，分布间距 200mm，如图 2-8 所示。

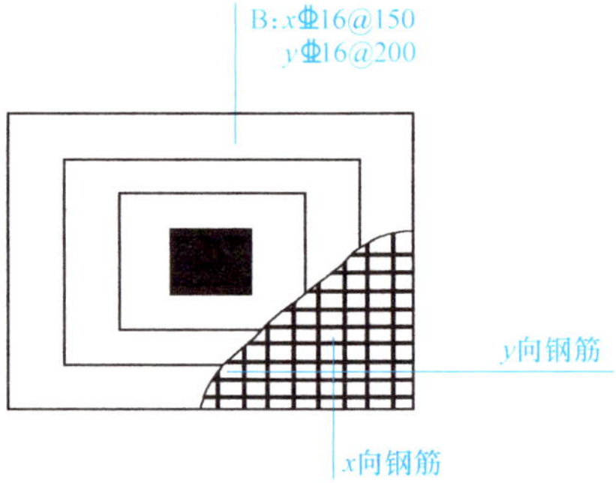

图 2-8 独立基础底板底部双向配筋示意图

③ 独立基础底板配筋构造适用于普通独立基础和杯口独立基础。独立基础底板双向交叉钢筋长向设置在下，短向设置在上，如图 2-9 所示。

④ 当独立基础底板长度大于等于 2500mm 时，除外侧钢筋外，底板配筋长度可取相应方向底板长度的 0.9 倍。当非对称独立基础底板长度大于等于 2500mm，但该基础某侧

从柱中心至基础底板边缘的距离小于1250mm时，钢筋在该侧不应减短，如图2-10所示。

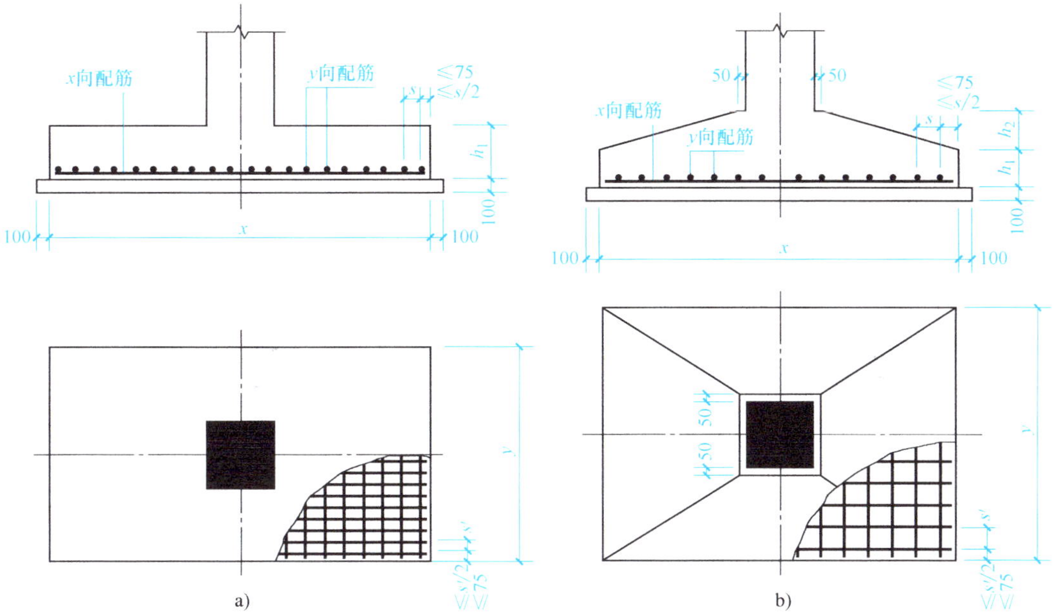

图2-9 独立基础底板配筋构造

a）阶形 b）坡形

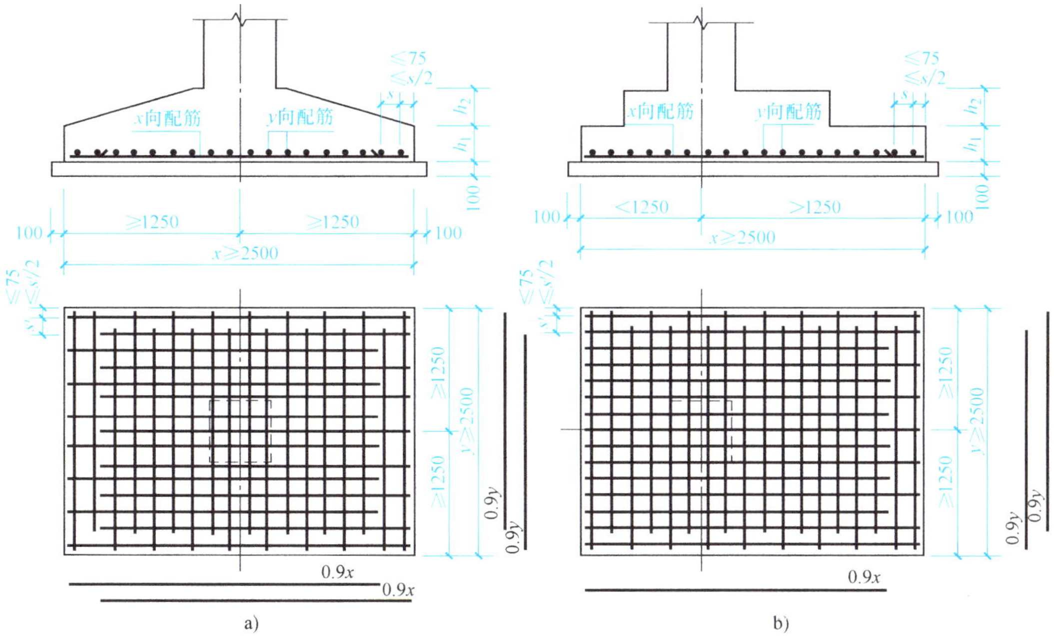

图2-10 独立基础底板配筋长度减短10%构造

a）对称独立基础 b）非对称独立基础

2. 原位标注

钢筋混凝土和素混凝土独立基础的原位标注是指在基础平面布置图上标注独立基础的平面尺寸。对相同编号的基础，可选择一个进行原位标注；当平面图形较小时，可将所选定进行原标注的基础按比例适当放大；其他相同编号者仅注编号。

普通独立基础原位标注的具体内容规定如下：

原位标注 x、y，x_c、y_c（或圆柱直径 d_c），x_i、y_i，$i=1,2,\cdots,n$。其中，x、y 为普通独立基础两向边长，x_c、y_c 为柱截面尺寸，x_i、y_i 为阶宽或坡形平面尺寸（当设置短柱时，还应标注短柱的截面尺寸）。

对称阶形截面普通独立基础的原位标注如图 2-11 所示。非对称阶形截面普通独立基础的原位标注如图 2-12 所示。

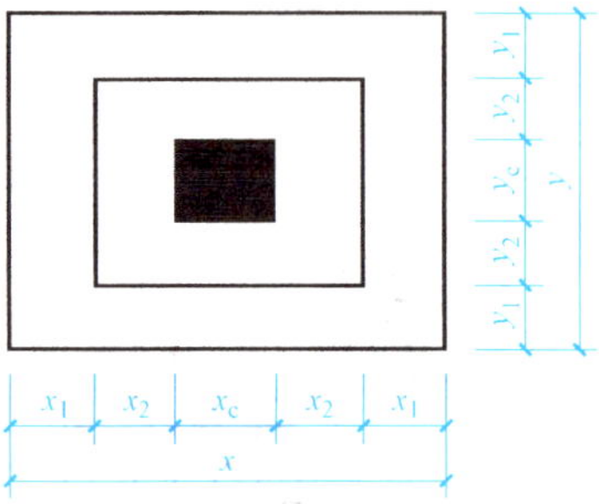

图 2-11 对称阶形截面普通独立基础的原位标注

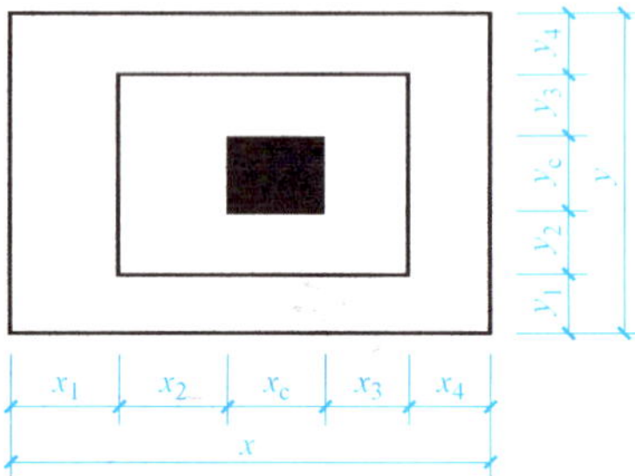

图 2-12 非对称阶形截面普通独立基础的原位标注

对称坡形截面普通独立基础的原位标注如图 2-13 所示。非对称坡形截面普通独立基础的原位标注如图 2-14 所示。

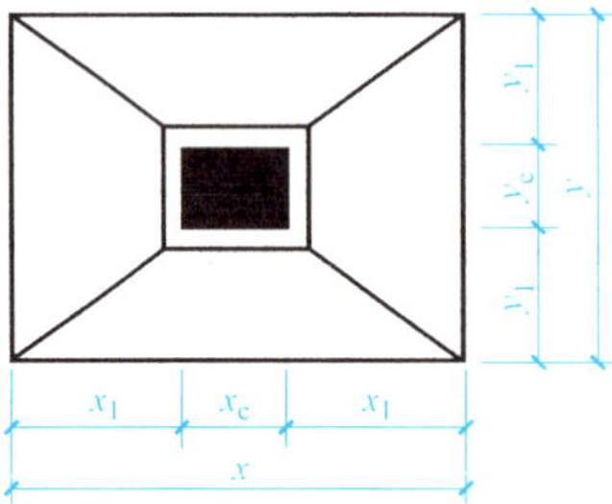

图 2-13 对称坡形截面普通独立基础的原位标注

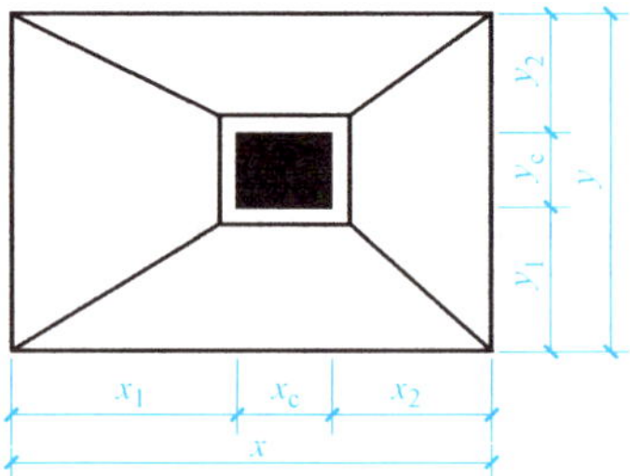

图 2-14 非对称坡形截面普通独立基础的原位标注

普通独立基础采用平面注写方式的集中标注和原位标注综合设计表达示意，如图 2-15 所示。

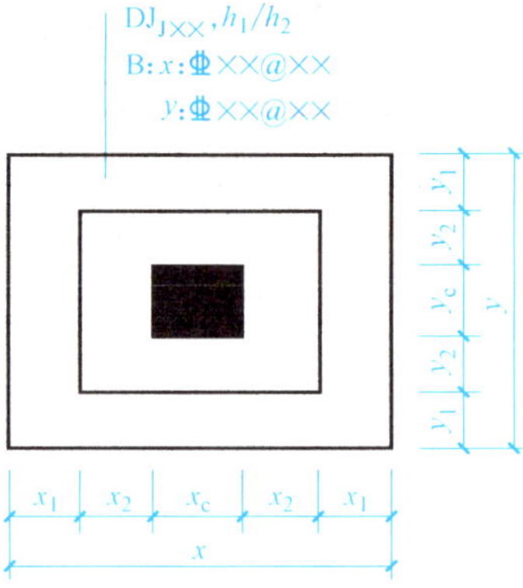

图 2-15 普通独立基础平面注写方式设计

（四）独立基础的截面注写方式

1. 截面注写方式

独立基础的截面注写方式又可分为截面标注和列表注写（结合截面示意图）两种。采用截面注写方式时，应在基础平面布置图上对所有基础进行编号。

2. 单个基础截面标注

对单个基础进行截面标注的内容和形式与传统“单构件正面投影表示方法”基本相同。对于已在基础平面布置图上原位标注清楚的平面几何尺寸，在截面图上可不再重复表达，具体表达内容可参照 22G101-3 图集中相应的标准构造。

3. 多个同类基础截面标注

对多个同类基础，可采用列表注写（结合截面示意图）的方式进行集中表达。表中内容为基础截面的几何数据和配筋等，在截面示意图上应标注与表中栏目相对应的代号。普通独立基础列表集中注写栏目为：

（1）编号　阶形截面编号为 $DJ_{J××}$，坡形截面编号为 $DJ_{P××}$。

（2）几何尺寸　水平尺寸 x、y，x_c、y_c（或圆柱直径 d_c），x_i、y_i，$i=1$，2，3……竖向尺寸 $h_1/h_2/\cdots\cdots$

（3）配筋　B：x：⌀××@ ×××，y：⌀××@ ×××。

普通独立基础列表格式见表 2-2。

表 2-2　普通独立基础几何尺寸和配筋表

基础编号/截面号	截面几何尺寸				底部配筋（B）	
	x、y	x_c、y_c	x_i、y_i	$h_1/h_2/\cdots\cdots$	x 向	y 向

注：表中可根据实际情况增加栏目。具体情况如下：

① 当基础底面标高与基础底面基准标高不同时，加注基础底面标高。

② 对双柱独立基础，加注基础顶部配筋或基础梁几何尺寸和配筋。

③ 当设置短柱时，增加短柱尺寸及配筋等。

【任务准备】

预习识读附录某框架结构工程的基础平面图（结施-04）、基础详图（结施-05）。

【任务实施】

识读附录结施-04 基础平面图、结施-05 基础详图。

一、识读基础平面图

附录结施-04 如图 2-16 所示。

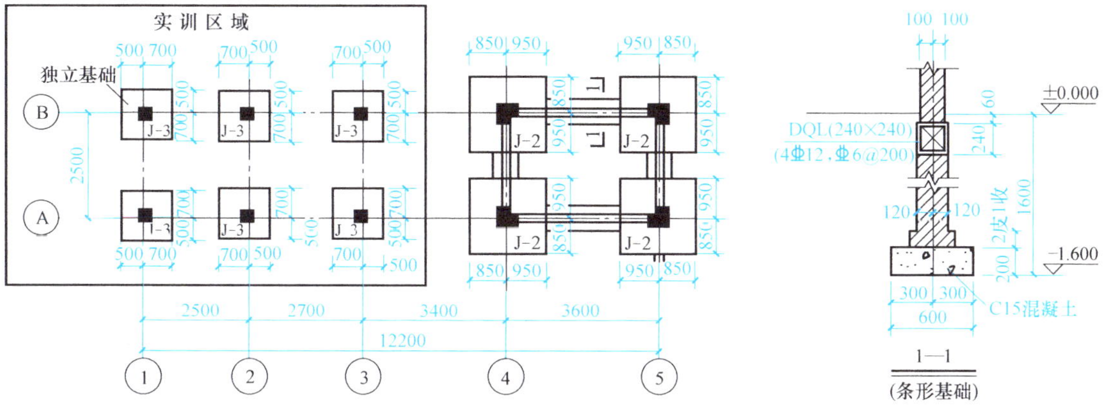

图 2-16　基础平面图

1. 基础类型

根据图 2-16 基础平面图，本工程的基础类型有两种：坡形独立基础（J-2、J-3）和条形基础（J-2 间相互联系的基础）。

2. 独立基础的编号

在实际工程中，若采用独立基础，一般只采用一种类型，所以为了编写方便，一般独立基础只编号为 J-××，本工程的独立基础就是采用这种编号方式（如 J-2、J-3），而未按表 2-1 中的规定对独立基础进行编号。

3. 独立基础的基底尺寸和位置

根据图 2-16 基础平面图，可知各独立基础的基底尺寸大小（如 J-3 基底尺寸为 1200mm×1200mm），也可知各独立基础的位置（如Ⓐ轴线与①轴线交叉处的独立基础是 J-3，此 J-3 基础基底边线与Ⓐ轴线的距离分别是 700mm 和 500mm，与①轴线的距离分别是 500mm 和 700mm）。

4. 柱与独立基础

每个独立基础上部应有柱子（图中黑色正方形或折形），柱子钢筋埋入基础内，柱子位置见附录一结施-06 柱定位平面图。

5. 轴线与独立基础

基础平面图中，横向轴线一般用大写字母表示，如Ⓐ、Ⓑ……纵向轴线用阿拉伯数字表示，如①、②……同方向轴线一般相互平行（也有不平行的），并有距离关系，如①轴线与②轴线相距 2500mm；横向轴线与纵向轴线相互垂直（也有不垂直的，成一特殊角度的，图纸上有标注）。基础的位置就是由轴线反映出来的。

二、识读基础详图

附录结施-05 如图 2-17 所示。基础详图主要由单个基础平面图、剖面图及基础表（表 2-3）构成。

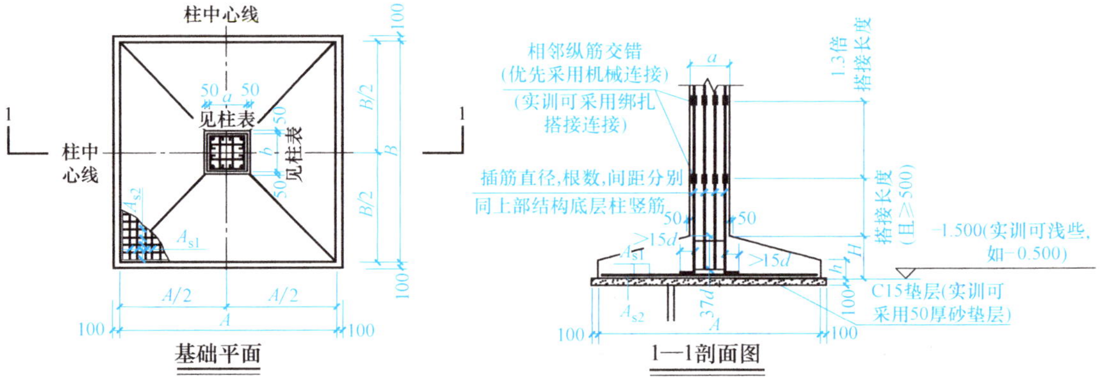

图 2-17 基础详图

表 2-3 基础表

基础编号	基底标高/m	A/mm	B/mm	H/mm	h/mm	A_{s1}	A_{s2}
J-1	-1.500	1600	1600	400	250	Φ12@125	Φ12@125
J-2	-1.500	1800	1800	400	250	Φ12@125	Φ12@125

（续）

基础编号	基底标高/m	A/mm	B/mm	H/mm	h/mm	A_{s1}	A_{s2}
J-3	−1.500	1200	1200	400	250	⌀12@125	⌀12@125
J-4	−1.500	1400	1400	400	250	⌀12@125	⌀12@125

1. 混凝土垫层

混凝土垫层是基础与地基土的中间层，作用是使其表面平整，便于在上面绑扎钢筋、安装模板等，也起到保护地基土的作用，一般为C15素混凝土。垫层厚度一般为100mm，每边尺寸比基础宽100mm，如图2-17所示。

2. 独立基础钢筋

独立基础钢筋主要由基础底板筋和柱插筋构成。

基础底板筋根据设计需要设置单层或双层，每层设两个方向钢筋。本工程坡形独立基础底板筋为单层双向钢筋（图2-17中A_{s1}、A_{s2}），钢筋长向设置在下面，短向设置在上面，钢筋的规格、直径、间距见表2-3。

柱插筋的规格、直径、根数等分别同上部结构底层柱竖筋。竖筋在基础内的锚固长度、伸出基础长度以及其与上部竖筋的连接方式应符合设计要求。若设计无要求时，应符合相关规范要求。

3. 基础大小与高度

基础大小在基础平面图中能反映出来，另外在基础详图及基础表中也能反映出来，如J-3基础底部平面尺寸为1200mm×1200mm。

基础高度可以从基础剖面图及基础表中反映出来，本工程坡形独立基础的总高度为H（基础表中H均为400mm），下部矩形的高度为h（基础表中h均为250mm）。

4. 基础埋置深度

基础埋置深度可以从基础剖面图或基础表中反映出来，本工程坡形独立基础的埋置深度为−1.500m，即基础底部在±0.000以下1.5m处。

5. 基础上部柱

基础上部柱的截面尺寸大小、与轴线的位置关系同上部结构底层柱，见柱定位平面图。

任务2 钢筋混凝土独立基础定位放线

【学习目标】

1. 掌握经纬仪（或全站仪）、水准仪的使用方法。

2. 熟悉基础定位放线步骤。

3. 培养团队协作意识、沟通和交流的能力；培养一丝不苟、实事求是的工作习惯；培养分析问题和解决问题的能力；培养爱护公共财产的意识。

【任务描述】

掌握经纬仪（或全站仪）、水准仪的使用方法，再根据图纸及现场已知坐标点，确定实训项目的四个角点的位置，并将纵横轴线引测到龙门架上。

【相关知识】

一、经纬仪的使用

1. 经纬仪的构造

经纬仪是测量水平角和竖直角的仪器，是根据测角原理设计的。经纬仪根据度盘刻度和读数方式的不同，分为光学经纬仪和电子经纬仪，构造分别如图 2-18 和图 2-19 所示。

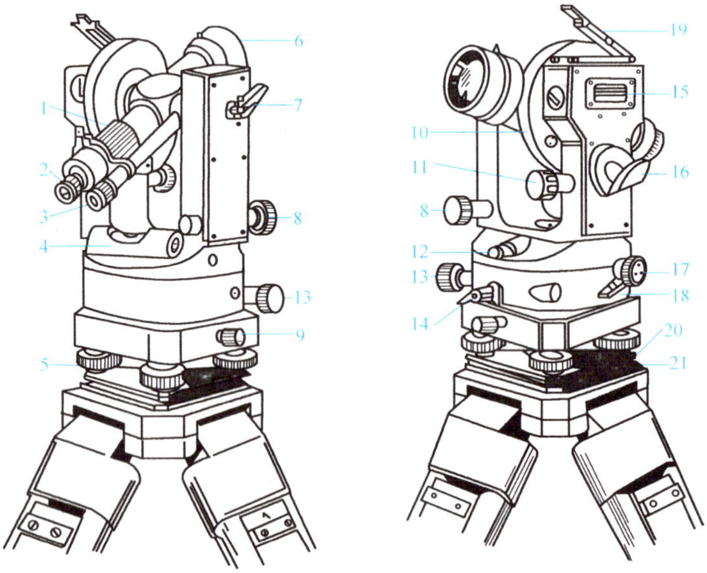

图 2-18 DJ_6 型光学经纬仪构造

1—对光螺旋 2—目镜 3—读数显微镜 4—照准部水准管 5—脚螺旋 6—望远镜物镜 7—望远镜制动螺旋 8—望远镜微动螺旋 9—中心锁紧螺旋 10—竖直度盘 11—竖盘指标水准管微动螺旋 12—光学对中器目镜 13—水平微动螺旋 14—水平制动螺旋 15—竖盘指标水准管 16—反光镜 17—度盘变换手轮 18—保险手柄 19—竖盘指标水准管反光镜 20—托板 21—压板

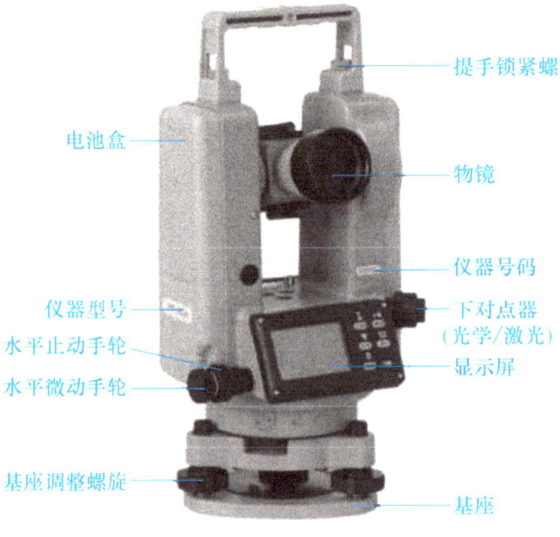

图 2-19 DT300 电子经纬仪构造

2. 经纬仪操作方法

（1）经纬仪安放在三脚架上 把经纬仪专用三脚架调成等长并适合操作者身高，摆放在测站上，目估大致对中。将仪器固定在三脚架上，使仪器基座面与三脚架上顶面平行。

（2）对中 目的是使仪器中心与测站点位于同一铅垂线上。可以移动脚架、旋转脚螺旋，使对中标志准确对准测站点的中心。

（3）整平 整平的目的是使仪器竖轴铅垂，水平度盘水平。水平角的定义是两条方向线的夹角在水平面上的投影，所以水平度盘一定要水平。

粗平：伸缩脚架腿，使圆水准气泡居中。

检查并精确对中：检查对中标志是否偏离地面点。如果偏离了，旋松三脚架上的连接螺旋，平移仪器基座，使对中标志准确对准测站点的中心，拧紧连接螺旋。

经纬仪精平：旋转脚螺旋，使管水准气泡居中。

（4）经纬仪瞄准与读数

1）目镜对光：目镜调焦，使十字丝清晰。

2）瞄准和物镜对光：粗瞄目标，物镜调焦，使目标清晰。注意消除视差，精瞄目标。

3）读数：调整照明反光镜，使读数窗亮度适中，旋转读数显微镜的目镜，使刻划线清晰，然后读数。

二、全站仪的使用

1. 全站仪的构造

全站型电子速测距仪简称全站仪，它是一种可以同时进行角度（水平角、竖直角）测量、距离（斜距、平距、高差）测量和数据处理，由机械、光学、电子元件组合而成的测量仪器。由于只需一次安置，仪器便可以完成测站上所有的测量工作，故被称为全站仪，其外形构造如图 2-20 所示。

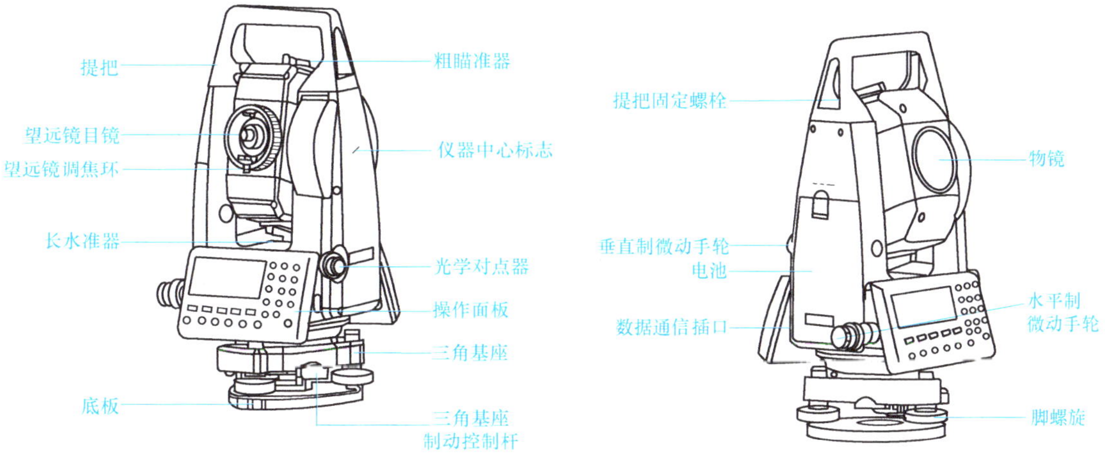

图 2-20 全站仪外形构造

2. 全站仪的操作方法

（1）测量前的准备工作

1）电池的安装（注意：测量前电池需充足电）。

① 把电池盒底部的导块插入装电池的导孔。

② 按电池盒的顶部，直至听到“咔嚓”响声。

③ 向下按解锁钮，取出电池。

2）仪器的安置。

① 在实验场地上选择一点，作为测站，另外两点作为观测点。

② 将全站仪安置于点，对中、整平。

③ 在两点分别安置棱镜。

3）竖直度盘和水平度盘指标的设置。

① 竖直度盘指标设置。松开竖直度盘制动钮，将望远镜旋转一周（当物镜穿过水平面时，望远镜处于盘左），竖直度盘指标即已设置。随即听见一声鸣响，并显示出竖直角。

② 水平度盘指标设置。松开水平制动螺旋，旋转照准部 360°，水平度盘指标即自动设置。随即一声鸣响，同时显示水平角。至此，水平度盘指标已设置完毕。

注意：每当打开仪器电源时，必须重新设置盘的指标。

4）调焦与照准目标　操作步骤与一般经纬仪相同，注意消除视差。

（2）角度测量

1）首先从显示屏上确定是否处于角度测量模式，如果不是，则按操作转换为角度测量模式。

2）盘左瞄准左目标 A，按置零键，使水平度盘读数显示为 0°00′00″，顺时针旋转照准部，瞄准右目标 B，读取显示读数。

3）用同样方法可以进行盘右观测。

4）如果测竖直角，可在读取水平度盘显示读数的同时读取竖直度盘的显示读数。

（3）距离测量

1）设置棱镜常数：测距前须将棱镜常数输入仪器中，仪器会自动对所测距离进行改正。

2）设置大气改正值或气温、气压值：光在大气中的传播速度会随大气的温度和气压而变化，15℃和 760mmHg 是仪器设置的一个标准值，此时的大气改正值为 0ppm。实测时，可输入温度和气压值，全站仪会自动计算大气改正值（也可直接输入大气改正值），并对测距结果进行改正。

3）测量仪器高、棱镜高，并输入全站仪。

4）距离测量：照准目标棱镜中心，按测距键，距离测量开始，测距完成时显示斜距、平距、高差。HD 为水平距离，VD 为倾斜距离。

全站仪的测距模式有精测模式、跟踪模式、粗测模式三种。精测模式是最常用的测距模式，测量时间约 2.5s，最小显示单位 1mm；跟踪模式常用于跟踪移动目标或放样时连续测距，最小显示单位一般为 1cm，每次测距时间约 0.3s；粗测模式的测量时间约 0.7s，最小显示单位 1cm 或 1mm。在测量距离或坐标时，可按测距模式（MODE）键选择不同的测距模式。

应注意，有些型号的全站仪在测量距离时不能设定仪器高和棱镜高，显示的高差值是全站仪横轴中心与棱镜中心的高差。

（4）坐标测量

1）设定测站点的三维坐标。

2）设定后视点的坐标或后视方向的水平度盘读数为其方位角。当设定后视点的坐标时，全站仪会自动计算后视方向的方位角，并设定后视方向的水平度盘读数为其方位角。

3）设置棱镜常数。

4）设置大气改正值或气温、气压值。

5）测量仪器高、棱镜高，并输入全站仪。

6）照准目标棱镜，按坐标测量键，全站仪开始测距，并计算显示测点的三维坐标。

三、水准仪的使用

1. 水准仪的构造

水准仪是建立水平视线测定地面两点间高差的仪器。原理为根据水准测量原理测量地面点间的高差。主要部件有望远镜、管水准器（或补偿器）、垂直轴、基座、脚螺旋。按结构分为微倾水准仪、自动安平水准仪、激光水准仪和数字水准仪（又称电子水准仪），常用的是微倾水准仪（如图 2-21 所示）和自动安平水准仪（如图 2-22 所示）。按精度分为精密水准仪和普通水准仪。

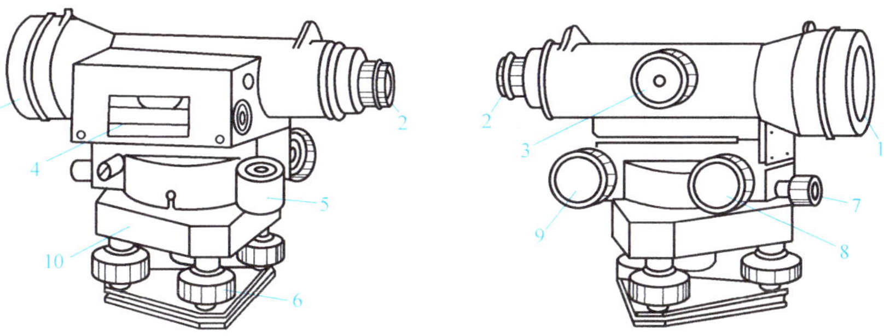

图 2-21 微倾水准仪构造

1—物镜 2—目镜 3—调焦螺旋 4—管水准器 5—圆水准器
6—脚螺旋 7—制动螺旋 8—微动螺旋 9—微倾螺旋 10—基座

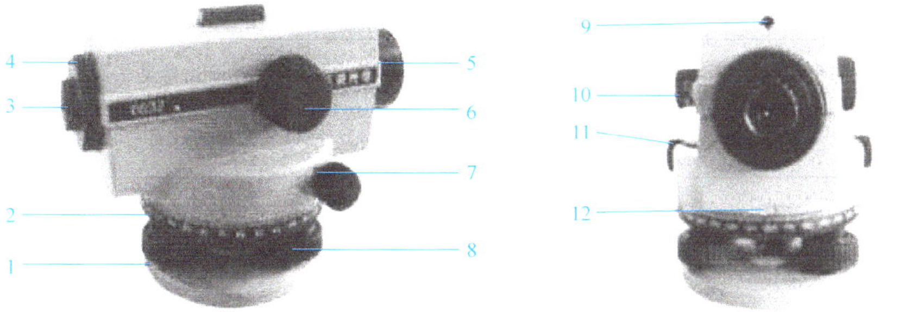

图 2-22 自动安平水准仪构造

1—球面基座 2—度盘 3—目镜 4—目镜罩 5—物镜 6—调焦手轮 7—水平循环微动手轮
8—脚螺栓手轮 9—光学粗瞄准 10—水泡观察器 11—圆水泡 12—度盘指示牌

2. 水准仪的操作方法

水准仪的操作包括：水准仪的安置、粗平、瞄准、精平、读数五个步骤。

（1）安置　安置是将仪器安装在可以伸缩的三脚架上，并置于两观测点之间。首先打开三脚架，并使高度适中，用目估法使架头大致水平，并检查脚架是否牢固。然后打开仪器箱，用连接螺旋将水准仪器连接在三脚架上。

（2）粗平　粗平即使仪器的视线粗略水平，利用脚螺旋置圆水准气泡于圆指标圈之中。在整平过程中，气泡移动的方向与大拇指运动的方向一致。

（3）瞄准　瞄准即用望远镜准确地瞄准目标。首先把望远镜对向远处明亮的背景，转动目镜调焦螺旋，使十字丝最清晰。其次松开固定螺旋，旋转望远镜，使照门和准星的连接对准水准尺，拧紧固定螺旋。最后转动物镜对光螺旋，使水准尺的像清晰地落在十字丝平面上，再转动微动螺旋，使水准尺的像靠于十字竖丝的一侧。

（4）精平　精平即使望远镜的视线精确水平。微倾水准仪的水准管上部装有一组棱镜，可将水准管气泡两端折射到镜管旁的符合水准观察窗内。若气泡居中时，气泡两端的像符合成抛物线型，说明视线水平。若气泡两端的像不相符合，说明视线不水平。这时可用右手转动微倾螺旋，使气泡两端的像完全符合，仪器便可提供一条水平视线，以满足水准测量基本原理的要求。

注意：气泡左半部分的移动方向总与右手大拇指的方向不一致。

（5）读数　用十字丝截读水准尺上的读数。水准仪多是倒像望远镜，读数时应由上而下进行。先估读毫米级读数，后报出全部读数。

注意：水准仪使用步骤一定要按上述顺序进行，不能颠倒，特别是读数前的符合水泡调整，一定要在读数前进行。

【任务准备】

一、实训仪器与工具

实训仪器与工具见表 2-4。

表 2-4　实训仪器与工具

序号	工具名称	数量	序号	工具名称	数量
1	经纬仪或全站仪	1 台/2 组	7	50m 长卷尺	1 把
2	棱镜	1 只/2 组	8	活动扳手	2 把/组
3	水准仪	1 台/2 组	9	小铁锤	1 把/2 组
4	水准尺	1 套/2 组	10	大锤	1 把/2 组
5	尼龙线	1 束/组	11	小木桩	8 根
6	5m 钢卷尺	1 把/组	12	木工笔	1 根/组

二、实训材料

钢管（1.0~1.5m 短钢管、2.4~3.0m 中钢管、4.0~6.0m 长钢管）若干；扣件（直角扣件、对接扣件）若干。

【任务实施】

一、基础定位放线施工流程

阅读图纸→复核坐标基准点和水准基准点→确定建筑物四个角点→设置龙门架（又称龙门板）→把四个角点形成的主轴线引测至龙门架上。

二、施工方法

1. 阅读图纸

地形图和建筑物相关图是建筑施工放线的基础和依据，建筑施工图包括建筑总平面图、建筑平面图、立面图、剖面图及建筑施工详图等图纸。它们是施工的依据，也是施工放线的依据。在施工放线前必须认真识读图纸，了解建筑物的位置和轴线之间的关系，计算所需的测量放线数据。

实训定位放线前，应阅读附录图纸，重点阅读结施-04 基础平面图和建施-05 一层平面图。

2. 复核坐标基准点和水准基准点

坐标基准点和水准基准点是现场建筑物定位、标高测量的依据。施工单位定位放线前，与业主一道对现场的坐标基准点和水准基准点进行交接验收，发现误差过大时，应与业主或设计院共同商议处理方法，经确认后方可正式定位。

实训定位放线前，授课老师可确定坐标基准点 X、Y（如图 2-23、图 2-24 所示，施工现场一般不少于 3 个基准点）和水准基准点（坐标基准点也可兼作水准基准点）。

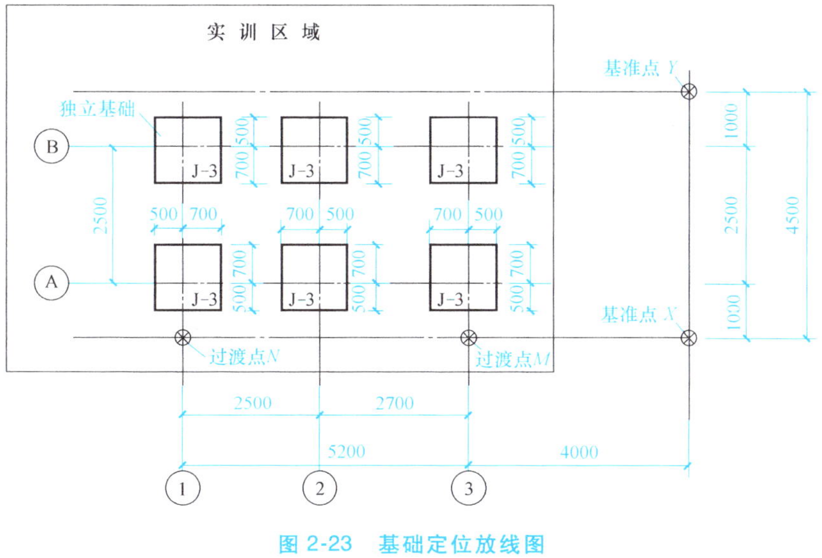

图 2-23 基础定位放线图

图 2-24 基准点

2-1 设置定位放线基准点

3. 确定建筑物四个角点

实训以用经纬仪定位放线为例。

1）根据图 2-23 基础定位放线图，将经纬仪架设在基准点 *X* 上，对中、整平，然后指向另一基准点 *Y*，如图 2-25 所示。

2）将经纬仪旋转 90°，沿着旋转后的方向，用长钢卷尺从基准点 *X* 量出 4000mm 长度，确定过渡点 *M*，从基准点 *X* 量出 9200mm 长度，确定过渡点 *N*。过渡点 *M*、*N* 设置在小木桩（50mm×50mm×500mm）上，小木桩的顶部与基准点基本保持在一水平面上，如图 2-26 所示。

3）将经纬仪架设在过渡点 *M* 上，对中、整平后，指向基准点 *X*，然后旋转 90°。沿着旋转后的方向，用长钢卷尺从过渡点 *M* 量出 1000mm 长度，确定③轴线/Ⓐ轴线的交点，从过渡点 *M* 量 3500mm 长度，确定③轴线/Ⓑ轴线的交点，如图 2-27 所示。同理，将经纬仪架设在过渡点 *N* 上，确定①轴线/Ⓐ轴线的交点、①轴线/Ⓑ轴线的交点。轴线交点也设置在小木桩（50mm×50mm×500mm）上，小木桩的顶部与过渡点的小木桩顶部基本保持

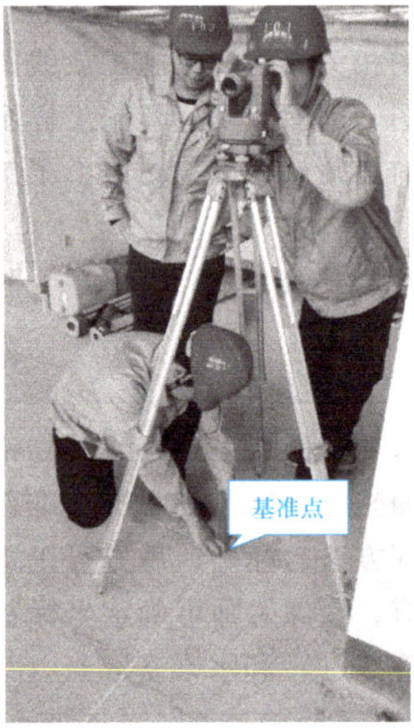

图 2-25 经纬仪架设基准点

2-2 经纬仪架设基准点

图 2-26 确定过渡点

2-3 确定过渡点

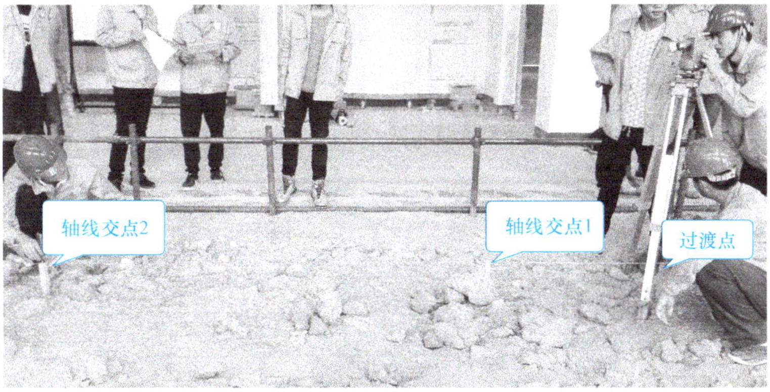

图 2-27 确定轴线交点

2-4 确定轴线交点

在一水平面上。

四个角点定出后，应进行复核：测量对角线与边线的长度，对角线长度与两条直角边的长度应符合勾股定理关系；测量各轴线间的长度及其到基准点 X、Y 连线的垂直距离，并应满足设计与规范要求。

根据已定出的四个角点及图纸轴线关系，分别定出其他轴线交点。

4. 设置龙门架

龙门架是早期建筑放线的一种装置，是由两根木桩上部横钉一块不太宽的木板做成的，呈门形。距地面高度 500~600mm，作用是标记外墙轴线，如图 2-28 所示。目前，龙门架一般用钢管、扣件搭设。

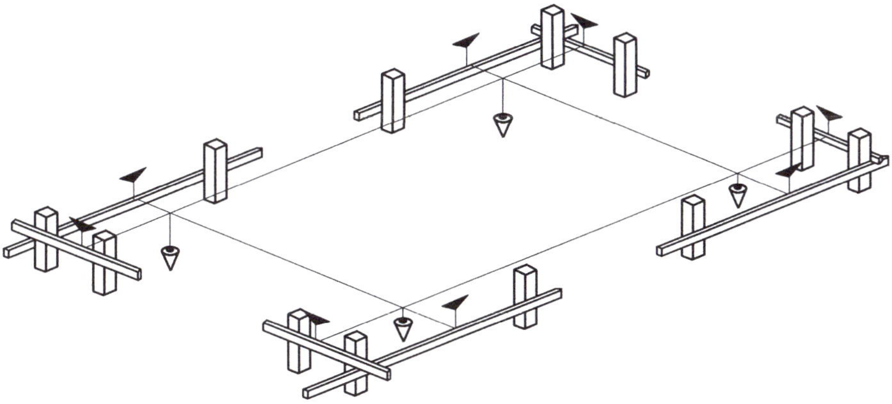

图 2-28 龙门架（或龙门板）

龙门架一般设在建筑物外 5~10m 的位置，如该龙门架还作为向上导层投测轴线的依据，则应设在较远的地方，以免向上时仰角过大而不便测量。实训中因场地较小可距建筑物近些。本项目每边龙门架距其边轴线 1500mm。龙门架用钢管、扣件搭设：立杆用长 1500mm 左右短管，间距 1500~2000mm，水平管顶标高为+0.500m，如图 2-29 所示。

5. 把四个角点形成的主轴线引测至龙门架上

龙门架搭设好后，利用经纬仪（或引线+线锤），把四个角点形成的主轴线引测至龙门架上，如图 2-30 和图 2-31 所示。其他轴线根据施工的需要也可引测至龙门架上。

图 2-29　龙门架位置

图 2-30　把轴线引测至龙门架上

2-5　轴线引测至龙门架上

图 2-31　龙门架上的轴线标志

【质量标准】

1）建筑物施工控制网应根据建筑物的设计形式和特点布设成十字轴线或矩形控制网。施工控制网的定位应符合相关规范的规定，民用建筑物施工控制网也可根据建筑红线定位。

2）建筑物施工平面控制网应根据建筑物的分布、结构、高度、基础埋深和机械设备传动的连接方式、生产工艺的连续程度，分别布设一级或二级控制网。其主要技术要求见表 2-5。

表 2-5 建筑物施工平面控制网的主要技术要求

等级	边长相对中误差	测角中误差
一级	≤1/30000	$7''/\sqrt{n}$
二级	≤1/15000	$15''/\sqrt{n}$

注：n 为建筑物结构的跨数。

3）建筑物施工平面控制网的建立应符合下列规定：

① 控制点应选在通视良好、土质坚实、利于长期保存、便于施工放样的地方。

② 控制网加密的指示桩宜选在建筑物行列线或主要设备中心线方向上。

③ 主要的控制网点和主要设备中心线端点应埋设固定标桩。

④ 控制网轴线起始点的定位误差不应大于 2cm；两建筑物（厂房）间有联动关系时，不应大于 1cm，定位点不得少于 3 个。

⑤ 水平角观测的测回数应根据表 2-5 测角中误差的大小，按表 2-6 选定。

表 2-6 水平角观测的测回数

仪器精度等级	测角中误差				
	2. 5″	3. 5″	4. 0″	5″	10″
1″级仪器	4	3	2	—	—
2″级仪器	6	5	4	3	1
6″级仪器	—	—	—	4	3

4）建筑物的围护结构封闭前，应根据施工需要将建筑物外部控制转移至内部。内部的控制点宜设置在浇筑完成的预埋件上或预埋的测量标板上。引测的投点误差为：一级不应超过 2mm；二级不应超过 3mm。

5）建筑物高程控制应符合下列规定：

① 建筑物高程控制应采用水准测量。附合路线闭合差不应低于四等水准的要求。

② 水准点可设置在平面控制网的标桩或外围的固定地物上，也可单独埋设。水准点的个数不应少于 2 个。

③ 当场地高程控制点距离施工建筑物小于 200m 时，可直接利用。

6）当施工中高程控制点标桩不能保存时，应将其高程引测至稳固的建筑物或构筑物上，引测的精度不应低于四等水准。

7）建筑物施工放线时，应具备下列资料：

① 总平面图。

② 建筑物的设计与说明。

③ 建筑物的轴线平面图。

④ 建筑物的基础平面图。

⑤ 设备的基础图。

⑥ 土方的开挖图。

⑦ 建筑物的结构图。

⑧ 管网图。

⑨ 场区控制点坐标、高程及点位分布图。

8）定位放线前，应对建筑物施工平面控制网和高程控制点进行检核。

9）在施工的建（构）筑物外围，应建立线板或轴线控制桩。线板应注记中心线编号，并测设标高。线板和轴线控制桩应注意保存。必要时，可将控制轴线标示在结构的外表面上。

10）建筑物施工放线应符合下列要求：

① 建筑物施工放线、轴线投测和标高传递的允许偏差不应超过表 2-7 的规定。

表 2-7 建筑物施工放线、轴线投测和标高传递的允许偏差

<table>
<tr><th>项　目</th><th colspan="2">内　容</th><th>允许偏差/mm</th></tr>
<tr><td rowspan="2">基础桩位放线</td><td colspan="2">单排桩或群桩中的边桩</td><td>±10</td></tr>
<tr><td colspan="2">群桩</td><td>±20</td></tr>
<tr><td rowspan="8">各施工层上放线</td><td rowspan="4">外廓主轴线长度 L/m</td><td>$L \leqslant 30$</td><td>±5</td></tr>
<tr><td>$30 < L \leqslant 60$</td><td>±10</td></tr>
<tr><td>$60 < L \leqslant 90$</td><td>±15</td></tr>
<tr><td>$90 < L$</td><td>±20</td></tr>
<tr><td colspan="2">细部轴线</td><td>±2</td></tr>
<tr><td colspan="2">承重墙、梁、柱边线</td><td>±3</td></tr>
<tr><td colspan="2">非承重墙边线</td><td>±3</td></tr>
<tr><td colspan="2">门窗洞口线</td><td>±3</td></tr>
<tr><td rowspan="7">轴线竖向投测</td><td colspan="2">每层</td><td>3</td></tr>
<tr><td rowspan="6">总高 H/m</td><td>$H \leqslant 30$</td><td>5</td></tr>
<tr><td>$30 < H \leqslant 60$</td><td>10</td></tr>
<tr><td>$60 < H \leqslant 90$</td><td>15</td></tr>
<tr><td>$90 < H \leqslant 120$</td><td>20</td></tr>
<tr><td>$120 < H \leqslant 150$</td><td>25</td></tr>
<tr><td>$150 < H$</td><td>30</td></tr>
<tr><td rowspan="7">标高竖向传递</td><td colspan="2">每层</td><td>±3</td></tr>
<tr><td rowspan="6">总高 H/m</td><td>$H \leqslant 30$</td><td>±5</td></tr>
<tr><td>$30 < H \leqslant 60$</td><td>±10</td></tr>
<tr><td>$60 < H \leqslant 90$</td><td>±15</td></tr>
<tr><td>$90 < H \leqslant 120$</td><td>±20</td></tr>
<tr><td>$120 < H \leqslant 150$</td><td>±25</td></tr>
<tr><td>$150 < H$</td><td>±30</td></tr>
</table>

② 施工层标高的传递宜采用悬挂钢尺代替水准尺的水准测量方法进行，并应对钢尺读数进行温度、尺长和拉力校正。

传递点的数目应根据建筑物的大小和高度确定。对规模较小的工业建筑或多层民用建筑，宜从 2 处分别向上传递；对规模较大的工业建筑或高层民用建筑，宜从 3 处分别向上传递。传递的标高误差小于 3mm 时，可取其平均值作为施工层的标高基准，否则应重新传递。

③ 施工层的轴线投测宜使用 2″级激光经纬仪或激光铅直仪进行。控制轴线投测至施工层后，应在结构平面上按闭合图形对投测轴线进行校核。合格后，才能进行本施工层上的其他测设工作，否则应重新进行投测。

④ 施工的垂直度测量精度应根据建筑物的高度、施工的精度要求、现场观测条件和垂直度测量设备等综合分析确定，但不应低于轴线竖向投测的精度要求。

任务3 钢筋混凝土独立基础土方开挖

【学习目标】

1. 能准确放出基坑（槽）土方开挖灰线。
2. 理解土方边坡大小的影响因素。
3. 能根据基准标高确定基坑（槽）土方开挖深度。
4. 了解常用土方开挖机械和工具。
5. 了解土的工程分类。
6. 掌握基坑土方开挖工程量的计算。
7. 能进行基坑（槽）的验收工作。
8. 培养分工合作、吃苦耐劳的工作态度；培养各组之间相互协调施工的能力；培养文明施工的好习惯。

【任务描述】

根据附录结施-04基础平面图和实训现场龙门架上的轴线，在场地上放出各基坑土方开挖灰线，并进行土方开挖。

【相关知识】

一、土的组成

土一般由土颗粒（固相）、水（液相）和空气（气相）三部分组成，这三部分之间的比例关系随着周围条件的变化而变化。三者相互间的比例不同，反映出土的物理状态不同，如干燥、稍湿或很湿，密实、稍密或松散。这些指标是最基本的物理性质指标，对评价土的工程性质，进行土的工程分类具有重要意义。

二、土的工程分类

土的工程分类繁多，在土木工程施工中，按土的开挖难易程度将土分为八类，见表2-8。这也是确定土木工程劳动定额的依据。

表2-8 土的工程分类

类别	土的名称	开挖方法	可松性系数	
			K_s	K'_s
第一类（松软土）	砂，粉土，冲积砂土层，种植土，泥炭（淤泥）	用锹、锄头挖掘	1.08~1.17	1.01~1.03
第二类（普通土）	粉质黏土，潮湿的黄土，夹有碎石、卵石的砂，种植土，填筑土和粉土	用锹、锄头挖掘，少许用镐翻松	1.14~1.28	1.02~1.05

（续）

类别	土的名称	开挖方法	可松性系数	
			K_s	K'_s
第三类（坚土）	软及中等密实黏土，重粉质黏土，粗砾石，干黄土及含碎石、卵石黄土，粉质黏土，压实填筑土	主要用镐，少许用锹、锄头，部分用撬棍	1.24～1.30	1.04～1.07
第四类（砂砾坚土）	重黏土及含碎石、卵石的黏土，粗卵石，密实的黄土，天然级配砂石，软泥灰岩及蛋白石	先用镐、撬棍，然后用锹挖掘，部分用锲子及大锤	1.26～1.32	1.06～1.09
第五类（软石）	硬石炭纪黏土，中等密实的页岩、泥灰岩、白垩土，胶结不紧的砾岩，软的石灰岩	用镐或撬棍、大锤，部分用爆破方法	1.30～1.45	1.10～1.20
第六类（次坚石）	泥岩，砂岩，砾岩，坚实的页岩、泥灰岩，密实的石灰岩，风化花岗岩、片麻岩	用爆破方法，部分用风镐	1.30～1.45	1.10～1.20
第七类（坚石）	大理岩，辉绿岩，玢岩，粗、中粒花岗岩，坚实的白云岩、砾岩、砂岩、片麻岩、石灰岩，风化痕迹的安山岩、玄武岩	用爆破方法	1.30～1.45	1.10～1.20
第八类（特坚石）	安山岩，玄武岩，花岗片麻岩，坚实的细粒花岗岩、闪长岩、石英岩、辉长岩、辉绿岩，玢岩	用爆破方法	1.45～1.50	1.20～1.30

注：可松性是指土在自然状态下，经过开挖后，其体积因松散而增大，以后虽经回填压实，仍不能恢复的特性。土的可松性程度用可松性系数表示。K_s——最初可松性系数；K'_s——最后可松性系数。

三、基坑土方量计算

土方量可按柱体积的公式算（图 2-32），即

$$V=\frac{H}{6}\times(S_{上}+4\times S_{中}+S_{下}) \tag{2-1}$$

式中 V——基坑土方量体积（m^3）；

H——基坑深度（m）；

$S_{上}$、$S_{下}$——基坑上、下底面面积（m^2）；

$S_{中}$——基坑中截面面积（m^2）。

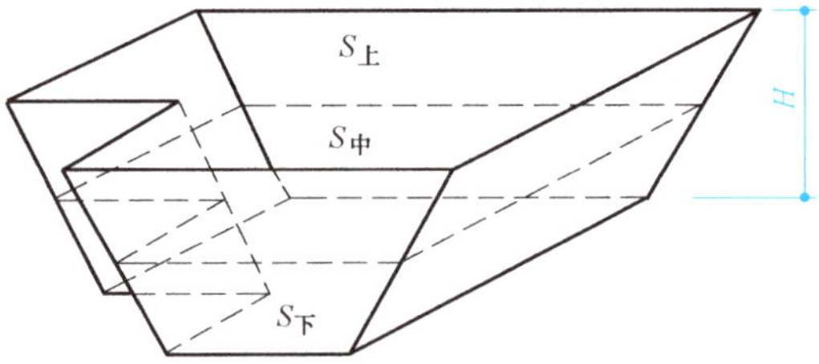

图 2-32 基坑土方量计算

四、土方边坡

为了防止塌方，保证施工安全，在基坑（槽）开挖深度超过一定限度时，土壁应做成有斜率的边坡，或者加上临时支撑，以保持土壁的稳定。

土方边坡的坡度是以土方挖方深度 H 与放坡宽度 B 之比表示（图 2-33），即

$$\text{土方边坡坡度}=\frac{H}{B}=\frac{1}{B/H}=1:m \tag{2-2}$$

式中 m——边坡系数，$m=B/H$。

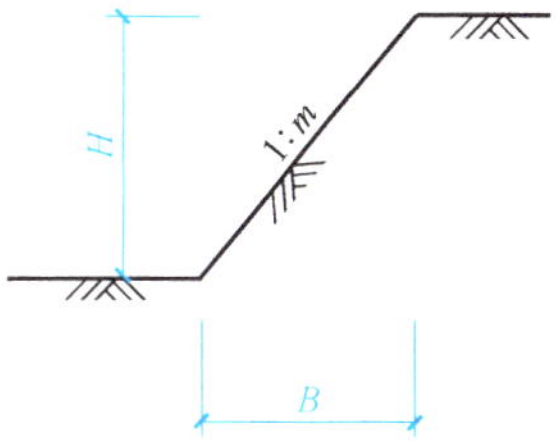

图 2-33 边坡的表示方法

土方边坡的大小主要与土质、开挖深度、开挖方法、边坡留置时间的长短、边坡附近的各种荷载状况及排水情况有关。当地质条件良好，土质均匀且地下水位低于基坑（槽）或管沟底面标高时，挖方边坡可做成直立壁不加支撑，但深度不宜超过表 2-9 的规定。

表 2-9 直立壁不加支撑的开挖深度

土 的 类 别	开挖深度/m
密实、中密的砂土和碎石类土(充填物为砂土)	1.00
硬塑、可塑的粉土及粉质黏土	1.25
硬塑、可塑的黏土和碎石类土(充填物为黏性土)	1.50
坚硬的黏土	2.00

挖方深度超过上述规定时，应考虑放坡或做成直立壁加支撑。

当地质条件良好，土质均匀且地下水位低于基坑（槽）或管沟底面标高时，挖方深度在 5m 以内的基坑（槽）、管沟边坡的最陡坡度应（不加支撑）符合表 2-10 的规定。

表 2-10 挖方深度在 5m 以内的基坑（槽）、管沟边坡的最陡坡度（不加支撑）

土 的 类 别	边坡坡度(高：宽)		
	坡顶无荷载	坡顶有荷载	坡顶有动载
中密的砂土	1：1.00	1：1.25	1：1.50
中密的碎石土(充填物为砂土)	1：0.75	1：1.00	1：1.25
硬塑的粉土	1：0.67	1：0.75	1：1.00
中密的碎石土(充填物为黏性土)	1：0.50	1：0.67	1：0.75
硬塑的粉质黏土、黏土	1：0.33	1：0.50	1：0.67
老黄土	1：0.10	1：0.25	1：0.33
软土(经井点降水后)	1：1.00	—	—

注：1. 静载指堆土或材料等，动载指机械挖土或汽车运输作业等。静载或动载与挖土边缘间的距离应能保证边坡和直立壁的稳定，堆土或材料应距挖方边缘 0.8m 以外，高度不超过 1.5m。
2. 当施工人员有成熟的施工经验时，边坡坡度可不受本表限制。

五、土方开挖机械

在土方开挖中，人工开挖只适用于小型基坑（槽）、管沟及土方量少的场所。对大量土方，一般均采用机械化开挖。

土方开挖常用的机械有单斗挖土机、推土机、铲运机、装载机等，施工时应正确选用施工机械，加快施工进度。

（一）单斗挖土机

单斗挖土机在土方工程中应用较广，种类很多，按其行走装置的不同，分为覆带式和轮胎式两类。单斗挖土机还可根据工作的需要，更换其工作装置。按其工作装置的不同，分为正铲、反铲、拉铲和抓铲等。按其操纵机械的不同，可分为机械式和液压式两类，机械式现在使用较少，液压式使用较广泛。

1. 正铲挖土机

正铲挖土机如图 2-34 所示。正铲挖土机的挖土特点是前进向上，强制切土。其挖掘能力大，生产率高，适用于开挖停机面以上的一~三类土，且与自卸汽车配合完成整个挖掘运输作业。

图 2-34 正铲挖土机

如图 2-35 所示，根据开挖路线与运输车辆的相对位置的不同，挖土和卸土的方式有以下两种：正向挖土，侧向卸土；正向挖土，反向卸土。

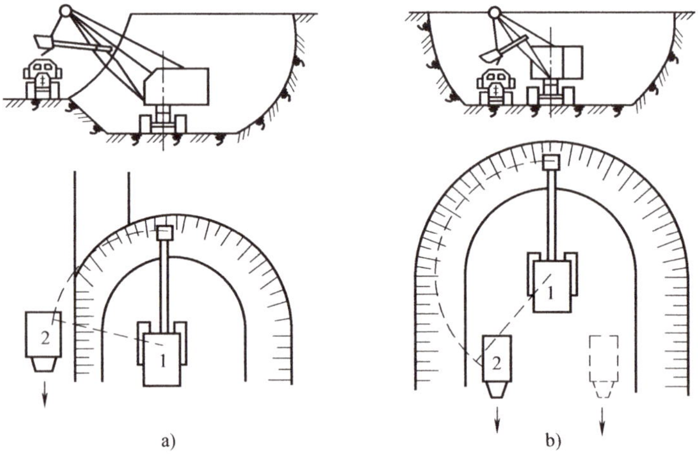

图 2-35 正铲挖土机的开挖方式

a）侧向卸土 b）反向卸土

1—正铲挖土机 2—自卸汽车

2. 反铲挖土机

反铲挖土机是工程中最常见的挖土设备之一，如图 2-36 所示。反铲挖土机的挖土特点是后退向下，强制切土。其挖掘力不比正铲挖土机小，能开挖停机面以下的一~三类土，适用于开挖基坑、基槽、管沟，也适用于开挖湿土、含水量较大的土、地下水位以下的土和对地下水位较高处的土。

图 2-36 反铲挖土机

反铲挖土机的开挖方式有沟端开挖和沟侧开挖，如图 2-37 所示。

（1）沟端开挖　挖土机停在基坑（槽）的端部，向后退挖土，汽车停在基坑（槽）两侧装土（图 2-37a）。

（2）沟侧开挖　挖土机沿基坑（槽）的一侧移动挖土（图 2-37b）。沟侧开挖能将土弃于距基槽边较远处，但开挖宽度受限制（一般为 0.8R），且不能很好地控制边坡。机身停在沟边稳定性较差，因此只在无法采用沟端开挖或所挖的土不需运走时采用。

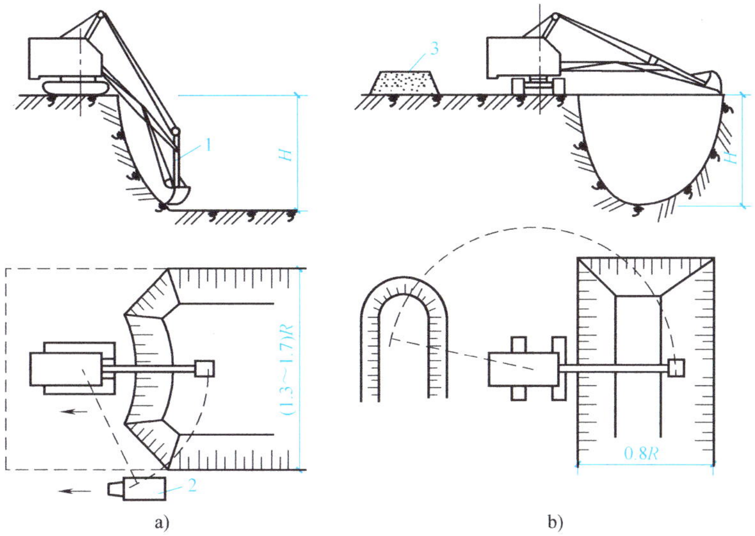

图 2-37　反铲挖土机的开挖方式

a）沟端开挖　b）沟侧开挖

1—反铲挖土机　2—自卸汽车　3—弃土堆

3. 拉铲挖土机

拉铲挖土机外形如图 2-38 所示。拉铲挖土机的挖土特点是后退向下，自重切土。其挖土半径和挖土深度较大，但不如反铲挖土机灵活，开挖精确性差，适用于开挖停机面以下的一、二类土。其可用于开挖大且深的基坑或水下挖土。

图 2-38　拉铲挖土机

拉铲挖土机的开挖方式与反铲挖土机的开挖方式相似，可沟侧开挖也可沟端开挖。

4. 抓铲挖土机

抓铲挖土机外形如图 2-39 所示。其挖土特点是直上直下，自重切土。挖掘力较小，适用于开挖停机面以下的一、二类土，在软土地区常用于开挖基坑、沉井等。尤其适用于开挖深而窄的基坑，疏通旧有渠道以及挖取水中淤泥、码头采砂等，或用于装载碎石、矿渣等松散料。开挖方式有沟侧开挖和定位开挖两种。

（二）推土机

推土机外形如图 2-40 所示。推土机是以拖拉机为原动机械，前方装有大型的金属推土刀，使用时放下推土刀，向前铲削并推送泥、沙及石块等，推土刀的位置和角度可以调整。

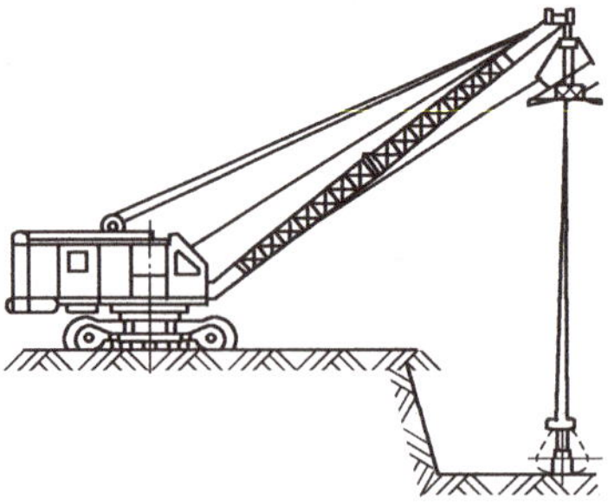

a)

b)

图 2-39 抓铲挖土机

a）抓铲挖土机的外形 b）抓铲挖土机的抓铲

推土机能单独完成挖土、运土和卸土工作，具有操作灵活、转动方便、所需工作面小、行驶速度快等特点。主要适用于一~三类土的浅挖短运，如场地清理或平整，开挖深度不大的基坑以及回填，推筑高度不大的路基等。

图 2-40 推土机

（三）铲运机

铲运机由牵引机械和土斗组成，按行走方式分自行式和拖式两种。自行式铲运机的行驶和工作都靠自身的动力设备，不需要其他机械的牵引和操纵，如图 2-41 所示。自行式铲运机在工程中运用较广泛。拖式铲运机由拖拉机牵引，如图 2-42 所示。

图 2-41 自行式铲运机

图 2-42 拖式铲运机

铲运机的特点是一机就能实现铲装、运输，还能以一定的层厚进行均匀铺卸，配合运输车作业时，比其他铲土机械具有更高的生产效率和经济性，广泛用于公路、铁路、港口、建筑、矿山采掘等土方作业，如平整土地、填筑路堤、开挖路堑以及浮土剥离等工作。此外，在石油开发、军事工程等领域也得到广泛的应用。

（四）装载机

装载机外形如图 2-43 所示。装载机是一种广泛用于建设工程的土石方施工机械，它主要用于铲装土壤、砂石、石灰、煤炭等散状物料，也可对矿石、硬土等作轻度铲挖作业。换装不同的辅助工作装置还可进行推土、起重和其他物料（如木材）的装卸作业。在道路，特别是在高等级公路施工中，装载机用于路基工程的填挖、沥青混合料和水泥混凝土料场的集料与装料等作业。此外还可进行推运土壤、刮平地面和牵引其他机械等作业。由于装载机具有作业速度快、效率高、机动性好、操作轻便等优点，因此成为工程建设中土石方施工的主要机种之一。

图 2-43 装载机

【任务准备】

一、实训仪器与工具

实训仪器与工具见表 2-11。

表 2-11 实训仪器与工具

序号	工具名称	数量	序号	工具名称	数量
1	经纬仪或全站仪	1 台/2 组	6	50m 长卷尺	1 把
2	水准仪	1 台/2 组	7	铁锹	3 把/组
3	水准尺	1 套/2 组	8	镐	1 把/组
4	尼龙线	1 束/组	9	灰勺	1 只/2 组
5	5m 钢卷尺	1 把/组	—	—	—

二、实训材料

消石灰粉或腻子粉。

【任务实施】

一、复核轴线

放挖土灰线前，应利用经纬仪或全站仪、卷尺对定位点及龙门架上的轴线进行复核。对误差较大或被破坏的，应进行调整或恢复。

二、放挖土灰线

1. 放灰线

房屋定位后，根据基础的宽度、土质情况、基础埋置深度及施工方法，计算确定基坑

（槽）上口开挖宽度，拉通线后用石灰（或腻子粉）在地面上画出基坑（槽）开挖的上口边线，即放灰线，如图 2-44、图 2-45 所示。

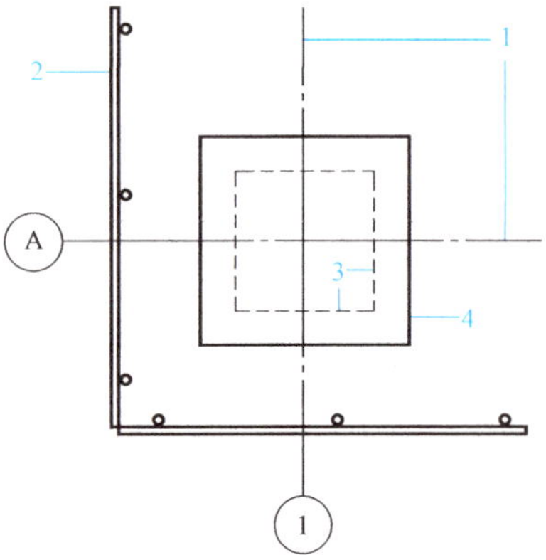

图 2-44 放灰线示意图

1—轴线 2—龙门架

3—基础边线 4—灰线

图 2-45 放灰线

2-6 放灰线

2. 放基坑（槽）开挖宽度的计算

（1）不放坡开挖 不放坡，同时又不加挡土板支撑时，要留基础底板（垫层）支模工作面。一般，当基坑（槽）底在地下水位以上时，每边留出工作面宽度为 300mm（图 2-46），基坑（槽）放灰线尺寸为

$$d=a+2c \tag{2-3}$$

式中 d——基础开挖放灰线宽（mm）；

a——基础底宽（mm）；

c——工作面宽（一般取 300mm）。

（2）放坡开挖 当基坑（槽）直立开挖不能满足施工需要时，应采取放坡开挖。边坡坡度需根据挖土深度、土质情况、地下水位高低等因素确定，放灰线尺寸如图 2-47 所示。

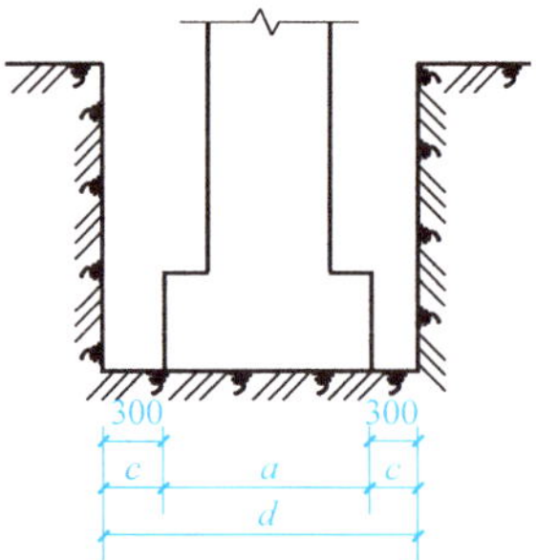

图 2-46 不放坡开挖图

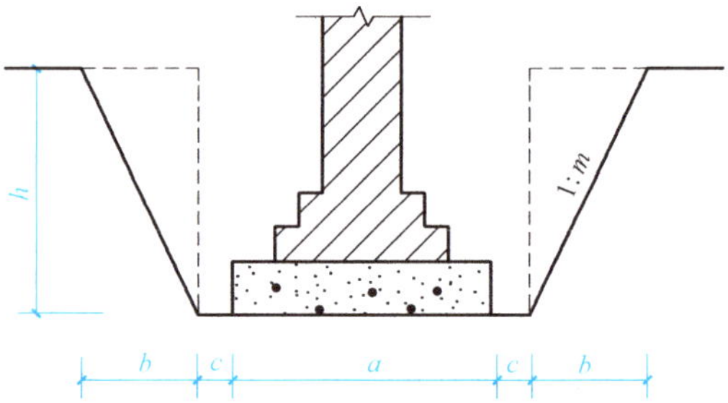

图 2-47 放坡开挖图

$$d=a+2c+2b \tag{2-4}$$

式中 d——基础开挖放灰线宽（mm）；

b——基坑上口放坡宽度（mm），$b = mh$，其中 m 为坡度系数，h 为土方开挖深度（mm）。

三、土方开挖施工

基坑（槽）开挖有人工开挖和机械开挖两种形式。土方量少或机械无法开挖的土方一般采用人工开挖，土方量大或人工无法开挖的土方一般采用机械开挖。实训项目基坑土方量较少且人员较多，采用人工开挖。

开挖过程中应经常检查基坑（槽）边线是否偏位，若偏位应即时调整。挖至接近坑（槽）底标高时，用水准仪进行标高控制，直至挖到坑（槽）底设计标高（实训项目基坑底标高为-0.500m。考虑到实训实际情况，基础下部混凝土垫层不施工，所以基坑底标高即为基础底标高），如图 2-48 所示。

图 2-48 土方开挖

2-7 基坑底标高测量

【质量标准】

1）土方工程施工前，应综合考虑土方量、土方运距、土方施工顺序、地质条件等因素，进行土方平衡，合理调配，减少重复挖运。合理确定土方机械作业线路、运输车辆的行走路线、弃土地点等。

2）机械挖土时，应避免超挖，场地边角土方、边坡修整等应采用人工方式挖除；基坑开挖至坑底标高应在验槽后及时进行垫层施工，垫层宜浇筑至基坑围护墙边或坡脚。

3）基坑土方开挖应根据基坑的大小、深度、场地条件、结合环境保护等对象确定开挖的方法和顺序；基坑开挖应综合考虑工程地质与水文地质条件、支护形式、施工方法等因素，编制施工方案；基坑开挖前，支护结构、土体加固、降水应达到设计和施工要求。

4）土方工程施工应采取保护周边环境、支护结构、工程桩及降水井点等设施的技术措施。

5）机械挖土时，坑底以上 200~300mm 范围内的土方应采用人工修底的方式挖除；放坡开挖的基坑边坡应采用人工修坡的方式挖除。

6）土方工程施工前，应采取有效的地下水控制措施；基坑内地下水位应降至拟开挖下层土方的底面以下不小于 0.5m 处。

7）临近基坑边的局部深坑宜在大面积垫层完成后开挖。

8）有内支撑基坑的开挖方法和顺序应遵循“先撑后挖、限时支撑”的原则，减小基坑无支撑的暴露时间和空间。

9）在支撑达到设计要求后，方可进行下层土方的开挖；挖土机械和车辆不得直接往支撑上行走或作业，严禁在底部已经挖空的支撑上行走或作业。

10）面积较大的基坑可根据周边环境保护要求、支撑布置形式等因素，采用盆式开挖、岛式开挖等方式施工，并结合开挖方式及时形成支撑或基础底板。

任务4 钢筋混凝土独立基础模板施工

【学习目标】

1. 掌握基础模板的配制方法。
2. 掌握基础模板的安装过程。
3. 了解基础模板的质量验收要求。
4. 培养主动学习的能力；培养自主动手的意识，尝试用各种方法组装模板的能力；培养细心复核、精细化施工的工作态度。

【任务描述】

依据基础平面图、基础详图进行基础模板的配制、安装，并按规范要求进行验收。

【相关知识】

一、作业条件

1. 混凝土垫层表面平整，清扫干净，标高复核满足要求。
2. 基础四周有足够的支模空间。
3. 校核轴线，测放模板边线及标高。
4. 材料及所用设备齐全。
5. 向操作人员进行技术交底。

二、模板配制方法

1）按图纸尺寸直接配制模板：对结构形体简单的构件，可根据结构施工图，直接按尺寸列出模板规格和数量进行配制。模板、横档及楞木的断面和间距以及支撑系统的配制，都可按一般规定或查表选用。

2）按放大样的方法配制模板：对形体复杂的结构构件（如楼梯、线脚、异圆形结构），主要采用放大样的方法配制模板。放大样即在平整的地面上，按结构图用足尺画出结构构件的实样，就可以量出各部分模板的准确尺寸或套制样板，同时可确定模板及其安装的节点构造，进行模板的制作。

3）按计算方法配制模板：对形体很复杂的构件，当不适宜用放大样的方法时，可采用计算的方法或计算结合局部放样的方法进行配制。

【任务准备】

一、实训仪器与工具

实训仪器与工具见表 2-12。

表 2-12 实训仪器与工具

序号	工具名称	数量	序号	工具名称	数量
1	经纬仪或全站仪	1 台	6	50m 长卷尺	1 把
2	水准仪	1 台/2 组	7	活动扳手	2 把/组
3	水准尺	1 套/2 组	8	小铁锤	1 把/组
4	尼龙线	1 束/组	9	木工笔	1 根/组
5	5m 钢卷尺	1 把/组	10	线锤	1 把/组

二、实训材料

钢模板、连接角模、钢管、扣件、U 形卡等。

【任务实施】

一、模板配制

现在施工现场模板多用夹板模板，而实训模板应采用组合钢模板，原因主要有三点：一是夹板模板配制需木工锯切割，这对学生来说具有较大的危险性；二是组合钢模板周转次数多，可不同班级轮流使用、可多学期周转使用；三是组合钢模板拼装方便。

本实训工程基础为坡形独立基础，结构形体简单，可根据基础平面图、详图直接按尺寸列出模板规格和数量。如 J-3 基础：基底尺寸为 1200mm×1200mm、全高 H=400mm、下部 h=250mm，所以基础每边只需一块 P2512（平面模板宽 250mm，长 1200mm）即可；或每边用两块 P2506（平面模板宽 250mm，长 600mm）组合；或采用符合设计要求的其他组合方式（模板配制时应尽可能少用模板，这样模板拼装次数可少些，也可增加模板整体刚度）。相邻两边模板用连接角模连接。

二、模板安装

1. 基底标高复核

基础施工前，基础的混凝土垫层表面应平整，清扫干净，标高符合设计要求。本工程考虑实训实际情况，混凝土垫层未施工，土方直接挖至基础底标高-0.500m，所以模板安装应对基坑底的平整度、标高进行复核，必要时可填少许砂垫层，以满足基础底部平整度、标高的要求，如图 2-49 所示。

2. 模板拼装

把配制好的模板搬运至基坑内，根据基础施工图的基础尺寸，进行模板的拼装。平面模板与平面模板间、平面模板与连接角模间用 U 形卡连接，模板拼装要紧密、牢固，如图 2-50 所示。

图 2-49　基底标高复核

图 2-50　基础模板拼装

2-8　基础模板拼装

3. 轴线引测

本工程土方开挖前，定位轴线点已引测到四周龙门架上。校正模板轴线前，只需把龙门架上各轴线用尼龙线引出即可（也可不用尼龙线引出轴线，直接用经纬仪引测），如图 2-51 所示。

图 2-51　基础轴线引测

4. 轴线校核

模板拼装完成后，根据基础平面图轴线和基础的关系，在每边模板的上口轴线对应的位置用木工笔作个标记，然后移动每边的模板，使模板上口的轴线标记与对应龙门架上的轴线在同一竖直平面内（用小线锤吊测）。当每边模板轴线位置都调整到位后，轴线校核完成，如图 2-52 所示。

图 2-52　基础模板轴线校核

2-9　基础模板轴线校核

5. 模板顶标高校核

基础底部标高复核符合设计要求后，基础模板顶标高的误差不会很大，但模板标高精度要比基底标高精度高，所以模板顶标高需用水准仪测量进行校核，使每边模板（最低的那块）顶标高符合设计要求。

6. 模板加固

基础侧模及其支架应具有足够的承载能力、刚度和稳定性，能可靠地承受浇筑混凝土的重量、侧压力以及施工荷载。

基础模板仅靠模板本身是无法满足上述要求的，所以用钢管脚手架对其进行加固，以满足模板的承载能力、刚度和稳定性要求。本工程独立基础的长度、高度都较小，每边距端头 200mm 处各插入一根短钢管（钢管钉入土中深度约 500mm），两根短钢管上在模板上口位置处设置一道水平钢管作横楞，即可满足模板加固要求，如图 2-53 所示。

图 2-53　基础模板加固

2-10　基础模板加固

【质量标准】

1）模板及支架应根据施工过程中的各种工况进行设计，具有足够的承载力和刚度，并应保证其整体稳固性。

2）模板及支架应保证工程结构和构件各部分形状、尺寸和位置准确，且应便于钢筋安装和混凝土浇筑、养护。

3）模板应按图加工、制作。通用性强的模板宜制作成定型模板。

4）模板面板背楞的截面高度宜统一。模板制作与安装时，面板拼缝应严密。对有防水要求的墙体，其模板对拉螺栓中部应设止水片，止水片应与对拉螺栓环焊。

5）模板与混凝土接触面应清理干净，并涂刷脱模剂。脱模剂不得污染钢筋和混凝土接槎处。

6）模板、支架杆件和连接件的进场检查应符合下列规定：

① 模板表面应平整；胶合板模板的胶合层不应脱胶翘角；支架杆件应平直，无严重变形和锈蚀；连接件应无严重变形和锈蚀，不应有裂纹。

② 模板的规格和尺寸，支架杆件的直径和壁厚以及连接件的质量应符合设计要求。

③ 施工现场组装的模板，其组成部分的外观和尺寸应符合设计要求。

④ 必要时，应对模板、支架杆件和连接件的力学性能进行抽样检查。

⑤ 在进场时和周转使用前应全数检查外观质量。

7）模板安装后应检查尺寸偏差。对固定在模板上的预埋件、预留孔和预留洞，应检查其数量和尺寸。

8）其他模板的质量标准详见本教材项目 1。

任务 5　钢筋混凝土独立基础钢筋施工

【学习目标】

1. 掌握基础钢筋的配料方法。
2. 掌握基础钢筋的加工过程。
3. 掌握基础钢筋的绑扎过程。
4. 了解基础钢筋的质量验收要求。
5. 培养基础钢筋下料计算的分析能力，钢筋属于隐蔽工程，基础质量关系上层建筑部质量；培养钢筋绑扎的动手能力；引导开发使用新型工具、方法，提升创新的能力。

【任务描述】

依据基础平面图、基础详图进行独立基础底板钢筋及柱插筋的配料、加工、绑扎，并按规范要求进行验收。

【相关知识】

一、钢筋计算长度

根据独立基础结构布置图，分别计算各独立基础内钢筋的直线下料长度、根数及重量，编制钢筋配料单，作为备料加工和结算的依据。

钢筋计算长度有预算长度与下料长度之分。预算长度指的是钢筋工程量的计算长度，主要用于计算钢筋的重量，确定工程的造价。下料翻样是钢筋工程施工中一项非常重要的工作。在钢筋施工工序上，钢筋配料（钢筋的切断、工艺加工等）、绑扎安装、交付验收等都需要有书面的依据，这个依据就是翻样工出具的《钢筋配料单》。翻样工的水平直接决定了钢筋施工每道工序的操作质量、原材料的合理利用、使用人工是否经济等要素。

预算长度与下料长度既有联系又有区别。两者针对的对象都是同一构件的同一钢筋实体，下料长度可由预算长度调整计算而来。两者区别如下：

（1）内涵区别　预算长度按设计图示尺寸计算，它包括设计已规定的搭接长度，设计未规定的搭接长度不计算在内（该部分长度考虑在定额损耗量里，清单计价考虑在价格组成里），不过实际操作时都按定尺长度加搭接长度计算。而下料长度则是根据施工进料的定尺情况、实际采用的钢筋连接方式，并按照施工规范对钢筋接头数量、位置等的具体规定，考虑全部搭接长度在内的计算长度，有时还要考虑施工工艺和施工流程。如果是分段施工，还需要考虑两个流水段之间的钢筋连接。对钢筋定尺长度（或既有长度）相对构件布筋长度较短，而产生的钢筋搭接属于设计未规定的搭接（如50m长的独立基础联系梁），一根钢筋中间需要多少搭接接头，清单工程量里不计算，施工下料却要根据构件钢筋的受力情况一并考虑。

（2）精度区别　预算长度按图示尺寸计算，即构件几何尺寸、钢筋保护层厚度和弯曲调整值，并不考虑所读出的图示尺寸与钢筋制作的实际尺寸之间的量度差值。而下料长度对这些都要考虑在内。例如，对一个矩形箍筋，预算长度只考虑构件截宽、截高、钢筋保护层厚度及两个135°弯钩，不考虑那三个90°直弯，下料长度则都要考虑。

（3）目的区别　钢筋下料长度既是为了准确计算钢筋工程量，用以确定造价，也是为了相应算出符合实际的下料长度，以期指导施工。钢筋下料的钢筋形状、根数、长度应准确无误，否则会造成灾难性的后果，而钢筋预算仅是量上的误差，最多是误差率超过允许范围而重新计算。

（4）难度区别　下料比预算要求高。如计算一个异型、高低大小不一的复杂集水坑，下料计算必须高度精确，需要钢筋翻样人员对钢筋的具体形式和摆放位置相当清楚，并且对施工流程非常了解。而钢筋预算对这方面就没有太高的要求，只要钢筋的总量基本相同就可以了，但是无法用于施工。

二、独立基础钢筋的一般计算原则

独立基础钢筋的计算分为两部分，一部分是底板钢筋的计算，另一部分是柱插筋的计算（基础施工时，柱插筋必须先放进去，混凝土浇筑后，柱与基础才能形成一个整体。所以在进行基础钢筋计算时，必须考虑到柱插筋的施工）。

独立基础的算法分为两种情况：独立基础底板 X 向、Y 向宽度<2500mm；独立基础底板 X 向、Y 向宽度≥2500mm。

1. 独立基础底板 X 向、Y 向宽度<2500mm

独立基础底板 X 向、Y 向宽度<2500mm 时，钢筋的计算长度为基础底板宽度减去两边的保护层厚度，即

$$钢筋的下料长度=边长-2\times保护层厚度$$

靠基础边缘的第一根钢筋离底板边≤75mm，且≤$s/2$（s为受力钢筋的间距）。

独立基础底板每个方向钢筋根数：

$$底板每个方向钢筋根数=[边长-2\times\min(75,s/2)]/受力钢筋间距+1$$

2. 独立基础底板 X 向、Y 向宽度≥2500mm

独立基础底板X向、Y向宽度≥2500mm时，四周钢筋的计算长度为基础底板宽度减去两边的保护层厚度，其余所有钢筋长度减短10%，即

$$四周钢筋的下料长度=边长-2\times保护层厚度$$

$$减短钢筋的下料长度=0.9\times(边长-2\times保护层厚度)$$

靠基础边缘的第一根钢筋离底板边≤75 mm，且≤$s/2$（s为受力钢筋的间距）。

独立基础受力钢筋根数：

$$不减短钢筋根数=4\times1=4$$

$$每个方向减短钢筋根数=[边长-2\times\min(75,s/2)]/受力钢筋间距-1$$

【任务准备】

一、实训仪器与工具

实训仪器与工具见表2-13。

表2-13 实训仪器与工具

序号	工具名称	数量	序号	工具名称	数量
1	5m钢卷尺	1把/组	5	扎钩	2把/组
2	切断机	1台	6	尼龙线	1束/组
3	切断钳	2把	7	线锤	1把/组
4	箍筋加工台	1台/组	8	粉笔	1只/组

二、实训材料

钢筋、扎丝、垫块等。

【任务实施】

一、独立基础底板钢筋、柱插筋的下料计算

1. 底板钢筋

根据附录结施-05，以J-3为例，如图2-54所示，可计算基础J-3底板钢筋（图中A_{s1}、A_{s2}）。

1）钢筋的下料长度=边长-2×保护层厚度=(1200-2×50)mm=1100mm

2）底板每个方向钢筋根数=[边长-2×min(75,$s/2$)]/受力钢筋间距+1

=[1200-2×min(75,125/2)]/125+1

=9.6（取10根）

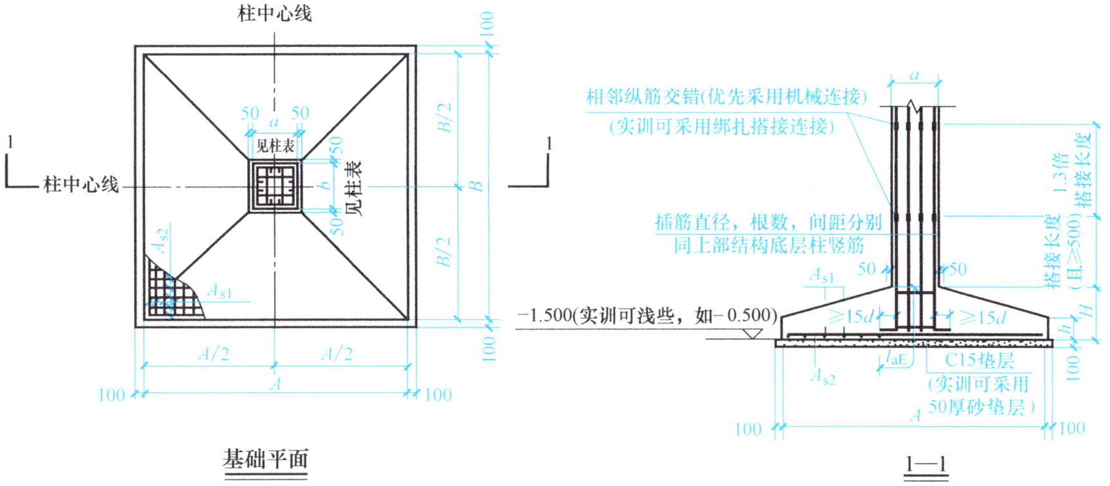

图 2-54 独立基础详图

两个方向共 20 根。

2. 柱插筋

柱插筋的规格、直径、数量等与一层柱的钢筋相同，所以柱插筋各种钢筋的配置可参阅一层柱。

以 KZ-3 为例，根据附录结施-05 基础详图、结施-06 柱定位平面图及柱截面图（图 2-55），可计算出 KZ-3 的各种钢筋的下料长度。

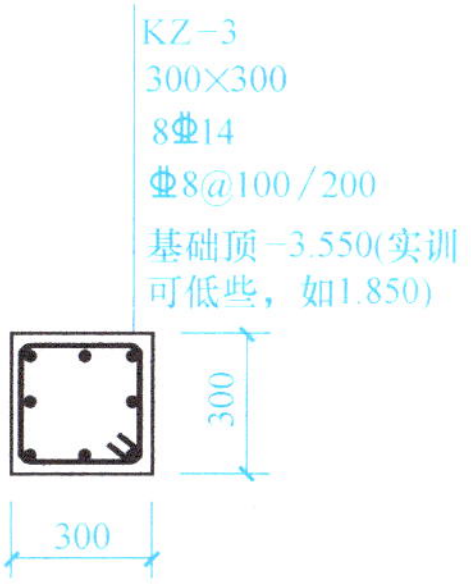

图 2-55 柱截面图

（1）纵向钢筋 规范规定，柱纵向钢筋同一构件内的接头宜分批错开，接头面积百分率不宜超过 50%。根据 KZ-3 截面图，KZ-3 纵向钢筋有 8 根⌀14，所以柱插筋接头分两批：4 根伸出基础短些，4 根伸出基础长些，其下料长度分别如下。

1）短柱纵向插筋长度=柱插筋在基础内的锚固长度+伸出基础顶的连接长度

$$=[15d+(400-50)-2.29d]+\max(\text{搭接长度},500)$$
$$=(15\times14+350-2.29\times14)+\max(52d,500)$$
$$=(528+52\times14)\text{mm}$$
$$=1256\text{mm}$$ （式中 $2.29d$ 为钢筋弯折 90°的弯曲调整值）

钢筋搭接长度按《混凝土结构施工图平面整体表示方法制图规则和构造详图（现浇混凝土框架、剪力墙、梁、板）》（22G101-1）中“纵向受拉钢筋抗震搭接长度”表（实训工程图纸要求是：抗震等级为三级、钢筋为 HRB400、受力构件混凝土为 C30）执行。

2）长柱纵向插筋长度=1256+1.3×搭接长度

$$=1256+1.3\times52d$$
$$=(1256+1.3\times52\times14)\text{mm}$$
$$\approx2202\text{mm}$$

式中 d——钢筋直径（mm）。

保护层厚度为 50mm，基础底标高按-0.500m 计算。

（2）柱箍筋

柱箍筋下料长度=箍筋周长+箍筋调整值

$=4\times(300-2\times25)\text{mm}+2\times60\text{mm}$

$=1120\text{mm}$

根据《混凝土结构施工图平面整体表示方法制图规则和构造详图（独立基础、条形基础、筏形基础、桩基础）》(22G101-3)，本工程独立基础内，柱箍筋设置两道，一道设在基础顶下100mm处，另一道设在柱钢筋底端上面50mm处，所以基础内箍筋数量为2根。基础上部柱箍筋暂时设两道（施工到一层柱时再通盘考虑），两道分别设在接头处，起临时固定作用。

所以，箍筋的数量=(2+2)根=4根

二、独立基础底板钢筋、柱插筋的加工

1. 钢筋的调直

盘圆钢筋需要调直，钢筋调直宜采用机械调直，如图2-56所示，也可采用冷拉调直。采用冷拉方法调直钢筋时，HRB335、HRB400级钢筋的冷拉率不宜大于1%。除冷拉调直外，粗钢筋还可采用锤直和拔直的方法调直。

图2-56 钢筋机械调直

2. 钢筋的剪切

钢筋下料时须按计算的下料长度切断。钢筋切断可采用钢筋切断机或手动切断器，如图2-57和图2-58所示。手动切断器一般只用于直径小于12mm的钢筋；钢筋切断机可切断直径12~40mm的钢筋。切断时，根据下料长度统一排料：先断长料，后断短料；减少短头，减少损耗。

图2-57 钢筋切断机下料

图2-58 手动切断器下料

2-11 手动切断器下料

3. 钢筋的弯曲

钢筋下料之后，应按钢筋配料单进行画线，以便将钢筋准确地加工成所规定的尺寸。若弯曲形状比较复杂，可先放出实样，再进行弯曲。钢筋弯曲宜采用弯曲机，弯曲机可弯直径6~40mm的钢筋。当无弯曲机时，直径小于25mm的钢筋也可采用板钩弯曲，如图2-59所示。

图 2-59 箍筋弯曲

2-12 箍筋弯曲

三、独立基础底板钢筋、柱插筋的绑扎安装

1. 底板钢筋的绑扎安装

底板钢筋绑扎前，应划线以确保钢筋位置准确。用粉笔或专用钢筋划线笔在垫层上划线，或在两个方向头尾两根钢筋上分别划线。每个方向的头尾两根钢筋分别在另一个方向钢筋端部向内 15mm 的位置，其他钢筋按设计要求的间距划线。绑扎时，每个十字交叉均满扎，如图 2-60 所示。

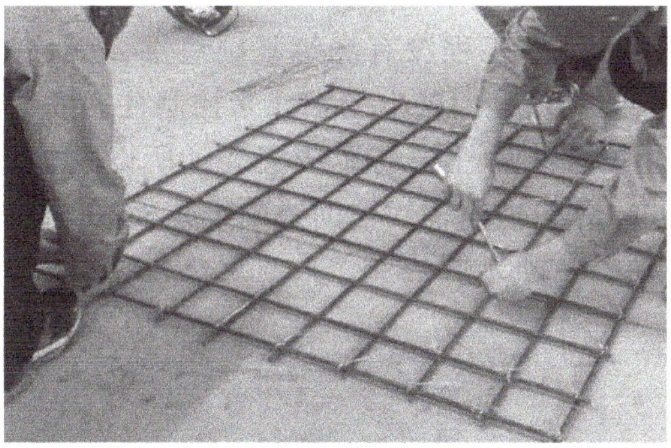

图 2-60 基础底板钢筋绑扎

2-13 基础底板钢筋绑扎

底板钢筋绑扎完成后放置在基础模板内，应保证四周及下部的保护层符合设计要求（本工程基础保护层厚度为 50mm），下部用 50mm×50mm×50mm 砂浆垫块来控制保护层，垫块间距≤1000mm，如图 2-61 所示。

图 2-61 基础底板钢筋安装

2. 柱插筋的绑扎安装

（1）柱插筋定位 根据底层柱定位平面图，在基础垫层上弹出柱的定位线，如图 2-62 所示。本工程考虑实训的实际情况，没有浇筑混凝土垫层，柱插筋位置通过龙门架上轴线控制。

（2）柱插筋绑扎 基础底板钢筋放置后，柱插筋可以直接在基础底板钢筋上绑扎，也可以先在基坑外绑扎柱插筋骨架，然后再安装在基础底板钢筋上绑扎（本工程采取这种方法较适宜）。绑扎时，四根长的柱纵向主筋放在柱子四个角上，四根短的柱纵向主筋放在柱子四条边中间，如图 2-63 所示。

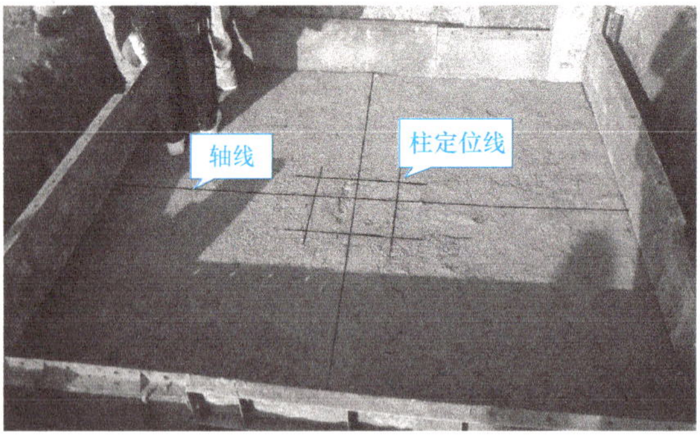

图 2-62 柱插筋定位

图 2-63 柱插筋绑扎

（3）柱插筋安装　因本工程没有浇筑基础垫层，无法通过垫层上的柱定位线来确定柱插筋的位置，所以只能通过龙门架上的轴线来控制柱插筋的位置；又因为轴线交叉点是柱的位置，拉通龙门架上的轴线后柱插筋无法安装，所以只能拉通轴线辅助线（轴线向一边偏离一定距离，如 300mm），根据轴线辅助线确定柱插筋的位置，然后把柱插筋骨架绑扎在基础底板钢筋上，如图 2-64 所示。

图 2-64 柱插筋绑扎安装

2-14 柱插筋绑扎安装

【质量标准】

1）钢筋工程宜采用专业化生产的成型钢筋。

2）钢筋连接方式应根据设计要求和施工条件选用。

3）当需要进行钢筋代换时，应办理设计变更文件。

4）施工过程中应采取防止钢筋混淆、锈蚀或损伤的措施。

5）钢筋加工前，应将表面清理干净。表面有颗粒状、片状老锈或有损伤的钢筋不得使用。

6）钢筋加工宜在常温状态下进行，加工过程中不应对钢筋进行加热。钢筋应一次弯折到位。

7）钢筋绑扎应符合下列规定：

① 钢筋的绑扎搭接接头应在接头中心和两端用铁丝扎牢。

② 墙、柱、梁钢筋骨架中，各竖向面钢筋网的交叉点应全数绑扎；板上部钢筋网的交叉点应全数绑扎；底部钢筋网除边缘部分外可间隔交错绑扎。

③ 梁、柱的箍筋弯钩及焊接封闭箍筋的焊点应沿纵向受力钢筋方向错开设置。

④ 构造柱纵向钢筋宜与承重结构同步绑扎。

⑤ 梁及柱中箍筋、墙中水平分布钢筋、板中钢筋距构件边缘的起始距离宜为50mm。

8）钢筋安装过程中，因施工操作需要而对钢筋进行焊接时，应符合现行行业标准《钢筋焊接及验收规程》（JGJ 18—2012）的有关规定。

9）钢筋安装应采取防止钢筋受模板、模具内表面的脱模剂污染的措施。

任务6　钢筋混凝土独立基础混凝土施工

【学习目标】

1. 掌握独立基础混凝土的浇筑用量计算。
2. 掌握独立基础混凝土的施工工艺流程。
3. 了解独立基础混凝土的质量验收要求。
4. 培养吃苦耐劳、团结合作的精神；培养精益求精、专心细致的工作作风；培养按规范施工的意识；培养热爱劳动的意识。

【任务描述】

依据基础相关图纸及要求进行基础混凝土施工：混凝土配制→混凝土搅拌→混凝土运输→混凝土浇筑→混凝土养护。

【相关知识】

独立基础与柱在基础上表面分界，界面以下为基础，有锥（坡）形基础和阶梯形基础两种，此处着重介绍锥形独立基础的混凝土用量计算。前面学习了四边放坡的基坑土方量的计算，锥形独立基础的上部锥台混凝土用量计算与其相似。

$$V=V_1+V_2=\frac{h_1}{6}[A\times B+(A+a)(B+b)+a\times b]+A\times B\times h_2 \tag{2-5}$$

式中　V_1——锥台部分混凝土体积（m^3）；

V_2——独立基础底部长（正）方体的体积（m^3）；

h_1——锥台部分的高（m）；

h_2——独立基础底部长（正）方体部分的高（m）；

A、B——锥台下底两边或长（正）方体部分的两边边长（m）；

a、b——锥台上底两边边长（m）。

【例2-4】 如图2-65所示，某工程（房屋的抗震等级为三级）框架柱下独立基础，混凝土强度等级为C30。框架柱截面尺寸 $a\times b=500\text{mm}\times500\text{mm}$，纵筋采用HRB400级普通钢筋，$d=20\text{mm}$。基础底部尺寸 $A\times B=2400\text{mm}\times2000\text{mm}$，锥形基础厚 $H=600\text{mm}$，基础边缘高

度 $h=300\text{mm}$。试计算锥形独立基础混凝土的用量。

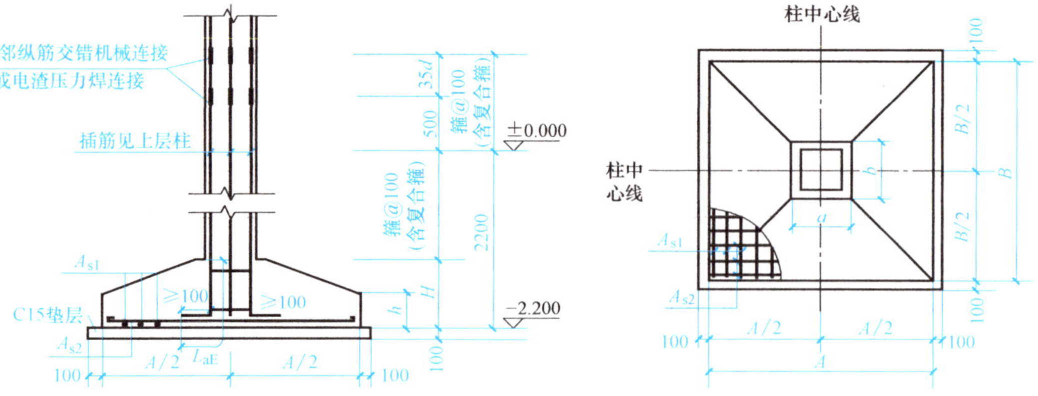

图 2-65 某工程锥形独立基础大样图

解：独立基础混凝土用量由上下两部分组成：上部为锥台、下部为长方体。

$$V=V_1+V_2=\frac{h_1}{6}[A\times B+(A+a)(B+b)+a\times b]+A\times B\times h_2$$

$$=\frac{0.3}{6}\times[2.4\times2.0+(2.4+0.5)\times(2.0+0.5)+0.5\times0.5]\text{m}^3+2.4\times2.0\times0.3\text{m}^3$$

$$=(0.615+1.44)\text{m}^3$$

$$\approx2.06\text{m}^3$$

答：锥形独立基础混凝土的用量为 2.06m^3。

【任务准备】

一、实训仪器与工具

实训仪器与工具见表 2-14。

表 2-14 实训仪器与工具

序号	工具名称	数量	序号	工具名称	数量
1	350 搅拌机	1 台	5	振捣棒(机)	2 根(台)
2	磅秤	1 台	6	木抹子	1 把/组
3	手推车	1 辆/组	7	铁抹子	1 把/组
4	铁锹	1 把/组	8	橡胶手套	2 双/组

二、实训材料

水泥、石子、砂、水、外加剂等。

三、作业条件

1. 办完地基验槽及隐检手续。
2. 办完基槽验线验收手续。

3. 有混凝土配合比通知单，准备好试验用工器具。

【任务实施】

一、混凝土配制

每次浇筑混凝土前1.5h左右，由施工现场专业工长填写申报混凝土浇灌申请书，由建设（监理）单位和技术负责人或质量检查人员批准，每一台班都应填写。

试验员依据混凝土浇灌申请书填写有关资料。根据砂石含水率，调整混凝土配合比中的材料用量，换算每盘的材料用量，写配合比板，经施工技术负责人校核后，挂在搅拌机旁醒目处。

材料用量、投放：水泥、掺合料、水、外加剂的计量误差为±2%，粗、细集料的计量误差为±3%。投料顺序为：石子→水泥、外加剂粉剂→掺合料→砂子→水→外加剂液剂。

二、混凝土搅拌

为使混凝土搅拌均匀，自全部拌合料装入搅拌筒中起，到混凝土开始卸料止，混凝土搅拌的最短时间如下：

对强制式搅拌机，不掺外加剂时，不少于90s；掺外加剂时，不少于120s。对自落式搅拌机，在强制式搅拌机搅拌时间的基础上增加30s。

对用于承重结构及抗渗防水工程的混凝土，采用预拌混凝土时，开盘鉴定是指第一次使用的配合比，在混凝土出厂前由混凝土供应单位自行组织有关人员进行开盘鉴定。现场搅拌的混凝土由施工单位组织建设（监理）单位、混凝土试配单位进行开盘鉴定工作，共同认定实验室签发的混凝土配合比确定的组成材料是否与现场施工所用材料相符，以及混凝土拌合物性能是否满足设计要求和施工需要。如果混凝土和易性不好，可以在维持水灰比不变的前提下，适当调整砂率、水及水泥量，至和易性良好为止。

三、混凝土运输

1. 混凝土运输时间

运输中的全部时间不应超过混凝土的初凝时间。运输中应保持混凝土匀质性，不应产生分层离析现象，不应漏浆；运至浇筑地点应具有规定的坍落度，并保证混凝土在初凝前能有充分的时间进行浇筑。混凝土的运输道路要求平坦，应以最少的运转次数、最短的时间从搅拌地点运至浇筑地点。

2. 混凝土运输工具

混凝土运输分地面水平运输、垂直运输和楼面水平运输等三种。

地面水平运输时，短距离多用双轮手推车、机动翻斗车；长距离宜用自卸汽车、混凝土搅拌运输车。

垂直运输可采用各种井架、龙门架和塔式起重机作为工具。对于浇筑量大、浇筑速度比较稳定的大型设备基础和高层建筑，宜采用混凝土泵，也可采用自升式塔式起重机或爬升式塔式起重机运输。

楼面水平运输一般采用塔式起重机或混凝土泵车运输。

四、混凝土浇筑

混凝土浇筑应分层连续进行，间歇时间不超过混凝土的初凝时间，一般不超过 2h，为保证钢筋位置正确，先浇一层 5~10cm 厚的混凝土固定钢筋。台阶形基础每一台阶高度整体浇捣，每浇完一台阶停顿 0.5h，待其下沉，再浇上一层。分层下料，每层厚度为振捣棒的有效振动长度。防止由于下料过厚、振捣不实或漏振、吊帮的根部砂浆涌出等原因造成蜂窝、麻面或孔洞。

采用插入式振捣器时，插入的间距不大于振捣器作用部分长度的 1.25 倍。上层振捣棒插入下层 3~5cm。尽量避免碰撞预埋件、预埋螺栓，防止预埋件移位。

混凝土浇筑后，表面比较大的混凝土，使用平板振捣器振一遍，然后用刮杆刮平，再用木抹子搓平。收面前必须校核混凝土表面标高，不符合要求处立即整改。

浇筑混凝土时，经常观察模板、支架、钢筋、螺栓、预留孔洞和管有无走动情况，一经发现有变形、走动或移位时，立即停止浇筑，并及时修整和加固模板，然后再继续浇筑。

五、混凝土养护

已浇筑完的混凝土应在 12h 左右覆盖和浇水。一般常温养护不得少于 7d，特种混凝土养护不得少于 14d。养护设专人检查落实，防止由于养护不及时，混凝土表面产生裂缝。

情况说明：混凝土浇筑在实训中实施比较困难，原因主要有两点：一是混凝土所用水泥、砂、石子、水等材料基本上是一次性投入，不利于回收使用；二是混凝土成型一段时间后强度就很大，实训完成后就很难凿除，这样实训场地就不利于下一期班级继续使用。为了解决这一问题，保证后面实训项目展开，在进行基础混凝土浇筑实训时，混凝土组成材料可作些调整，如混凝土内少加水泥或不加水泥、用基础挖出的土代替石子，这样基础成型效果也比较好，如图 2-66 和图 2-67 所示。

图 2-66 基础混凝土浇筑

图 2-67 成型的独立混凝土基础

【质量标准】

1. 保证项目

要求商品混凝土厂家严格执行供货技术协议，混凝土使用的水泥、水、集料、粉煤灰和外加剂必须符合设计和施工规范规定。使用前检查出厂合格证和相应的试验报告。

严格控制混凝土配合比。外加剂的掺量要符合要求，施工中严禁对已搅拌好的混凝土加水。严格作好对商品混凝土的检验和记录。

混凝土到场后进行坍落度检测，坍落度应符合设计及规范要求。如与委托不符，则退回不能使用，并及时与搅拌站联系进行调整。

混凝土试块必须按规定取样、制作、养护和试验。其强度评定符合《混凝土强度检验评定标准》（GB/T 50107—2010）的要求。按法规做好监理、见证、取样等工作。

2. 基本项目

混凝土振捣应均匀密实，基础侧面及接槎处应平整光滑，侧面不得出现孔洞、露筋、缝隙、夹渣等缺陷。

3. 允许偏差

独立基础混凝土浇筑后构件允许偏差项目见表2-15。

表2-15 独立基础混凝土浇筑后构件允许偏差

序号	项目名称		允许偏差/mm	检验方法
1	轴线位移		10	经纬仪及尺量
2	标高	层高	±10	水准仪或拉线、尺量
		全高	±30	
3	截面尺寸		±15	尺量
			-10	
4	垂直度	每层	5	经纬仪或吊线、尺量
		全高	0.1%且≤30	
5	表面平整		8	2m靠尺和塞尺测

任务7 钢筋混凝土独立基础土方回填

【学习目标】

1. 理解填土压实的影响因素。
2. 理解土的可松性系数，掌握其应用。
3. 熟悉土方回填的施工流程。
4. 掌握土方回填的质量要求。
5. 培养学生劳动保护意识及不怕吃苦的精神；土方回填的质量对后续地坪施工质量影响较大，培养学生的质量意识；土方回填后场地平整，对现场文明施工带来积极影响，培养学生文明施工的意识。

【任务描述】

基础模板拆除后，对基础四周进行土方回填。

【相关知识】

一、土的可松性及其指标应用

1. 土的可松性

土的可松性是土的主要工程性质之一。土的可松性即自然状态下的土经过开挖后，其体积因松散而增大，以后虽经回填压实，仍不能恢复原来体积的性质。土的可松性程度用可松性系数表示。

最初可松性系数为

$$K_s = V_2/V_1 \tag{2-6}$$

最终可松性系数为

$$K_s' = V_3/V_1 \tag{2-7}$$

式中 V_1——自然状态土的体积；

V_2——经开挖后土的松散状态下的体积；

V_3——回填压实状态的土的体积。

不同类别的土，K_s、K_s' 一般不相同，其具体值可参考相关施工手册。

2. 土的可松性指标的应用

【例 2-5】 某扩建厂房有 40 个规格相同的独立柱。室外地坪设计标高为-0.3m，基底设计标高为-2.3m，四边放坡，坡度系数 $m=0.5$，坑底尺寸为 2200mm×1800mm；室外设计地坪以下，每个 C30 钢筋混凝土基础及柱的体积为 3.544m³。土的最初可松性系数 $K_s=1.20$，最终可松性系数 $K_s'=1.05$。求：

（1）上口放线每边放出的宽度是多少米？

（2）基坑中部中位面的面积是多少平方米？

（3）基坑土方开挖工程量合计多少立方米？（以自然状态的体积计）

（4）如以自然状态土的体积计，则应预留回填的土有多少立方米？

解：

（1）土方的开挖深度为室外地坪设计标高到基底设计标高的差值，即 $H=[-0.3-(-2.3)]\text{mm}=2\text{m}$；基坑上口放线每边放出的宽度是 $B=m\times H=0.5\times 2\text{m}=1\text{m}$。

（2）基坑中部中位面的长度为（2.2+0.5×1×2）m=3.2m，基坑中部中位面的宽度为（1.8+0.5×1×2）mm=2.8m，基坑中部中位面的面积 $S_中=(3.2\times 2.8)\text{m}^2=8.96\text{m}^2$。

（3）基础上口的面积 $S_上=(2.2+1\times 2)\text{m}\times(1.8+1\times 2)\text{m}=4.2\text{m}\times 3.8\text{m}=15.96\text{m}^2$，基础下口的面积 $S_下=(2.2\times 1.8)\text{m}^2=3.96\text{m}^2$，每个基坑自然状态的土的体积 $V=\frac{H}{6}\times(S_上+4\times S_中+S_下)=\frac{2}{6}\times(15.96+4\times 8.96+3.96)\text{m}^3=18.59\text{m}^3$，40 个基坑的土方开挖量为 $(18.59\times 40)\text{m}^3=743.6\text{m}^3$。

（4）室外地坪以下，基础及柱所占的体积总和为 $(40\times 3.544)\text{m}^3=141.76\text{m}^3$。以压实状态下土的体积为 $(743.6-141.76)\text{m}^3=601.84\text{m}^3$，折算成自然状态下的土的体积为 $V_{自然}=\frac{V_{回压}}{K'_s}=\frac{601.84}{1.05}=573.18\text{m}^3$。

二、土方回填

土方回填即用人工或机械对基坑（槽）土方进行分层回填夯实，以保证达到所要求的密实度。

1. 回填土材料要求

1）土料宜优先采用场地、基坑（槽）中挖出的原土，并清除其中有机杂质和粒径大于 50mm 的颗粒，含水量应符合要求。

2）黏性土的含水量符合压实要求，可用作隔层填料。

3）对碎石类土、砂土和爆破石渣，其最大块粒径不得超过每层铺垫厚度的 2/3，可作表层以下填料。

2. 主要机具设备

（1）人工回填的主要机具设备有：铁锹、手推车、木夯、蛙式打夯机、筛子、喷壶等。

（2）机械回填的主要机具设备有：推土机、机动翻斗车、自卸汽车、振动压路机、平碾。

3. 土的压实方法

土的压实方法一般有碾压、夯实、振动压实等几种。

碾压法是靠沿填筑面滚动的鼓筒或轮子的压力压实填土的，适用于大面积填土工程。碾压机械有平碾（压路机，图 2-68）、羊足碾（图 2-69）、振动碾等。

图 2-68 平碾（压路机）

图 2-69 羊足碾

夯实法是利用夯锤自由下落的冲击力来夯实填土的，适用于小面积填土的压实。夯实机械有夯锤、内燃夯土机和蛙式打夯机等。

振动压实法是指将振动压实机放在土层表面，在压实机的振动作用下，土颗粒发生相对位移而达到紧密状态。

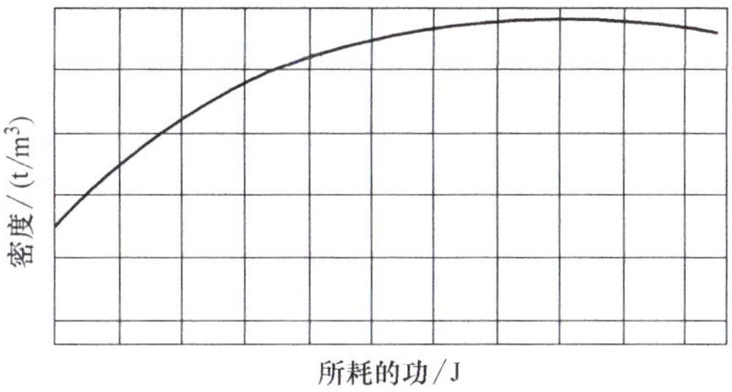

图 2-70 土的密度与压实功的关系示意图

4. 填土压实的影响因素

填土压实的主要影响因素为压实功、土的含水量以及每层铺土厚度。

（1）压实功的影响 填土压实后的密度与压实机械在其上所施加的功的关系如图 2-70 所示。

（2）土的含水量的影响 较干和较湿的土都不易压实。在同样压实功的作用下，能够使土得到最大密实度时的土的含水量称作最佳含水量。工程上，通常将“手握成团、落地开花”时的土的含水量视作最佳含水量。土的含水量与干密度的关系如图 2-71 所示。

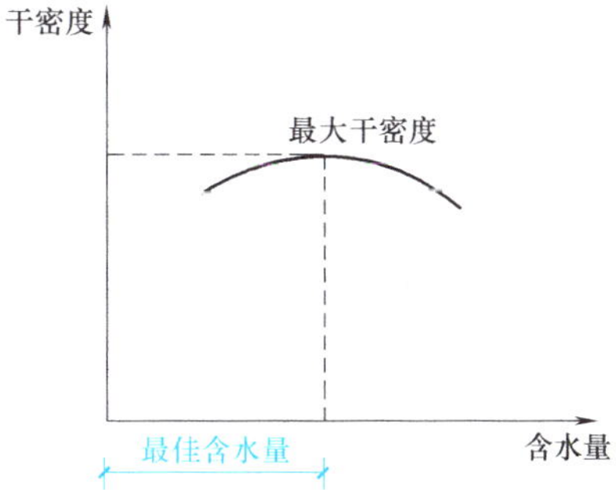

图 2-71 土的含水量与干密度的关系

（3）每层铺土厚度的影响 各种压实机械的压实影响深度与土的性质和含水量等因素有关。对于重要填方工程，其达到规定密实度所需的压实遍数、铺土厚度等应根据土质和压实机械在施工现场的压实试验决定。若无试验依据，应符合表 2-16 的规定。

表 2-16 填土施工时的分层厚度及压实遍数

压实机具	分层厚度/mm	每层压实遍数
平碾	250~300	6~8
振动压实机	250~350	3~4
柴油打夯机	200~250	3~4
人工打夯	<200	3~4

【任务准备】

一、实训仪器与工具

实训仪器与工具见表 2-17。

表 2-17 实训仪器与工具

序号	工具名称	数量	序号	工具名称	数量
1	水准仪(尺)	1 套	4	扳手	2 把/组
2	铁锹	2 把/组	5	小推车	1 辆/组
3	锄头	1 把/组	6	蛙式打夯机	1 台

二、实训材料

回填土料。

【任务实施】

基础土方回填的施工工艺流程为：基础模板拆除→基坑（槽）底部清理（包括抽水）→检验土质→分层铺土，并夯实→修整、找平、验收。

一、基础模板拆除

混凝土成型并养护一段时间后，强度达到一定要求时，即可拆除模板。模板的拆除日期取决于混凝土硬化的快慢、模板的用途、结构的性质及环境温度。及时拆模可提高模板周转率、加快工程进度；过早拆模，混凝土会变形、断裂，甚至造成重大质量事故。

基础模板拆除要求：

1）本工程基础为独立基础。模板拆除主要是基础侧模的拆除，在混凝土强度能保证其表面及棱角不因拆模板而受损坏时，方可拆除侧模。

2）拆模时，操作人员应站在安全处，以免发生安全事故。

3）拆模时应避免用力过猛、过急，严禁用大锤或撬棍硬砸硬撬，以免损坏混凝土表面或模板。

4）模板及支架清运至指定地点，应及时加以清理、修理，按尺寸和种类分别堆放，以便下次使用。

二、基坑（槽）底部清理

土方回填前应清除基底的垃圾、树根等杂物，抽除坑穴积水、淤泥，验收基底标高。如在耕植土或松土上填方，应在基底压实后再进行清理。

三、检验土质

对填方土料，应按设计要求验收后方可填入。本工程基坑回填土设计要求：基坑回填土不得采用淤泥、耕土及有机质含量大于5%的土，严格控制土的含水量；承台四周应采用灰土、级配砂石、压实性较好的素土回填，并分层夯实。

四、分层铺土，并夯实

按设计要求，每层铺土厚度为250mm，采用蛙式打夯机夯实，每层夯实3~4次，局部蛙式打夯机夯不到的地方采取人工夯实，回填土压实系数 λ_c 不小于0.94。

五、修整、找平、验收

填方施工结束后，应检查标高、表面平整度、边坡坡度、压实程度等，检验标准应符合表2-18的规定。

表2-18 填土工程质量检验标准 （单位：mm）

<table>
<tr><th rowspan="3">项目</th><th rowspan="3">序号</th><th rowspan="3">检查项目</th><th colspan="5">允许偏差或允许值</th><th rowspan="3">检查方法</th></tr>
<tr><th rowspan="2">桩基、基坑、基槽</th><th colspan="2">场地平整</th><th rowspan="2">管沟</th><th rowspan="2">地（路）面基础层</th></tr>
<tr><th>人工</th><th>机械</th></tr>
<tr><td rowspan="2">主控项目</td><td>1</td><td>标高</td><td>-50</td><td>±30</td><td>±50</td><td>-50</td><td>-50</td><td>水准仪</td></tr>
<tr><td>2</td><td>分层压实系数</td><td colspan="5">设计要求</td><td>按规定方法</td></tr>
<tr><td rowspan="3">一般项目</td><td>1</td><td>回填土料</td><td colspan="5">设计要求</td><td>取样检查或直观鉴别</td></tr>
<tr><td>2</td><td>分层厚度及含水量</td><td colspan="5">设计要求</td><td>水准仪及抽样检查</td></tr>
<tr><td>3</td><td>表面平整度</td><td>20</td><td>20</td><td>30</td><td>20</td><td>20</td><td>用靠尺或水准仪</td></tr>
</table>

项目3

框架柱施工

【项目概述】

根据施工图纸，首先进行框架柱钢筋的下料计算、制作和安装，钢筋施工完成后进行隐蔽工程验收，然后进行模板的配制、拼装和安装。

任务1　框架柱施工图识读

【学习目标】

1. 了解钢筋混凝土结构房屋结构体系。
2. 理解柱平法施工图制图规则。
3. 培养对照各专业图样进行相互验证的好习惯；培养在施工图上作记号的好习惯。

【任务描述】

学习柱平法施工图制图规则；结合实训项目结构施工图，识读柱平面图、柱截面图。

【相关知识】

一、常见的钢筋混凝土结构房屋结构体系

多层和高层钢筋混凝土结构包括框架结构体系、剪力墙结构体系、框架-剪力墙结构体系以及筒体结构体系等。

1. 框架结构体系

框架结构体系是利用梁、柱组成的纵横两个方向的框架形成的结构体系，如图 3-1 所示。它同时承受竖向荷载和水平荷载。其主要优点是建筑平面布置灵活，可形成较大的建筑空间，建筑立面处理比较方便；主要缺点是横向刚度小，当层数较多时，会产生过大的侧移，易引起非结构性构件（如隔墙、装饰等）破坏，进而影响使用。

2. 剪力墙结构体系

在高层和超高层房屋结构中，水平荷载（风荷载与水平地震力）将起主要作用，房屋需要很大的抗侧移能力。框架结构的抗侧移能力较弱，混合结构由于墙体材料强度低和自重大，只限于多层房屋中使用，故在高层和超高层房屋结构中，需要采用新的结构体系，即剪

力墙结构体系。剪力墙结构指的是竖向的钢筋混凝土墙板，水平方向仍然是钢筋混凝土的大楼板搭载墙上，如图 3-2 所示。

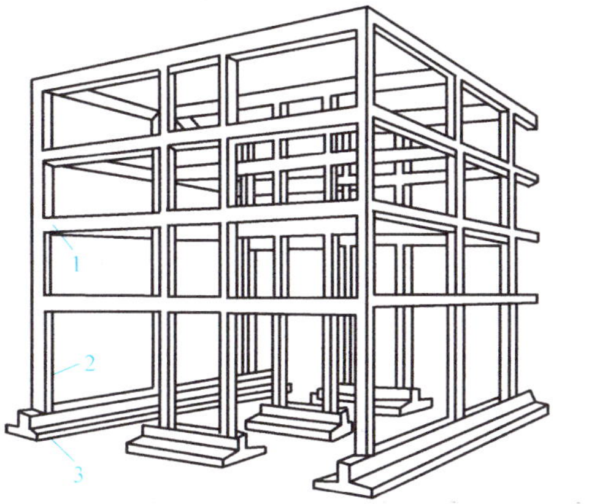

图 3-1 框架结构体系

1—梁 2—柱 3—基础

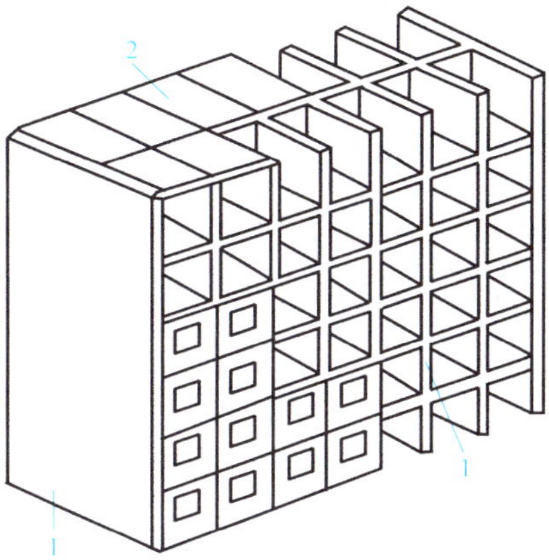

图 3-2 剪力墙结构体系

1—剪力墙 2—楼板

3. 框架-剪力墙结构体系

框架-剪力墙结构也称框剪结构，这种结构是在框架结构中布置一定数量的剪力墙，这种剪力墙称为框架剪力墙，由其构成灵活自由的使用空间，可满足不同建筑功能的要求，同时又有足够的剪力墙，有相当大的刚度，如图 3-3 所示。

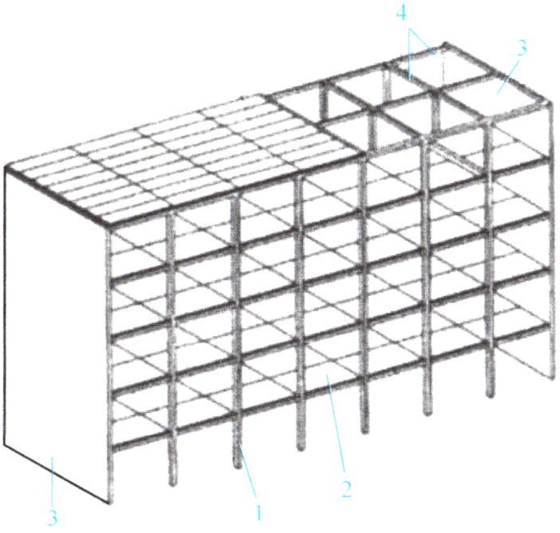

图 3-3 框架-剪力墙结构体系

1—框架柱 2—楼板 3—剪力墙 4—框架梁

4. 筒体结构体系

筒体结构由框架-剪力墙结构与全剪力墙结构综合演变和发展而来。筒体结构是将剪力墙或密柱框架集中到房屋的内部和外围而形成的空间封闭式的筒体。其特点是剪力墙集中而获得较大的自由分割空间，多用于写字楼建筑。

筒体结构分框架-核心筒、框筒、筒中筒、束筒四种结构。框架-核心筒结构是由核心筒与外围的稀柱框架组成的高层建筑结构；框筒结构是外围为密柱框筒，内部为普通框架柱的结构；筒中筒结构是由核心筒与外围框筒组成的高层建筑结构；束筒结构是由若干个筒体并列连接为整体的结构，如图 3-4 所示。

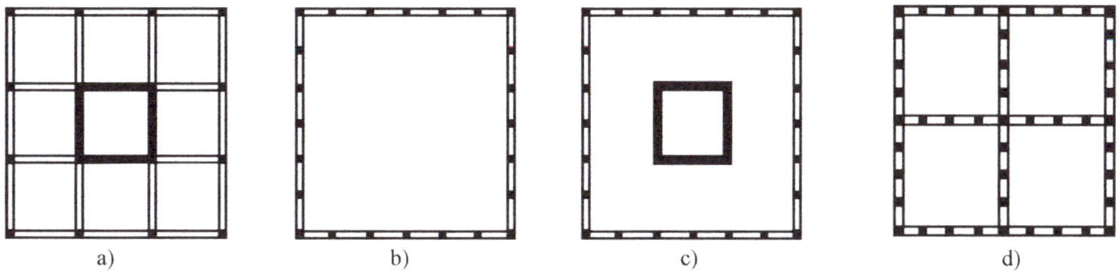

图 3-4 筒体结构体系

a）框架-核心筒 b）框筒 c）筒中筒 d）束筒

二、柱平法施工图制图规则

在柱的结构施工图中，平面整体表示方法有列表注写法和截面注写法两种。

1. 列表注写法

首先采用适当的比例绘制一张柱的平面布置图，包括相应的框架柱、框支柱、梁上柱以及剪力墙上柱，然后根据实际需要，分别在图上同一编号的柱中选择一个或几个截面，标注几何参数代号；在柱表中标明柱编号、柱段起止标高、几何尺寸（含柱截面对轴线的偏心情况）与配筋的具体数值。最后配以各种柱截面形状及其箍筋类型图的方式，来清晰表达施工图中柱的配筋。具体注写内容如下：

（1）柱编号 柱编号由类型代号和序号组成，见表 3-1。编号时，当柱的总高、分段截面尺寸和配筋均对应相同，仅分段截面和轴线的关系不同时，仍可将其编为同一柱号。

表 3-1 柱编号

柱类型	代号	序号
框架柱	KZ	××
框支柱	KZZ	××
芯柱	XZ	××
梁上柱	LZ	××
剪力墙上柱	QZ	××

在高层建筑中，由于建筑需要大空间的使用要求，使部分结构的竖向构件不能连续设置，因此需要设置转换层。这样的结构体系属于竖向抗侧力构件不连续体系。部分不能落地的剪力墙和抗架柱，需要在转换层的梁上生根。这样的梁称为框支梁，而支承框支梁的柱称为框支柱。

芯柱是柱中柱，设置于某些框架柱在一定高度范围内的中心位置。

（2）柱段起止标高 注写柱的各段起止标高时，应自柱根部以上变截面位置或截面虽未改变但配筋改变的地方为界分段标注。框架柱或框支柱的根部标高是指基础顶面标高，梁上柱的根部标高是指梁顶面标高，如图 3-5a 所示。剪力墙上柱的根部标高分为两种：当柱纵筋锚固在墙顶部时，其根部标高为墙顶面标高，如图 3-5b 所示。当柱与剪力墙重叠一层时，其根部标高为墙顶面往下一层的结构层楼面标高，如图 3-5c 所示。芯柱的根部标高是根据结构实际需要而定的起始位置标高。

（3）柱截面几何尺寸 对于矩形柱，柱截面几何尺寸 $b\times h$ 及与轴线关系的几何参数代号：b_1、b_2 和 h_1、h_2 的具体数值，须对应各段柱分别注写。其中 $b=b_1+b_2$，$h=h_1+h_2$。当截面的某一边收缩变化至与轴线重合或偏离轴线的另一侧时，b_1、b_2、h_1、h_2 中的某项为零或负值。对于圆柱，表中 $b\times h$ 一栏改用在圆柱直径数字前加 d 表示。为表达简单，圆柱截面与轴线的关系也用 b_1、b_2、h_1、h_2 表示，并使 $d=b_1+b_2=h_1+h_2$，如图 3-6 所示。

（4）柱纵向受力钢筋 纵向钢筋的作用是和混凝土一起承担外荷载，承担因温度改变及收缩而产生的拉应力，改善混凝土的脆性性能。注写施工图中的柱纵筋时，当柱的纵向受力钢筋直径相同，各边根数也相同时，可将纵筋注写在全部纵筋一栏中，否则，角筋、截面 b 边中部筋、截面 h 边中部筋三项应分别注写。当采用对称配筋时，矩形截面柱可仅注写一

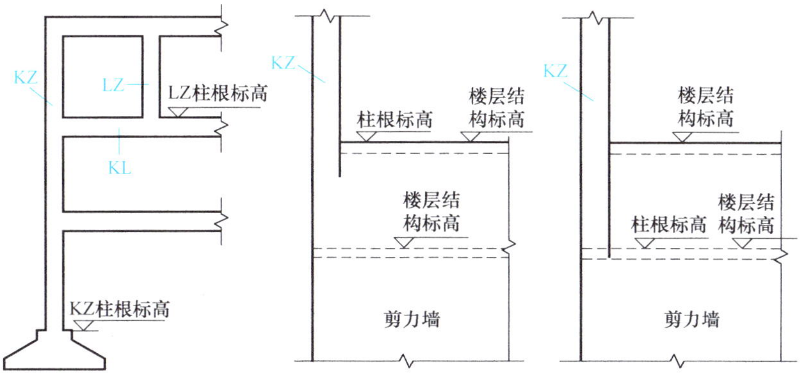

a) b) c)

图 3-5 柱的根部标高起始点示意图

a）框架柱、框支柱、梁上柱 b）剪力墙上柱（1） c）剪力墙上柱（2）

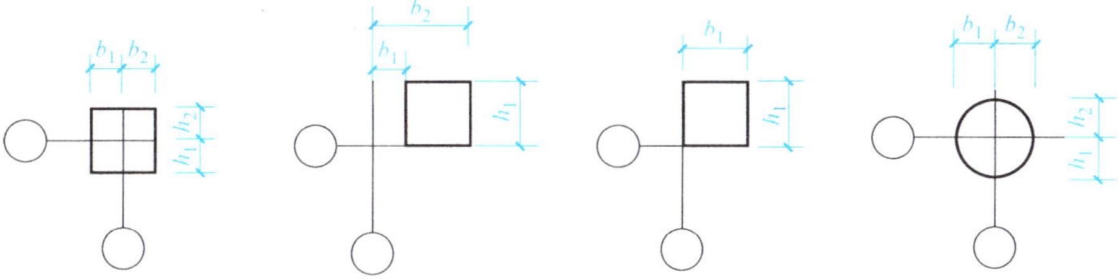

$b=b_1+b_2$, $h=h_1+h_2$ a)

$b=-b_1+b_2$, $h=h_1$ b)

$b=b_1$, $h=h_1$ c)

$b=b_1+b_2$, $h=h_1+h_2$ d)

图 3-6 柱的截面尺寸与轴线关系

侧中部筋，对称边可省略不注。

（5）箍筋 为了防止纵向钢筋压曲，提高柱的受剪承载力，并与纵向钢筋一同形成受力良好的钢筋骨架，《混凝土结构设计规范》（GB 50010—2010）规定，钢筋混凝土框架柱中应配置封闭式箍筋。箍筋一般采用 HPB300 级钢筋，其直径不应小于 $d/4$，且不应小于 6mm，d 为纵向受力钢筋的最大直径。

箍筋的间距不应大于 400mm，且不应大于柱截面的短边尺寸 b，同时不应大于 15d，d 为纵向受力钢筋的最小直径。

当柱截面短边尺寸大于 400mm，且各边纵筋多于 3 根时，或当柱截面短边尺寸不大于 400mm 且各边纵向钢筋多于 4 根时，应设置复合箍筋，使纵向钢筋每隔一根位于箍筋转角处，但柱中不允许有内折角的箍筋。图 3-7 所示为矩形复合箍筋复合方式。

在平面整体表示法标注的施工图中具体标注箍筋时，应包括箍筋类型、箍筋的肢数、箍筋的等级、直径及间距。当为抗震设计时，用斜线“/”表示柱端箍筋加密区与柱身非加密区长度范围内箍筋的不同间距。施工人员需根据标准构造详图，在规定的几种长度值中取最大者作为加密区长度。当框架节点核心区箍筋与柱端箍筋设置不同时，应在括号中注明核心区箍筋的直径及间距。

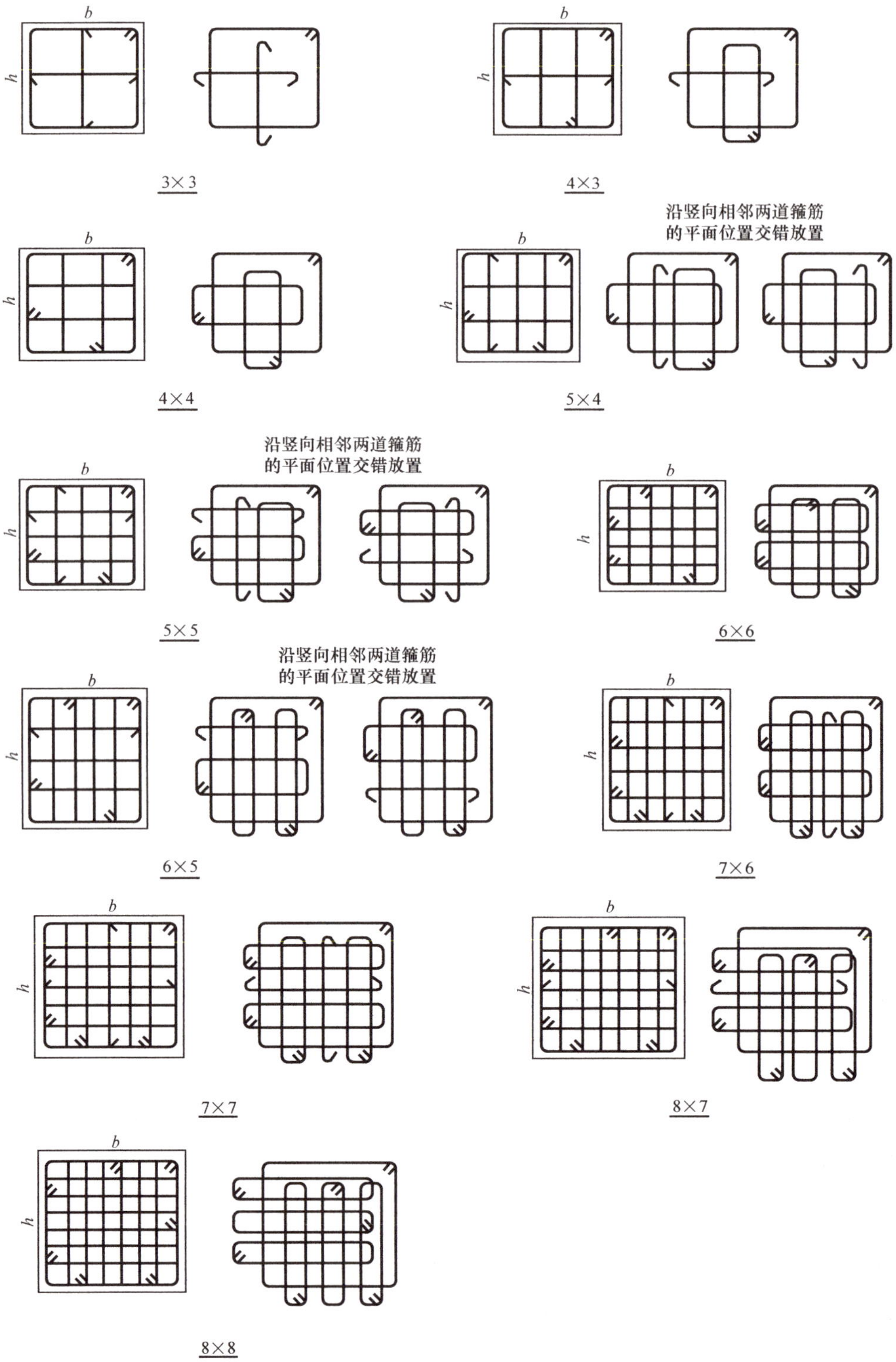

图 3-7 矩形复合箍筋复合方式

【例 3-1】 箍筋Φ 10@100/200，表示箍筋为 HPB300 级钢筋，直径为 10mm，加密区间距为 100mm，非加密区间距为 200mm。

当箍筋沿全高为一种间距时，则不使用“/”线。

【例 3-2】 箍筋Φ10@100，表示箍筋为 HPB300 级钢筋，直径为 10mm，间距为 100mm，沿全高布置。

当圆柱采用螺旋箍筋时，需在箍筋前加“L”。

【例 3-3】 L Φ10@100/200，表示采用螺旋箍筋，HPB300 级钢筋，直径为 10mm，加密区间距为 100mm，非加密区间距为 200mm。

【例 3-4】 箍筋Φ10@100/200（Φ12@100），表示箍筋为 HPB300 级钢筋，直径为 10mm，加密区间距为 100mm，非加密区间距为 200mm。框架节点核心区箍筋为 HPB300 级钢筋，直径为 12mm，加密区间距为 100mm。

如图 3-8 所示，框架柱 KZ1 的平面位置是轴线③、④、⑤与轴线Ⓑ、Ⓒ、Ⓓ交汇处。从柱表中可知，KZ1 的高度从一层（标高－0.030m）到屋面 1（标高 59.070m），层高有 4.50m、4.20m、3.60m、3.30m 四种。同时从柱表中看出 KZ1 的截面尺寸及配筋情况。在标高－0.030m～标高 19.470m 的高度范围内（1～6 层），KZ1 截面尺寸为 750mm×700mm，KZ1 配筋情况为：纵筋 24 Φ 25；柱箍筋类型为 5×4 复合箍，箍筋为 HPB300 级钢筋，直径为 10mm，加密区间距为 100mm，非加密区间距为 200mm。从标高 19.470m 起，截面尺寸和纵向钢筋均有变化，识读方法同前。

2. 截面注写法

在进行上述列表注写时，有时会遇到柱子截面和配筋在整个高度上没有变化的情况，这样就可以省去表格，而采用截面注写的表示方法。截面注写是在标准层绘制的柱平面布置图上，分别在同一编号的柱中选择一个截面，直接注写截面尺寸和配筋具体数值的方式来表达柱截面的尺寸、配筋等情况。

如图 3-9 所示，KZ1 截面尺寸为 650mm×600mm，轴线有偏移。柱截面四角配有 4 Φ 22，b 边一侧中部配有 5 Φ 22，h 边一侧中部配有 4 Φ 20；箍筋为 HPB300 级钢筋，直径为Φ 10，加密区间距为 100mm，非加密区间距为 200mm。

三、柱钢筋构造要求

柱的构造要求包括柱和基础的连接、柱与顶层梁板的连接、柱变截面、柱上下钢筋不同时以及框支柱、芯柱等内容。

1. 柱和基础的连接

柱和基础的连接构造涉及柱基础插筋和柱钢筋伸出基础高度两个问题。

（1）柱基础插筋　当基础高度大于等于 l_a（或 l_{aE}）时，插筋的下端宜做成 150mm 直钩；当基础高度小于 l_a（或 l_{aE}）时，插筋下端的弯钩应按表 3-2 处理。

当基础高度 h 较高时（轴心受压或小偏心受压 $h \geqslant 1200$mm，大偏心受压 $h \geqslant 1400$mm），可仅将四角的插筋伸至底板钢筋网上，其余插筋锚固在基础顶面下，如图 3-10 所示。

（2）柱钢筋伸出基础高度　柱钢筋伸出基础高度涉及柱钢筋的连接和柱箍筋加密区两方面的问题。

1）柱钢筋的连接。柱钢筋的连接主要有绑扎、电渣压力焊和机械连接三类。钢筋接头应满足下列要求：

① 接头应尽量设置在受力较小处，抗震设计时避开梁端、柱端箍筋加密区，如必须在

层号	标高/m	层高/m
屋面2	65.670	
塔层2	62.370	3.30
屋面1（塔层1）	59.070	3.30
16	55.470	3.60
15	51.870	3.60
14	48.270	3.60
13	44.670	3.60
12	41.070	3.60
11	37.470	3.60
10	33.870	3.60
9	30.270	3.60
8	26.670	3.60
7	23.070	3.60
6	19.470	3.60
5	15.870	3.60
4	12.270	3.60
3	8.670	3.60
2	4.470	4.20
1	−0.030	4.50
−1	−4.530	4.50
−2	−9.030	4.50

结构层楼面标高
结 构 层 高

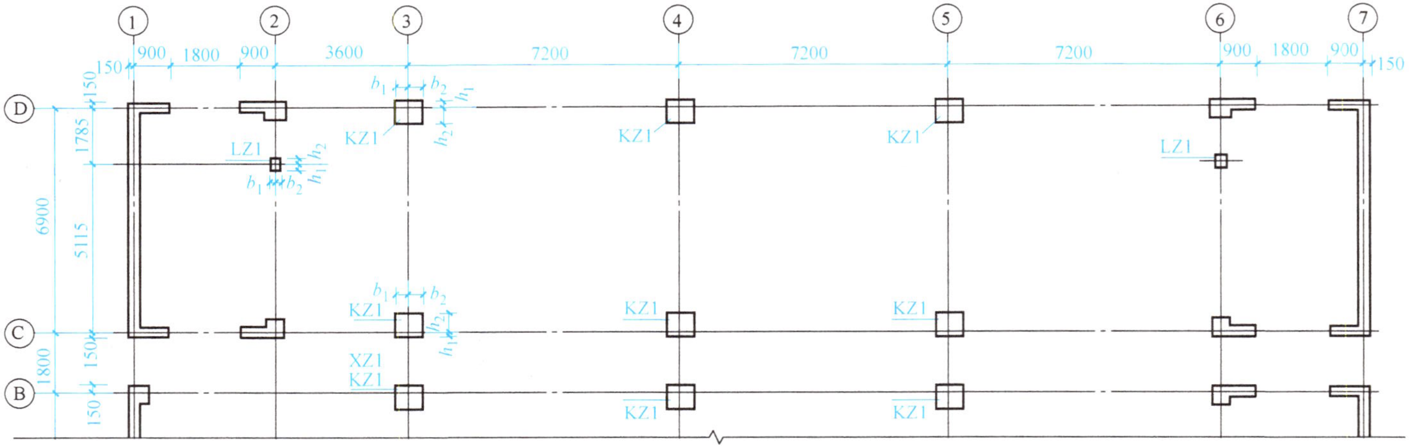

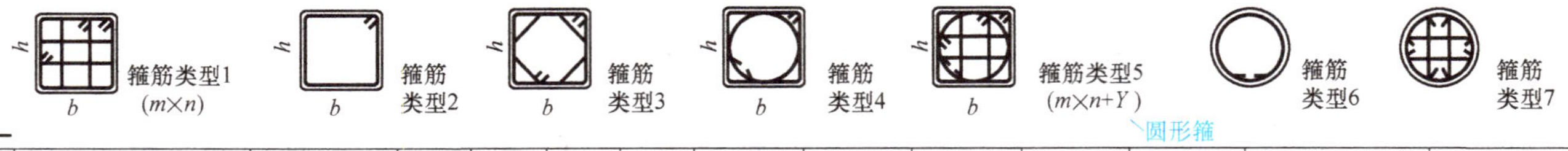

柱表

柱号	标高/m	b×h(圆柱直径D)/mm	b_1/mm	b_2/mm	h_1/mm	h_2/mm	全部纵筋	角筋	b边一侧中部筋	h边一侧中部筋	箍筋类型号	箍筋	备注
KZ1	−0.030～19.470	750×700	375	375	150	550	24Φ25				1(5×4)	Φ10@100/200	—
	19.470～37.470	650×600	325	325	150	450		4Φ22	5Φ22	4Φ20	1(4×4)	Φ10@100/200	
	37.470～59.070	550×500	275	275	150	350		4Φ22	5Φ22	4Φ20	1(4×4)	Φ8@100/200	
XZ1	−0.030～8.670						8Φ25				按标准构造详图	Φ10@200	③×Ⓑ轴KZ1中位置

−0.030～59.070m柱平法施工图(局部)

图 3-8 柱平法施工图列表注写法示例

层号	标高/m	层高/m
屋面2	65.670	
塔层2	62.370	3.30
屋面1 (塔层1)	59.070	3.30
16	55.470	3.60
15	51.870	3.60
14	48.270	3.60
13	44.670	3.60
12	41.070	3.60
11	37.470	3.60
10	33.870	3.60
9	30.270	3.60
8	26.670	3.60
7	23.070	3.60
6	19.470	3.60
5	15.870	3.60
4	12.270	3.60
3	8.670	3.60
2	4.470	4.20
1	−0.030	4.50
−1	−4.530	4.50
−2	−9.030	4.50

结构层楼面标高
结 构 层 高

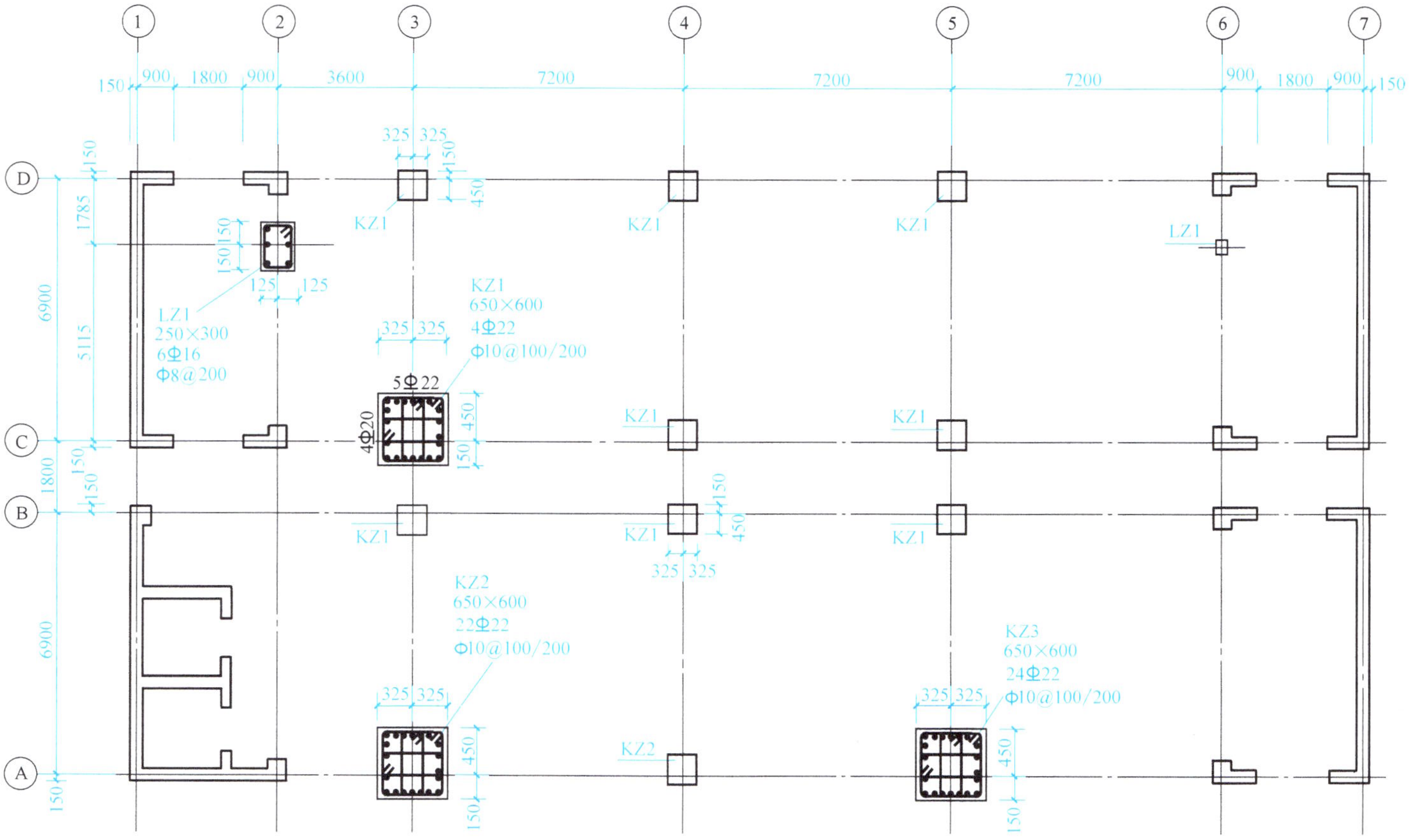

19.470~37.470m柱平法施工图

图 3-9 柱平法施工图截面注写法示例

此连接时，应采用机械连接或焊接。

② 轴心受拉及小偏心受拉杆件中，纵向受力钢筋不得采用绑扎搭接接头。

③ 在钢筋连接区域，应采取必要的构造措施，在纵向受力钢筋搭接长度范围内应配置箍筋，箍筋间距应加密。

表 3-2 柱插筋下端的弯钩长度

竖直长度/mm	弯钩直段长度/mm
$\geqslant 0.5l_{aE}$	$12d$ 且 $\geqslant 150$
$\geqslant 0.6l_{aE}$	$10d$ 且 $\geqslant 150$
$\geqslant 0.7l_{aE}$	$8d$ 且 $\geqslant 150$
$\geqslant 0.8l_{aE}$	$6d$ 且 $\geqslant 150$

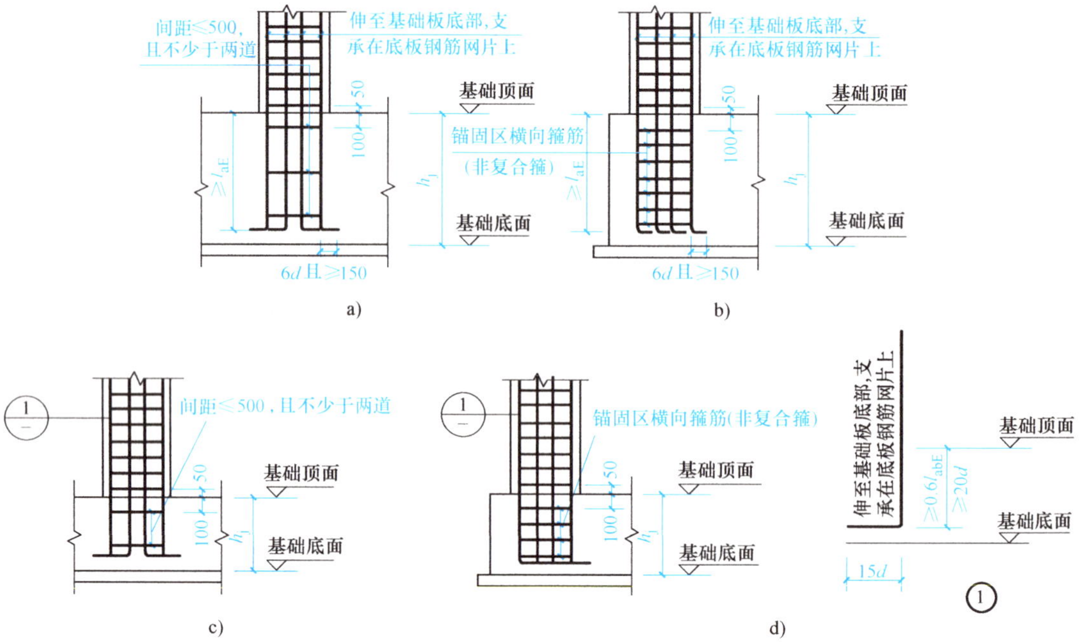

图 3-10 柱插筋在独立基础或独立承台的锚固构造

a）保护层厚度>5d，基础高度满足直锚 b）保护层厚度≤5d，基础高度满足直锚

c）保护层厚度>5d，基础高度不满足直锚 d）保护层厚度≤5d，基础高度不满足直锚

④ 受拉钢筋的直径 d>25mm 受压钢筋的直径 d>28mm 时，不宜采用绑扎搭接接头。

⑤ 在同一受力钢筋上宜少设连接接头，不宜设置 2 个或 2 个以上接头，如图 3-11 所示。

⑥ 采用焊接时，柱位于同一连接区段（35d 和 500mm 取最大值，其中 d 为相互连接的两根钢筋中的较大直径）内的受拉钢筋接头面积不宜大于 50%。直接承受动力荷载的结构构件中不宜采用焊接接头。

⑦ 采用机械连接时，柱位于同一连接区段 35d（其中 d 为纵向受力钢筋的较大直径）内的受拉钢筋接头面积不宜大于 50%。

⑧ 采用绑扎连接时，柱位于同一连接区段（$1.3l_l$，$1.3l_E$，其中 l_l 为搭接长度，如图 3-12 所示）内的受拉钢筋接头面积不宜大于 50%。

2）柱箍筋加密区。柱箍筋加密区分为以下几种情况：

① 刚性地面：刚性地面是指无框架梁的建筑地面，上下各 500mm 范围内箍筋加密，如图 3-13 所示。

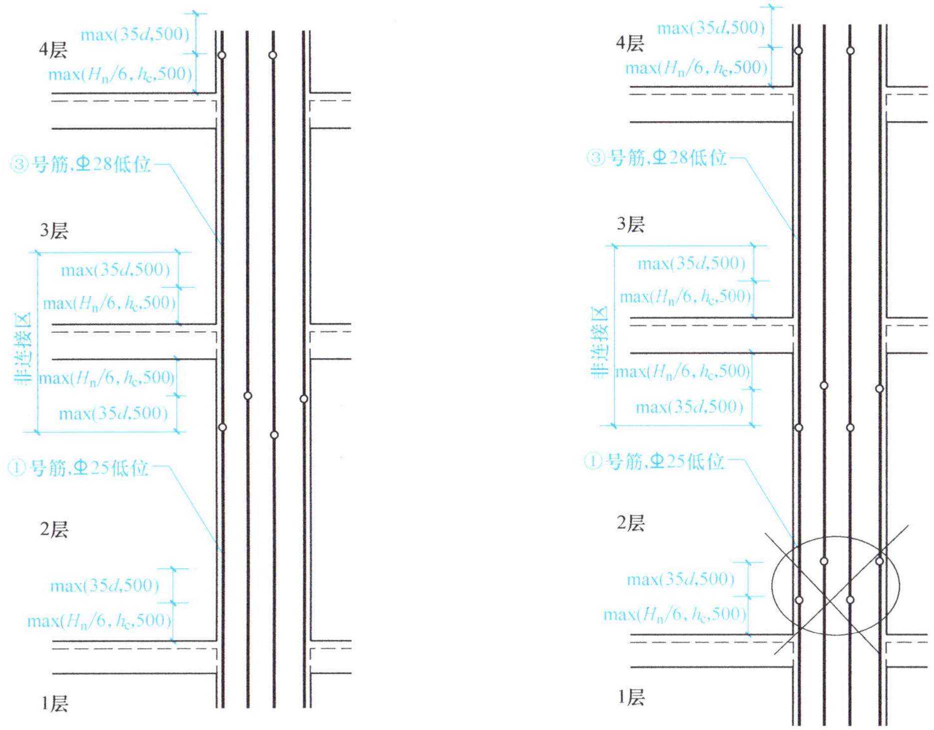

a)　　　　b)

图 3-11　同一受力钢筋的连接

a）正确连接　b）错误连接

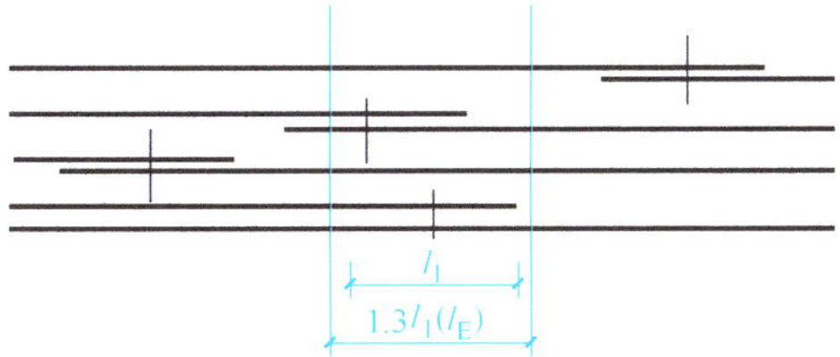

图 3-12　钢筋绑扎搭接接头连接区段及接头面积百分率

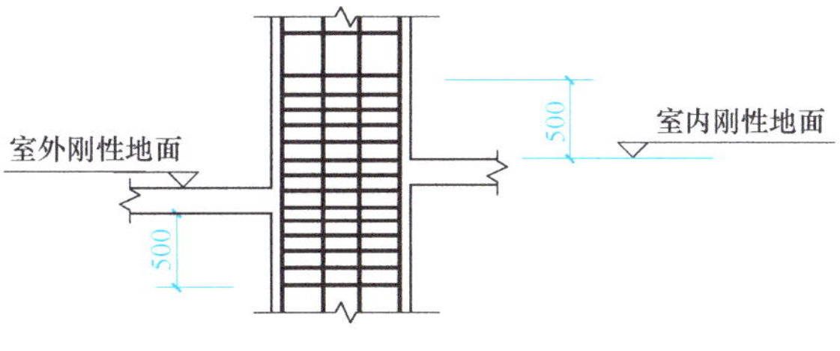

图 3-13　室内外均为刚性地面柱箍筋加密区

② 底层柱：柱根以上 1/3 柱净高的范围内加密，如图 3-14 所示。

3）其他。柱截面长边尺寸、本层柱净高的 1/6 和 500mm 三者取最大值。

需要注意：一、二级抗震等级的角柱应沿柱全高加密箍筋。

综上所述，柱钢筋伸出基础、梁、板后第一断点应在柱的上、下加密区间。出于施工方便，第一断点刚过柱下部的加密即可，在第一断点只能断掉 50% 的钢筋，其余 50% 在第二断点断开。第一断点和第二断点的中心距要大于区段长度，如图 3-15 所示。

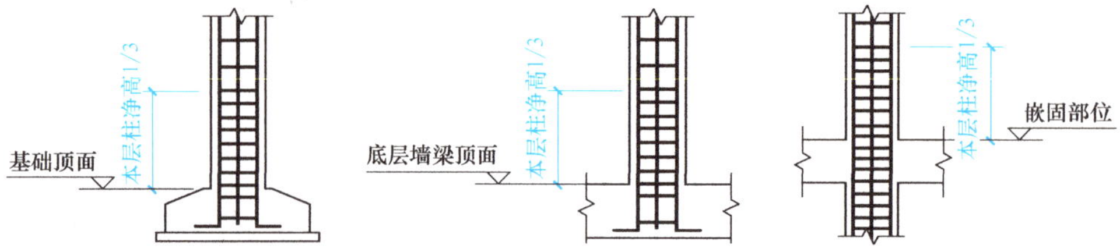

图 3-14 柱根加密区

a）无地下室柱 b）墙或梁上柱 c）有地下室柱

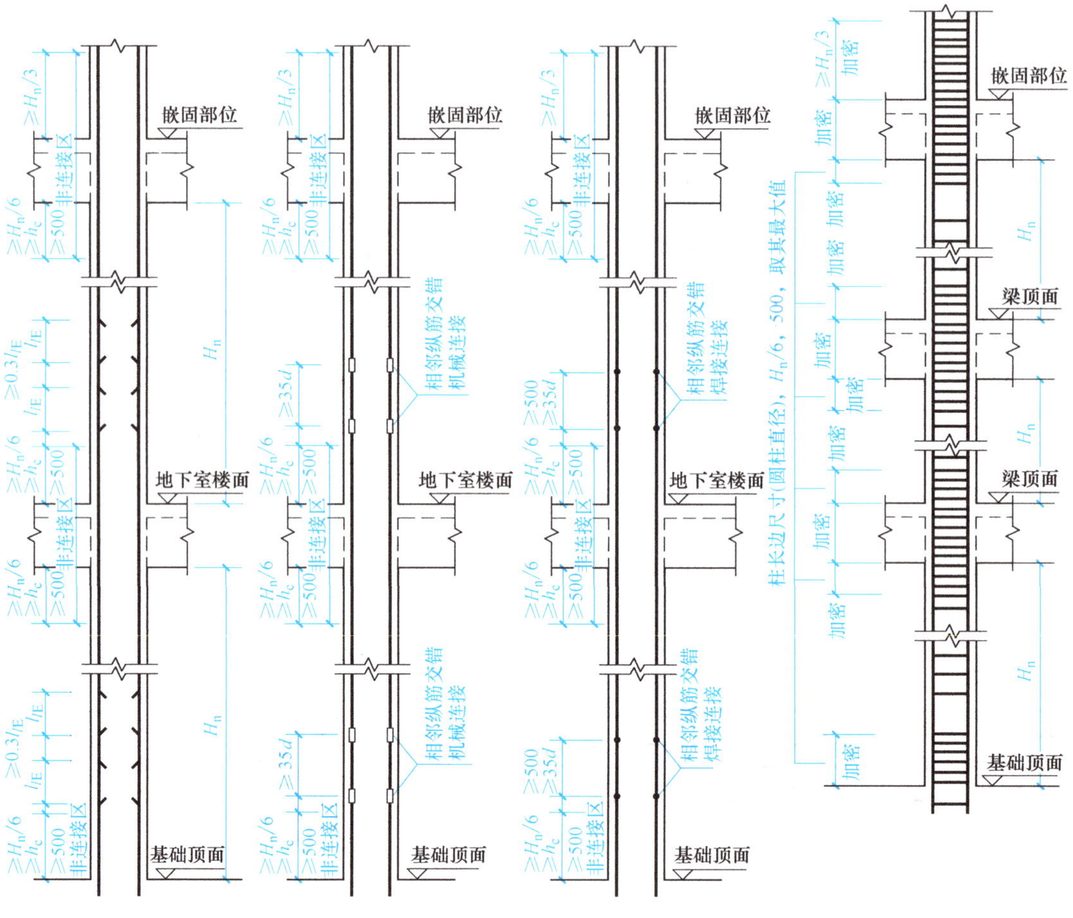

图 3-15 柱加密区及接头位置

a）绑扎搭接 b）机械连接 c）焊接连接 d）箍筋加密区范围

H_n—所在楼层的柱净高 h_c—柱截面长度边尺寸（圆柱为截面直径）

2. 柱和顶层梁板的连接

柱和顶层梁板的连接根据柱所处的位置不同有框架顶层中间节点和框架顶层端节点两种形式。

（1）框架顶层中间节点　框架顶层中间节点处，柱纵向钢筋应伸至柱顶。当采用直线锚固方式时，自梁底边算起的锚固长度应大于等于 $l_{aE}(l_a)$。当直线段锚固长度不足时，该纵向钢筋伸到柱顶后可向内弯折，弯折前的锚固段竖向投影长度不应小于 $0.5l_{aE}(l_a)$。弯折后的水平投影长度取 $12d$，如图 3-16a 所示。当柱顶有不小于 100mm 厚的现浇楼板时，也可向外弯折，弯折后的水平投影长度取 $12d$，如图 3-16b 所示。无法弯折时也可在端头加锚头（锚板），如图 3-16c 所示。当直段长度 $\geqslant l_{aE}$ 时，无需弯折或加锚头，如图 3-16d 所示。

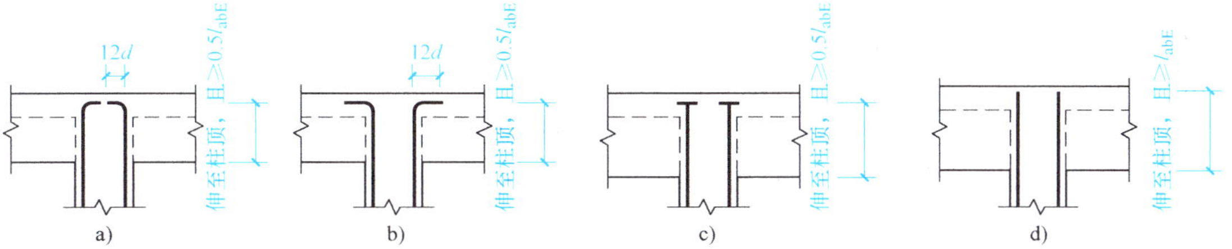

图 3-16　框架顶层中间节点构造

a）向内弯折　b）向外弯折　c）端头加锚头（锚板）　d）直段长度 $\geqslant l_{aE}$

（2）框架顶层端节点　梁上部纵向钢筋与柱外侧纵向钢筋搭接的构造有两种做法，一种是梁内搭接，另一种是柱内搭接。

1）梁内搭接。当柱外侧纵向钢筋直径不小于梁上部钢筋直径时，可弯入梁内做梁上部纵向钢筋，如图 3-17a 所示。

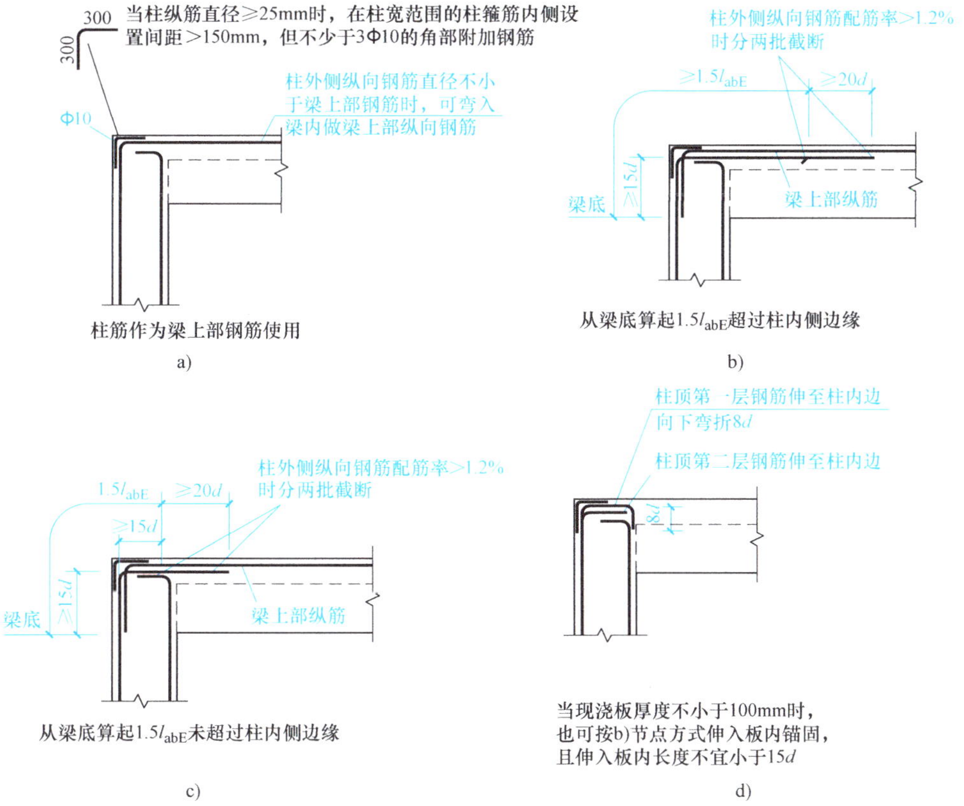

图 3-17　梁内搭接节点构造

梁内搭接将梁上部钢筋伸至节点外边，向下弯折到梁下边缘，且弯折不小于15d。不少于65%的柱外侧纵筋伸到柱顶，并水平伸入梁上边缘。从梁下边缘经节点外边缘到梁内的折线搭接长度不应小于1.5l_{abE}（1.5l_{ab}）。当柱外侧纵筋配筋率大于1.2%时，伸入梁内的柱纵向钢筋应满足以上规定，且宜分两批截断，截断点之间的距离不宜小于20d（d为梁上部纵向钢筋的直径），如图3-17b、c所示。

其余不足35%柱外侧钢筋宜沿柱伸至柱内边。当该柱筋位于顶部第一层时，伸至柱内边后，宜向下弯折不小于8d后截断；当该柱位于顶部第二层时，可伸至柱内边截断；当现浇板厚度不小于100mm时，也可伸入板内锚固，且伸入板内长度不宜小于15d，如图3-17d所示。

对梁内搭接，柱内侧纵筋构造与中柱柱顶纵向钢筋相同。

2）柱内搭接。柱内搭接是将柱外侧纵向钢筋伸至柱顶，并向内弯折不小于12d，而梁上部纵向钢筋伸至节点外边向下弯折，与梁上部纵筋搭接不小于1.7l_{abE}（1.7l_{ab}）的直线段后截断。当梁上部纵向钢筋的配筋率大于1.2%时，框架梁上部纵向钢筋下弯应分两批截断，截断点间的距离不宜小于20d，如图3-18所示。顶层端节点柱内侧纵向钢筋与顶层中间节点的纵向钢筋锚固做法相同。

柱内搭接的优点是柱顶的水平纵向钢筋较少，仅有梁的上部纵向钢筋，方便自上而下地浇筑混凝土，更能保证节点混凝土的密实性。

柱外侧纵筋及梁上部纵筋弯折时，当$d \leqslant 25$mm时，弯折半径取6d（d为钢筋直径），当$d>25$mm时，弯折半径取8d（d为钢筋直径），如图3-19所示。

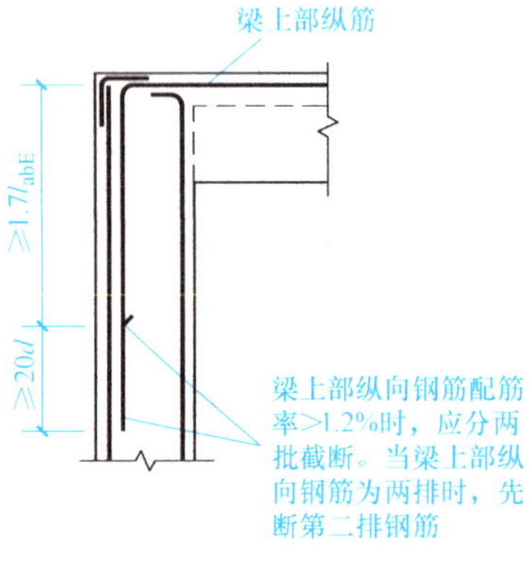

图3-18 柱内搭接节点构造

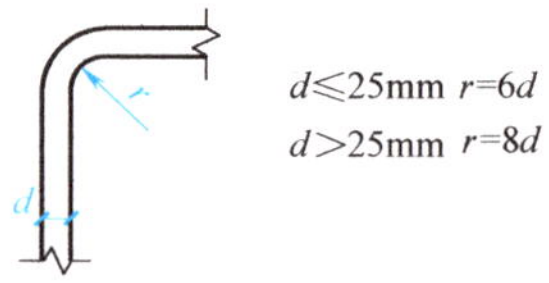

图3-19 节点纵向钢筋弯折要求

3. 柱变截面位置纵向钢筋构造

当遇到变截面柱时，柱内纵向钢筋构造如图3-20所示。

【任务准备】

预习识读附录结施-06柱定位平面图。

【任务实施】

识读附录结施-06柱定位平面图。

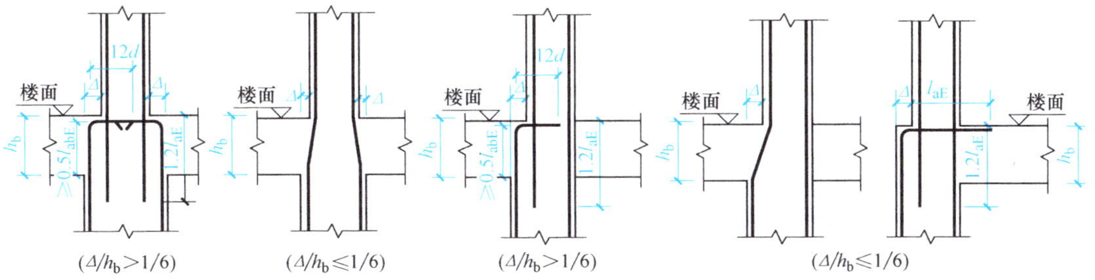

图 3-20　柱变截面位置纵向钢筋构造

一、柱定位

根据柱定位平面图，能够确认每根柱的位置（即柱与轴线的关系）。例如①/Ⓐ轴的KZ-3：柱左边距①轴 100mm，柱右边距①轴 200mm；柱下边距Ⓐ轴 100mm，柱上边距Ⓐ轴200mm，如图 3-21 所示。

二、柱截面

如图 3-22 所示，根据柱定位平面图中的柱截面图，识读每根柱的信息。例如 KZ3。

KZ3：表示序号为 3 的框架柱；

300×300：表示柱截面尺寸为 300mm×300mm；

8 ⌀ 14：表示柱纵向主筋为 HRB400 级钢筋，8 根，直径为 14mm；

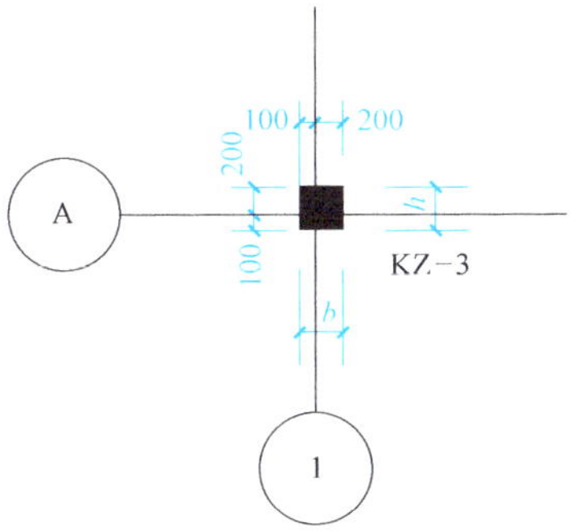

图 3-21　柱定位图

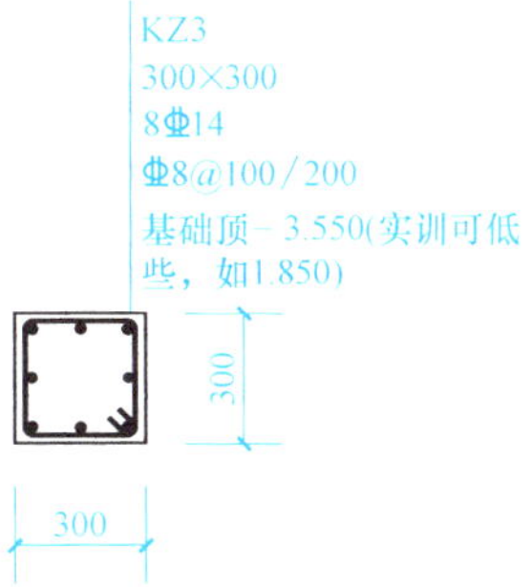

图 3-22　柱截面图

⌀ 8@ 100/200：表示箍筋为 HRB400 级钢筋，直径为 8mm，加密区间距为 100mm，非加密区间距为 200mm；

基础顶—3. 550（实训可低些，如 1. 850）：表示柱纵筋高度从基础顶到标高 3. 550m 处（实训考虑安全可低些，到标高 1. 850m 处）。

任务2　框架柱钢筋施工

【学习目标】

1. 掌握柱钢筋的配料方法。
2. 掌握柱钢筋的加工过程。
3. 掌握柱钢筋的绑扎过程。
4. 了解柱钢筋的质量验收要求。
5. 培养分析问题和解决问题的能力；培养认真仔细、精益求精的工作习惯；培养充分利用资源、节约用料、降低成本的生产意识。

【任务描述】

依据柱定位平面图进行柱钢筋的配料、加工、绑扎，并按规范要求进行验收。

【相关知识】

一、混凝土结构对钢筋性能的要求

《混凝土结构设计规范》（GB 50010—2010）提倡应用高强度、高性能钢筋。其中，高性能包括延性好、可焊性好、机械连接性能好、施工适应性强以及与混凝土的黏结力强等性能。

1. 钢筋的强度

钢筋强度是指钢筋的屈服强度及极限强度。钢筋的屈服强度是设计计算时的主要依据（对无明显流幅的钢筋，取其条件屈服强度）。采用高强度钢筋可以节约钢材，取得较好的经济效果。

2. 钢筋的延性

要求钢筋有一定的延性是为了使钢筋在断裂前有足够的变形，在钢筋混凝土结构中，能给出构件将要破坏的预告信号，同时保证钢筋冷弯的要求，通过试验检验钢筋承受弯曲变形的能力，以间接反映钢筋的塑性性能。钢筋的伸长率和冷弯性能是施工单位验收钢筋是否合格的主要指标。

3. 钢筋的可焊性

可焊性是评定钢筋焊接后的接头性能的指标。可焊性好，即要求在一定的工艺条件下钢筋焊接后不产生裂纹及过大的变形。

4. 机械连接性能

钢筋间宜采用机械接头。例如，目前我国工地上大多采用直螺纹套筒连接，这就要求钢筋具有较好的机械连接性能，以便在钢筋端头轧制螺纹。

5. 施工适应性

施工适应性好是指在工地上能比较方便地对钢筋进行加工和安装。

6. 钢筋与混凝土的黏结力

为了保证钢筋与混凝土共同工作，要求钢筋与混凝土之间必须有足够的黏结力。钢筋表面的形状是影响黏结力的重要因素。

在寒冷地区，对钢筋的低温性能也有一定的要求。

二、钢筋和混凝土之间的黏结和钢筋的锚固

1. 钢筋和混凝土之间的黏结

（1）黏结的意义　钢筋与混凝土的黏结是指钢筋与周围混凝土之间的相互作用，主要包括沿钢筋长度的黏结和钢筋端部的锚固两种情况。钢筋与混凝土的黏结是钢筋和混凝土形成整体、共同工作的基础。

（2）黏结力的组成　光圆钢筋与变形钢筋具有不同的黏结机理。

光圆钢筋与混凝土的黏结作用主要由以下三部分组成：

1）钢筋与混凝土接触面上的胶结力。胶结力来自水泥浆体对钢筋表面氧化层的渗透以及水化过程中水泥晶体的生长和硬化。这种胶结力一般很小，仅在受力阶段的局部无滑移区域起作用，当接触面发生相对滑移时即消失。

2）混凝土收缩握裹钢筋而产生的摩擦力。混凝土凝固时收缩，对钢筋产生垂直于摩擦面的压应力。这种压应力越大，接触面的粗糙程度越大，摩擦力就越大。

3）钢筋表面凹凸不平与混凝土之间产生的机械咬合力。对于光圆钢筋，这种咬合力来自表面的粗糙不平。

对于变形钢筋，咬合力是由于钢筋肋间嵌入混凝土而产生的。虽然也存在胶结力和摩擦力，但变形钢筋的黏结力主要来自钢筋表面凸出的肋与混凝土的机械咬合作用。变形钢筋的横肋对混凝土的挤压如同一个楔，会产生很大的机械咬合力。变形钢筋与混凝土之间的这种机械咬合作用，改变了钢筋与混凝土间相互作用的方式，显著提高了黏结强度。

2. 钢筋的锚固

钢筋的锚固长度一般指梁、板、柱等构件的受力钢筋伸入支座或基础中的总长度，可以直线锚固和弯折锚固。弯折锚固长度包括直线段和弯折段。

（1）基本锚固长度 l_{ab}　《混凝土结构设计规范》（GB 50010—2010）规定的受拉钢筋锚固长度 l_{ab} 为钢筋的基本锚固长度，见表 3-3。

表 3-3　受拉钢筋的基本锚固长度 l_{ab}、l_{abE}

钢筋种类	抗震等级	混凝土强度								
		C20	C25	C30	C35	C40	C45	C50	C55	≥C60
HRB300	一、二级（l_{abE}）	45d	39d	35d	32d	29d	28d	26d	25d	24d
	三级（l_{abE}）	41d	36d	32d	29d	26d	25d	24d	23d	22d
	四级（l_{abE}）/非抗震（l_{ab}）	39d	34d	30d	28d	25d	24d	23d	22d	21d
HRB335/HRBF335	一、二级（l_{abE}）	44d	38d	33d	31d	29d	26d	25d	24d	24d
	三级（l_{abE}）	40d	35d	31d	28d	26d	24d	23d	22d	22d
	四级（l_{abE}）/非抗震（l_{ab}）	38d	33d	29d	27d	25d	23d	22d	21d	21d
HRB400/HRBF400/RRB400	一、二级（l_{abE}）	—	46d	40d	37d	33d	32d	31d	30d	29d
	三级（l_{abE}）	—	42d	37d	34d	30d	29d	28d	27d	26d
	四级（l_{abE}）/非抗震（l_{ab}）	—	40d	35d	32d	29d	28d	27d	26d	25d
HRB500/HRBF500	一、二级（l_{abE}）	—	55d	49d	45d	41d	39d	37d	36d	35d
	三级（l_{abE}）	—	50d	45d	41d	38d	36d	34d	33d	32d
	四级（l_{abE}）/非抗震（l_{ab}）	—	48d	43d	39d	36d	34d	32d	31d	30d

（2）受拉钢筋的锚固措施　当纵向受拉普通钢筋末端采用弯钩或机械锚固措施时，包括弯钩或锚固端头在内的锚固长度（投影长度）可取为基本锚固长度 l_{ab} 的 60%。弯钩和机械锚固的形式和技术要求如图 3-23 所示。

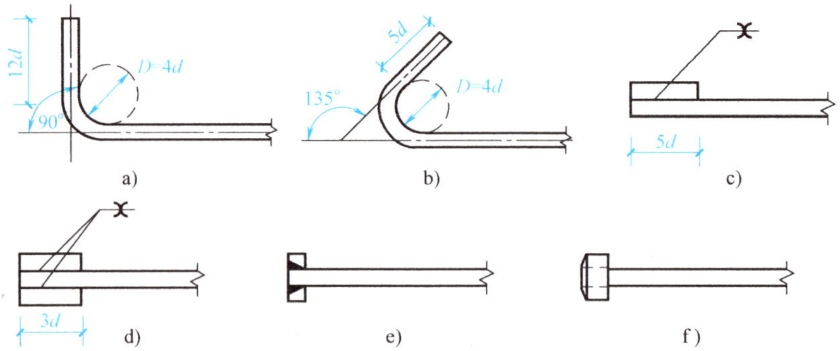

图 3-23　弯钩和机械锚固的形式和技术要求

a）90°弯钩　b）135°弯钩　c）一侧贴焊锚筋　d）两侧贴焊锚筋　e）穿孔塞焊锚板　f）螺栓锚头

【任务准备】

一、实训仪器与工具

实训仪器与工具见表 3-4。

表 3-4　实训仪器与工具

序号	工具名称	数量	序号	工具名称	数量
1	钢筋弯折机	1 台/2 组	6	5m 钢卷尺	2 把/组
2	箍筋加工台	1 台/组	7	扎钩	3 把/组
3	水准仪(尺)	1 套/组	8	钢筋切断机	1 台
4	钢筋剪	1 把/2 组	9	墨水笔或粉笔	2 支/组
5	尼龙线	1 束/组	10	50m 长卷尺	1 把

二、实训材料

钢筋、扎丝、保护层塑料卡等。

【任务实施】

一、柱钢筋下料

1. 柱纵筋下料

根据图纸及柱纵筋所选择的连接方式，按照图集 22G101-1 中关于纵向钢筋连接的相关构造要求，确定每层 KZ 中柱纵筋的下料长度。

2. 柱箍筋下料

柱箍筋下料长度=箍筋周长+箍筋调整值。

柱箍筋数量根据加密区、非加密区范围计算确定。

二、柱钢筋的加工

柱钢筋的加工程序主要有：调直、剪切、弯曲等，施工方法与基础钢筋加工相似。

三、柱钢筋绑扎安装

柱钢筋安装工艺流程：基层清理→弹柱子线→检查、修理柱钢筋→套柱箍筋→柱纵向受力钢筋连接→画箍筋位置线→绑扎箍筋。

1. 基层清理

剔除混凝土表面浮浆，清除结构层表面的水泥薄膜、松动的石子和软弱的混凝土层，并用水冲洗干净。

2. 弹柱子线

将柱截面的轴线和外皮尺寸线弹在已经施工完的结构面上，如图 3-24 所示。

图 3-24　弹柱子线

3. 检查、修理柱钢筋

根据弹好的外皮尺寸线，检查下层预留搭接钢筋的位置、数量、长度。如不符合要求时，应进行调整处理。绑扎前，先整理调直下层伸出的搭接钢筋，并将钢筋上的锈蚀、水泥砂浆等沾污物清理干净。

4. 套柱箍筋

按图样要求间距，计算好每根柱需用箍筋的数量，将箍筋套在下层伸出的搭接钢筋上。

5. 柱纵向受力钢筋连接

在建筑工程中，柱纵向受力钢筋连接主要有电渣压力焊焊接和机械连接两种。本实训工程考虑到实际情况，采取搭接连接，且分区段搭接，如图 3-25 所示。

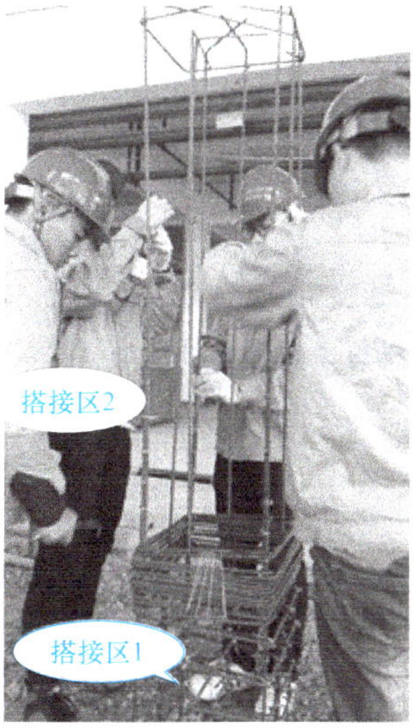

图 3-25　柱钢筋搭接

3-1　柱钢筋搭接

3-2　柱箍筋定位

3-3　柱箍筋绑扎

6. 画箍筋位置线

在立好的柱子竖向钢筋上，按图样要求用粉笔画好箍筋位置线。

7. 绑扎箍筋

1）按画好的箍筋位置线，将已套好的箍筋往上移，由上往下采用缠扣绑扎。

2）箍筋与纵向钢筋要垂直，箍筋转角处与纵向钢筋交点应逐点绑扎，绑扣相互之间呈八字形，纵向钢筋与箍筋非转角部分的交点可呈梅花式交错绑扎。

3）箍筋弯钩叠合处应沿柱子纵向钢筋交错布置，并绑扎牢固，如图 3-26 所示。

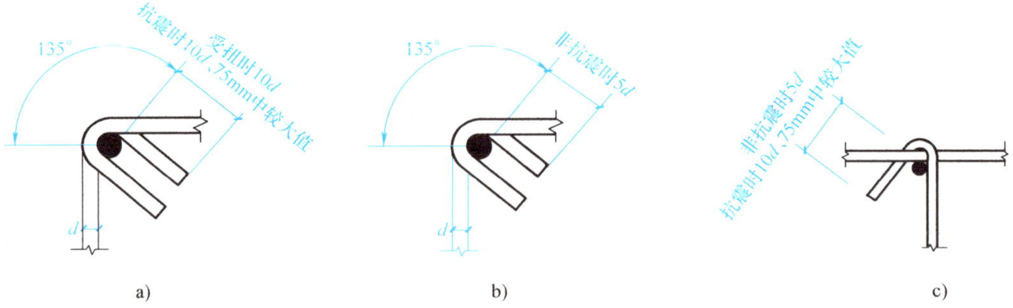

图 3-26　柱箍筋交错布置示意图

4）有抗震要求的地区，箍筋端头应弯成 135°，平直段部分长度为 10d 和 75mm 中较大值，如图 3-26a 所示；无抗震要求的地区，箍筋端头应弯成 135°，平直段部分长度为 5d，如图 3-26b 所示。

5）有些柱子中，为了保证柱中的钢筋连接，还设计有拉筋，拉筋绑扎应钩住箍筋，拉钩要求同箍筋末端的弯钩，如图 3-26c 所示。

6）柱钢筋垫块的放置。购买的垫块（卡），直接套在钢筋上即可。自己制作的垫块，应该有扎丝，绑在钢筋上即可。垫块放置间距以保证钢筋与模板分离为准，间距在 300～800mm 之间，如图 3-27 和图 3-28 所示。

图 3-27　柱钢筋卡具式塑料垫块

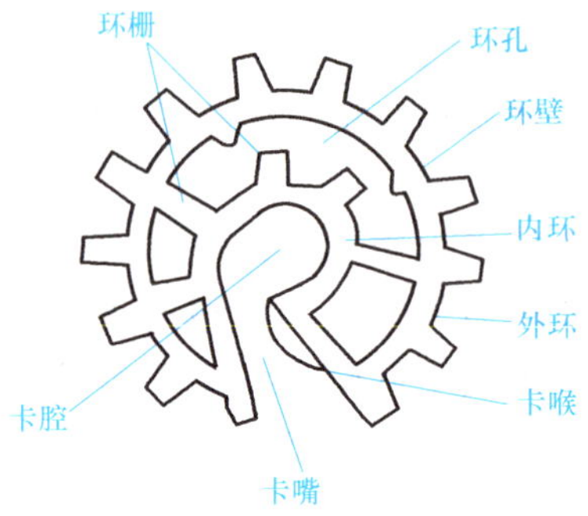

图 3-28　卡具式塑料垫块构造

【质量标准】

1. 柱钢筋验收的要点

1）纵向受力钢筋的品种、规格、数量、位置等。

2）受力钢筋连接可靠，在同一连接区段内，纵向受力钢筋搭接接头面积百分率不宜大于 50%。

3）箍筋的品种、规格、数量、间距等。

4）箍筋弯钩的弯折角度：对一般结构，不应小于 90°；对有抗震等要求的结构，应为 135°。

5）箍筋弯钩后平直部分长度：对一般结构，不宜小于箍筋直径的 5 倍；对有抗震等要求的结构，不宜小于箍筋直径的 10 倍，且不小于 75mm。

6）柱箍筋应与受力钢筋垂直，箍筋弯钩叠合处，应沿受力钢筋方向错开放置。

7）柱箍筋的加密区要满足规范要求。

8）钢筋安装完毕后，应检查钢筋绑扎是否牢固，间距和锚固长度是否达到要求，混凝土保护层是否符合规定。

2. 允许偏差和检验方法

钢筋安装位置的允许偏差和检验方法应符合表 1-13 的规定。

任务 3　框架柱模板施工

【学习目标】

1. 掌握柱模板的配制方法。
2. 掌握柱模板的安装过程。
3. 了解柱模板的质量验收要求。
4. 培养安全施工、文明施工的意识；培养合理利用资源的统筹意识；培养分工协作、提高工作效率的能力。

【任务描述】

依据柱定位平面图、梁配筋图及柱高度进行柱模板的配制、安装，并按规范要求进行验收。

【相关知识】

柱模板是使钢筋混凝土柱成型的模具，包括模板、支架和紧固件三部分。柱模板是保证混凝土在浇筑过程中保持正确的形状和尺寸，在硬化过程中进行防护和养护的工具。在实际建筑工程中，方柱运用得较广泛。

一、柱模板的类型

在工程中，柱模板的类型较多。按其形式不同，可分为整体式模板、定型模板、滑升模板、胎模等。按其所用的材料不同，可分为木模板、钢模板、胶合板模板等。目前施工现场用得较多的是木胶合模板，其支撑系统如图 3-29 所示。钢模板应用较少，许多地方已经不使用了，教学过程中，为了学生的安全考虑及模板多次周转使用，可以使用钢模板。

二、柱模板的特点

由于柱子的断面尺寸不大，但高度相对较大，因此，柱子模板的支设须保证其垂直度及抵抗新浇筑混凝土的侧压力。

【任务准备】

一、实训仪器与工具

实训仪器与工具见表 3-5。

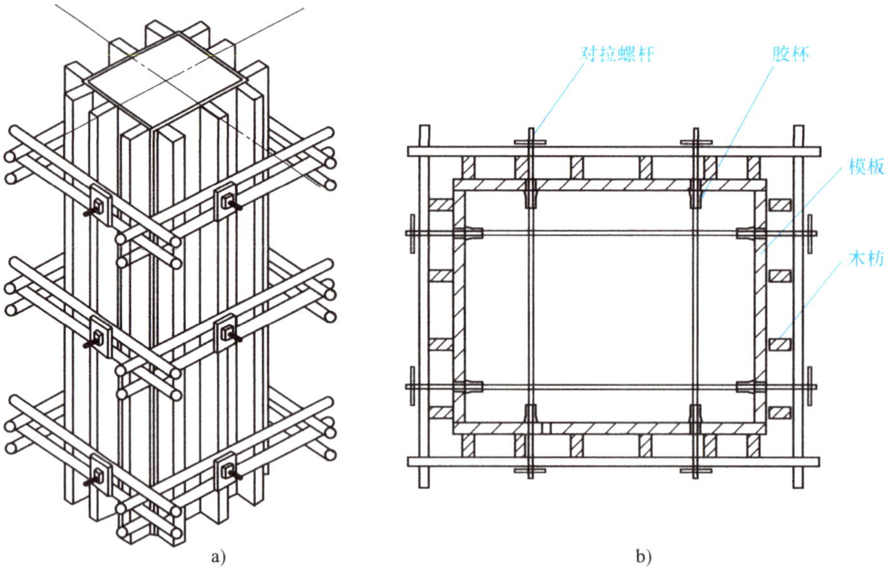

图 3-29 柱模板支撑系统示意图

a）立面图 b）剖面图

表 3-5 实训仪器与工具

序号	工具名称	数量	序号	工具名称	数量
1	经纬仪或全站仪	1 台	6	50m 长卷尺	1 把
2	水准仪	1 台/2 组	7	活动扳手	2 把/组
3	水准尺	1 套/2 组	8	小铁锤	1 把/组
4	尼龙线	1 束/组	9	木工笔	1 根/组
5	5m 钢卷尺	1 把/组	10	线锤	1 把/组

二、实训材料

钢模板、连接角模、钢管、扣件、U 形卡等。

【任务实施】

采用组合钢模板，根据附录结施-06 柱定位平面图、结施-07 二层梁板配筋图进行柱模板的施工。

一、柱模板配制

1. 识读图纸

识读附录结施-06 柱定位平面图、结施-07 二层梁板配筋图，了解柱的断面尺寸、高度以及与梁板交接的位置。

2. 配制柱每边模板

根据图纸，计算确定柱每边模板的宽度、高度。例如①/Ⓐ轴 KZ3 柱（图 3-30a）每边模板配制尺寸为：

外侧模板（图 3-30a 中左边和下边）：宽 = 300mm，高 = 1.85 − (−0.1) = 1.95m 即

1950mm，如图 3-30b 所示。

内侧模板（图 3-30a 中右边和上边）：下部宽为 300mm，上部宽与梁交接处为 250mm、与楼板交接处为 50mm；与梁交接处的高度为基础顶至梁模板底的高度，与板交接处的高度为基础顶至板模板底的高度，如图 3-30c 所示。

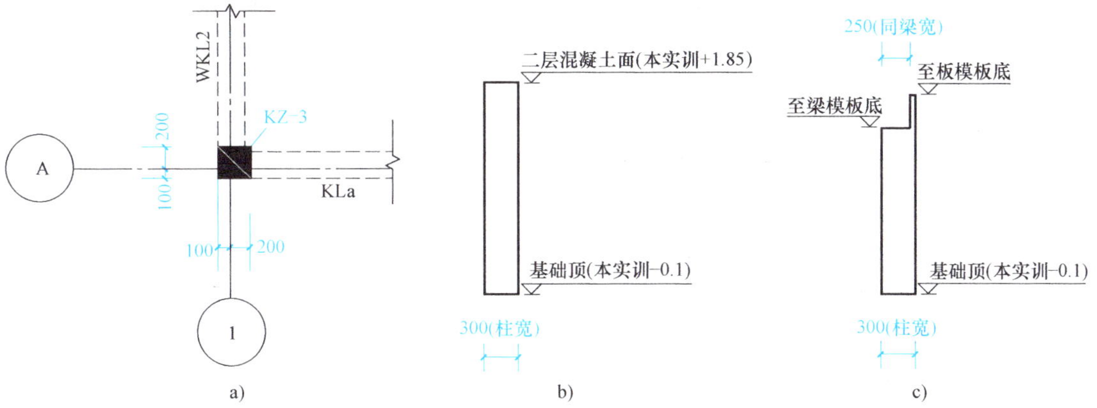

图 3-30 柱模板配制

a）柱平面图 b）外侧模板 c）内侧模板

柱模板配制计算后进行现场配制，实训中根据组合钢模板规格进行拼装，平板模板之间通过 U 形卡连接，如图 3-31 所示。

图 3-31 柱模板拼装

3-4 柱模板拼装

3. 计算柱混凝土最大侧压力

根据柱的高度、混凝土的浇筑形式和振捣方式等施工条件，计算确定浇筑混凝土的最大侧压力。

4. 确定柱箍与背楞

通过计算，选用柱箍、背楞的规格和间距。实训中，柱模板采用的是组合钢模板，平板模板的肋起背楞作用，无需另增加背楞。组合钢模板柱箍一般直接采用钢管与扣件（也可采用对拉螺杆），间距不大于 500mm。本实训采取三道：下面一道距基础顶 200mm；上面一道距梁底 200mm；中间一道为上、下两道的中部。

5. 柱模板支撑

现浇框架混凝土结构施工时，一般需搭设满堂脚手架（详见梁板模板施工），柱模板施工安装前进行满堂脚手架的搭设，柱模板支撑依附于满堂脚手架上。

二、柱模板安装

1. 柱模板安装工艺

搭设满堂脚手架→第一层模板安装就位→检查对角线、垂直度和位置→安装柱箍→第二、三层柱模板及柱箍安装→安有梁口的柱模板→全面检查校正→群体固定。

2. 柱模板施工要点

1）先将柱子第一层上面模板就位组拼好，每面带一个连接角模，用 U 形卡反正交替连接。使模板四面按给定柱截面线就位，并使之垂直，对角线相等，如图 3-32 所示。然后安装柱箍，第一道柱箍距基础顶面（或楼面）200mm。根据柱的截面尺寸大小及高度，柱箍可直接采用钢管+扣件加固（也可采用对拉螺杆加固）。

2）以第一层模板为基准，以同样方法组拼第二、三层，直至带梁口柱模板。用 U 形卡对竖向、水平接缝反正交替连接。在适当高度进行支撑和拉结，以防倾倒，如图 3-33 所示。

3）对模板的轴线位移、垂直偏差、对角线、扭向等全面校正，检查安装质量。

图 3-32 第一层柱模板与柱箍安装

图 3-33 上层柱模板与柱箍安装

3-5 第一层柱模板与柱箍安装

3-6 上层柱模板与柱箍安装

【质量标准】

柱模板的验收在基础知识中已经提到，这里就不再重复。柱模板的工程质量事故主要是炸模和偏斜。

1. 事故特征

（1）炸模 造成断面尺寸鼓出、漏浆。

（2）偏斜 一排柱子不在同一条轴线上，且扭曲。

2. 原因分析

1）没有经过验算和设计，因而模板用料偏小，柱箍间距过大。

2）立模不当，成排的柱子支模不跟线，不找方，有的钢筋偏位没有纠正就套柱模板。

3）柱模板支好后没有按标准整修，有的未经检验就浇筑混凝土，使柱模扭曲和移位。

3. 处理方法

1）全面检查已立柱模的垂直度，拉线检查成排柱的位置和找方。如因钢筋偏位影响模板的就位，必须先纠正钢筋，确保模板位置正确。

2）核算柱模板内浇筑混凝土的侧压力，检查箍距是否能满足要求，及时加设达到标准的水平撑、剪刀撑和斜撑等，且必须稳固，防止施工中炸模和倾斜。

3）对尚未安装的柱模，必须先设计、核算，然后安装，确保位置正确、稳固。

4. 预防措施

1）成排柱子支模前，应先在底面弹出通线，将柱子位置兜方找中，校正柱子的插筋位置。

2）柱位先做小方盘底模板，保证柱的底部位置准确，标高准确，注意留清扫口，以便清洗扫刷柱内垃圾。

3）通过侧压力的计算，确定柱的侧模和箍距。

4）柱模板宜采用工具式柱箍，各种柱箍间距均应按设计和计算要求布置。一般情况下的间距不小于400mm，且不大于1000mm。各种柱箍形式如图3-34所示。

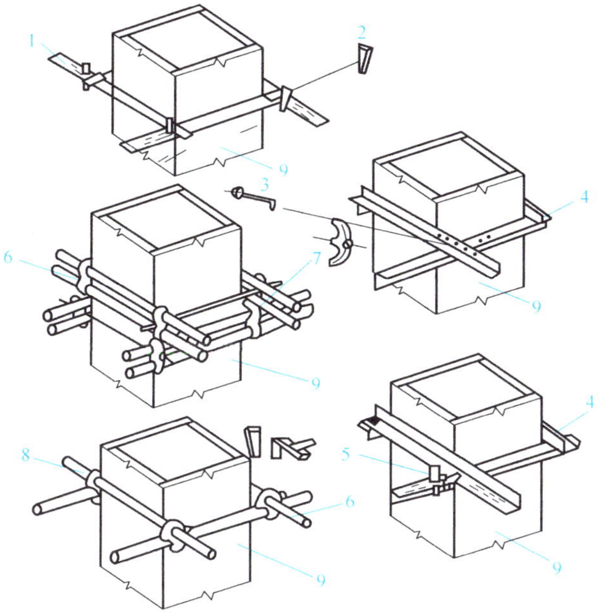

图3-34 各种柱箍形式

1—扁钢柱箍 2—钢模楔 3—Φ12弯脚柱箍 4—角钢柱箍
5—卡具 6—钢管柱箍 7—对拉螺栓和山型卡 8—十字扣件 9—柱侧模板

5）安装成排柱的模板时，应先立两端柱模板，校直与复核位置正确后，顶部拉通长线，再立中间各根柱模，相互间应用剪刀撑、水平撑搭牢。当柱距大于6m时，各柱四面应搭好斜撑，确保柱的位置准确，模板稳固。

项目4 框架梁施工

【项目概述】

根据施工图纸和相关规范要求，首先进行满堂脚手架搭设，然后进行梁模板的配制、拼装和安装，再进行梁钢筋下料计算、制作和安装。

任务1　框架梁施工图识读

【学习目标】

1. 掌握梁平法施工图制图规则。
2. 掌握梁钢筋的构造要求。
3. 培养查阅图集和对应知识点的自主学习能力；培养识读梁配筋图能力，能够对应图集进行钢筋下料计算与准确填写钢筋下料单；培养快速准确的计算能力与一丝不苟的负责意识。

【任务描述】

学习梁平法施工图制图规则；结合实训项目结构施工图，识读梁配筋图、楼层结构平面图。

【相关知识】

梁平法施工图是在梁平面布置图上采取平面注写方式或截面注写方式表达的。在梁平法施工图中，应注明各结构层的顶面标高及相应的结构层号。对于轴线未居中的梁，应标出其偏心定位尺寸（梁边与柱边平齐时可不注）。

梁平法施工图表示方法包括平面注写方式和截面注写方式。

一、平面注写方式

平面注写方式是指在梁平面布置图上，分别对不同编号的梁各选一根，并在其上注写截面尺寸和配筋等具体数值，以此表达梁平法施工图。平面注写方式包括集中标注和原位标注。

1. 集中标注

集中标注表达梁的通用数值：梁编号、梁截面尺寸、梁箍筋、梁上部通长筋、梁侧面纵向构造钢筋（或受扭钢筋）和梁顶面标高高差，如图 4-1 所示。前五项为必注值，后一项为选注值。

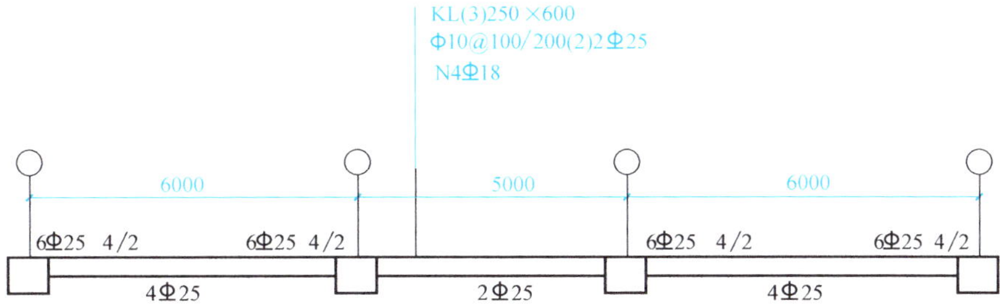

图 4-1 框架梁集中标注

（1）梁编号 梁编号由梁类型、代号、序号、跨数及是否带悬挑几项组成，见表 4-1。

表 4-1 梁编号

梁 类 型	代 号	序 号	跨数及是否带悬挑
楼层框架梁	KL	××	(××)、(××A)或(××B)
楼层框架扁梁	KBL	××	(××)、(××A)或(××B)
屋面框架梁	WKL	××	(××)、(××A)或(××B)
框支梁	KZL	××	(××)、(××A)或(××B)
托柱转换梁	TZL	××	(××)、(××A)或(××B)
非框架梁	L	××	(××)、(××A)或(××B)
悬挑梁	XL	××	(××)、(××A)或(××B)
井字梁	JZL	××	(××)、(××A)或(××B)

注：1.（××A）为一端有悬挑，（××B）为两端有悬挑，悬挑不计入跨数。例如，KL7（5A）表示第 7 号框架梁，5 跨，一端有悬挑；L9（7B）表示第 9 号非框架梁，7 跨，两端有悬挑。
2. 楼层框架扁梁节点核心区代号 KBH。

（2）梁截面尺寸 当梁为等截面梁时，截面尺寸用 $b×h$ 表示（b 为梁宽，h 为梁高）。如梁宽 $b=300$mm、梁高 $h=650$mm 时，即表示为 300mm×650mm。当梁为悬挑梁，梁的端部和根部高度不同时，应用斜线分隔根部与端部的高度值，即截面尺寸用 $b×h_1/h_2$ 表示（b 为梁宽，h_1 为梁根部高度，h_2 为梁端部高度）。如图 4-2 所示，XL1 300×700/500 表示编号为 1 的悬挑梁，梁宽为 300mm，梁的根部高度为 700mm，梁的端部高度为 500mm。

当梁为竖向加腋梁时，用 $b×h$ GY$c_1×c_2$ 表示，其中 c_1 为腋长，c_2 为腋高，如图 4-3 所示；当梁为水平加腋梁时，用 $b×h$ PY$c_1×c_2$ 表示，其中 c_1 为腋长，c_2 为腋宽，如图 4-4 所示。

（3）梁箍筋 梁箍筋的注写内容包括箍筋的级别、直径、加密区与非加密区的间距及肢数。当箍筋加密区与非加密区的间距不同，或箍筋的肢数不同时，用“/”分隔。当梁箍筋为同一种间距及肢数时，则不需用斜线；当加密区与非加密区的箍筋肢数相同时，则将肢数注写一次；箍筋肢数写在括号内，如：Φ10@100/200（4）表示箍筋为 HPB300 钢筋，直

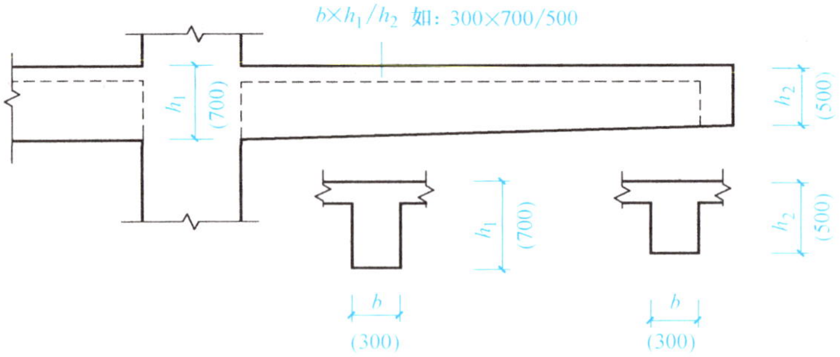

图 4-2 截面逐渐变化的悬挑梁

径为 10mm，加密区间距为 100mm，非加密区间距为 200mm，为四肢箍；当梁箍筋的间距及肢数不同时，也用斜线“/”分隔，如Φ8@100（4）/200（2）表示箍筋为 HPB300 钢筋，直径为 8mm，加密区间距为 100mm，四肢箍，非加密区间距为 200mm，为两肢箍。

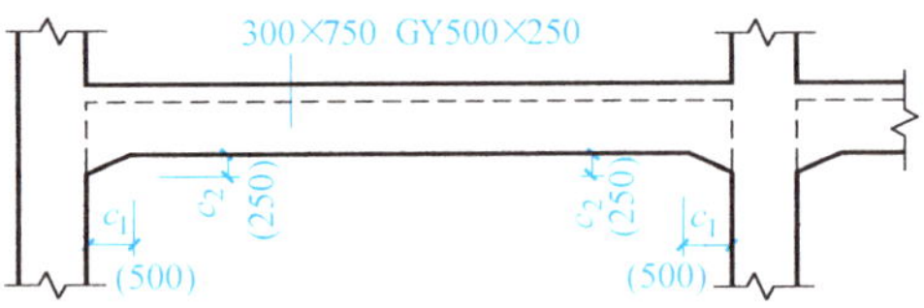

图 4-3 竖向加腋梁截面注写示意

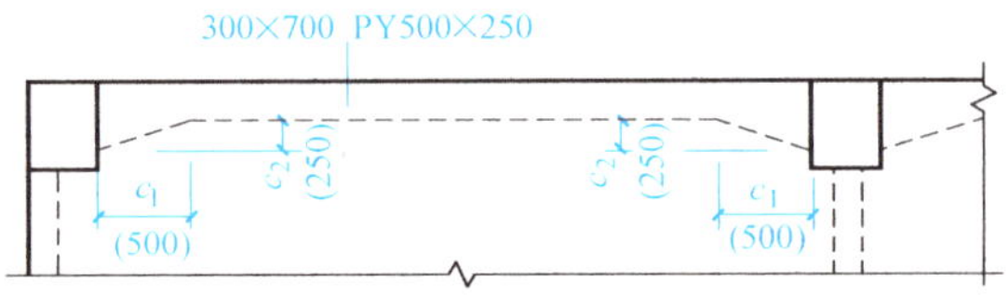

图 4-4 水平加腋梁截面注写示意

（4）梁上部通长筋或架立筋 通长筋可以为相同或不同直径采用搭接连接、机械连接或对焊连接的钢筋，通长筋所注规格与根数应根据结构受力要求及箍筋肢数等构造要求而定。

1）当梁上部同排纵筋中既有通长筋又有架立筋时，应用加号“+”将通长筋和架立筋相连。角部纵筋写在加号前面，架立筋写在加号后面的括号内，以示区别。

【例 4-1】 2Φ22+(2Φ12)，用于四肢箍，其中 2Φ22 为通长筋，2Φ12 为架立筋，如图 4-5a 所示。

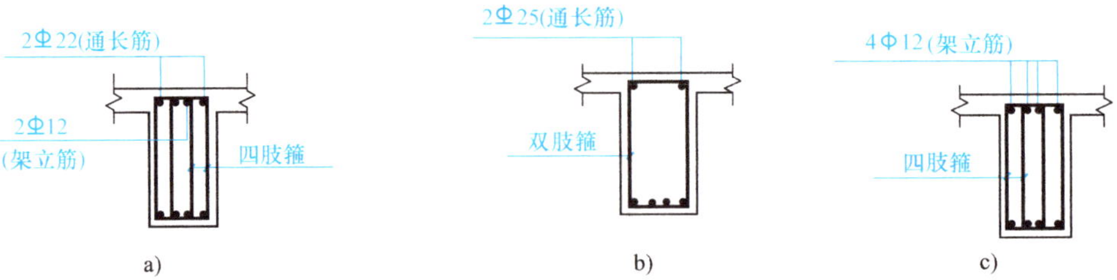

图 4-5 梁的上部通长筋或架立筋

2）当梁上部同排纵筋仅设通长筋而无架立筋时，仅注写通长筋。

【例 4-2】 2Φ25，用于两肢箍，其中 2Φ25 为通长筋，如图 4-5b 所示。

3）当梁上部同排纵筋仅为架立筋时，则仅将其写入括号内。

【例 4-3】 （4Φ12），用于四肢箍，如图 4-5c 所示。

4）当梁的上部通长纵筋和下部纵筋为全跨相同，或者多数跨配筋相同时，此项中也可加注下部纵筋的配筋值，并用分号“；”将上部通长筋与下部纵筋的配筋值分隔开来，少数跨不同时按原位标注来标注。

【例 4-4】 3Φ22；3Φ20 表示梁的上部通长筋为 3Φ22，梁的下部通长筋为 3Φ20。

（5）梁侧面纵向构造钢筋或受扭钢筋

1）当梁腹板高度 $h_w \geq 450$mm 时，必须配置纵向构造钢筋，所注规格与根数应符合规范要求。此项注写以大写字母 G 开头，接着注写配置在两个侧面的总配置量，且对称配置。如 G4Φ10 表示梁的两侧面共配置了 4Φ10 的纵向构造钢筋，梁的每侧面各配置 2Φ10 钢筋，并对称布置，如图 4-6 所示。

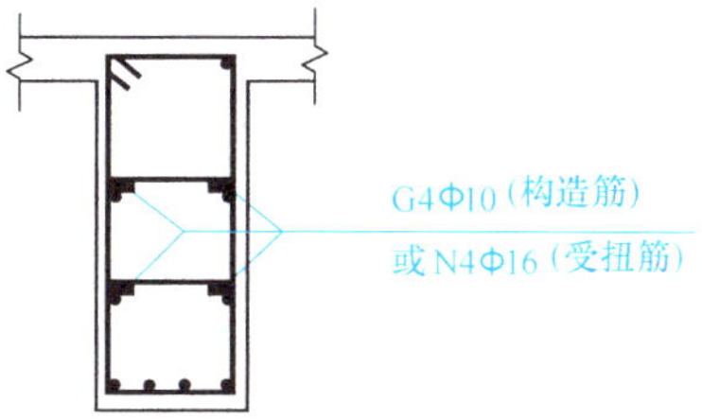

图 4-6 梁侧面纵向构造钢筋或受扭钢筋

2）当梁侧面需配置受扭纵向钢筋时，此值注写以大写字母 N 打头，接着注写配置在两个侧面的总配置量，且对称配置。梁侧受扭纵筋与纵向构造钢筋不重复配置，如 N4Φ16 表示梁的两侧面共配置了 4Φ16 的受扭纵向钢筋，梁的每侧面各配置 2Φ16 钢筋，并对称布置，如图 4-6 所示。

（6）梁顶面标高高差 梁顶面标高高差是指相对于结构层楼面标高的高差值，对于位于结构夹层的梁，则是指相对于结构夹层楼面标高的高差。有高差时，须将其写入括号内，无高差时不注。当某梁的顶面高于所在结构层的楼面标高时，其标高高差为正值，当某梁的顶面低于所在结构层的楼面标高时，其标高高差为负值。

【例 4-5】 某结构层的楼面标高为 7.150m，当某梁的顶面标高高差注写为（-0.100）时，即表明该梁顶面标高为 7.050m，如图 4-7 所示。

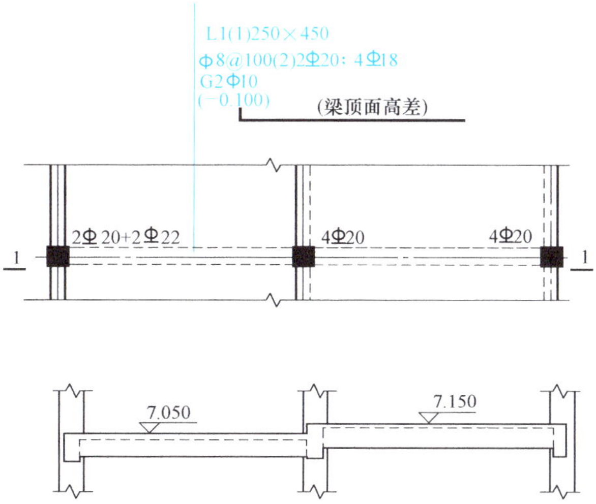

图 4-7 梁顶面标高高差注写

2. 原位标注

原位标注表达梁的特殊数值。当集中标注中的某些数值不适用于梁的某些部位时，则将该项数值原位标注，主要包括梁支座上部纵筋、梁下部纵筋、附加箍筋或吊筋等。

（1）梁支座上部纵筋　梁的上部钢筋有通长钢筋和非通长钢筋。通长钢筋在角部，非通长钢筋在中间。通长钢筋采用集中标注，非通长钢筋采用原位标注，原位标注的根数包含了集中标注的根数。

1）当梁的上部纵向钢筋多于一排时，用斜线“/”将各排纵向钢筋自上而下分开。

【例 4-6】 梁上部纵筋 6 Φ 25　4/2，表示两排纵筋，上一排纵筋 4 Φ 25，下一排纵筋 2 Φ 25，如图 4-8a 所示。

2）当同排纵筋有两种直径时，用加号“+”将两种直径的纵筋相连，注写时将角部纵筋写在前面。

【例 4-7】 梁上部纵筋 2 Φ 25+2 Φ 22，表示梁上部 2 Φ 25 是角部筋，2 Φ 22 在中间，如图 4-8b 所示。

3）当梁中间支座两边的上部纵筋不同时，须在支座两边分别标注，如图 4-8c 所示。当梁中间支座两边的上部纵筋相同时，可仅在支座的一边标注，另一边省去不注，如图 4-8d 所示。配筋时，对于支座两边不同配筋的上部纵筋，宜尽可能选用相同直径（不同根数），使其贯穿支座，避免支座两边不同直径的上部纵筋均在支座锚固。

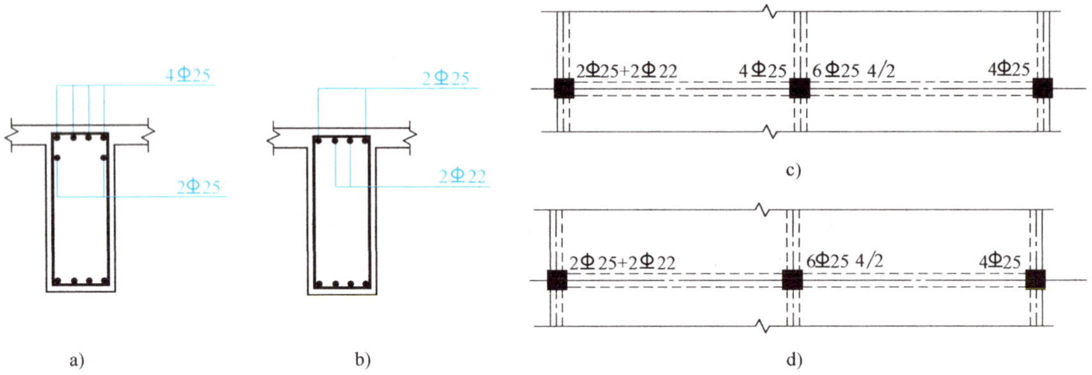

图 4-8　梁支座上部纵筋

（2）梁下部纵筋

1）当梁的下排纵向钢筋多于一排时，用斜线“/”将各排纵向钢筋自上而下分开。

【例 4-8】 梁下部纵筋 6 Φ 25　2/4，表示两排纵筋，上一排纵筋 2 Φ 25，下一排纵筋 4 Φ 25，如图 4-9a 所示。

2）当同排纵筋有两种直径时，用加号“+”将两种直径的纵筋相连，注写时将角部纵筋写在前面。

【例 4-9】 梁下部纵筋 2 Φ 25+2 Φ 22，表示梁下部 2 Φ 25 是角部筋，2 Φ 22 在中间，如图 4-9b 所示。

3）当梁下部纵筋不全部伸入支座时，可将减少的数量写在括号内。

【例 4-10】 梁下部纵筋 2 Φ 25+3 Φ 22（−3）/5 Φ 25，表示上一排纵筋为 2 Φ 25 和 3 Φ 22，其中 3 Φ 22 不伸入支座，下排纵筋为 5 Φ 25，全部伸入支座，如图 4-9c 所示。

【例 4-11】 梁下部纵筋 6 Φ 25 2（−2）/4，表示上一排纵筋为 2 Φ 25，且不伸入支座，下排纵筋为 4 Φ 25，全部伸入支座，如图 4-9d 所示。

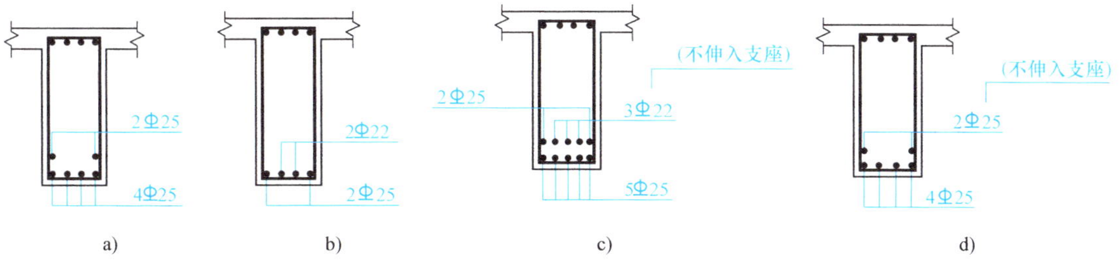

图 4-9 梁下部纵筋

（3）附加箍筋或吊筋 附加箍筋或吊筋设置在主梁和次梁的交接处，使次梁所受的荷载传递给主梁。附加箍筋或吊筋的几何尺寸应按照标准构造详图，结合其所在位置的主梁和次梁的截面尺寸而定。

附加箍筋或吊筋时，将其直接画在平面图中的主梁上，用线引注总附加箍筋或吊筋配筋值。附加箍筋的肢数注在括号内，如图 4-10 所示。

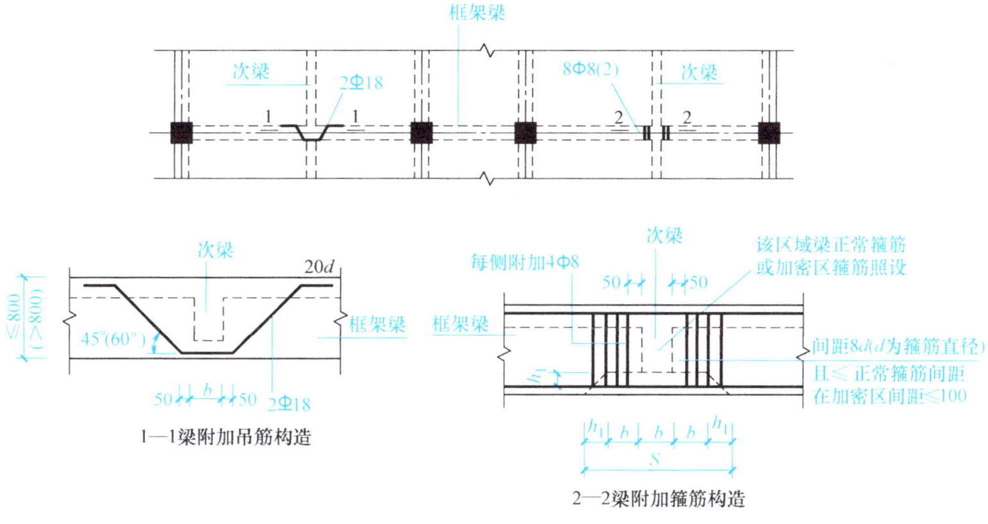

图 4-10 梁附加箍筋和吊筋

二、截面注写方式

当梁的截面形状是规则的矩形时，用平面注写方式表达梁的配筋是非常方便的。但如果梁的截面是异形的，采用平面注写方式就不方便了，可采用截面注写方式表达梁的配筋。梁的截面注写就是在梁的标准层平面布置图上，在不同编号的梁中分别选择一根梁，用剖面符号引出配筋图，并在其上注写截面尺寸和配筋具体数值，如图 4-11 所示。在表达时注意以下几点：

1）对所有的梁按规定进行编号，从相同编号的梁中选择一根梁，先将单边截面号画在该梁上，再将截面配筋详图画在本图或其他图上。

2）按平面注写的表达方式对梁的截面尺寸，上部、下部纵向钢筋，侧面构造钢筋或受扭钢筋、箍筋的具体数值进行注写。

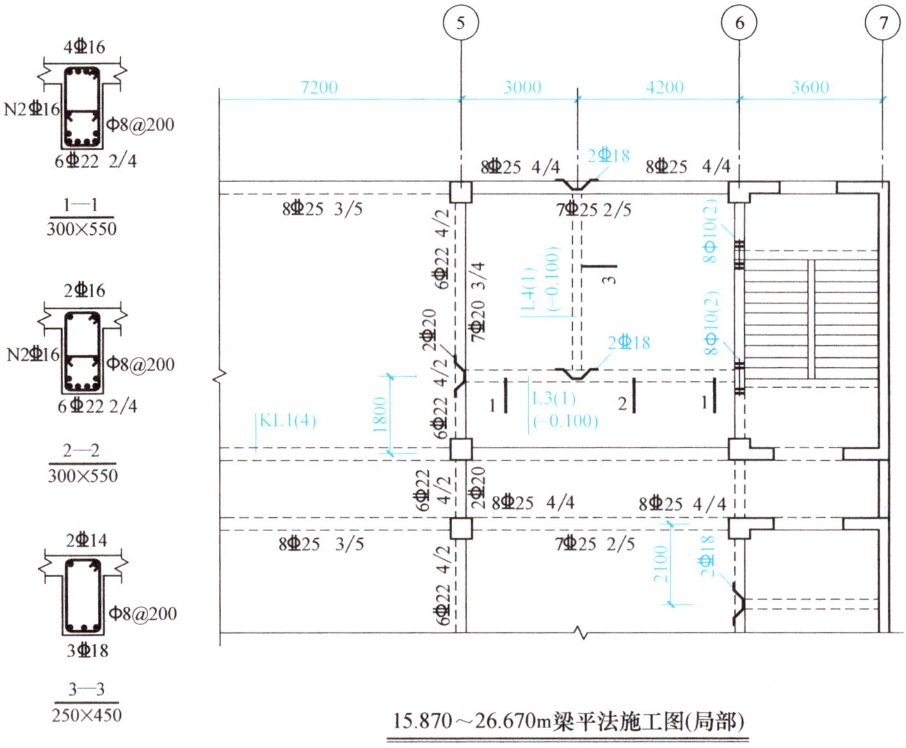

图 4-11 梁平法施工图截面注写方式示例

三、钢筋混凝土梁的构造要求

1. 楼层框架梁 KL 纵向钢筋构造

1）楼层框架梁 KL 纵向钢筋构造如图 4-12 所示。跨度值 l_n 为左跨 l_{ni} 和右跨 l_{ni+1} 之较

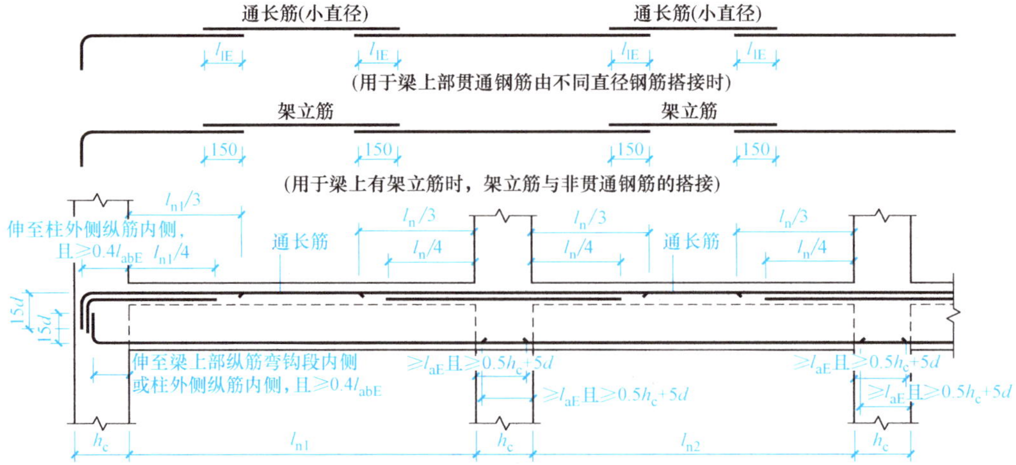

图 4-12 楼层框架梁 KL 纵向钢筋构造一

大值，其中 $i=1$，2，3……图中 h_c 为柱截面沿框架方向的高度。梁上部通长钢筋与非贯通钢筋直径相同时，连接位置宜位于跨中 $l_{ni}/3$ 范围内；梁下部钢筋连接位置宜位于支座 $l_{ni}/3$ 范围内，且在同一连接区段内，钢筋接头面积百分率不宜大于 50%。当上柱截面尺寸小于下柱截面尺寸时，梁上部钢筋的锚固长度起算位置应为上柱内边缘，梁下部钢筋的锚固长度起算位置应为下柱内边缘。

2）楼层框架梁 KL 纵向钢筋构造不满足上述情况时，可采用端支座加锚头（锚板）锚固，如图 4-13a 所示；端支座直锚如图 4-13b 所示；中间层中间节点梁下部筋在节点外搭接（梁下部钢筋不能在柱内锚固时，可在节点外搭接，相邻跨钢筋直径不同时，搭接位置位于较小直径一跨），如图 4-13c 所示。

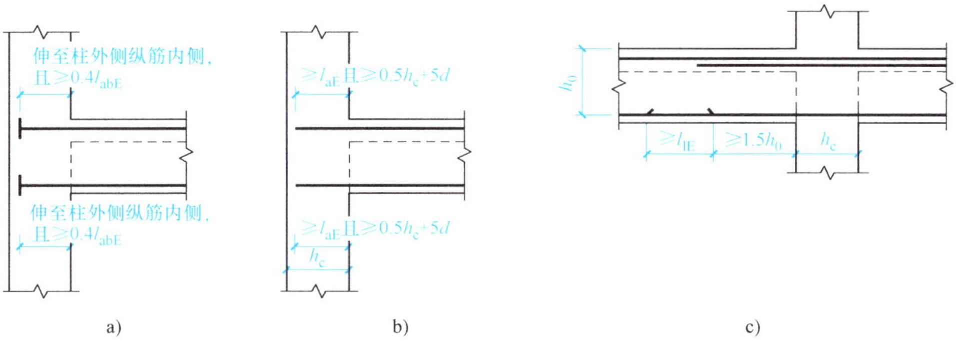

图 4-13 楼层框架梁 KL 纵向钢筋构造二

a）端支座加锚头（锚板）锚固 b）端支座直锚 c）中间层中间节点梁下部筋在节点外搭接

2. 屋面框架梁 WKL 纵向钢筋构造

1）屋面框架梁 WKL 纵向钢筋构造如图 4-14 所示。跨度值 l_n 为左跨 l_{ni} 和右跨 l_{ni+1} 之较大值，其中 $i=1$，2，3……图中 h_c 为柱截面沿框架方向的高度。梁上部通长钢筋与非贯通钢筋直径相同时，连接位置宜位于跨中 $l_{ni}/3$ 范围内，梁下部钢筋连接位置宜位于支座 $l_{ni}/3$ 范

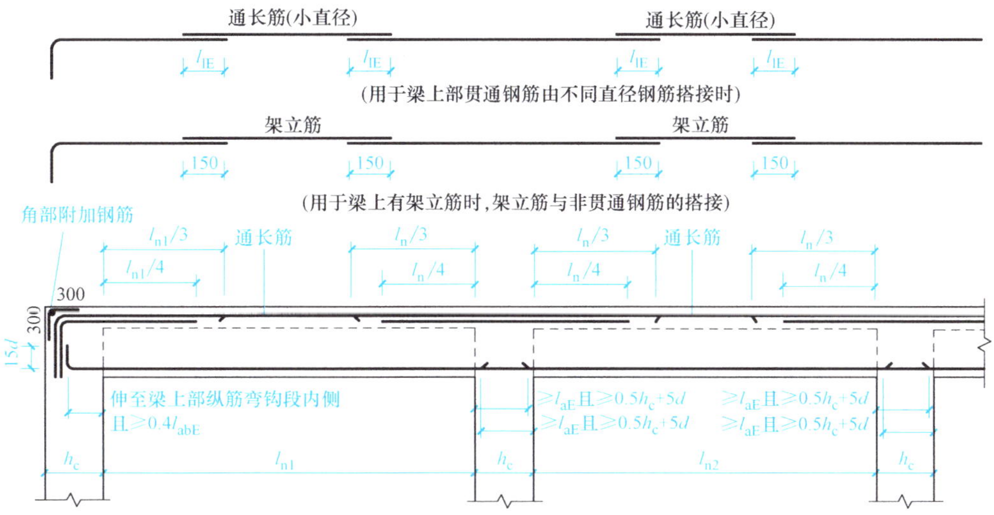

图 4-14 屋面框架梁 WKL 纵向钢筋构造一

围内，且在同一连接区段内，钢筋接头面积百分率不宜大于 50%。顶层端节点处需设角部附加钢筋，角部附加钢筋在柱宽范围的柱箍筋内侧设置间距≤150mm，但不少于 3 根，直径不小于 10mm，其他参照前面顶层柱钢筋构造。

2）屋面框架梁 WKL 纵向钢筋构造不满足上述情况时，可采用顶层端节点梁下部钢筋端头加锚头（锚板）锚固，如图 4-15a 所示；顶层端支座梁下部钢筋直锚如图 4-15b 所示；顶层中间节点梁下部筋在节点外搭接（梁下部钢筋不能在柱内锚固时，可在节点外搭接，相邻跨钢筋直径不同时，搭接位置位于较小直径一跨），如图 4-15c 所示。

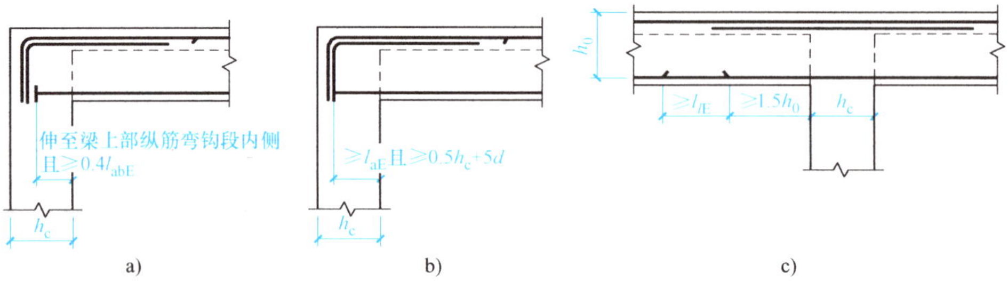

图 4-15 屋面框架梁 WKL 纵向钢筋构造二

a）顶层端节点梁下部钢筋端头加锚头（锚板）锚固 b）顶层端支座梁下部钢筋直锚 c）顶层中间节点梁下部筋在节点外搭接

3. 框架梁箍筋构造

（1）框架梁（KL、WKL）箍筋加密区范围 抗震等级为一级：≥2.0h_b 且≥500mm；抗震等级为二~四级：≥1.5h_b 且≥500mm（h_b 为梁截面高度），如图 4-16 所示。

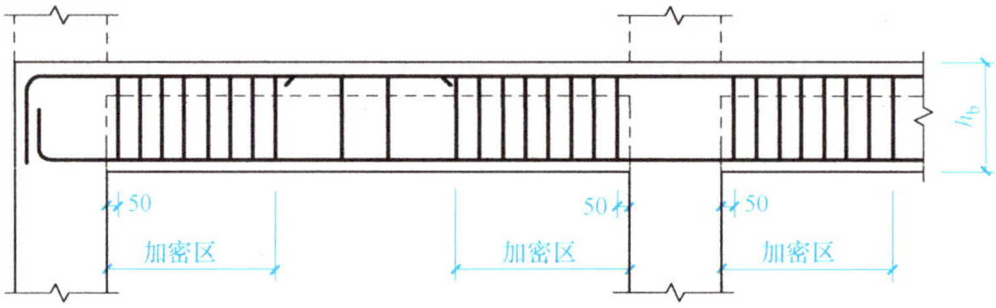

图 4-16 框架梁（KL、WKL）箍筋加密区范围

（2）附加箍筋范围 附加箍筋值由设计标注，布置如图 4-17 所示。

（3）附加吊筋构造 附加吊筋直径、根数由设计标注，布置如图 4-18 所示。

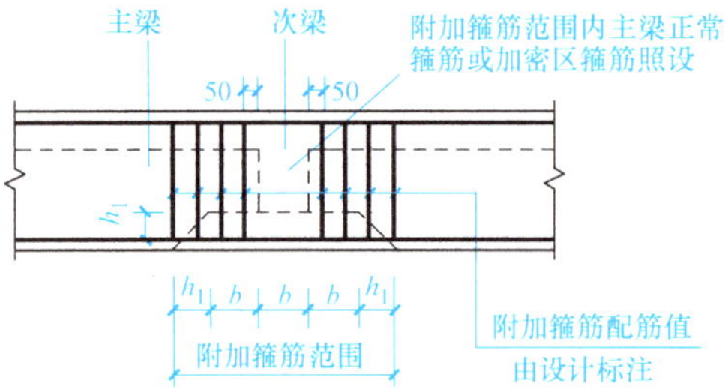

图 4-17 附加箍筋范围

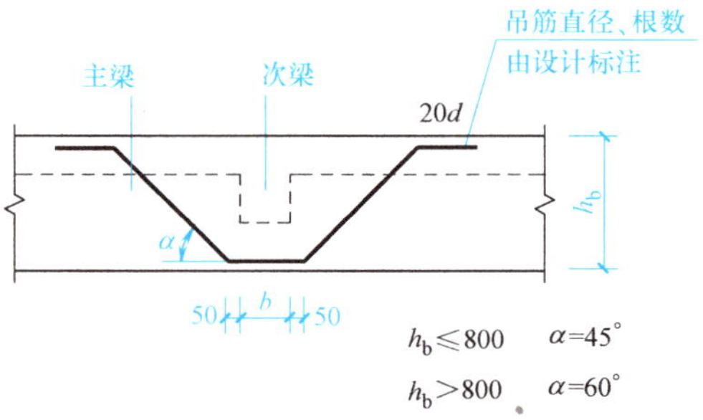

图 4-18 附加吊筋构造

4. 框架梁加腋构造

在框架结构中，有时在框架柱与框架梁交接的部位会加大梁的截面，框架梁截面高度方向加大是考虑梁根的抗剪能力提高等原因，一般称为竖向加腋，其构造如图 4-19 所示；宽度方向加大主要是构造要求，一般称为水平加腋，其构造如图 4-20 所示。

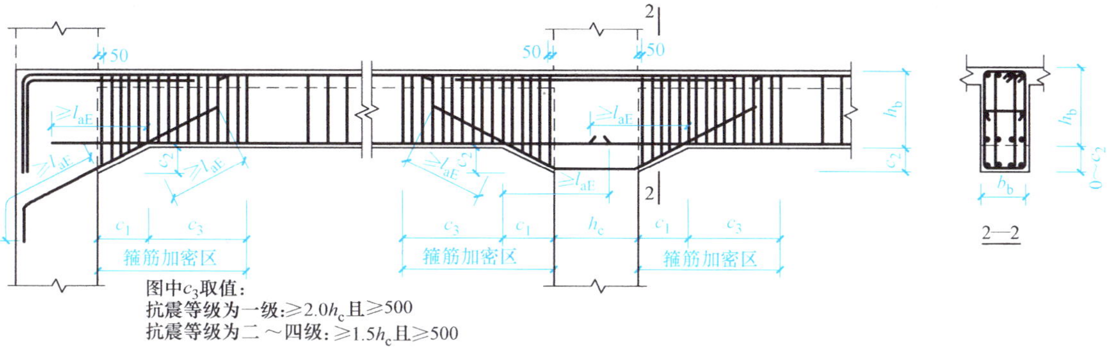

图 4-19 框架梁竖向加腋构造

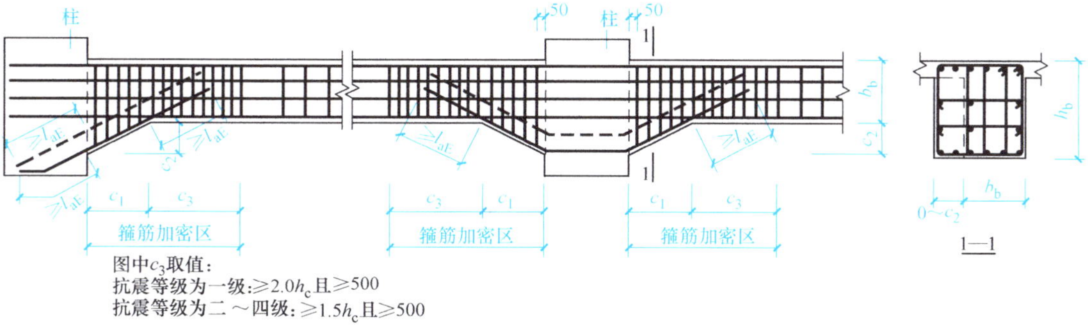

图 4-20 框架梁水平加腋构造

5. 悬挑梁悬挑端配筋构造

悬挑梁（包括其他类型梁的悬挑部分）上部第一排纵筋伸出至梁端头并下弯，第二排延伸至 $3/4l$，l 为自柱（梁）边算起的悬挑净长。当具体工程需要将悬挑梁中的部分上部钢筋从悬挑梁根部开始斜向弯下时，应由设计者另加注明，图 4-21 为纯悬挑梁悬挑端配筋构造。

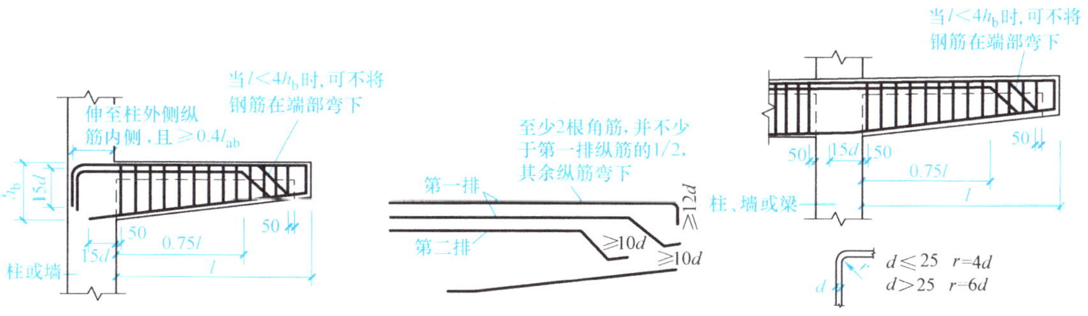

图 4-21 纯悬挑梁悬挑端配筋构造

6. 框架梁不等高或不等宽时中间支座纵向钢筋构造要求

（1）KL 中间支座纵向钢筋构造　当楼面框架梁 KL 支座两边梁高或宽度不同时，纵筋的锚固如图 4-22 所示。

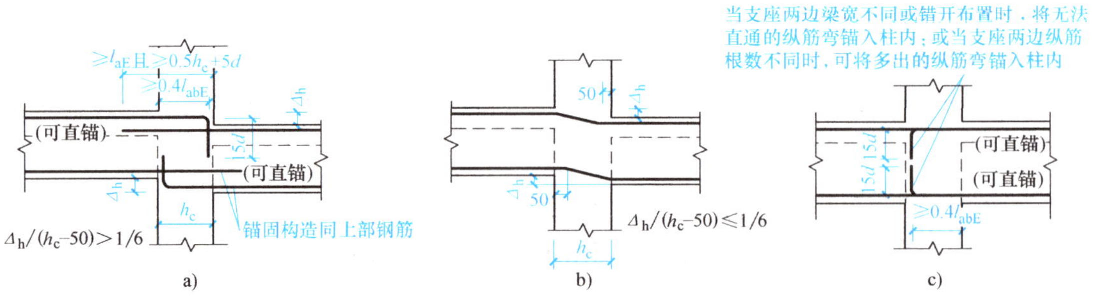

图 4-22 KL 中间支座纵向钢筋构造

a）支座两边梁高差较大 b）支座两边梁高差较小 c）支座两边梁宽不同或错开

（2）WKL 中间支座纵向钢筋构造 当屋面框架梁 WKL 支座两边梁高或宽度不同时，纵筋的锚固如图 4-23 所示。

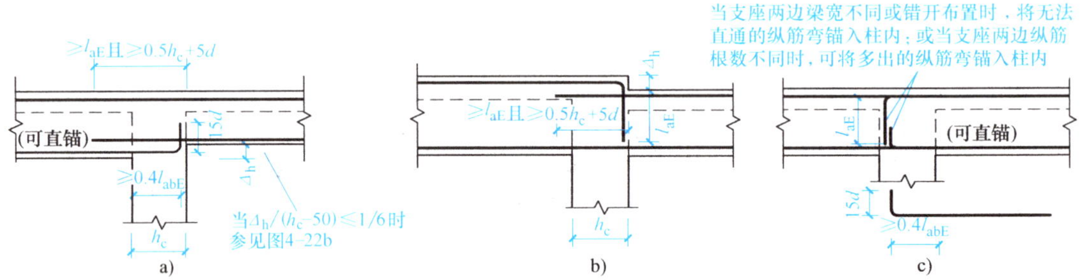

图 4-23 WKL 中间支座纵向钢筋构造

a）支座两边梁上部平、下部不平 b）支座两边梁上部不平、下部平 c）支座两边梁宽不同或错开

【任务实施】

一、识读梁平法施工图，并进行下料计算

【例 4-12】 某教学楼第一层楼的 KL1 梁共计 5 根，如图 4-24 所示。混凝土保护层厚度 25mm，抗震等级为 3 级，C30 混凝土，柱截面尺寸 500mm×500mm。请对其进行钢筋下料计算，并填写钢筋下料单。

解：依据 16G101-1 图集，梁的上部钢筋有通长钢筋和非通长钢筋。通长钢筋在角部，非通长钢筋在中间。通长钢筋采用集中标注，非通长钢筋在原位标注，原位标注的根数包含了集中标注的根数。当梁的纵向钢筋多于一排时，用斜线“/”将各排纵向钢筋自上而下分开。

当梁配置受扭或构造钢筋时，以大写字母 N 或 G 开头，表示对称布置。

结合以上平法的识读，绘出本例纵向钢筋大样图，如图 4-25 所示。

1）每种纵向钢筋及箍筋的含义：

① 通长钢筋，位于上部第一排的两个角部，2 ⌀ 25。

② 边跨上部第一排直角筋，位于上部第一排的角部，4 ⌀ 25。

③ 中间支座上部直角筋，位于上部第一排的中间，4 ⌀ 25。

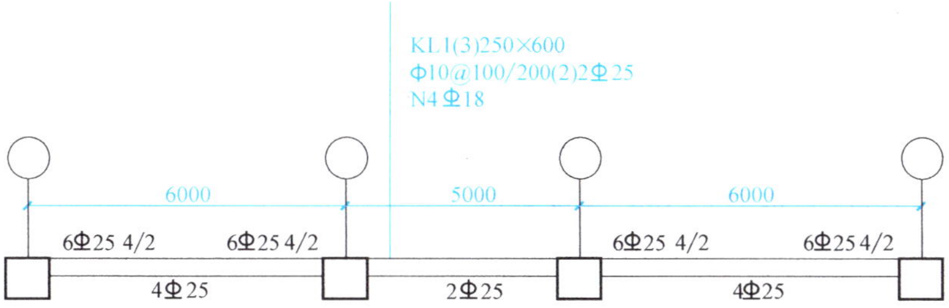

图 4-24　KL1 梁（共 5 根）

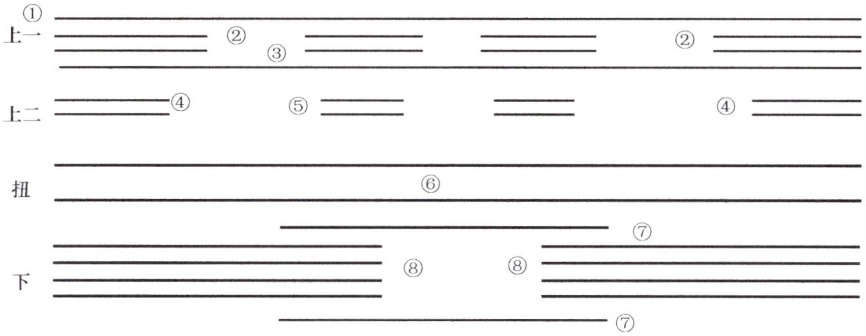

图 4-25　KL1 梁纵向钢筋大样图

④ 边跨上部第二排直筋，位于上部第二排的角部，4 Φ 25。

⑤ 中间支座上部直筋，位于上部第二排的中间，4 Φ 25。

⑥ 抗扭钢筋，梁的每侧面各配置 2 Φ 18 钢筋，对称布置，共 4 根。

⑦ 中间跨下部筋，2 Φ 25。

⑧ 边跨下部跨中直角筋，8 Φ 25。

⑨ 箍筋。

2）依据 16G101-1 图集，查得有关数据：

Φ 25：$0.4l_{aE}=0.4\times31\times25\text{mm}=310\text{mm}$；$15d=15\times25\text{mm}=375\text{mm}$

Φ 18：$0.4l_{aE}=0.4\times31\times18\text{mm}=223\text{mm}$；$15d=15\times18\text{mm}=270\text{mm}$

注："$0.4l_{aE}$" 表示三级抗震等级钢筋进入柱中水平方向的锚固长度值。"$15d$" 表示在柱中竖向钢筋的锚固长度值。

$A=l_{aE}=(31\times25)\text{mm}=775\text{mm}$

$B=0.5h_c+5d=(0.5\times500+5\times25)\text{mm}=375\text{mm}$（$h_c$ 为柱宽）

注：中间跨下部筋在支座处的锚固长度取 A、B 的大值 $=775\text{mm}$。

3）量度差（纵向钢筋的弯折角度为 90°）如下：

Φ 25：$2.29d=2.29\times25\text{mm}=57\text{mm}$

Φ 18：$2.29d=2.29\times18\text{mm}=41\text{mm}$

4）各个纵向钢筋或箍筋计算如下：

① = 梁全长 − 左端柱宽 − 右端柱宽 + $2\times0.4l_{aE}+2\times15d-2\times$量度差值

$=[(6000+5000+6000+250\times2)-500-500+2\times310+2\times375-2\times57]\text{mm}=17756\text{mm}$

②=边净跨长度/3+0.4l_{aE}+15d−量度差值

=[(6000−500)/3+310+375−57]mm=2461mm

③=2×$l_{大}$/3+中间柱宽（$l_{大}$=左、右两净跨长度较大者）

=[2×(6000−500)/3+500]mm=4167mm

④=边净跨长度/4+0.4l_{aE}+15d−量度差值

=[(6000−500)/4+310+375−57]mm=2003mm

⑤=2×$l_{大}$/4+中间柱宽（$l_{大}$=左、右两净跨长度较大者）

=[2×(6000−500)/4+500]mm=3250mm

⑥=梁全长−左端柱宽−右端柱宽+2×0.4l_{aE}+2×15d−2×量度差值

=[(6000+5000+6000+250×2)−500−500+2×223+2×270−2×41]mm=17404mm

⑦=左锚固值+中间净跨长度+右锚固值

=[775+(5000−250×2)+775]mm=6050mm

⑧=0.4l_{aE}+边净跨度+锚固值+15d−量度差值

=[310+(6000−250×2)+775+375−57]mm=6903mm

⑨=箍筋周长+2×11.9d

={2×[(250−2×25−10)+(600−2×25−10)]+2×119}mm=1698mm

5）箍筋数量计算如下：

加密区长度：900mm［取1.5h与500mm的大值：(1.5×600)mm=900mm>500mm］

每个加密区箍筋数量=[(900−50)/100+1]个=10个

边跨非加密区箍筋数量=[(6000−500−900−900)/200−1]个=18个

中跨非加密区箍筋数量=[(5000−500−900−900)/200−1]个=13个

每根梁箍筋总数量=(10×6+18×2+13)个=109个

6）编制钢筋配料单，见表4-2。

表 4-2 KL1 钢筋配料单

构件名称	钢筋编号	简图	直径/mm	钢筋级别	下料长度单位/mm	根数	合计根数	质量/kg
KL1 梁（共 5 根）	①		25	Φ	17756	2	10	684.68
	②		25	Φ	2461	4	20	189.8
	③		25	Φ	4167	4	20	321.4
	④		25	Φ	2003	4	20	154.5
	⑤		25	Φ	3250	4	20	250.7
	⑥		18	Φ	17404	4	20	695.8
	⑦		25	Φ	6050	2	10	233.0
	⑧		25	Φ	6903	8	40	1064.8
	⑨		10	Φ	1698	109	545	571.0

二、识读实训图纸

识读附录 某框架结构工程的结施-07 二层梁配筋图、二层板配筋图，掌握各框架梁的编号、断面尺寸、配筋情况等。

【例 4-13】 附录 结施-07 二层梁板配筋图中，①/Ⓐ~Ⓑ轴的梁如图 4-26 所示，试解释各信息的含义。

解：根据梁平法施工图的表示方式，①/Ⓐ~Ⓑ轴的梁各信息的含义是：

WKL2（1）250×400：2 号屋面框架梁，1 跨，断面尺寸为宽 250mm、高 400mm。

⌀8@100/200（2）：箍筋直径 8mm，三级钢，加密区间距 100mm，非加密区间距 200mm，双肢箍。

2⌀14；2⌀14：梁上部两根通长钢筋，直径 14mm，三级钢；梁下部两根通长钢筋，直径 14mm，三级钢。

N2⌀12：受扭钢筋两根，直径 12mm，三级钢，梁两侧各一根。

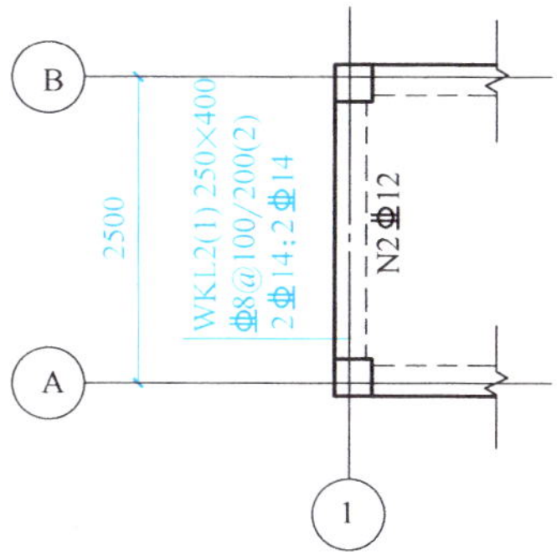

图 4-26 WKL2 图

任务 2 梁板下部满堂支撑架搭设

【学习目标】

1. 掌握支架（脚手架）的作用与分类。
2. 掌握钢管扣件式脚手架的构造要求。
3. 掌握满堂支撑架搭设的安全技术要领。
4. 培养查阅脚手架相关规范的能力；通过学习编制脚手架搭设方案，锻炼写作文字能力；培养安全意识，脚手架工程施工属于高处作业，安全“三宝”必须学会正确使用，结合“建筑工程安全管理”课程的学习，考验同学们的综合实际运用能力。

【任务描述】

根据柱、梁、板的位置，尺寸大小，高度等，进行满堂脚手架搭设。

【相关知识】

脚手架指施工现场为工人操作并解决垂直和水平运输而搭设的各种支架。

一、脚手架的作用与分类

1. 脚手架的作用

脚手架的作用主要为：第一，提供施工人员在高空进行施工必需的立足点；第二，供外围防护的骨架；第三，支撑模板的重要垂直支撑；第四，供卸料用的平台等。

2. 脚手架的分类

脚手架按不同方式划分如下：

1）按照与建筑物的位置关系划分：外脚手架和里脚手架。

2）按照支承部位和支承方式划分：落地式、悬挑式、附着升降脚手架（简称“爬架”）、悬吊脚手架和水平移动脚手架。

3）按照所用材料分：木脚手架、竹脚手架和金属脚手架。

4）按照结构形式分：扣件式钢管脚手架、碗扣式脚手架。

二、扣件式钢管脚手架

扣件式钢管脚手架是通过扣件将立杆、水平杆、剪刀撑、抛撑、扫地杆、连墙件以及脚手板等组成的支架，如图 4-27 所示。其特点是可根据施工需要灵活布置、构配件品种少、利于施工操作、装卸方便、坚固耐用。

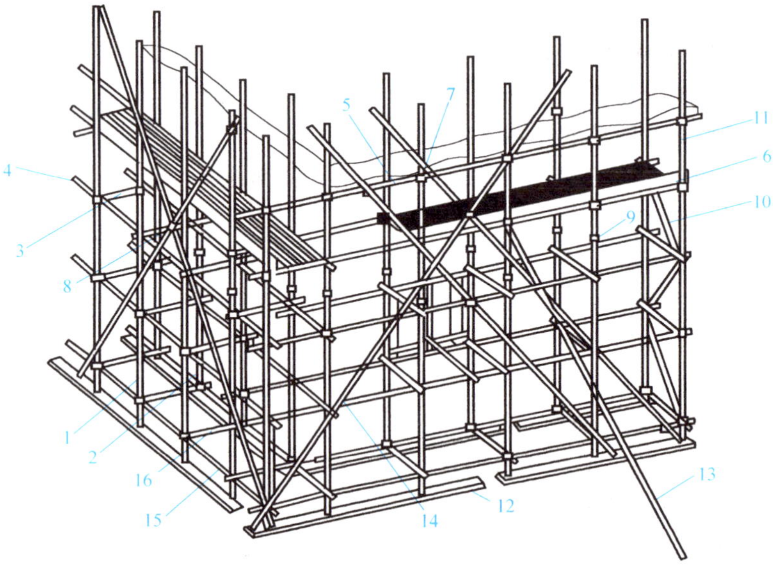

图 4-27 扣件式钢管脚手架

1—外立杆 2—内立杆 3—横向水平杆 4—纵向水平杆 5—栏杆 6—挡脚板 7—直角扣件 8—旋转扣件 9—对接扣件 10—横向斜撑 11—主立杆 12—垫板 13—抛撑 14—剪刀撑 15—纵向扫地杆 16—横向扫地杆

1. 扣件式钢管脚手架的构配件

（1）钢管 脚手架钢管一般采用 ϕ48×3.5mm（每米重 3.85kg）的焊接钢管。用于横向水平杆的钢管最大长度不应大于 2.2m，立杆不应大于 6.5m，每根钢管最大质量不应超过 25kg，以便人工搬运。

钢筋必须涂防锈漆；钢管表面应平直光滑，不应有裂缝、结疤、分层、错位、硬弯、毛刺和深的划道。其允许偏差项目有：钢管外径、壁厚（0.5mm）；端面切斜偏差（1.7mm）；外表面锈蚀深度（≤0.5mm）；钢管弯曲：端部（钢管弯曲长度≤1.5m，弯曲偏差≤5mm），立杆（钢管弯曲长度 3～4m，弯曲偏差≤12mm；钢管弯曲长度 4～6.5m，弯曲偏差≤20mm），水平杆、斜杆（弯曲偏差≤30mm）。

1）立杆。平行于建筑物，垂直于水平面，是把脚手架荷载传递给基础的竖向受力杆件。

2）水平杆。脚手架中的水平杆件包括以下几类：

① 纵向水平杆（大横杆）：平行于建筑物并在纵向水平连接各立杆，是承受并传递荷载给立杆的受力杆件。

② 纵向水平扫地杆：连接立杆下端，距底座下皮200mm处的纵向水平杆，起约束立杆底端在纵向发生位移的作用。

③ 横向水平杆（小横杆）：垂直于建筑物并在横向水平连接内、外排立杆，是承受并传递荷载给纵向水平杆的受力杆件。

④ 横向水平扫地杆：连接立杆下端，是位于纵向水平扫地杆下方的横向水平杆，起约束立杆底端在横向发生位移的作用。

3）剪刀撑。在脚手架外侧面成对设置的交叉斜杆，可增强脚手架的纵向刚度。

4）抛撑。与脚手架外侧面斜交的杆件，可防止脚手架横向失稳。

5）横向斜撑。设在脚手架内、外排立杆同一节间，由底层至顶层呈之字形连续布置的杆件，可增强脚手架的横向刚度。

（2）扣件　扣件是采用螺栓紧固的扣接连接件，一般为铸铁锻造。其基本形式有三种：用于垂直交叉杆件间连接的直角扣件，如图4-28a所示；用于平行或斜交杆件间连接的旋转扣件，如图4-28b所示；用于杆件对接连接的对接扣件，如图4-28c所示。此外，还有根据抗滑要求增设的非连接用途的防滑扣件。扣件应进行防锈处理，有裂缝、变形的严禁使用，出现滑丝的螺栓必须更换。扣件螺栓的拧紧扭力矩为40~65N·m，要求达到65N·m时不得发生破坏。

（3）脚手板　脚手板可用钢、木、竹等材料制作，每块质量不宜大于30kg。冲压钢脚手板是常用的一种脚手板，一般用厚2mm的钢板压制而成，长度2~4m，宽度250mm，表面应有防滑措施。木脚手板可采用厚度不小于50mm的杉木板或松木制作，长度3~4m，宽度200~250mm，两端均应设镀锌钢丝箍两道，以防止木脚手板端部破坏。竹脚手板则应用毛竹或楠竹制成竹串片板及竹笆板。

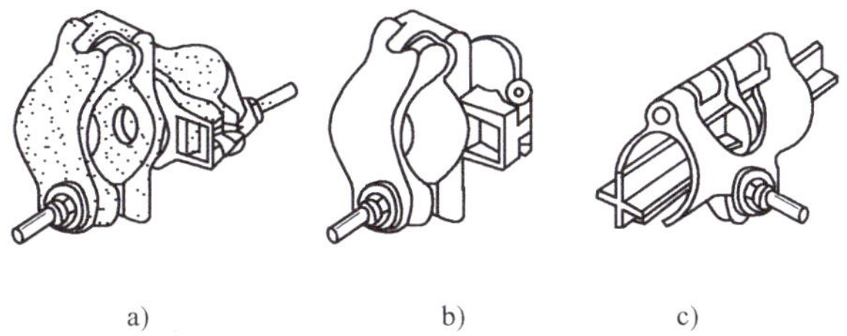

图4-28　扣件形式

a）直角扣件　b）旋转扣件　c）对接扣件

（4）连墙件　连接脚手架与建筑物的构件，包括刚性连墙件（采用钢管、扣件或预埋件组成）和柔性连墙件（采用钢丝等作为拉接件）。连墙件既要承受并传递荷载，又要防止脚手架横向失稳。

2. 扣件式钢管脚手架构造要求

根据《建筑施工扣件式钢管脚手架安全技术规范》（JGJ 130—2011）的相关要求，扣件式钢管脚手架主要构造要求如下：

（1）常用密目式安全立网全封闭式双排脚手架的设计尺寸（表4-3）。

表4-3 常用密目式安全立网全封闭式双排脚手架的设计尺寸 （单位：m）

连墙件设置	立杆横距 l_b	步距 h	下列荷载时的立杆纵距 l_a/(kN/m^2)				脚手架允许搭设高度 H
			2+0.35	2+2+2×0.35	3+0.35	3+2+2×0.35	
两步三跨	1.05	1.50	2.0	1.5	1.5	1.5	50
		1.80	1.8	1.5	1.5	1.5	32
	1.30	1.50	1.8	1.5	1.5	1.5	50
		1.80	1.8	1.2	1.5	1.2	30
	1.55	1.50	1.8	1.5	1.5	1.5	38
		1.80	1.8	1.2	1.5	1.2	22
三步三跨	1.05	1.50	2.0	1.5	1.5	1.5	43
		1.80	1.8	1.2	1.5	1.2	24
	1.30	1.50	1.8	1.5	1.5	1.2	30
		1.80	1.8	1.2	1.5	1.2	17

（2）纵向水平杆、横向水平杆

1）纵向水平杆的构造应符合下列规定：

① 纵向水平杆应设置在立杆内侧，单根杆的长度应小于3跨。

② 纵向水平杆接长应采用对接扣件连接或搭接：两根相邻纵向水平杆的接头不应设置在同步或同跨内；不同步或不同跨的两个相邻接头在水平方向错开的距离不应小于500mm；各接头中心至最近主节点的距离不应大于纵距的1/3，如图4-29所示。搭接长度不应小于1m，应等间距设置3个旋转扣件固定；端部扣件盖板边缘至搭接纵向水平杆杆端的距离不应小于100mm。

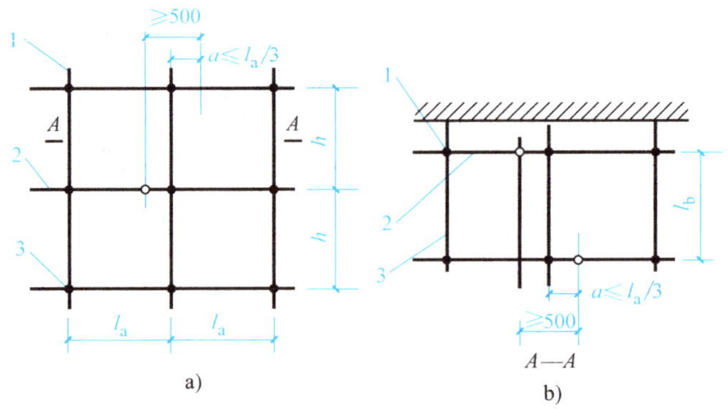

图4-29 纵向水平杆对接接头布置

a）接头不在同步内（立面） b）接头不在同跨内（平面）

1—立杆 2—纵向水平杆 3—横向水平杆

2）横向水平杆的构造应符合下列规定：作业层上非主节点处的横向水平杆，宜根据支承脚手板的需要等间距设置，最大间距不应大于纵距的1/2。

3）主节点处必须设置一根横向水平杆，用直角扣件扣接且严禁拆除。

(3) 立杆

1) 每根立杆底部宜设置底座或垫板。

2) 脚手架必须设置纵、横向扫地杆。纵向扫地杆应采用直角扣件固定在距钢管底端不大于200mm处的立杆上。横向扫地杆应采用直角扣件固定在紧靠纵向扫地杆下方的立杆上。

3) 脚手架立杆基础不在同一高度上时，必须将高处的纵向扫地杆向低处延长两跨，与立杆固定，高低差不应大于1m。靠边坡上方的立杆轴线到边坡的距离不应小于500mm，如图4-30所示。

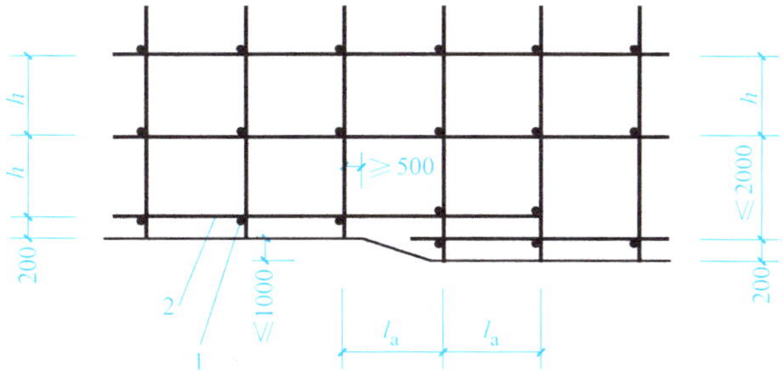

图4-30 纵、横向扫地杆构造

1—横向扫地杆 2—纵向扫地杆

4) 单、双排脚手架底层步距均不应大于2m。

5) 单、双排与满堂脚手架立杆接长除顶层顶步外，其余各层各步接头必须采用对接扣件连接。

6) 脚手架立杆顶端栏杆宜高出女儿墙上端1m，宜高出檐口上端1.5m。

(4) 剪刀撑与横向斜撑

1) 双排脚手架应设置剪刀撑与横向斜撑，单排脚手架应设置剪刀撑。

2) 单、双排脚手架剪刀撑的设置应符合下列规定：

① 每道剪刀撑跨越立杆的根数应按表4-4的规定确定。每道剪刀撑宽度不应小于4跨，且不应小于6m，斜杆与地面的倾角应在45°~60°之间。

表4-4 剪刀撑跨越立杆的最多根数

剪刀撑斜杆与地面的倾角 α	45°	50°	60°
剪刀撑跨越立杆的最多根数 n	7	6	5

② 剪刀撑斜杆应用旋转扣件固定在与相交的横向水平杆的伸出端或立杆，旋转扣件中心线至主节点的距离不应大于150mm。

3) 高度在24m及以上的双排脚手架应在外侧全立面连续设置剪刀撑；高度在24m以下的单、双排脚手架均必须在外侧两端、转角及中间间隔不超过15m的立面上，各设置一道剪刀撑，并应由底至顶连续设置。

3. 满堂支撑架

满堂支撑架为在纵、横方向由不少于三排立杆与水平杆、水平剪刀撑、竖向剪刀撑、扣件等构成的承力支架。

满堂支撑架可分为普通型和加强型两种。当架体沿外侧周边及内部纵横向每隔5~8m设置由底至顶的连续竖向剪刀撑，在竖向剪刀撑顶部交点平面设置连续水平剪刀撑，且水平剪刀撑距架体底平面或相邻水平剪刀撑的间距不超过8m时，为普通型满堂支撑架，如图4-31a所示；当连续竖向剪刀撑的间距不大于5m，连续水平剪刀撑距架体底平面或相邻水平剪刀撑的间距不大于6m时，为加强型满堂支撑架，如图4-31b所示。

满堂支撑架搭设的构造规定与扣件式钢管脚手架构造要求相同。

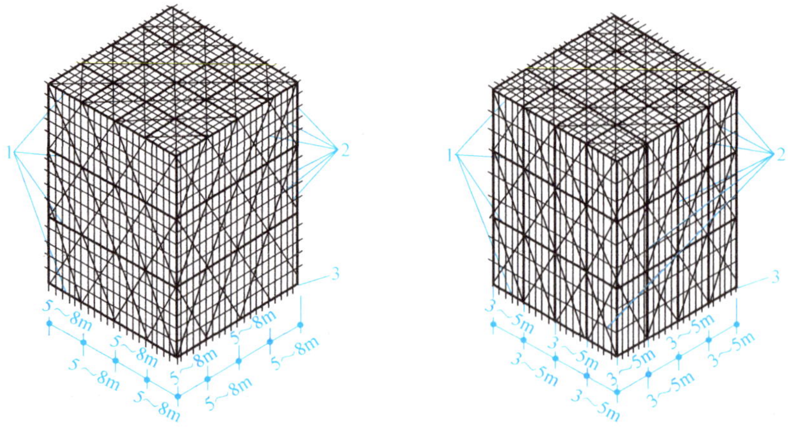

图 4-31 满堂支撑架剪刀撑布置

a）普通型满堂支撑架 b）加强型满堂支撑架

1—水平剪刀撑 2—竖向剪刀撑 3—扫地杆设置层

【任务准备】

一、实训仪器与工具

实训仪器与工具见表 4-5。

表 4-5 实训仪器与工具

序号	工具名称	数量	序号	工具名称	数量
1	经纬仪或全站仪	1 台	6	50m 长卷尺	1 把
2	水准仪	1 台/2 组	7	活动扳手	3 把/组
3	水准尺	1 套/2 组	8	小铁锤	1 把/组
4	尼龙线	1 束/组	9	木工笔	1 根/组
5	5m 钢卷尺	1 把/组	10	线锤	1 把/组

二、实训材料

钢管、扣件等。

【任务实施】

一、确定满堂支撑架搭设方案

根据施工图纸、实训实际情况及《建筑施工扣件式钢管脚手架安全技术规范》（JGJ 130—2011）、《建筑施工模板安全技术规范》（JGJ 162—2008）等规范要求，确定本项目梁板下满堂支撑架搭设方案。

1. 满堂支撑架搭设平面方案

满堂支撑架搭设平面方案如图 4-32 所示。

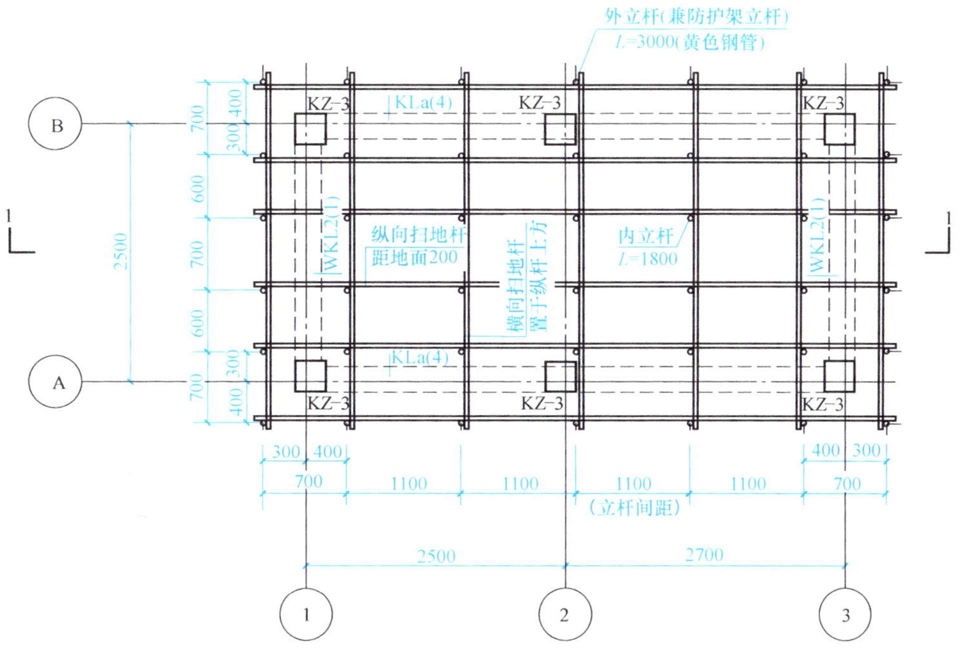

图 4-32 满堂支撑架搭设平面布置图

2. 满堂支撑架搭设剖面方案

满堂支撑架搭设剖面方案如图 4-33 所示。

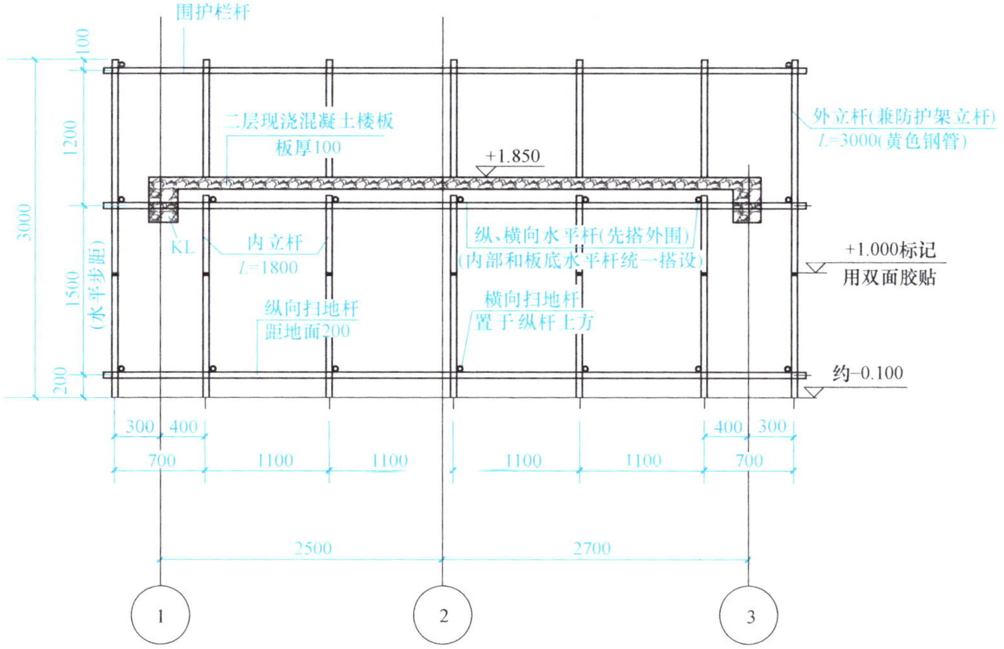

图 4-33 满堂支撑架搭设剖面图 1—1

二、满堂支撑架搭设

1. 确定四个角立杆及四周扫地杆

根据满堂支撑架搭设平面方案及现场轴线，先确定四个角的立杆，立杆下面应放置垫板（可用钢模板代替，尽量横平竖直），然后搭设四周扫地杆，立杆与扫地杆用十字扣件连接，如图 4-34 所示。

图 4-34　确定四个角立杆及四周扫地杆

4-1　确定四个角立杆及四周扫地杆

2. 搭设其他立杆与水平杆

搭设其他立杆与水平杆的主要步骤如下（图 4-35）：

1）根据满堂支撑架搭设方案，在外围扫地杆上确定其他外立杆的位置，然后搭设，外立杆底部要放置垫板。

2）搭设外围水平杆，水平杆与立杆用十字扣件连接。

3）根据外立杆位置，拉通线，搭设内立杆，内立杆高度为定尺寸（过高或过低都不利于模板的安装，本项目内立杆高度为 1.8m），内立杆底部也要放置垫板。

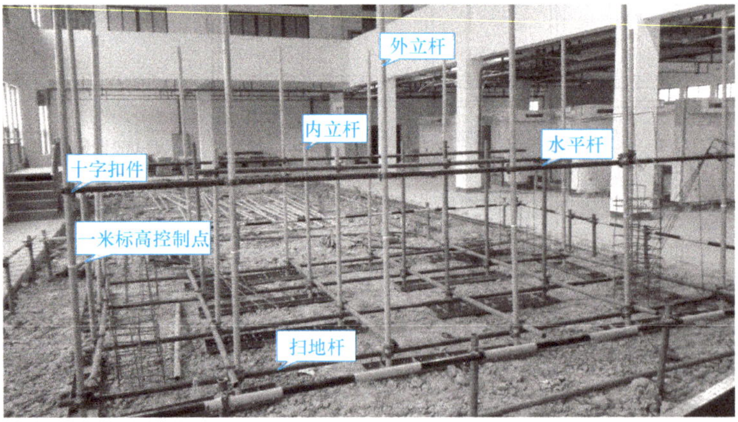

图 4-35　满堂支撑架搭设

4-2　满堂支撑架搭设

3. 一米标高控制点测定

满堂支撑架搭设时，平面位置是通过轴线来控制的，高度是通过标高来控制的。在搭设过程中，为方便施工，应把标高引测到立杆上，一般是测 +1.000m 标高。根据基准标高±0.000，先用水准仪把+1.000m 标高引测到四个角的立杆上，再拉通线，把+1.000m 标高引测到其他立杆上，然后用白色双面胶粘贴作为明显标记。这+1.000m 标高也是后续梁、板、柱等施工的依据，如图 4-36 所示。

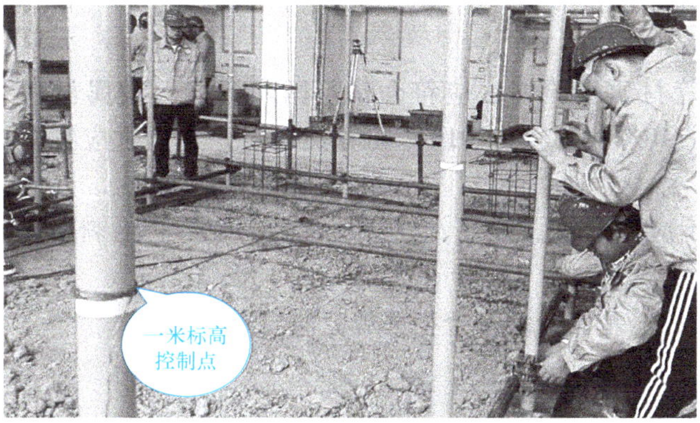

图 4-36 一米标高控制点测定

4-3 一米标高控制点测定

【质量标准】

1. 施工准备

1）脚手架搭设前，应按专项施工方案向施工人员进行交底。

2）按《建筑施工扣件式钢管脚手架安全技术规范》（JGJ 130—2011）的规定和脚手架专项施工方案要求，对钢管、扣件、脚手板、可调托撑等进行检查验收，不合格产品不得使用。

3）经检验合格的构配件应按品种、规格分类，堆放整齐、平稳，堆放场地不得有积水。

4）清除搭设场地杂物，平整搭设场地，并应使排水畅通。

2. 地基与基础

1）脚手架地基与基础的施工应根据脚手架所受荷载、搭设高度、搭设场地土质情况与现行国家标准《建筑地基基础工程施工质量验收标准》（GB 50202—2018）的有关规定进行。

2）压实填土地基应符合现行国家标准《建筑地基基础设计规范》（GB 50007—2011）的相关规定；灰土地基应符合现行国家标准《建筑地基基础工程施工质量验收标准》（GB 50202—2018）的相关规定。

3）立杆垫板或底座底面标高宜高于自然地坪 50~100mm。

4）脚手架基础经验收合格后，应按施工组织设计专项方案的要求放线定位。

3. 搭设

1）每搭完一步脚手架后，应按规范校正步距、纵距、横距及立杆垂直度。

2）脚手架纵向水平杆应随立杆按步搭设，并应采用直角扣件与立杆固定；在封闭型脚手架的同一步中，纵向水平杆应四周交圈设，并应用直角扣件与内外角部立杆固定。

3）扣件安装应符合下列规定：

① 扣件规格应与钢管外径相同。

② 螺栓拧紧扭力矩不应小于 40N · m，且不应大于 65N · m。

③ 在主节点处固定横向水平杆、纵向水平杆、剪刀撑、横向斜撑等用的直角扣件、旋转扣件的中心点间的相互距离不应大于 150mm。

④ 对接扣件开口应朝上或朝内。

⑤ 各杆件端头伸出扣件盖板边缘的长度不应小于 100mm。

4. 检查与验收

1）新钢管的检查应符合下列规定：

① 应有产品质量合格证。

② 应有质量检验报告，钢管材质检验方法应符合现行国家标准《金属材料　拉伸试验　第 1 部分：室温试验方法》(GB/T 228.1—2010）的有关规定，其质量应符合相关规范的规定。

③ 钢管表面应平直光滑，不应有裂缝、结疤、分层、错位、硬弯、毛刺、压痕和深的划道。

④钢管外径、壁厚、端面等的偏差应分别符合相关规范的规定。

⑤ 钢管应涂有防锈漆。

2）旧钢管的检查应符合下列规定：

① 表面锈蚀深度应符合相关规范的规定。锈蚀检查应每年一次，检查时，应在锈蚀严重的钢管中抽取三根，在每根锈蚀严重的部位横向截断取样检查。当锈蚀深度超过规定值时，该钢管不得使用。

② 钢臂弯曲变形应符合相关规范的规定。

3）扣件验收应符合下列规定：

① 扣件应有生产许可证、法定检测单位的测试报告和产品质量合格证。当对扣件质量有怀疑时，应按现行国家标准《钢管脚手架扣件》(GB 15831—2006）的规定抽样检测。

② 新、旧扣件均应进行防锈处理。

③ 扣件的技术要求应符合现行国家标准《钢管脚手架扣件》(GB 15831—2006）的相关规定。

4）扣件进入施工现场应检查产品合格证，并应进行抽样复试，技术性能应符合现行国家标准《钢管脚手架扣件》(GB 15831—2006）的规定。扣件在使用前应逐个挑选，有裂缝、变形，螺栓出现滑丝的严禁使用。

5. 安全管理

1）扣件式钢管脚手架的安装与拆除人员必须是经考核合格，持证上岗的专业架子工。

2）搭拆脚手架人员必须戴安全帽，系安全带，穿防滑鞋。

3）脚手架的构配件质量与搭设质量应按相关规范的规定进行检查验收，并应在确认合格后使用。

4）钢管上严禁打孔。

5）作业层上的施工荷载应符合设计要求，不得超载。不得将模板支架、缆风绳、泵送混凝土和砂浆的输送管等固定在架体上。严禁悬挂起重设备，严禁拆除或移动架体上的安全防护设施。

6）满堂支撑架在使用过程中，应设有专人监护施工。当出现异常情况时，应立即停止施工，并迅速撤离作业面上人员。在采取确保安全的措施后，应查明原因、作出判断和处理。

7）满堂支撑架顶部的实际荷载不得超过设计规定。

8）当有六级及以上强风、浓雾、雨或雪天气时，应停止脚手架搭设与拆除作业，雨、雪后上架作业应有防滑措施，并应扫除积雪。

9）夜间不宜进行脚手架搭设与拆除作业。

10）脚手架的安全检查与维护应按相关规定进行。

11）脚下板应铺设牢靠、严实，并用安全网双层兜底。施工层以下每 10m 应用安全网封闭。

12）单、双排脚手架和悬挑式脚手架沿架体外围应用密目式安全网全封闭。密目式安全网宜设置在脚手架外立杆的内侧，并与架体绑扎牢固。

13）在脚手架使用期间，严禁拆除下列杆件：

① 主节点处的纵、横向水平杆和纵、横向扫地杆。

② 连墙件。

14）当在脚手架使用过程中开挖脚手架基础下的设备基础或管沟时，必须对脚手架采取加固措施。

15）满堂脚手架与满堂支撑架在安装过程中，应采取防倾覆的临时固定措施。

16）临街搭设脚手架时，外侧应有防止坠物伤人的防护措施。

17）在脚手架进行电、气焊作业时，应有防火措施，且有专人看守。

18）工地临时用电线路的架设及脚手架接地、避雷措施等，应按现行行业标准《施工现场临时用电安全技术规范》(JGJ 46—2005）的有关规定执行。

19）搭拆脚手架时，地面应设围栏和警戒标志，并应派专人看守，严禁非操作人员入内。

任务3　框架梁模板施工

【学习目标】

1. 掌握梁模板支架搭设方法。
2. 掌握梁模板的配制方法。
3. 掌握梁模板的安装过程。
4. 了解梁模板的质量验收要求。
5. 培养通过梁模板理论知识的学习，结合本次实训方案，锻炼实践操作能力，培养安全规范操作的能力；培养精益求精的工作精神，模板的组装要求较高，空隙的大小决定着后期混凝土浇筑成品的质量。

【任务描述】

依据附录结施-07 二层梁、板配筋图进行梁模板支架搭设、梁模板的配制与安装，并按规范要求进行验收。

【相关知识】

梁的特点是跨度较大而宽度一般不大，梁高可达到 1m 左右，工业建筑有高达 2m 以上的情况。梁的下面一般是架空的，因此混凝土对梁模板既有横向侧压力，又有垂直压力。梁模板及其支架系统要能承受这些荷载而不致发生超过规范允许的过大变形。梁模板主要由底模、侧模、支撑系统组成。

【任务准备】

一、实训仪器与工具

实训仪器与工具见表 4-6。

表 4-6 实训仪器与工具

序号	工具名称	数量	序号	工具名称	数量
1	经纬仪或全站仪	1 台	6	50m 长卷尺	1 把
2	水准仪	1 台/2 组	7	活动扳手	2 把/组
3	水准尺	1 套/2 组	8	小铁锤	1 把/组
4	尼龙线	1 束/组	9	木工笔	1 根/组
5	5m 钢卷尺	1 把/组	10	线锤	1 把/组

二、实训材料

钢模板、连接角模、钢管、扣件、U 形卡等。

【任务实施】

采用组合钢模板，根据附录图纸中的二层梁配筋图、二层结构平面图进行梁模板的施工。

一、梁模板支架搭设方案

梁模板支架搭设平面布置如图 4-37 所示，垂直布置如图 4-38 所示。施工中的注意事项有：

1. 梁模板搭设条件

梁模板支架是在已完成满堂支撑架的基础上进行搭设的。

2. 梁底模板支架标高确定

根据梁模板的施工顺序，梁底模板是放置在梁底小横杆上的，梁底小横杆是放置在梁底大横杆上的，梁底大横杆是固定在满堂支架的立杆上的，所以，只要梁底大横杆的标高确定了，梁底模板的支架标高也就确定了。确定梁底大横杆顶标高的依据为梁顶标高、相应梁截面高、梁底模板肋高（钢模板肋高为 55mm）和小横杆（梁底横向水平钢管）外径（48mm），即：

$$
\begin{aligned}
\text{大横杆顶标高} &= [+1.850(\text{梁顶标高})-0.4(\text{梁截面高})-0.055(\text{模板肋高})-0.048(\text{钢管外径}) \\
&\quad -0.007(\text{扣件壁厚})]\text{m} \\
&= +1.340\text{m}
\end{aligned}
$$

3. 梁模板支承节点处做法

纵横方向梁底模板支承的纵向水平杆在节点处容易交错，给支撑小横杆的架立带来不便，为此需在节点处适当增设附加立杆，如图 4-37 和图 4-38 所示。

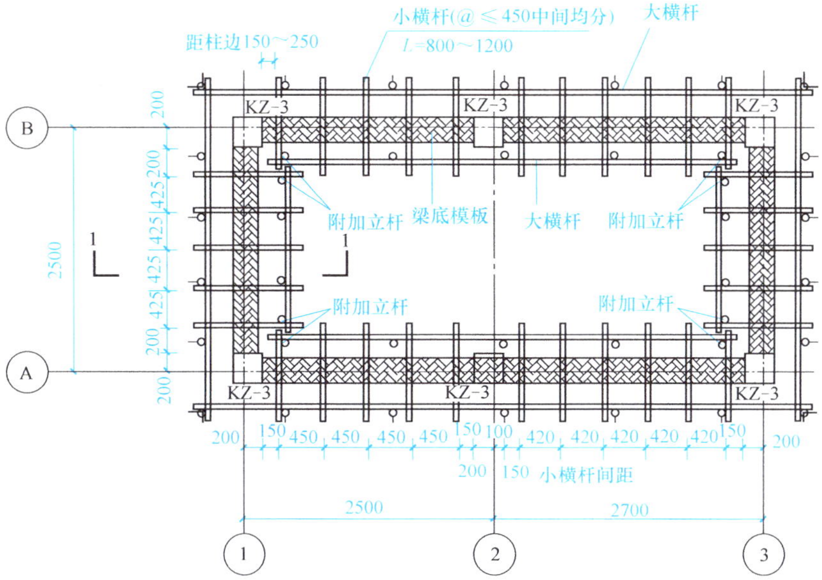

图 4-37 梁模板支架搭设平面布置

二、梁模板的施工

梁模板的主要施工流程有：搭设梁底大横杆→铺设梁底小横杆→铺梁底模板→安装梁侧板。

1. 搭设梁底大横杆

1）大横杆一般放在梁两侧立杆的内侧，有时为了避开相互干扰，也可以放在外侧。

2）根据+1.000 标记，在大横杆对应的立杆上标记出大横杆顶标高+1.340。

3）在标高+1.340 处用十字扣件扣在立杆上（小窍门：扣件圆弧上口标高同大横杆顶标高，如图 4-39 所示）。

4）把大横杆扣在十字扣件上，如图 4-39 所示。

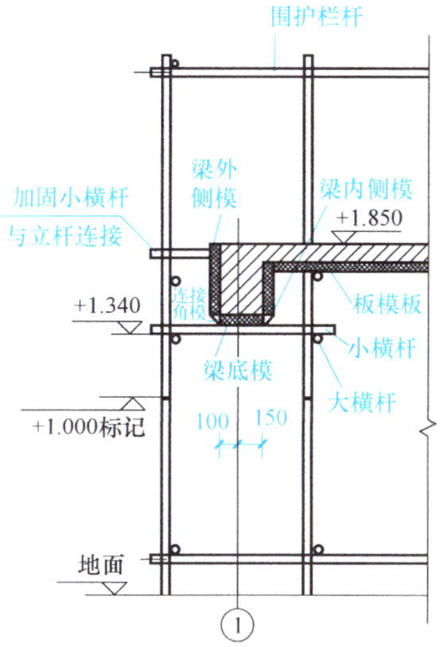

图 4-38 梁模板支架搭设垂直布置

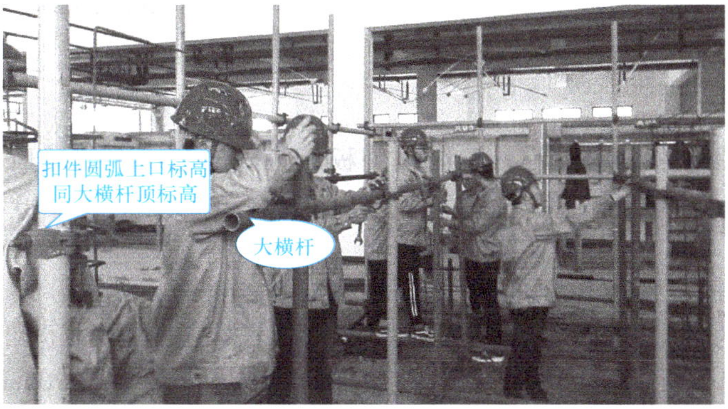

图 4-39 搭设梁底大横杆

4-4 搭设梁底大横杆

2. 铺设梁底小横杆

1）小横杆通过十字扣件直接固定在大横杆上，长度宜为 800～1200mm，如图 4-40 所示。

2）小横杆间距根据梁断面大小而定，本项目间距≤450mm，梁两端小横杆距柱边宜为 150～250mm，中间均分，如图 4-37 所示。

图 4-40 铺设梁底小横杆

4-5 铺设梁底小横杆

3. 铺梁底模板

1）根据图纸梁的大小，配制梁底模板，例如①轴线上的屋面框架梁 WKL2（1），断面尺寸为 250mm×400mm：

① 梁底宽为 250mm，选用宽度为 250mm 的钢模板。

② 梁底长度=(2500−200−200)mm=2100mm，选一块 P2512 与一块 P2509 组合，或一块 P2515 与一块 P2506 组合。

2）将配制好的梁底模板直接铺在小横杆上，两边用角模连接，如图 4-41 所示。

3）复核梁底标高。

4）根据轴线调整梁底模板的位置：两个方向都要与图纸相符。位置正确后，梁底模板两边各用三只（两端、中部各一只）十字扣件将其固定。

图 4-41 铺梁底模板

4-6 铺梁底模板

4. 安装梁侧板

（1）配置梁侧板 根据图纸中梁的大小，配制梁侧板，例如①轴线上的屋面框架梁 WKL2（1），断面尺寸为 250mm×400mm。

1）梁外侧板。

① 梁外侧板高度为 400mm：选两块宽度为 200mm 的钢模板组合，或选一块宽度为 300mm 与一块宽度为 100mm 的钢模板组合（若模板规格不全，局部高于 400mm 也可以）。

② 梁外侧板长度同梁底模板长度（2100mm）：选一块长 1200mm 与一块长 900mm 的钢模板组合，或一块长 1500mm 与一块长 600mm 的钢模板组合。

2）梁内侧板。

① 梁内侧板高度为300mm（400mm 梁高−100mm 楼板厚）：直接选宽度为300mm 的钢模板。

② 梁内侧板长度同梁外侧板长度（2100mm）：长度组合同梁外侧板组合。

（2）安装梁内、外侧板　通过梁底模两边的角模安装在梁底模的两边，如图4-42所示。

（3）固定梁侧板　外侧板可通过小横杆与立杆（或水平杆）加固，如图4-38所示；内侧板紧靠板模板，等板模板铺设时一起加固。加固后的梁侧板水平方向应平直（可拉线测），竖直方向应垂直（可吊线测）。

图4-42　安装梁侧板

4-7　安装梁侧板

【质量标准】

梁模板的质量检查验收详见本书项目1的任务6。

任务4　框架梁钢筋施工

【学习目标】

1. 掌握梁钢筋的配料方法。
2. 掌握梁钢筋的加工过程。
3. 掌握梁钢筋的绑扎过程。
4. 了解梁钢筋的质量验收要求。
5. 回顾前面梁钢筋理论知识的学习，结合本次实训任务，再一次强化同学们对钢筋识图、下料计算的能力提升，检验前期知识的积累应用；培养举一反三的思考能力，通过实践操作练习巩固所学理论知识，达到知行合一的培养目标。

【任务描述】

依据附录结施-07进行梁钢筋的配料、加工、绑扎，并按规范要求进行验收。

【相关知识】

一、梁钢筋构造

框架梁中的主要钢筋有上部通长纵筋、上部支座非通长纵筋、下部通长纵筋、箍筋

（加密区与非加密区间距不同），如图 4-43 所示。有的梁还有架立筋、两侧的通长构造筋或受扭筋等。

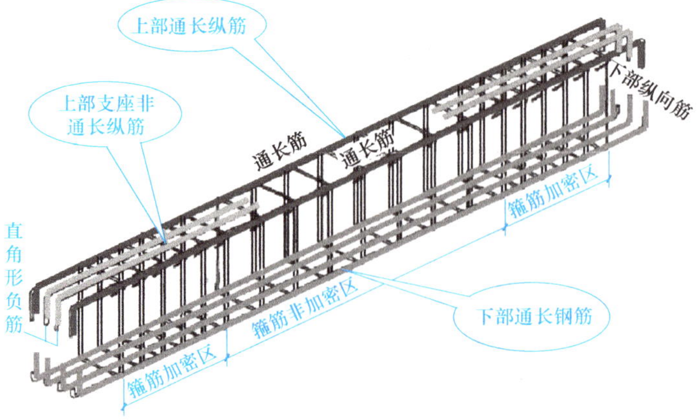

图 4-43 梁钢筋构造示意图

二、梁钢筋连接

梁钢筋连接主要采取机械连接、焊接和绑扎几种方式。

采用机械连接或焊接的接头不宜设置在框架梁端的箍筋加密区。采用机械连接的接头，同一连接区段内（35d 和 500mm 取大值），纵向受力钢筋的接头面积百分率不宜大于 25%。直接承受动力荷载的结构构件中，不宜采用焊接接头。

绑扎连接时，一是要注意钢筋的搭接长度。钢筋的搭接长度和混凝土的强度等级、钢筋的类别、钢筋的直径有关。二是要注意同一连接区段 $1.3l_{lE}$（$1.3l_l$）内，纵向受力钢筋的接头面积百分率不应大于 25%。

【任务准备】

一、实训仪器与工具

实训仪器与工具见表 4-7。

表 4-7 实训仪器与工具

序号	工具名称	数量	序号	工具名称	数量
1	钢筋弯折机	1 台/2 组	6	5m 钢卷尺	2 把/组
2	箍筋加工台	1 台/组	7	扎钩	3 把/组
3	水准仪（尺）	1 套/组	8	钢筋切断机	1 台
4	钢筋剪	1 把/2 组	9	墨水笔或粉笔	2 支/组
5	尼龙线	1 束/组	10	50m 长卷尺	1 把

二、实训材料

钢筋、扎丝、梁保护层塑料垫块等。

【任务实施】

一、梁钢筋下料

1. 梁纵筋下料

根据图纸及梁纵筋所选择的连接方式，按照图集22G101-1的相关构造要求，确定每根梁每种纵筋的下料长度。

2. 梁箍筋下料

梁箍筋下料长度=箍筋周长+箍筋调整值

梁箍筋数量根据加密区、非加密区范围计算确定。

二、梁钢筋加工

梁钢筋的加工程序主要有：调直、剪切、弯曲，如图4-44所示，施工方法与基础钢筋相似。

图4-44 梁箍筋弯曲

4-8 梁箍筋弯曲

三、梁钢筋绑扎安装

梁钢筋绑扎安装的工艺流程为：画梁箍筋位置线→摆放梁箍筋→穿梁下层纵向钢筋及弯起钢筋→绑扎下层筋→放梁上部纵筋并绑扎→垫梁垫块（塑料垫块或水泥砂浆垫块）。

1. 画梁箍筋位置线

按设计图样的要求，用粉笔或墨线在梁侧板上画出箍筋位置线。

2. 摆放梁箍筋

按画好的箍筋位置线摆放梁箍筋。

3. 穿梁下层纵向钢筋及弯起钢筋

穿梁下层纵向钢筋及弯起钢筋，将梁箍筋按已经画好的位置逐个分开。

4-9 梁钢筋绑扎

4. 绑扎下层筋

将下层纵向钢筋及弯起钢筋下部与套好的箍筋绑扎好。

5. 放梁上部纵筋并绑扎

放梁上部纵筋，按画好的间距将上部纵筋与箍筋绑扎牢。

6. 垫梁垫块

根据设计对保护层的要求，将塑料垫块或水泥砂浆垫块放置于梁箍筋下面。

【质量标准】

1. 梁钢筋验收的要点

1）纵向受力钢筋的品种、规格、数量、位置等。

2）受力钢筋连接可靠，在同一连接区段内，纵向受力钢筋搭接接头面积百分率要满足规范要求。

3）箍筋的品种、规格、数量。

4）箍筋弯钩的弯折角度：对一般结构，不应小于90°；对有抗震等要求的结构，应为135°。

5）箍筋弯钩后平直部分长度：对一般结构，不宜小于箍筋直径的5倍；对有抗震等要求的结构，不宜小于箍筋直径的10倍。

6）梁箍筋应与受力钢筋垂直，梁中箍筋封闭口的位置应尽量放在梁上部有现浇板的位置，并交错放置。

7）梁箍筋的加密区要满足规范要求。

8）对梁侧面构造钢筋，纵向钢筋的搭接长度与构造钢筋锚入柱的长度可取15d。对梁侧面受扭纵向钢筋，纵向钢筋的搭接长度为 l_l 或 l_{lE}，锚入柱的长度和方式同框架梁下部纵筋。

9）钢筋安装完毕后，应检查钢筋绑扎是否牢固，间距和锚固长度是否达到要求，混凝土保护层是否符合规定。

2. 检查方法和允许偏差

钢筋安装位置的允许偏差和检验方法应符合表1-13的规定。

项目5 钢筋混凝土板施工

【项目概述】

根据施工图纸和相关规范要求，首先进行板模板的配制、拼装和安装，再进行板钢筋的下料计算、制作和安装。

任务1　钢筋混凝土板施工图识读

【学习目标】

1. 掌握钢筋混凝土板平法施工图制图规则。
2. 掌握钢筋混凝土板的构造要求。
3. 培养查阅图集，对应知识点的自主学习能力；培养识读板配筋图能力，能够对应图集进行钢筋下料计算与准确填写钢筋下料单；培养快速准确的计算能力与一丝不苟的负责能力。

【任务描述】

学习板平法施工图制图规则；结合实训项目结构施工图，识读楼层结构平面图。

【相关知识】

钢筋混凝土板分为有梁楼盖板和无梁楼盖板两种，施工图制图规则参考图集22G101-1。钢筋混凝土板主要有平面注写与截面注写两种表达方式，识图者应当注意结合梁板的定位尺寸看懂板施工图。

一、有梁楼盖板平法施工图识读

有梁楼盖板的制图规则适用于以梁为支座的楼面与屋面板平法施工设计。有梁楼盖板平法施工图是在楼面板和屋面板布置图上采用平面注写的表达方式。

1. 一般规定

为方便设计表达式和施工识图，规定结构平面的坐标方向为：

1）当两向轴网正交布置时，图面从左至右为 X 向，从下至上为 Y 向。

2）当轴网转折时，局部坐标方向顺轴网转折角度作相应转折。

3）当轴网向心布置时，切向为 X 向，径向为 Y 向。

此外，对于平面布置比较复杂的区域，如轴网转折交界区域、向心布置的核心区域等，其平面坐标方向应由设计者另行规定，并在图上明确表示。

2. 平面注写方式

有梁楼盖板的平面注写包括板块集中标注和板支座原位标注两部分内容。

（1）板块集中标注

1）板块集中标注的内容为：板块编号、板厚、贯通纵筋以及当板面标高不同时的标高高差。

对于普通楼面，两向均以一跨为一板块；对于密肋楼盖，两向主梁（框架梁）均以一跨为一板块（非主梁密肋不计）。所有板块应逐一编号，相同编号的板块可择其一作集中标注，其他仅注写置于圆圈内的板编号，以及当板面标高不同时的标高高差。

板块编号应符合表 5-1 的规定。

板厚注写为 h=×××（垂直于板面的厚度）；当悬挑板的端部改变截面厚度时，用斜线分隔根部与端部的高度值，注写为 h=×××/×××；当设计者已在图注中统一注明板厚时，此项可不注。

表 5-1 板块编号

板 类 型	代 号	序 号
楼面板	LB	××
屋面板	WB	××
悬挑板	XB	××

贯通纵筋按板块的下部和上部分别注写（当板块上部不设贯通纵筋时则不注），并以 B 代表下部，以 T 代表上部，B&T 代表下部与上部。X 向贯通纵筋以 X 打头，Y 向贯通纵筋以 Y 打头，两向贯通纵筋配置相同时则以 X&Y 打头。

对单向板，分布筋可不必注写，而在图中统一注明。

当在某些板内（例如在悬挑板 XB 的下部）配置有构造钢筋时，则 X 向以 X_c、Y 向以 Y_c 打头注写。

当 Y 向采用放射配筋时（切向为 X 向，径向为 Y 向），设计者应注明配筋间距的定位尺寸。

当贯通纵筋采用两种规格钢筋“隔一布一”方式时，“隔一布一”即非贯通纵筋的标注间距与贯通纵筋相同，两者组合后的实际间距为各自标注间距的 1/2。当设定的贯通纵筋为纵筋总截面面积的 50%时，两种钢筋取不同直径，表达为Φ××/yy@ ×××，表示直径为××的钢筋和直径为 yy 的钢筋二者之间的间距为×××，直径为××的钢筋的间距为×××的 2 倍，直径为 yy 的钢筋的间距为×××的 2 倍。

板面标高高差是指相对于结构层楼面标高的高差，应将其注写在括号内，且有高差则注，无高差则不注。

【例 5-1】 有一楼面板块注写为：LB5 h=110；B：XΦ12@ 120，YΦ10@ 110。

表示 5 号楼面板，板厚 110mm，板下部配置的贯通纵筋 X 向为Φ12@ 120mm，Y 向为Φ10 @ 110mm，板上部未配置贯通纵筋。

【例 5-2】 有一楼面板块注写为：LB5 h=110；B：XΦ10/12@ 120，YΦ10@ 110。

表示 5 号楼面板，板厚 110mm，板下部配置的贯通纵筋 X 向为Φ10、Φ12 隔一布一，Φ10 与Φ12 之间的间距为 120mm；Y 向为Φ10@ 110mm，板上部未配置贯通纵筋。

【例 5-3】 有一悬挑板注写为：XB2 $h=150/100$；B：X_c&Y_cΦ8@200。

表示 2 号悬挑板，板根部厚 150mm，端部厚 100mm，板下部配置构造钢筋双向均为Φ8@200mm（上部受力钢筋见板支座原位标注）。

2）同一编号板块的类型、板厚和贯通纵筋均应相同，但板面标高、跨度、平面形状以及板支座上部非贯通纵筋可以不同，如同一编号板块的平面形状可为矩形、多边形及其他形状等。施工预算时，应根据其实际平面形状，分别计算各块板的混凝土与钢材用量。

（2）板支座原位标注

1）板支座原位标注的内容为：板支座上部非贯通纵筋和悬挑板上部受力钢筋。

板支座原位标注的钢筋，应在配置相同跨的第一跨表达（当在悬挑部位单独配置时，则在原位表达）。在配置相同跨的第一跨（或梁悬挑部位），垂直于板支座（梁或墙）绘制一段适宜长度的中粗实线（当该筋通常设置在悬挑板或短跨板上部时，实线段应画至对边或贯通短跨），以该线段代表支座上部非贯通纵筋，并在线段上方注写钢筋编号（如①、②等）、配筋值、横向连续布置的跨数（注写在括号内，且当为一跨时可不注）以及是否横向布置到梁的悬挑端。

【例 5-4】 （××）为横向布置的跨数，（××A）为横向布置的跨数及一端的悬挑梁部位，（××B）为横向布置的跨数及两端的悬挑梁部位。

板支座上部非贯通纵筋自支座中线向跨内的伸出长度，注写在线端向的下方位置。

当中间支座上部非贯通纵筋向支座两侧对称伸出时，可仅在支座一侧线端向下方标注伸出长度，另一侧不注，如图 5-1 所示。

当中间支座上部非贯通纵筋向支座两侧非对称伸出时，应分别在支座两侧线端向下方注写伸出长度，如图 5-2 所示。

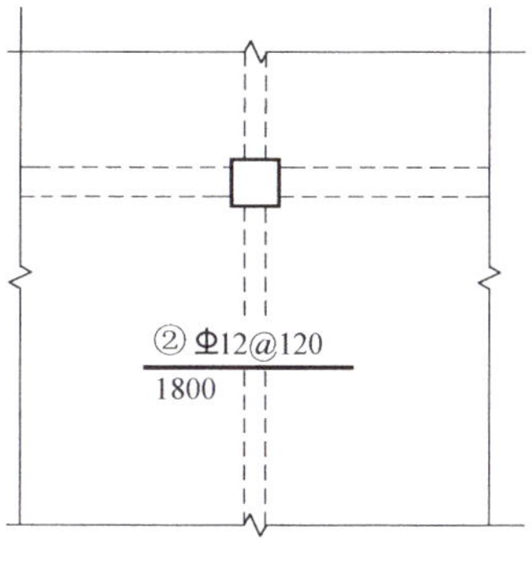

图 5-1 中间支座上部非贯通纵筋对称伸出

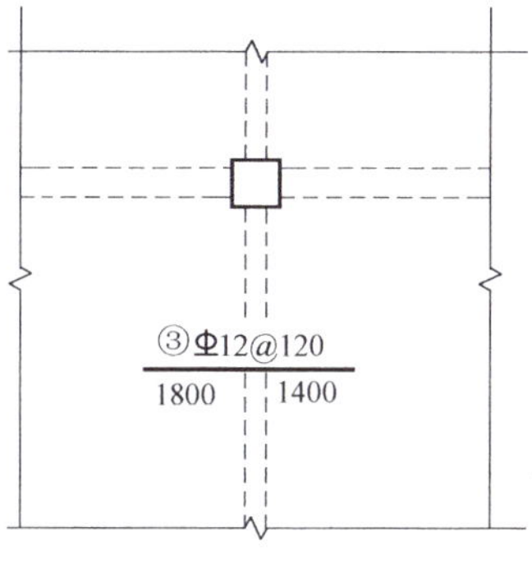

图 5-2 中间支座上部非贯通纵筋非对称伸出

对线段画至对边，贯通全跨或贯通全悬挑长度的上部通长纵筋，贯通全跨或伸出至全悬挑一侧的长度不注，只注明非贯通纵筋另一侧的伸出长度，如图 5-3 所示。

当板支座为弧形，支座上部非贯通纵筋呈放射状分布时，设计者应注明配筋间距的度量位置，并加注“放射分布”四字，必要时应补绘平面配筋图，如图 5-4 所示。

悬挑板的注写方式如图 5-5 所示。当悬挑板端部厚度不小于 150mm 时，设计者应指定板端部封边构造方式。当采用 U 形钢筋封边时，还应指定 U 形钢筋的规格、直径。

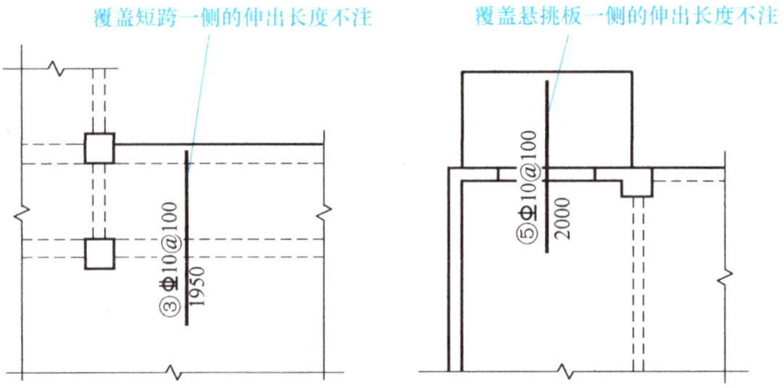

图 5-3　板支座非贯通纵筋贯通全跨或伸出至悬挑端

在板平面布置图中，不同部位的板支座上部非贯通纵筋及悬挑板上部受力钢筋可仅在一个部位注写。对与其规格相同的钢筋，则仅需在代表钢筋的线段上注写编号，并按本条规则注写横向连续布置的跨数即可。

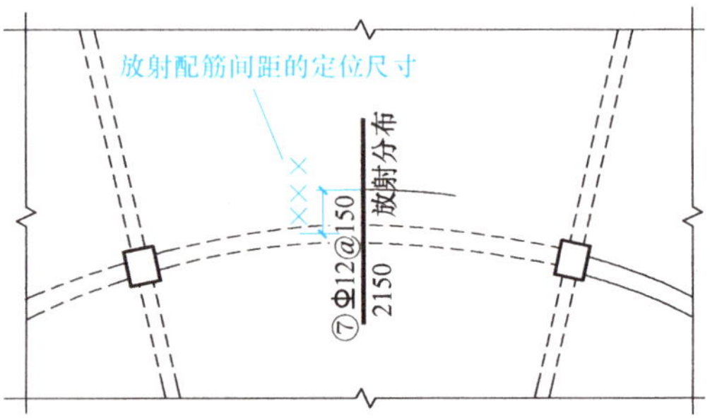

图 5-4　弧形支座处放射配筋

【例 5-5】 在板平面布置图某部位，横跨支承梁绘制的对称线段上注有⑦Φ12@100（5A）和 1500，表示支座上部⑦号非贯通纵筋为Φ12@100mm，从该跨起沿支承梁连续布置 5 跨加梁一端的悬挑端，该筋自支座中线向两侧跨内的伸出长度均为 1500mm。在同一板平面布置图的另一部位，横跨梁支座绘制的对称线段上注有⑦号纵筋，沿支承梁连续布置 2 跨，且无梁悬挑端布置。

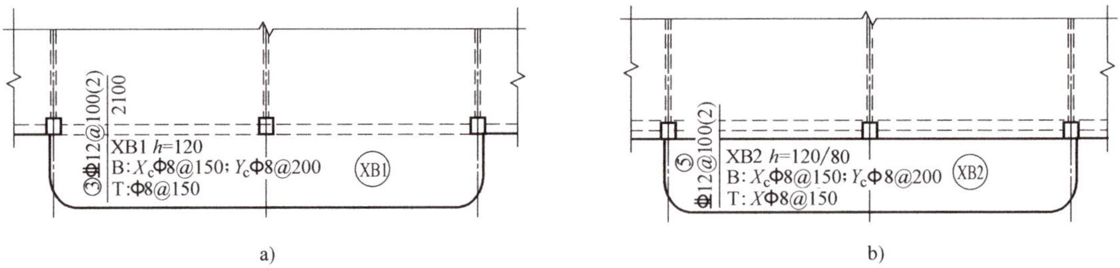

图 5-5　悬挑板支座非贯通纵筋

此外，与板支座上部非贯通纵筋垂直，且绑扎在一起的构造钢筋或分布钢筋，应由设计者在图中注明。

2）当板的上部已配置有贯通纵筋，但需增配板支座上部非贯通纵筋时，应结合已配置的同向贯通纵筋的直径与间距采取“隔一布一”的方式配置。

【例 5-6】 板上部已配置贯通纵筋Φ12@250，该跨同向配置的上部支座非贯通纵筋为⑤Φ12@250，表示在该支座上部设置的纵筋实际为Φ12@125mm，其中 1/2 为贯通纵筋，1/2

为⑤号非贯通纵筋（伸出长度略）。

【例 5-7】 板上部已配置贯通纵筋Φ10@250，该跨配置的上部同向支座非贯通纵筋为③Φ12@250，表示该跨实际设置的上部纵筋为Φ10和Φ12间隔布置，二者之间间距为125mm。

施工中应注意：当支座一侧设置了上部贯通纵筋（在板集中标注中以T打头），而在支座另一侧仅设置了上部非贯通纵筋时，如果支座两侧设置的纵筋直径、间距相同，应将二者连通，避免各自在支座上部分别锚固。

二、无梁楼盖平法施工图识读

无梁楼盖平法施工图是在楼面板和屋面板布置图上采用平面注写的表达方式。

板平面注写主要包括板带集中标注、板带支座原位标注。此外，还有暗梁平面注写。

1. 板带集中标注

集中标注应在板带贯通纵筋配置相同跨的第一跨（*X* 向为左端跨，*Y* 向为下端跨）注写。相同编号的板带可择其一作集中标注，其他板带仅注写编号（注在圆圈内）。

板带集中标注的具体内容为：板带编号、板带厚、板带宽和贯通纵筋。

板带编号应符合表5-2的规定。

表 5-2 板带编号

板带类型	代 号	序 号	跨数及有无悬挑
柱上板带	ZSB	××	(××)、(××A)或(××B)
跨中板带	KZB	××	(××)、(××A)或(××B)

注：1. 跨数按柱网轴线计算（两相邻柱轴线之间为一跨）。
2. (××A) 为一端有悬挑，(××B) 为两端有悬挑，悬挑不计入跨数。

板带厚注写为 h=×××，板带宽注写为 b=×××。当无梁楼盖板的整体厚度和板带宽度已在图中注明时，此项可不注。

贯通纵筋按板带下部和板带上部分别注写，并以B代表下部，T代表上部，B&T代表下部和上部。当采用放射配筋时，设计者应注明配筋间距的度量位置，必要时补绘配筋平面图。

【例 5-8】 设有一板带注写为：ZSB2（5A） h=300，b=3000，B=Φ16@100，T=Φ14@200。

表示2号柱上板带，有5跨且一端有悬挑；板带厚300mm，宽3000mm；板带配置贯通纵筋下部为Φ16@100mm，上部为Φ14@200mm。

2. 板带支座原位标注

1）板带支座原位标注的具体内容为：板带支座上部非贯通纵筋。

以一段与板带同向的中粗实线段代表板带支座上部非贯通纵筋；对柱上板带，实线段贯穿柱上区域绘制；对跨中板带，实线段横贯柱网轴线绘制。在线段上注写钢筋编号（如①、②等）、配筋值，在线段的下方注写自支座中线向两侧跨内的伸出长度。

当板带支座非贯通纵筋自支座中线向两侧对称伸出时，其伸出长度可仅在一侧标注；当配置在有悬挑端的边柱上时，该筋伸出到悬挑尽端，设计不注。当支座上部非贯通纵筋呈放射分布时，设计者应注明配筋间距的定位位置。

不同部位的板带支座上部非贯通纵筋相同者，可仅在一个部位注写，其余则在代表非贯通纵筋的线段上注写编号。

【例 5-9】 设有平面布置图的某部位，在横跨板带支座绘制的对称线段上注有Φ18@250，在线段一侧的下方注有 1500，表示支座上部⑦号非贯通纵筋为Φ18@250mm，自支座中线向两侧跨内的伸出长度均为 1500mm。

2）当板带上部已经配有贯通纵筋，但需增加配置板带支座上部非贯通纵筋时，应结合已配同向贯通纵筋的直径与间距，采取“隔一布一”的方式配置。

3. 暗梁平面注写

暗梁平面注写包括暗梁集中标注、暗梁支座原位标注两部分内容。施工图中，在柱轴线处画中粗虚线表示暗梁。

1）暗梁集中标注包括暗梁编号、暗梁截面尺寸（箍筋外皮宽度×板厚）、暗梁箍筋、暗梁上部通长筋或架立筋四部分内容。暗梁编号应符合表 5-3 的规定。

表 5-3 暗梁编号

构建类型	代号	序号	跨数及有悬挑
暗梁	AL	××	(××)、(××A)或(××B)

注：1. 跨数按柱网轴线计算（两条相邻柱轴线之间为一跨）。
2. (××A) 为一端有悬挑，(××B) 为两端有悬挑，悬挑不计入跨数。

2）暗梁支座原位标注包括梁支座上部纵筋、梁下部纵筋。当在暗梁上集中标注的内容不适用于某跨或某悬挑端时，则将其不同数值标注在该跨或该悬挑端，施工时按原位注写取值。

暗梁中，纵向钢筋连接、锚固及支座上部纵筋的伸出长度等要求同轴线处柱上板带中的纵向钢筋。

三、楼板相关构造制图规则

1. 楼板相关构造的表示方法

楼板相关构造的平法施工图设计是在板平法施工图上采用直接引注方式表达的。

2. 楼板相关构造类型与编号

楼板相关构造类型与编号按表 5-4 的规定。

表 5-4 楼板相关构造类型与编号

构造类型	代号	序号	说　明
纵筋加强带	JQD	××	以单向加强纵筋取代原位置配筋
后浇带	HJD	××	有不同的留筋方式
柱帽	ZM_X	××	适用于无梁楼板
局部升降板	SJB	××	板厚及配筋与所在板相同;构造升降高度≤300mm
板加腋	JY	××	腋高与腋宽可选注
板开洞	BD	××	最大变长或直径<1 m;加强筋长度有全跨贯通和自洞边锚固两种
板翻边	FB	××	翻边高度≤300mm
角部加强筋	Crs	××	以上部双向非贯通加强钢筋取代原位置非贯通配筋
悬挑板阴角附加筋	Cis	××	板悬挑阴角上部斜面附加钢筋

（续）

构造类型	代号	序号	说　明
悬挑板阳角放射筋	Ces	××	板悬挑阳角上部放射筋
抗冲切箍筋	Rh	××	通常用于无柱帽无梁楼盖板的柱顶
抗冲切弯起筋	Rb	××	通常用于无柱帽无梁楼盖板的柱顶

3. 楼板相关构造制图规则

（1）纵筋加强带 JQD 的引注　纵筋加强带的平面形状及定位由平面布置图表达，加强带内配置的加强贯通纵筋等由引注内容表达。

纵筋加强带设单向加强贯通纵筋，取代其所在位置板中原配置的同向贯通纵筋。根据受力需要，加强贯通纵筋可在板下部配置，也可在板下部和上部均设置。纵筋加强带 JQD 的引注如图 5-6 所示。

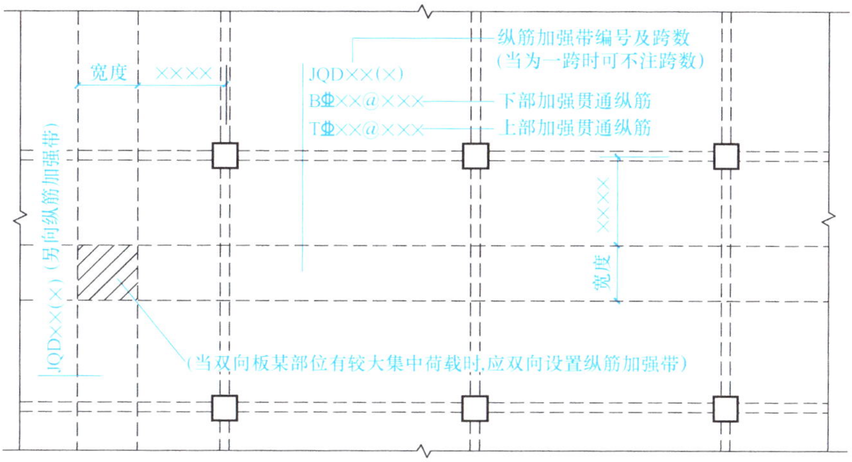

图 5-6　纵筋加强带 JQD 引注图示

当板下部和上部均设置加强贯通纵筋，而板带上部横向无配筋时，加强带上部横向配筋应由设计者注明。当将纵筋加强带设置为暗梁形式时，应注写箍筋，其引注如图 5-7 所示。

（2）后浇带 HJD 的引注　后浇带的平面形状及定位由平面布置图表达，后浇带留筋方式等由引注内容表达，包括：

1）后浇带编号及留筋方式代号。22G101 图集提供了两种留筋方式，分别为：贯通和 100%搭接。

2）后浇混凝土的强度等级 C××，宜采用补偿收缩混凝土，设计者应注明相关施工要求。

3）当后浇带区域的留筋方式或后浇混凝土的强度等级不一致时，设计者应在图中注明与图示不一致的部位及做法。后浇带引注如图 5-8 所示。

贯通留筋的后浇带宽度通常大于或等于 800mm；100%搭接留筋的后浇带宽度通常取 800mm 与（l_l+60mm）或（l_{lE}+60mm）的较大值（l_l、l_{lE} 分别为受拉钢筋的搭接长度、受拉钢筋抗震的搭接长度）。

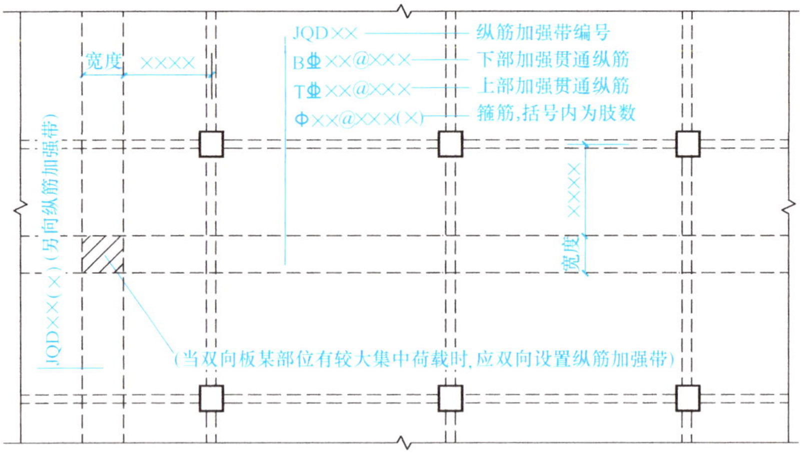

图 5-7 纵筋加强带 JQD 引注图示（暗梁形式）

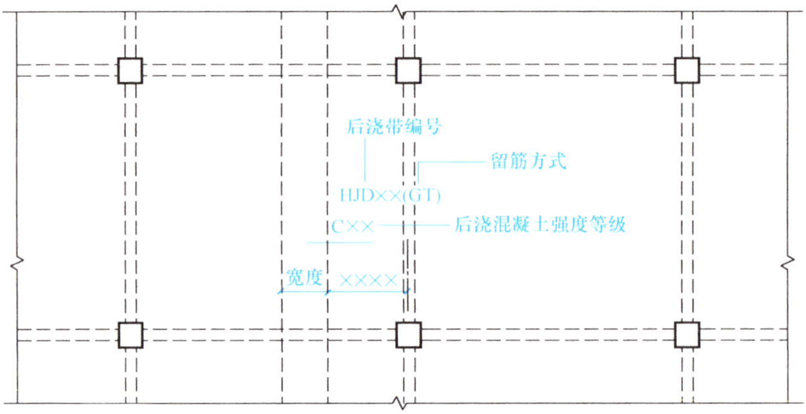

图 5-8 后浇带 HJD 引注图示（贯通留筋方式）

（3）局部升降板 SJB 的引注 局部升降板的平面形状及定位由平面布置图表达，其他内容由引注内容表达，如图 5-9 所示。

局部升降板的板厚、壁厚和配筋，在标准构造详图中取值与所在板块的板厚、配筋相同时，设计不注；当采用不同板厚、壁厚和配筋时，设计者应补充绘制截面配筋图。

局部升降板升高与降低的高度，在标准构造详图中限定为小于或等于 300mm，当高度大于 300mm 时，设计者应补充绘制截面配筋图。

（4）板开洞 BD 的引注 板开洞的平面形状及定位由平面布置图表达，洞的几何尺寸等由引注内容表达，如图 5-10 所示。

当矩形洞口边长或圆形洞口直径小于或等于 1000mm，且洞边无集中荷载作用时，洞边补强钢筋可按标准构造的规定设置，设计不注；当洞口周边的加强钢筋不伸至支座时，应在图中画出所有加强钢筋，并标注不伸至支座的钢筋长度。当具体工程所需要的补强钢筋与标准构造不同时，设计者应加以注明。

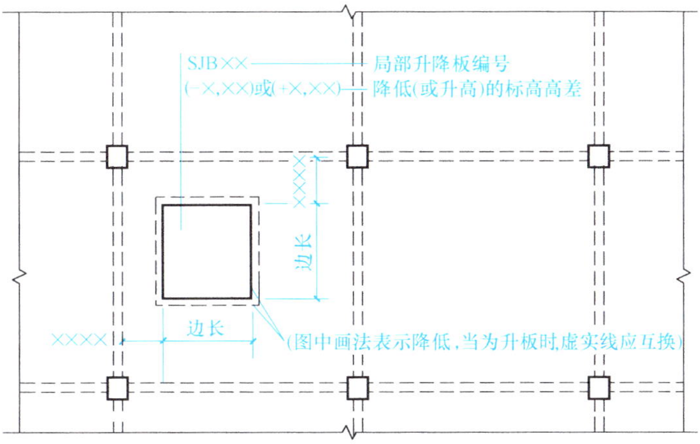

图 5-9 局部升降板 SJB 引注图示

当矩形洞口边长或圆形洞口直径大于 1000mm，或虽小于或等于 1000mm，但洞边有集中荷载作用时，设计者应根据具体情况采取相应的处理措施。

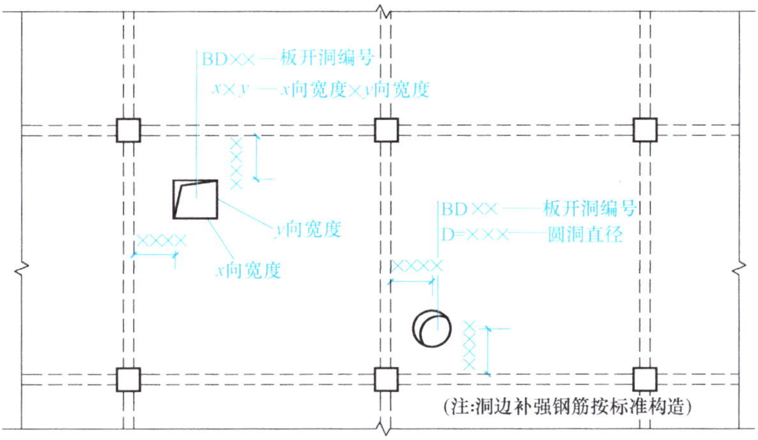

图 5-10 板开洞 BD 引注图示

（5）板翻边 FB 的引注 板翻边可为上翻边也可为下翻边，翻边尺寸等在引注内容中表达，翻边高度在标准构造详图中为小于或等于 300mm，如图 5-11 所示。当翻边高度大于 300mm 时，由设计者自行处理。

（6）角部加强筋 Crs 的引注 角部加强筋通常用于板块角区的上部，如图 5-12 所示，根据规范规定的受力要求选择配置。角部加强筋将在其分布范围内取代原配置的板支座上部非贯通纵筋，且当其分布范围内配有板上部贯通纵筋时，则间隔布置。

（7）悬挑板阳角放射筋 Ces 的引注 如图 5-13 和图 5-14 所示。

（8）悬挑板阴角附加筋 Cis 的引注 悬挑板阴角附加筋是指在悬挑板阴角部位斜放的附加钢筋，该附加钢筋设置在板上部悬挑受力钢筋的下面，如图 5-15 所示。

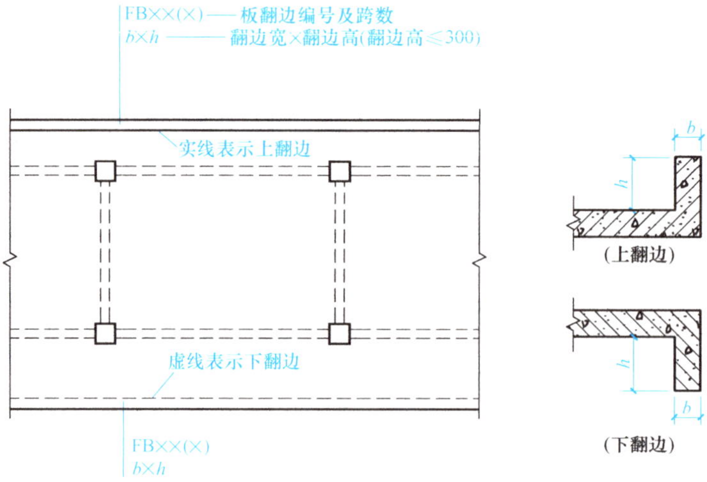

图 5-11 板翻边 FB 引注图示

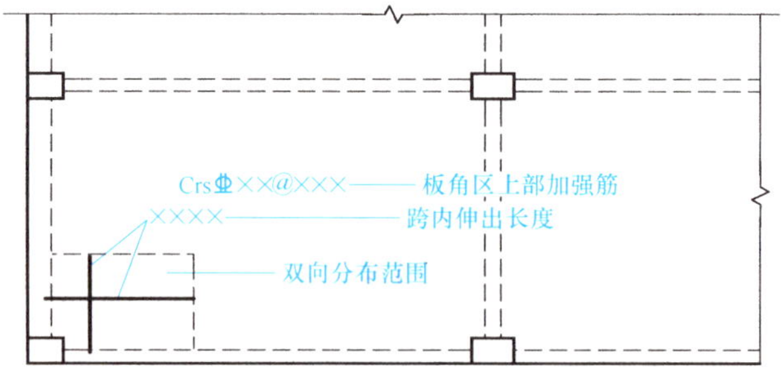

图 5-12 角部加强筋 Crs 引注图示

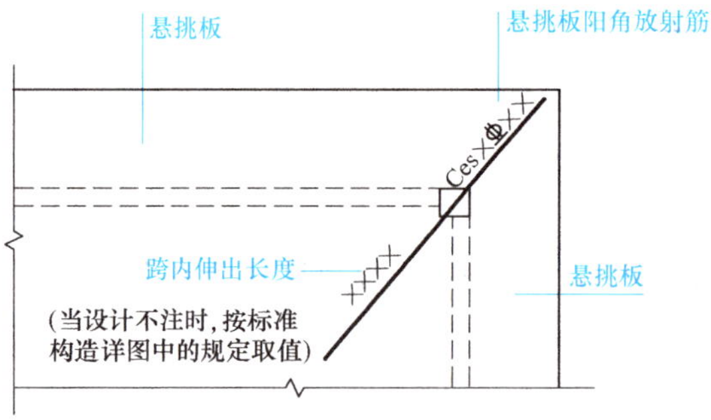

图 5-13 悬挑板阳角放射筋 Ces 引注图示（一）

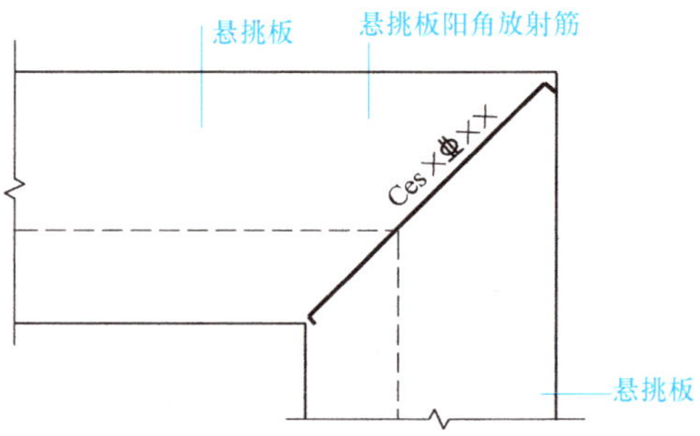

图 5-14 悬挑板阳角放射筋 Ces 引注图示（二）

（9）抗冲切箍筋 Rh 的引注 抗冲切箍筋通常在无柱帽无梁楼盖板的柱顶部位设置，如图 5-16 所示。

（10）抗冲切弯起筋 Rb 的引注 抗冲切弯起筋通常在无柱帽无梁楼盖板的柱顶部位设置，如图 5-17 所示。

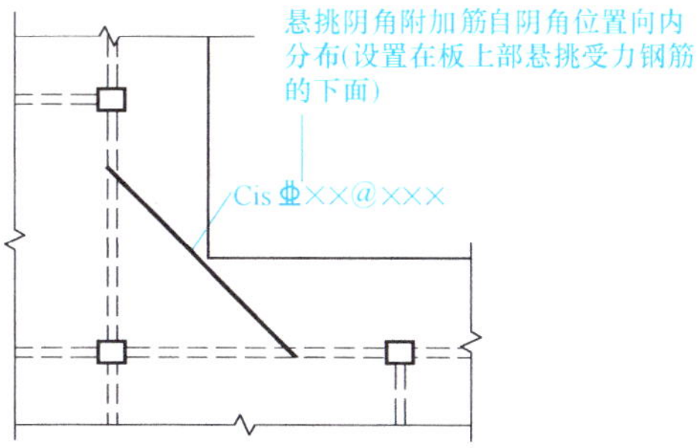

图 5-15 悬挑板阴角附加筋 Cis 引注图示

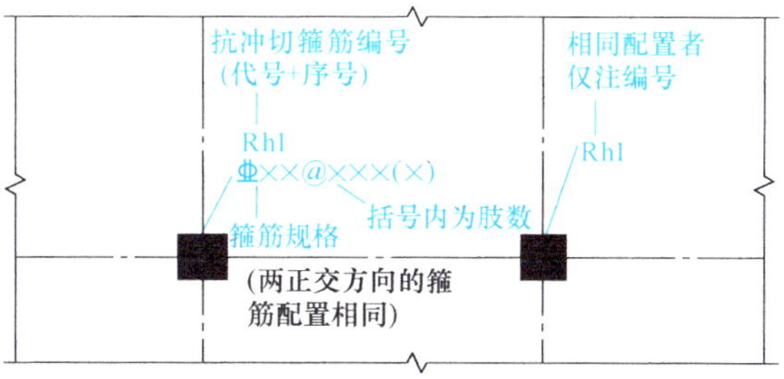

图 5-16 抗冲切箍筋 Rh 引注图示

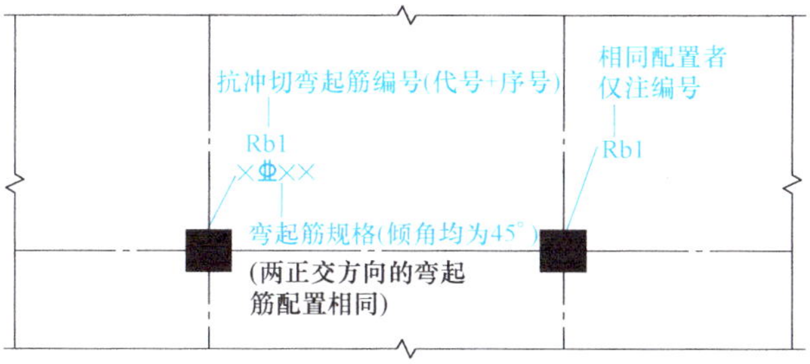

图 5-17 抗冲切弯起筋 Rb 引注图示

【任务实施】

根据板结构施工图，分别计算各板内钢筋的直线下料长度、根数及重量，编制钢筋配料单，作为备料加工和结算的依据。

一、一般计算原则

通过对有梁楼盖板和无梁楼盖板平法施工图的识读，可以知道板需要计算的钢筋按照所在位置及功能不同，可以分为受力钢筋和附加钢筋两大部分，见表 5-5。

表 5-5 板需要计算的钢筋

钢筋类型	钢筋名称	钢筋类型	钢筋名称
受力钢筋	板底钢筋	附加钢筋	温度钢筋
	板面钢筋		角部加强筋
	支座负筋		洞口附加筋

（1）板底通长筋长度及根数计算（参考 22G101-1）

1）板底通长筋长度计算如图 5-18 所示。

板底通长筋长度＝板净跨+左伸进长度+右伸进长度+弯钩增加值

当底筋伸入端部支座为剪力墙、梁时，伸进长度应伸到剪力墙、梁纵筋内侧，同时应考虑实际施工需要预留的尺寸（通常为一个钢筋直径）。

2）板底通长筋根数计算如图 5-19 所示。

板底通长筋根数＝[支座间净距(净跨)－100mm(或板筋间距)]/间距+1

（第一根钢筋距梁或墙边 50mm，第一根钢筋与梁角筋的间距为板筋间距的 1/2）

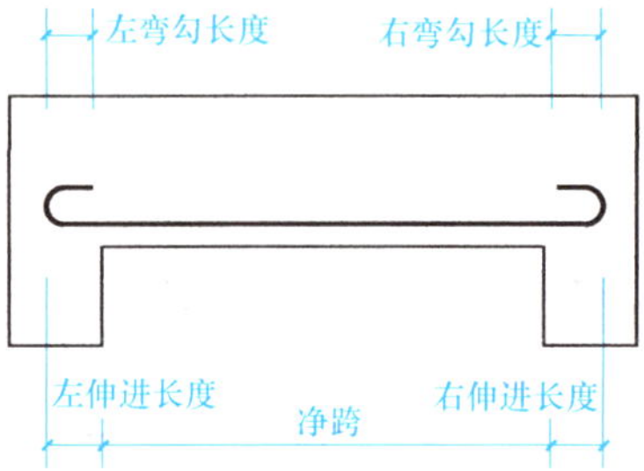

图 5-18　板底通长筋长度计算图

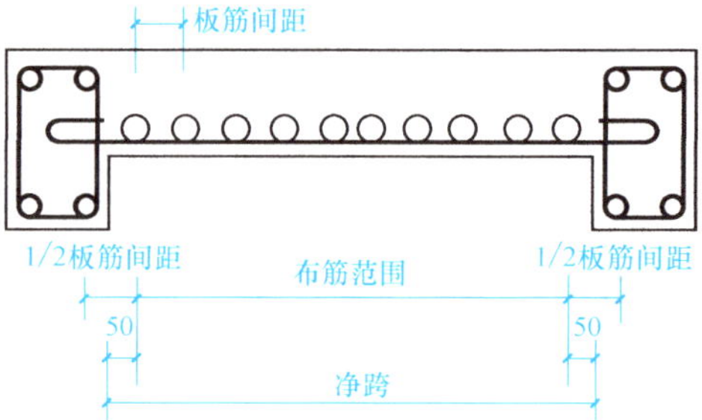

图 5-19　板底通长筋根数计算图

（2）板支座负筋长度计算（参考 22G101－1）

端支座负筋长度＝板内净长度＋深入端支座内长度＋左右弯折长度－量度差值

端支座负筋根数＝[支座净间距－100mm（或板筋间距）]/间距＋1

（第一根钢筋距梁或墙边 50mm，第一根钢筋与梁角筋的间距为板筋间距的 1/2）

（3）板分布筋计算

板分布筋长度＝两端支座负筋净距＋150mm×2

板分布筋根数＝支座负筋板内净长/分布筋间距＋1

二、案例

根据附录结施-07，试计算实训区域内的板钢筋下料长度。

任务 2　钢筋混凝土板模板施工

【学习目标】

1. 掌握钢筋混凝土板模板支架搭设方法。
2. 掌握钢筋混凝土板模板的配制方法。
3. 掌握钢筋混凝土板模板的安装过程。
4. 了解钢筋混凝土板模板的质量验收要求。
5. 培养通过前面模板理论基础知识的学习，结合本次实训方案，锻炼实践操作能力，培养安全规范操作的能力；培养精益求精的工作精神，模板的组装要求较高，模板位置、高度、支架的稳定性、拼缝的大小决定着后期混凝土浇筑成品的质量。

【任务描述】

依据附录结施-07 进行板模板支架搭设、板模板的配制与安装，并按规范要求进行验收。

【相关知识】

板模板是现浇混凝土成型用的板模型。板模板的安装一般是在满堂支撑架和梁模板基本搭设完成后进行的。板的特点是面积大而厚度一般不大，因此横向侧压力很小。板模板及其支架系统主要用于抵抗混凝土的垂直荷载和其他施工荷载，保证板不变形下垂。

【任务准备】

一、实训仪器与工具

实训仪器与工具见表5-6。

表5-6 实训仪器与工具

序号	工具名称	数量	序号	工具名称	数量
1	经纬仪或全站仪	1台	6	50m长卷尺	1把
2	水准仪	1台/2组	7	活动扳手	2把/组
3	水准尺	1套/2组	8	小铁锤	1把/组
4	尼龙线	1束/组	9	木工笔	1根/组
5	5m钢卷尺	1把/组	10	线锤	1把/组

二、实训材料

钢模板、连接角模、钢管、扣件、U形卡等。

【任务实施】

采用组合钢模板，根据附录结施-07进行板模板的施工。

一、板模板支架搭设方案

板模板支架搭设方案平面布置如图5-20所示，垂直布置如图5-21所示，施工中主要注意事项有：

1）板模板支架是在已完成满堂支撑架的基础上进行搭设的。

2）搭满堂支撑架时，若板下部立杆（内立杆）高度过高（或过低），应作更换调整，一般情况下，内立杆顶距板模板底约50mm。

3）板模板面标高及板底模板支架标高控制。根据板模板的施工顺序，板模板是放置在板底小横杆上的，板底小横杆是放置在板底大横杆上的，板底大横杆是固定在满堂支架的立杆上的，所以，只要板底大横杆的标高确定了，板模板的面标高也就确定了。确定板底大横杆顶标高的依据为板面标高、楼板厚度、板模板肋高（钢模板肋高为55mm）、小横杆（板模板底横向水平钢管）外径（48mm），即：

$$
\begin{aligned}
\text{大横杆顶标高} &= [+1.850(\text{板面标高})-0.1(\text{板厚})-0.055(\text{模板肋高})-0.048(\text{钢管外径})\\
&\quad -0.007(\text{扣件壁厚})]\text{m}\\
&=+1.640\text{m}
\end{aligned}
$$

由图纸得知，楼板浇筑混凝土后，面标高为+1.850m，板厚100mm，所以板模板铺设完成后，面标高应为（+1.850-0.1）m=+1.750m。

4）每块钢模板下面至少要保证有两根小横杆，外侧的小横杆距模板边约100mm，如图5-21所示。

5）图5-20所示为板模板拼装的一种方式，根据现场模板的规格，也可以采取其他方式拼装。

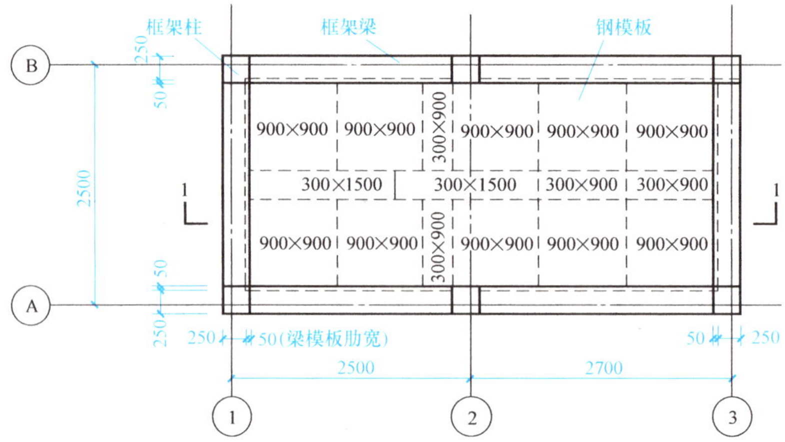

图5-20 二层板模板平面放样图

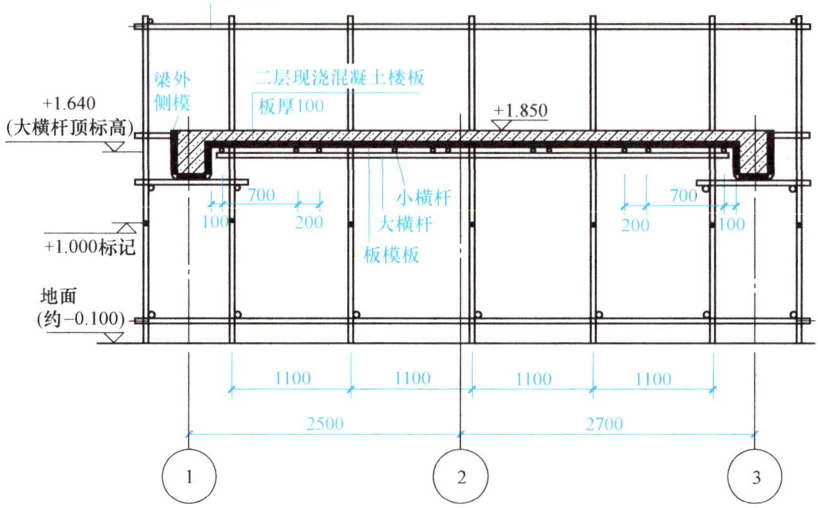

图5-21 板模板支架剖面图（1—1剖面）

二、板模板的施工

板模板的主要施工流程为：调整内立杆→搭设板底大横杆→铺设板底小横杆→铺板模板。

1. 调整内立杆

在搭满堂承重架时，因场地高低不平或钢管长短不一，内立杆可能高低不一。内立杆过低，大横杆无法架在其上；内立杆过高，板模板将无法铺设，所以应对内立杆进行调整或更换。内立杆的顶标高应该高于大横杆顶，且低于板模板底，如图 5-21 所示。

2. 搭设板底大横杆

1）大横杆一般平行于板的长边方向，两端距梁内侧模板约 50mm。

2）根据+1.000 标记，在大横杆对应的内立杆上标记出大横杆顶标高+1.640。

3）在标高+1.640 处用十字扣件扣在内立杆上（小窍门：扣件圆弧上口标高同大横杆顶标高）。

4）把大横杆扣在十字扣件上，如图 5-22 所示。

图 5-22 搭设板底大横杆

5-1 搭设板底大横杆

3. 铺设板底小横杆

1）小横杆通过十字扣件直接固定在大横杆上，如图 5-23 所示，长度根据板的横向宽度而定，两端距梁内侧模板约 50mm。

2）小横杆间距根据楼板厚度及板模板规格确定。

图 5-23 铺设板底小横杆

5-2 铺设板底小横杆

4. 铺板模板

1）根据二层板模板平面放样图（图 5-20），进行板模板的铺设。

2）板模板直接铺在小横杆上面，如图 5-24 所示。

3）铺板模板遇到扣件障碍时，可适当移动扣件或小横杆的位置。

4）为保证板模板的整体性，相邻模板间可用 U 形卡或扎丝连接。

图 5-24 铺板模板

5-3 铺板模板

【质量标准】

板模板质量检查验收详见本书项目 1。

任务 3 钢筋混凝土板钢筋施工

【学习目标】

1. 掌握板钢筋的配料方法。
2. 掌握板钢筋的加工过程。
3. 掌握板钢筋的绑扎过程。
4. 了解板钢筋的质量验收要求。
5. 回顾板钢筋理论知识的学习，结合本次实训任务，再一次强化同学们对钢筋识图、下料计算的能力提升，检验前期知识的积累应用；培养举一反三的思考能力，通过实践操作练习巩固所学理论知识，达到知行合一的培养目标。

【任务描述】

依据附录结施-07 进行板钢筋的配料、加工、绑扎，并按规范要求进行验收。

【相关知识】

一、有梁楼盖楼面板 LB 和屋面板 WB 钢筋构造

有梁楼盖楼面板 LB 和屋面板 WB 钢筋构造如图 5-25 所示。

1）当相邻等跨或不等跨的上部贯通纵筋配置不同时，应将配置较大者越过其标注的跨数终点或起点，伸出至相邻跨的跨中连接区域连接。

2）除图 5-25 所示搭接连接外，板纵筋可采用机械连接或焊接连接。接头位置：上部钢筋见图 5-25 所示连接区，下部钢筋宜在距立座 1/4 净跨内。

3）在同一连接区段内，板贯通纵筋的接头百分率不宜大于 50%。

4）板位于同一层面的两向交叉纵筋何向在下、何向在上，应按具体设计说明。

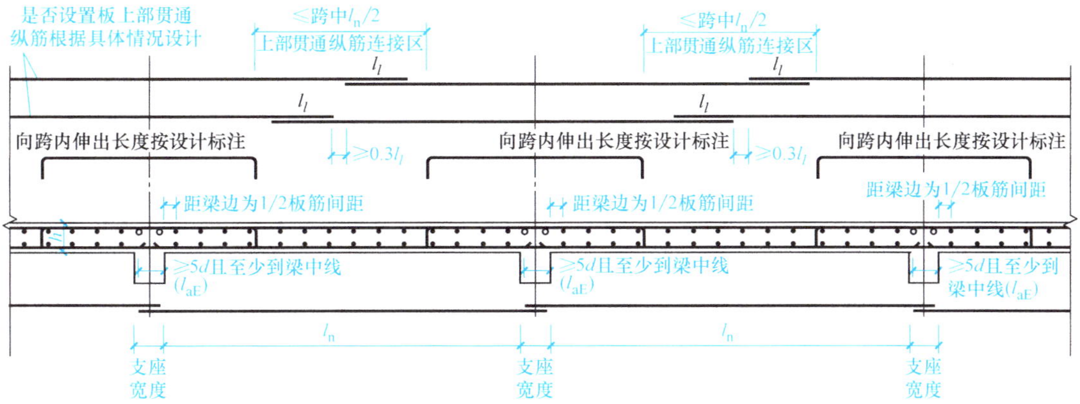

图 5-25 有梁楼盖楼面板 LB 和屋面板 WB 钢筋构造

（括号内的锚固长度 l_{aE} 用于梁板式转换层的板）

5）板在端部支座的锚固构造如图 5-26 所示，纵筋应在端支座伸至梁支座外侧、纵筋内侧后弯折 15d，当平直段长度分别≥l_a、l_{aE} 时，可不弯折。

6）梁板式转换层的板中，l_{abE}、l_{aE} 按抗震等级四级取值，设计时也可根据实际工程情况另行指定。

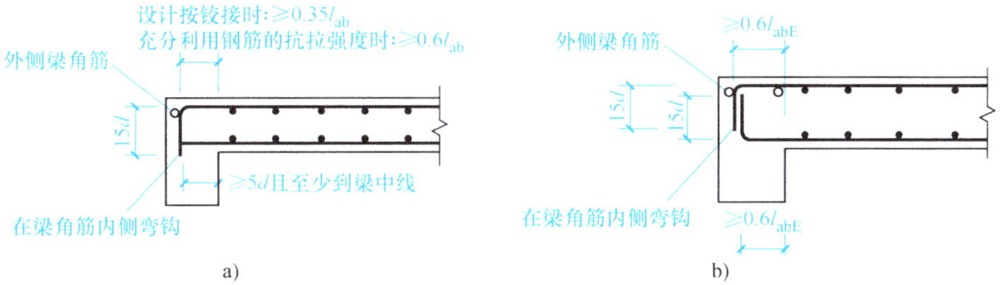

图 5-26 板在端部支座的锚固构造

a）普通楼屋面板 b）用于梁板式转换层的楼面板

二、单（双）向板配筋

单（双）向板配筋示意如图 5-27 所示。

1）在搭接范围内，相互搭接的纵筋与横向钢筋的每个交叉点均应进行绑扎。

2）抗裂构造钢筋、抗温度钢筋自身及其与受力主筋搭接长度为 l_l。

3）板上下贯通筋可兼作抗裂构造筋和抗温度钢筋。当下部贯通筋兼作抗温度钢筋时，其在支座的锚固由设计者确定。

4）分布筋自身及与受力主筋、构造钢筋的搭接长度为 150mm；当分布筋兼作抗温度钢筋时，其自身及与受力主筋、构造钢筋的搭接长度为 l_l；其在支座的锚固按受拉要求考虑。

【任务准备】

一、实训仪器与工具

实训仪器与工具见表 5-7。

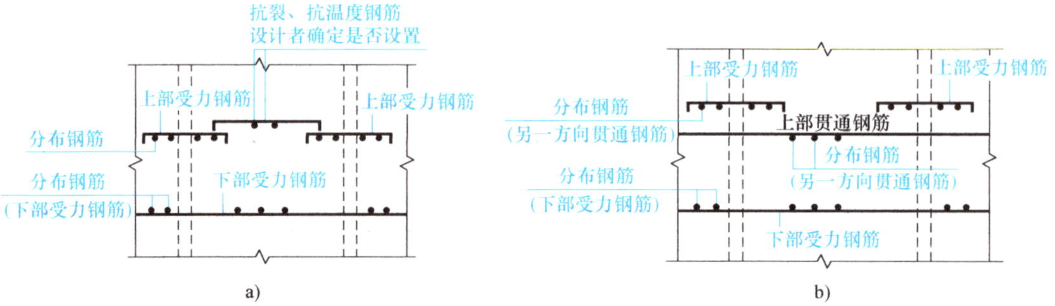

图 5-27 单（双）向板配筋示意图

a）分离式配筋 b）部分贯通式配筋

表 5-7 实训仪器与工具

序号	工具名称	数量	序号	工具名称	数量
1	钢筋弯折机	1 台/2 组	6	5m 钢卷尺	2 把/组
2	箍筋加工台	1 台/组	7	扎钩	3 把/组
3	水准仪(尺)	1 套/组	8	钢筋切断机	1 台
4	钢筋剪	1 把/2 组	9	墨水笔或粉笔	2 支/组
5	尼龙线	1 束/组	10	50m 长卷尺	1 把

二、实训材料

钢筋、扎丝、板保护层塑料垫块等。

【任务实施】

一、板钢筋下料

根据图纸及板筋所选择的连接方式，按照图集 22G101-1 的相关构造要求，确定板下层纵横向钢筋及上层纵横向钢筋的下料长度。

二、板钢筋加工

板钢筋的加工程序主要有：调直、剪切、弯曲等，施工方法与基础钢筋相似。

三、板钢筋绑扎

1. 板钢筋绑扎流程

板钢筋绑扎工艺流程如图 5-28 所示。

2. 板钢筋绑扎操作

(1) 清理模板、画线 清理模板上的杂物，用石笔（或粉笔）在模板上画好主筋、分布筋间距，板边第一个主筋距梁边缘 50mm，如图 5-29 所示。

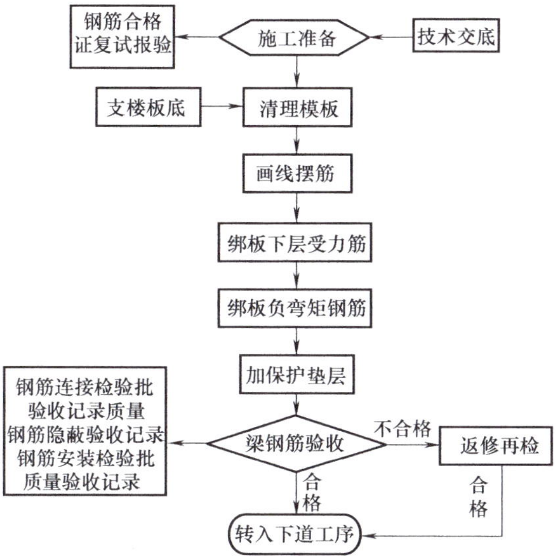

图 5-28 板钢筋绑扎工艺流程

图 5-29 确定板钢筋间距

5-4 确定板钢筋间距

（2）摆筋 按画好的间距，先摆放受力主筋，后放分布筋。预埋件、电线管、预留孔等及时配合安装，如图 5-30 所示。

图 5-30 板钢筋摆放

5-5 板钢筋摆放

(3) 绑扎板下排筋　绑扎板下排筋时，一般用顺扣绑扎或八字扣绑扎，除外围两根筋的相交点应全部绑扎外，其余各点可交错绑扎（双向板相交点需全部绑扎），如图 5-31 所示。

5-6　板下排筋绑扎

图 5-31　板下排筋绑扎

(4) 绑扎板上排筋　板上排筋的相交点应全部绑扎，以确保上部钢筋的位置，如图 5-32 所示。对雨篷、挑檐、阳台等悬臂板，要严格控制上排筋的位置，防止变形。

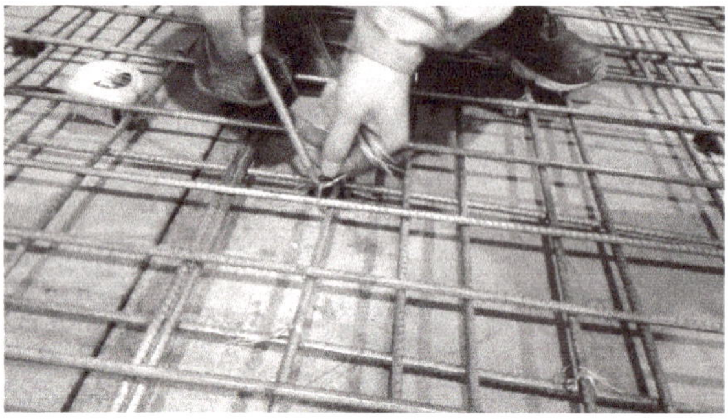

5-7　板上排筋绑扎

图 5-32　板上排筋绑扎

(5) 放置保护层垫块　在下排筋的下面放置塑料垫块（或砂浆垫块），间距≤1.0m，并呈梅花形放置。垫块可以在下排筋绑扎完成后放置，如图 5-33 所示，也可以等所有板筋绑扎完成后放置。垫块的厚度等于保护层厚度，应满足设计要求。如设计无要求时，板的保护层厚度应为 15mm。

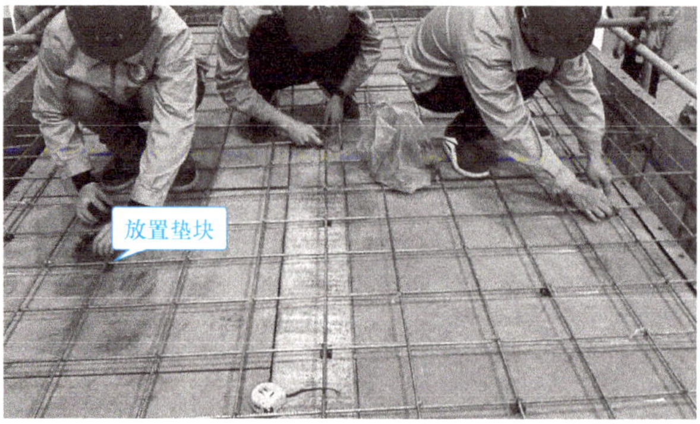

5-8　放置垫块

图 5-33　放置垫块

（6）放置马凳 撑筋的形状像凳子，故俗称“马凳”，用于上下两层板钢筋中间，起固定上层板钢筋的作用，如图 5-34 所示。板厚≤140mm，板受力筋和分布筋直径≤12mm 时，马凳钢筋直径可采用Φ8。

马凳高度=板厚−2×保护层−Σ(板上排筋与板下排筋直径之和)

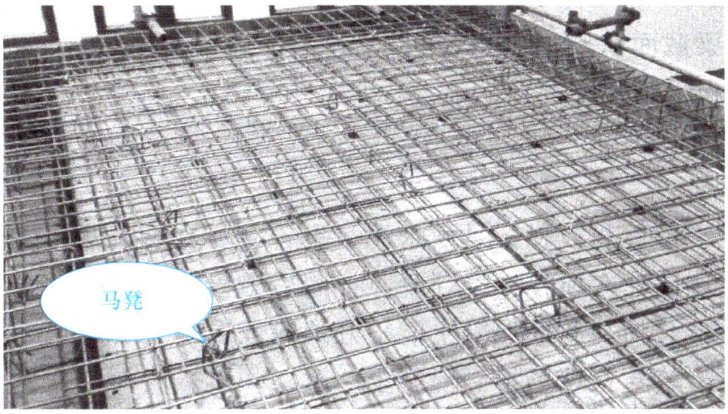

图 5-34 放置马凳

5-9 马凳制作与安装

【质量标准】

1. 质量标准

钢筋的品种、规格、质量必须符合设计要求和规范规定。钢筋表面没有油污、颗粒状或片状老锈。焊接和绑扎的钢筋骨架和钢筋网应牢固，配筋数量应正确。同一截面受力钢筋的接头数量和搭接长度应符合规范规定。

2. 检查方法和允许偏差

钢筋安装位置的允许偏差和检验方法应符合表 1-13 的规定。

任务 4 钢筋混凝土柱、梁、板混凝土施工

【学习目标】

1. 掌握柱、梁、板混凝土的用量计算。
2. 掌握柱、梁、板混凝土的施工工艺流程。
3. 了解柱、梁、板混凝土的质量验收要求。
4. 回顾混凝土工程理论知识的学习，结合本次实训任务，再一次强化同学们对混凝土浇筑过程的认识，认识到浇筑过程每个环节的重要性，尤其是振捣对混凝土强度的影响；培养同学们的质量意识，百年大计质量第一，混凝土质量在建筑结构安全中，起着举足轻重的作用，所以在混凝土浇筑过程中应按规范要求进行操作。

【任务描述】

柱、梁、板混凝土施工工艺流程：施工准备→混凝土运输→混凝土浇筑→混凝土养护。

【相关知识】

一、混凝土用量计算

1）柱的混凝土用量：$V_{柱}$ =柱截面积×柱高。

2）梁的混凝土用量：$V_{梁}$ =梁截面积×梁净长。

3）板的混凝土用量：$V_{板}$ =板面积×板厚。

二、商品混凝土

商品混凝土又称预拌混凝土，俗称灰或料，是由水泥、集料、水及根据需要掺入的外加剂、矿物掺和料等组分按照一定比例，在搅拌站经计量、拌制后出售，并采用运输车在规定时间内运送到使用地点的混凝土拌合物。商品混凝土能很好地保证混凝土质量，目前在建筑施工中被大量使用，很多地区已严禁施工现场拌制混凝土。

【任务准备】

一、实训仪器与工具

实训仪器与工具见表 5-8。

表 5-8 实训仪器与工具

序号	工具名称	数量	序号	工具名称	数量
1	350L 搅拌机	1 台	5	振捣棒(机)	1 套(机+棒)/组
2	磅秤	1 台	6	木抹子	1 把/组
3	手推车	1 辆/组	7	铁抹子	1 把/组
4	铁锹	2 把/组	8	橡胶手套	2 双/组

二、实训材料

水泥、石子、砂、水、掺和料等。

三、作业条件

1）需浇筑混凝土的部位已办理隐、预检手续，混凝土浇筑申请单已经批准。

2）浇筑前应将模板内的垃圾、泥土等杂物及钢筋上的水泥浆清除干净。

3）浇筑混凝土用的架子、马道及操作平台已搭设完毕，并经检验合格。

4）夜间施工还需准备照明灯具。

【任务实施】

通常情况下，柱、梁、板混凝土应同时浇筑，混凝土浇筑工艺流程如图 5-35 所示。

1）框架结构工程柱、梁、板混凝土同时浇筑时，柱先浇筑至梁底，如图 5-36 所示。柱混凝土自泵管出口（或吊斗口）下落的自由倾落高度不得超过 2m，浇筑高度如超过 3m 时，

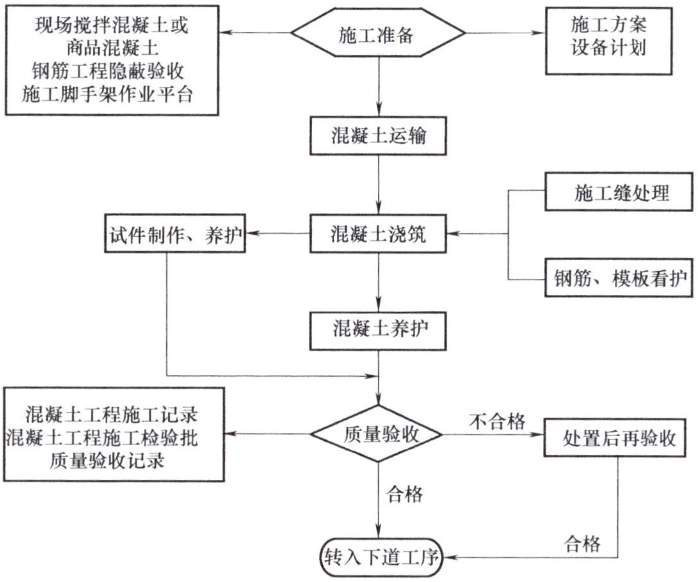

图 5-35 混凝土浇筑工艺流程

图 5-36 柱混凝土浇筑

必须采取混凝土下落措施，如用串桶或溜管等。浇筑混凝土时，应分层连续进行，浇筑层高度应根据混凝土供应能力、一次浇筑方量、混凝土初凝时间、结构特点、钢筋疏密综合考虑决定，一般为振捣器作用部分长度的 1.25 倍。

2）柱浇筑至梁底后，进行梁、板浇筑。梁、板应同时浇筑，浇筑时，由一端开始用赶浆法，即先浇筑梁，根据梁高分层浇筑成阶梯形。当达到板底位置时，再与板的混凝土一起浇筑。随着阶梯形不断延伸，梁、板混凝土浇筑连续向前进行，如图 5-37 所示。

3）和板连接后整体高度大于 1m 的梁，允许单独浇筑，其施工缝应留在板底以下 2~3cm 处。浇捣时，浇筑与振捣必须紧密配合，第一层下料慢些，梁底充分振实后再下第二层料，用赶浆法保持水泥浆沿梁底包裹石子向前推进。每层均应振实后再下料，梁底及梁帮部

图 5-37 梁、板混凝土浇筑

位要注意振实，振捣时不得触动钢筋及预埋件。

4）梁、柱节点钢筋较密时，浇筑此处混凝土时，宜用与小粒径石子同强度等级的混凝土，并用小直径振捣棒振捣。

5）浇筑板混凝土的虚铺厚度应略大于板厚，用平板振捣器垂直浇筑方向来回振捣。厚板可用插入式振捣器顺浇筑方向拖拉振捣，并用铁插尺检查混凝土厚度，振捣完毕后用长木抹子抹平。施工缝处或有预埋件及插筋处用木抹子找平。浇筑板混凝土时，不允许用振捣棒铺摊混凝土。

6）楼板宜沿次梁方向浇筑，施工缝应留置在次梁跨度的中间 1/3 范围内。施工缝的表面应与梁轴线或板面垂直，不得留斜槎。施工缝宜用木板或钢丝网挡牢。

7）施工缝处须待已浇筑混凝土的抗压强度不小于 12MPa 时，才允许继续浇筑。在继续浇筑混凝土前，施工缝混凝土表面应凿毛，剔除浮动石子，并用水冲洗干净后，先浇一层水泥浆，然后继续浇筑混凝土。应细致操作振实，使新旧混凝土紧密结合。

8）施工中注意：混凝土的供应必须保证混凝土泵能连续作业，尽可能避免或减少泵送时中途停歇。如混凝土供应不上，宁可减小速度，以保证泵送持续进行。若出现停料迫使泵停车，则混凝土泵必须每隔 4~5min 进行约定行程的动作。混凝土泵送时，注意不要将混凝土泵车料内剩余混凝土降低到 20cm，以免吸入空气。此外，应做到每 2h 换一次水洗槽中的水。加强对泵车及输送管道的巡回检查，发现隐患应及时排除，缩短拆装管道的时间。控制坍落度，在搅拌站及现场设专人管理，每隔 2~3h 测试一次。拆下的管道应及时清洗干净。现场设置专人看模。

【质量标准】

1）现浇混凝土结构的质量验收应符合下列规定：

① 现浇混凝土结构的质量验收应在拆模后、混凝土表面未作修整和修饰前进行，并应作出记录。

② 已经隐蔽的不可直接观察和量测的内容，可检查隐蔽工程验收记录。

③ 修整或返工的结构构件或部位应有实施前后的文字及图像记录。

2）现浇混凝土结构的外观质量缺陷应由监理单位、施工单位等各方根据其对结构性能和使用功能影响的严重程度确定。

3）对已经出现的严重缺陷，应由施工单位提出技术处理方案，并经监理单位认可后进行处理；对裂缝、连接部位出现的严重缺陷及其他影响结构安全的严重缺陷，技术处理方案还应经设计单位认可。对经处理的部位应重新验收。

4）现浇混凝土结构的外观质量不应有一般缺陷。对已经出现的一般缺陷，应由施工单位按技术处理方案进行处理。对经处理的部位应重新验收。

5）现浇混凝土结构不应有影响结构性能或使用功能的尺寸偏差；混凝土设备基础不应有影响结构性能和设备安装的尺寸偏差。对超过尺寸允许偏差且影响结构性能和安装、使用功能的部位，应由施工单位提出技术处理方案，经监理、设计单位认可后进行处理。对经处理的部位应重新验收。

6）现浇混凝土结构的位置、尺寸允许偏差及检验方法应符合表5-9的规定。

表5-9 现浇混凝土结构的位置、尺寸允许偏差及检验方法

项目			允许偏差/mm	检验方法
轴线位置	整体基础		15	经纬仪及尺量
	独立基础		10	经纬仪及尺量
	柱、墙、梁		8	尺量
垂直度	柱、墙层高	≤6m	10	经纬仪或吊线、尺量
		>6m	12	经纬仪或吊线、尺量
	全高 H≤300m		H/30000+20	经纬仪、尺量
	全高 H>300m		H/10000且≤80	经纬仪、尺量
标高	层高		±10	水准仪或拉线、尺量
	全高		±30	水准仪或拉线、尺量
截面尺寸	基础		+15，-10	尺量
	柱、梁、板、墙		+10，-5	尺量
	楼梯相邻踏步高差		±6	尺量
电梯井洞	中心位置		10	尺量
	长、宽尺寸		+25，0	尺量
表面平整度			8	2m靠尺和塞尺量测
预埋件中心位置	预埋板		10	尺量
	预埋螺栓		5	尺量
	预埋管		5	尺量
	其他		10	尺量
预留洞、孔中心线位置			15	尺量

注：检查轴线、中心线位置时，沿纵、横两个方向测量，并取其中偏差较大的值。

项目6

剪力墙施工

【项目概述】

通过本项目的学习，掌握剪力墙施工图的识读程序，剪力墙钢筋下料计算，剪力墙钢筋安装工艺与验收，剪力墙模板的制作、安装、拆除工艺，剪力墙混凝土的浇筑工艺等。

任务1　剪力墙施工图识读

【学习目标】

1. 了解剪力墙的组成。
2. 熟悉剪力墙的平法制图规则。
3. 掌握剪力墙施工图的识读及钢筋翻样。
4. 养成查阅规范图集，并在施工图纸上作记号的好习惯；养成自我学习的能力。

【任务描述】

学习剪力墙平法制图规则；结合具体工程结构施工图，识读剪力墙施工图。

【相关知识】

一、剪力墙的组成

剪力墙按结构材料可以分为钢板剪力墙、钢筋混凝土剪力墙和配筋砌块剪力墙等。其中钢筋混凝土剪力墙最为常用。

剪力墙可视为由墙柱、墙身和墙梁三类构件组成，简称“一墙、二柱、三梁”，即剪力墙包含一种墙身、两种墙柱、三种墙梁，如图 6-1 所示。

(1) 一种墙身（Q）　就是一道钢筋混凝土的墙，常见厚度在 200mm 以上，一般配置两排及两排以上钢筋网。剪力墙墙身的钢筋网通常设置水平分布筋和竖向分布筋（即垂直分布筋）。布置钢筋时，把水平分布筋放在外侧，竖向分布筋放在内侧。因此，剪力墙的保护层是针对水平分布筋而言的。剪力墙墙身钢筋构造如图 6-2 所示。

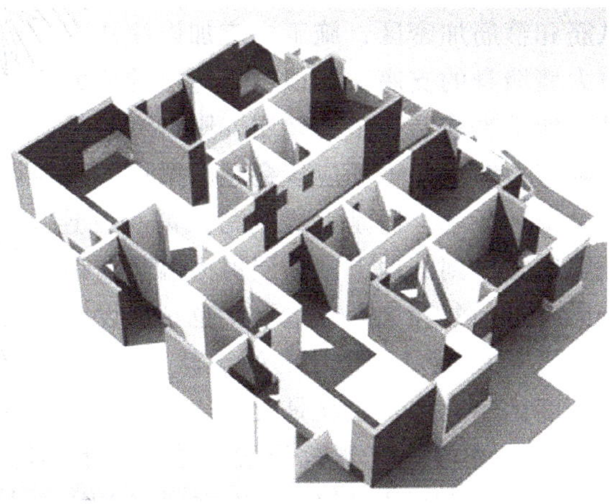

图 6-1 剪力墙的构件组成

图 6-2 剪力墙墙身钢筋构造

（2）两种墙柱 暗柱（AZ）和端柱（DZ）。

暗柱的宽度等于墙的厚度，所以暗柱隐藏在墙内看不见；端柱的宽度比墙的厚度要大，凸出墙面，一般认为约束边缘端柱的长宽尺寸要大于或等于两倍墙厚。暗柱包括直墙暗柱、翼墙暗柱和转角暗柱；端柱包括直墙端柱、翼墙端柱和转角端柱。在《混凝土结构施工图平面整体表示方法制图规则和构造详图(现浇混凝土框架、剪力墙、梁、板)》（22G101-1）中，把暗柱和端柱统称为边缘构件，这是因为这些构件被设置在墙肢的边缘部位（墙肢可认为是一个直墙段）。这些边缘构件又分为构造边缘构件（GBZ）和约束边缘构件（YBZ）两大类。

（3）三种墙梁 连梁（LL）、暗梁（AL）和边框梁（BKL）。

连梁（LL）其实是一种特殊的墙身，它是上下楼层窗（门）洞口之间的水平窗间墙。同一楼层相邻两个窗口之间的垂直窗间墙一般是暗柱。

暗梁（AL）与暗柱有些共同点，两者都是隐藏在墙身内部，看不见的构件，都是墙身的一个组成部分。同时，剪力墙的暗梁和砖混结构的圈梁也有些共同之处：圈梁一般设置在楼板之下，现浇圈梁的梁顶标高一般与板顶标高相齐；暗梁也通常设置在楼板之下，暗梁的梁顶标高一般与板顶标高对齐。它们都是墙身的一个水平线性加强带。暗梁不是一种受弯构件，因此，暗梁的配筋就是所标注的钢筋截面全长贯通布置的，这与框架梁存在极大的差异，后者有上部非贯通纵筋和箍筋加密区，施工中应加以注意。

剪力墙的暗梁不是剪力墙墙身的支座，所以，当每层的剪力墙顶部设置有暗梁时，剪力墙竖向钢筋不能锚入暗梁。如果当前层是中间楼层，则剪力墙竖向钢筋穿越暗梁直伸入下一层；如果当前层是顶层，则剪力墙竖向钢筋应该穿越暗梁锚入现浇板内。剪力墙竖向分布钢筋弯折伸入板内的构造不是锚入板中，而是完成墙与板的相互连接，因为板不是墙的支座。理解了这点，将有助于理解后文提到的地下室顶层剪力墙竖向钢筋的锚固。

边框梁（BKL）与暗梁有很多共同之处：边框梁也一般设置在楼板以下的部位；边框梁也不是一个受弯构件。因此，边框梁（BKL）的配筋就是所标注的钢筋截面全长贯通布置的。但是，边框梁的截面宽度比暗梁大，也就是说，边框梁的截面宽度大于墙身厚度，因而形成了凸出剪力墙墙面的边框 。由于这二者都设置在楼板以下的部位，所以设置了边框梁就可以不设暗梁。但暗梁（AL）与连梁（LL）、边框梁（BKL）与连梁（LL）可以同时设置。

二、剪力墙的平法制图规则

（一）列表标注方式

列表标注方式是指分别在剪力墙柱表、剪力墙身表和剪力墙梁表中，对应于剪力墙平面布置图上的编号，用绘制截面配筋图并标注几何尺寸与配筋具体数值的方式，来表达剪力墙平法施工图。22G101-1 图集第 13 页给出了剪力墙列表标注方式示例。

1. 编号规定

剪力墙按剪力墙柱、剪力墙身、剪力墙梁三类构件分别编号。

（1）墙柱编号　墙柱编号由墙柱类型代号和序号组成，表达形式见表 6-1。

表 6-1　墙柱编号

墙柱类型	代　号	序　号
约束边缘构件	YBZ	××
构造边缘构件	GBZ	××
非边缘暗柱	AZ	××
扶壁柱	FBZ	××

注：约束边缘构件包括约束边缘暗柱、约束边缘端柱、约束边缘翼墙（柱）、约束边缘转角墙（柱）四种（图 6-3）。构造边缘构件包括构造边缘暗柱、构造边缘端柱、构造边缘翼墙（柱）、构造边缘转角墙（柱）四种（图 6-4）。

（2）墙身编号　墙身编号由墙身代号、序号以及墙身所配置的水平与竖向分布筋的排数组成，其中排数标注在括号内，表达形式为：Q××（×排）。

在平法图集中，对墙身编号有以下规定。

1）在编号中，如若干墙柱的截面尺寸与配筋均相同，仅截面与轴线的关系不同时，可将其编为同一墙柱号；如若干墙身的厚度尺寸和配筋均相同，仅墙厚与轴线的关系不同或墙身长度不同时，可将其编为同一墙身号，但应在图中注明其与轴线的几何关系。

2）当墙身所设置的水平与竖向分布钢筋的排数为 2 时可不注。

3）对于分布钢筋网的排数规定：

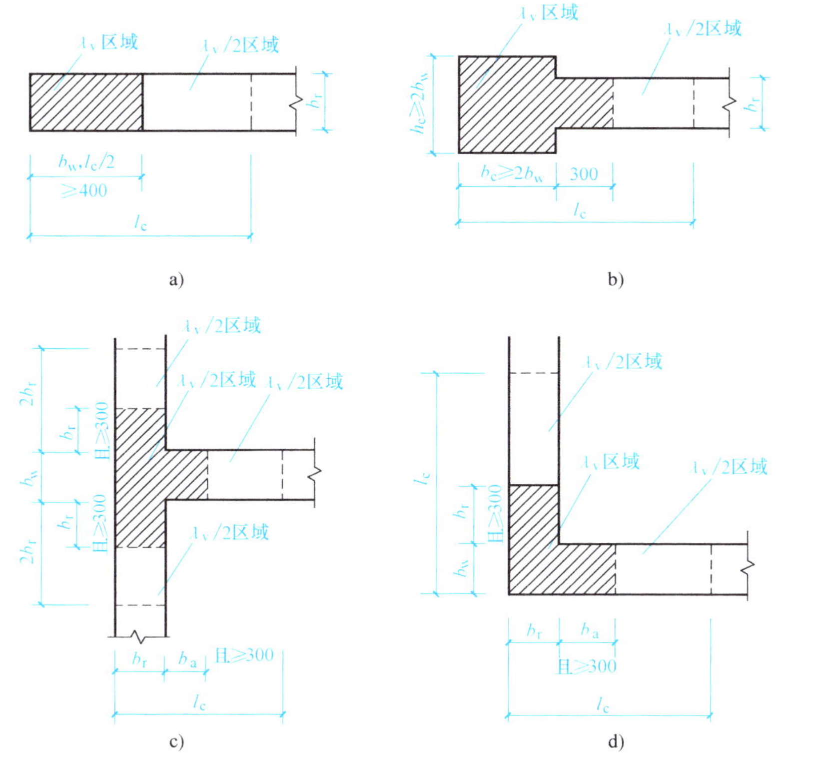

图 6-3 约束边缘构件

a）约束边缘暗柱 b）约束边缘端柱 c）约束边缘翼墙（柱） d）约束边缘转角墙（柱）

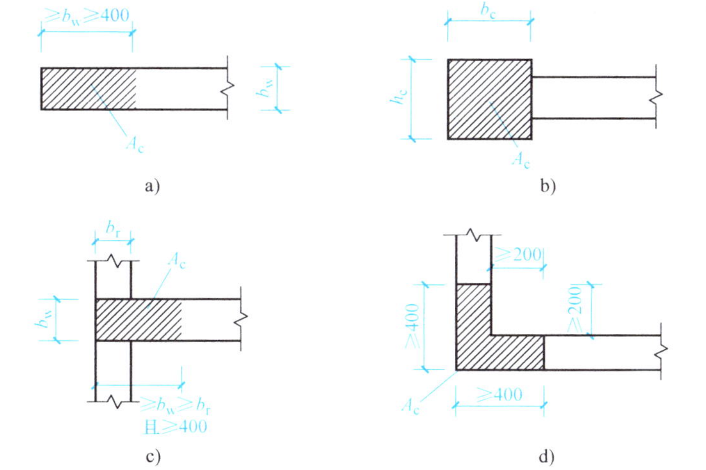

图 6-4 构造边缘构件

a）构造边缘暗柱 b）构造边缘端柱 c）构造边缘翼墙（柱） d）构造边缘转角墙（柱）

① 非抗震结构：当剪力墙厚度大于 160mm 时，应配置双排；当其厚度不大于 160mm 时，宜配置双排。

② 抗震结构：当剪力墙厚度不大于 400mm 时，应配置双排；当剪力墙厚度大于

400mm，但不大于700mm时，宜配置三排；当剪力墙厚度大于700mm时，宜配置四排。

4）当剪力墙配置的分布钢筋多于两排时，剪力墙拉筋两端应同时勾住外排水平纵筋和竖向纵筋，还应与剪力墙内排水平纵筋和竖向纵筋绑扎在一起。

（3）墙梁编号　墙梁编号由墙梁类型代号和序号组成，表达形式见表6-2。

表6-2　墙梁编号

墙梁类型	代号	序号
连梁	LL	××
连梁(对角暗撑配筋)	LL(JC)	××
连梁(交叉斜筋配筋)	LL(JX)	××
连梁(集中对角斜筋配筋)	LL(DX)	××
暗梁	AL	××
边框梁	BKL	××

2. 列表标注方式注意事项

1）在剪力墙柱表中表达的内容，有以下规定：

① 标注墙柱编号，绘制该墙柱的截面配筋图，标注墙柱几何尺寸。

② 标注各段墙柱的起止标高时，自墙柱根部往上，以变截面位置或截面未变但配筋改变处为界，分段标注。墙柱根部标高一般是指基础顶面标高（对部分框支剪力墙结构，则为框支梁的顶面标高）。

③ 标注各段墙柱的纵向钢筋和箍筋，标注值应与表中绘制的截面配筋图对应一致。纵向钢筋标注总配筋值；墙柱箍筋的标注方式与柱箍筋相同。约束边缘构件除标注阴影部位的箍筋外，还要在剪力墙平面布置图中标注非阴影区内布置的拉筋或箍筋。图6-5所示为剪力墙柱列表标注示意图。

2）在剪力墙身表（表6-3）中表达的内容，有以下规定：

① 标注墙身编号（含水平与竖向钢筋的排数）。

② 标注各段墙身起止标高时，自墙身根部往上，以变截面位置或截面未变但配筋改变处为界，分段标注。墙身根部标高一般是指基础顶面标高（对部分框支剪力墙结构，则为框支梁的顶面标高）。

③ 标注水平分布钢筋、竖向分布筋和拉筋的具体数值。标注数值为一排水平分布筋和竖向分布筋的规格与间距，具体设置几排在墙身编号后面表达。

表6-3　剪力墙身表

编号	标高/m	墙厚/mm	水平分布筋	竖向分布筋	拉筋(双向)
Q1	-0.030~30.270	300	⌀12@200	⌀12@200	Φ6@600@600
	30.270~59.070	250	⌀10@200	⌀10@200	Φ6@600@600
Q2	-0.030~30.270	250	⌀10@200	⌀10@200	Φ6@600@600
	30.270~59.070	200	⌀10@200	⌀10@200	Φ6@600@600

3）在剪力墙梁表（表 6-4）中表达的内容，有以下规定：

① 标注墙梁编号。

② 标注墙梁所在的楼层号。

③ 标注墙梁顶面标高高差，即相对于墙梁所在结构层楼面标高的高差值。

④ 标注墙梁截面尺寸 $b×h$，上部纵筋、下部纵筋和箍筋的具体数值。

表 6-4 剪力墙梁表

编号	所在楼层号	梁顶相对标高高差/m	梁截面尺寸 $b×h$ /mm	上部纵筋	下部纵筋	箍筋
LL1	3~9	0.800	350×2000	4Φ22	4Φ22	Φ10@100(2)
	10~16	0.800	350×2000	4Φ20	4Φ20	Φ10@100(2)
	屋面 1	—	250×1200	4Φ20	4Φ20	Φ10@100(2)
LL2	3	-1.200	300×2520	4Φ22	4Φ22	Φ10@100(2)
	4	-0.900	300×2070	4Φ22	4Φ22	Φ10@100(2)
	5~9	-0.900	300×1770	4Φ22	4Φ22	Φ10@100(2)
	10~屋面 1	-0.900	300×1770	3C22	3C22	A10@100(2)
LL3	3	—	300×2520	4Φ22	4Φ22	Φ10@100(2)
	4	—	300×2070	4Φ22	4Φ22	Φ10@100(2)
	5~9	—	300×1770	4Φ22	4Φ22	Φ10@100(2)
	10~屋面 1	—	300×1770	3Φ22	3Φ22	Φ10@100(2)

（二）截面标注方式

截面标注方式是指在标准层绘制的剪力墙平面布置图上，以直接在墙柱、墙身、墙梁上标注截面尺寸和配筋具体数值的方式来表达剪力墙平法施工图。选用适当比例原位放大绘制剪力墙平面布置图，对墙柱绘制配筋截面图；对所有墙柱、墙身、墙梁分别进行编号，并在相同编号的墙柱、墙身、墙梁中选择一根墙柱、一道墙身或一根墙梁进行标注。

22G101-1 图集第 1~20 页给出了剪力墙截面标注方式示例，如图 6-6 所示。

在 22G101-1 图集中，对截面标注方式有以下规定：

1）从相同编号的墙柱中选择一个截面，注明几何尺寸，标注全部纵筋及箍筋的具体数值。

设计施工时应注意：当约束边缘构件体积配箍率计算中计入墙身水平分布筋时，设计者应注明，还应注明墙身水平分布筋在阴影区域内的拉筋。施工时，墙身水平分布筋应注意采用相应的构造做法。

2）从相同编号的墙身中选择一道墙身，按顺序引注的内容为：墙身编号（应包括注写在括号内墙身所配置的水平与竖向分布筋的排数）、墙厚尺寸，水平分布筋、竖向分布筋和拉筋的具体数值。

层号	标高/m	层高/m
屋面2	65.670	—
塔层2	62.370	3.30
屋面1 (塔层1)	59.070	3.30
16	55.470	3.60
15	51.870	3.60
14	48.270	3.60
13	44.670	3.60
12	41.070	3.60
11	37.470	3.60
10	33.870	3.60
9	30.270	3.60
8	26.670	3.60
7	23.070	3.60
6	19.470	3.60
5	15.870	3.60
4	12.270	3.60
3	8.670	3.60
2	4.470	4.20
1	−0.030	4.50
−1	−4.530	4.50
−2	−9.030	4.50

底部加强部位（−1 ~ 2）

结构层楼面标高
结 构 层 高

上部结构嵌固部位：
−0.030

截 面	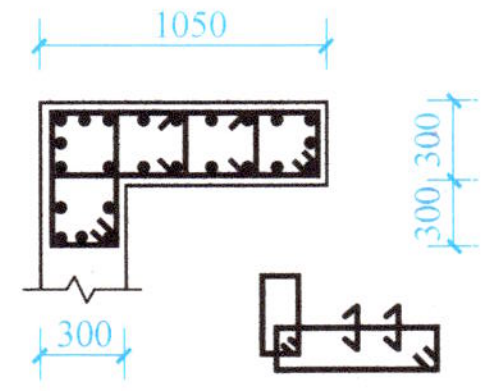	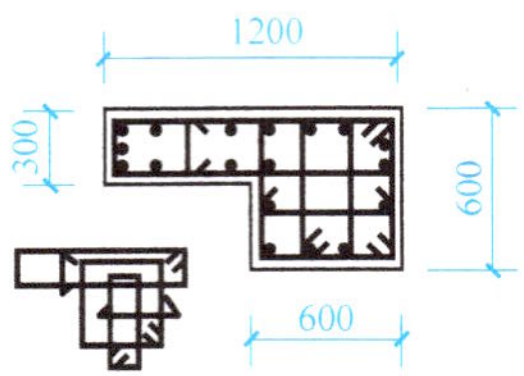	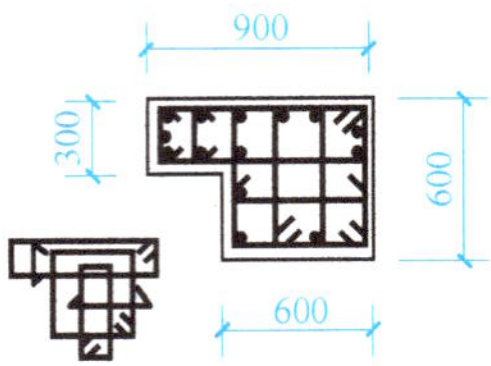	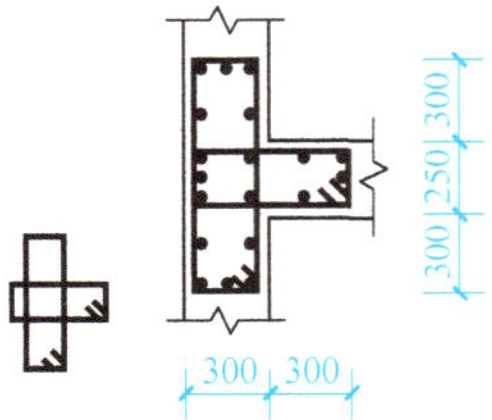
编 号	YBZ1	YBZ2	YBZ3	YBZ4
标 高	−0.030～12.270	−0.030～12.270	−0.030～12.270	−0.030～12.270
纵 筋	24Φ20	22Φ20	18Φ22	20Φ20
箍 筋	Φ10@100	Φ10@100	Φ10@100	Φ10@100

截 面	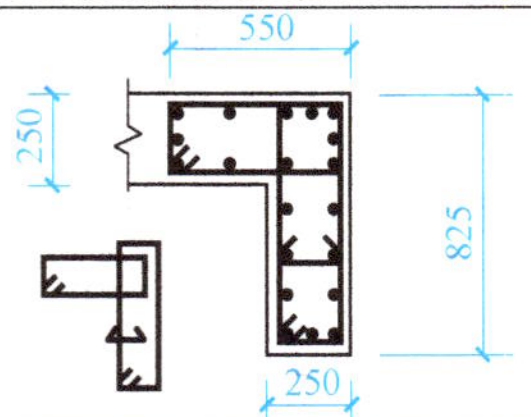	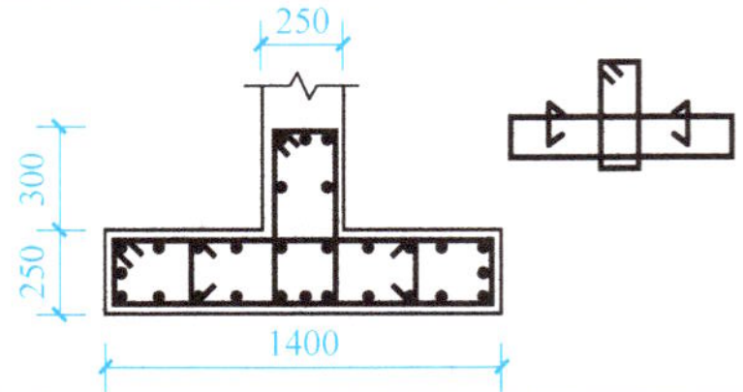	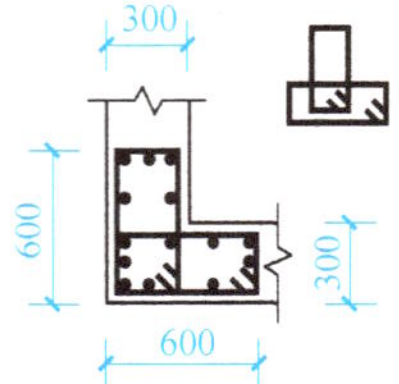
编 号	YBZ5	YBZ6	YBZ7
标 高	−0.030～12.270	−0.030～12.270	−0.030～12.270
纵 筋	20Φ20	23Φ20	16Φ20
箍 筋	Φ10@100	Φ10@100	Φ10@100

−0.030～12.270m剪力墙平法施工图(部分剪力墙柱表)

图 6-5 剪力墙柱列表标注示意图

层号	标高/m	层高/m
屋面2	65.670	
塔层2	62.370	3.30
屋面1（塔层1）	59.070	3.30
16	55.470	3.60
15	51.870	3.60
14	48.270	3.60
13	44.670	3.60
12	41.070	3.60
11	37.470	3.60
10	33.870	3.60
9	30.270	3.60
8	26.670	3.60
7	23.070	3.60
6	19.470	3.60
5	15.870	3.60
4	12.270	3.60
3	8.670	3.60
2	4.470	4.20
1	−0.030	4.50
−1	−4.530	4.50
−2	−9.030	4.50

底部加强部位（2、1层）

结构层楼面标高

结 构 层 高

注：上部结构嵌固部位：−0.030m。

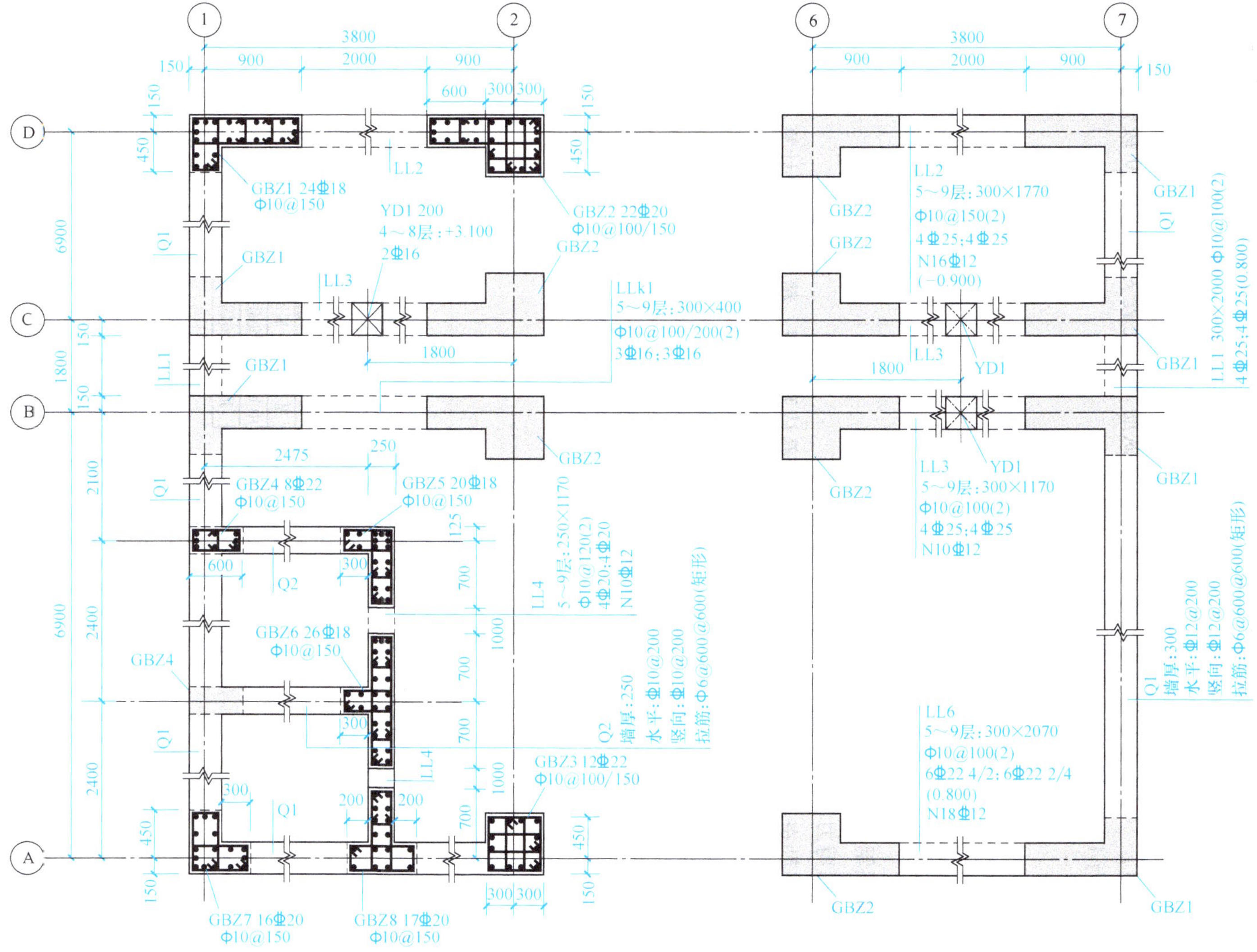

图 6-6 剪力墙截面标注示意图

当墙身水平分布钢筋不能满足连梁、暗梁及边框梁的梁侧面纵向构造钢筋的要求时，应补充注明梁侧面纵筋的具体数值，注写时，以大写字母 N 开头，接续标注直径与间距。其在支座内的锚固要求同连梁中受力钢筋。

【例 6-1】 N⌀10@ 150，表示墙梁两个侧面纵筋对称配置为：HRB400 级钢筋，直径⌀10，间距为 150mm。

任务 2 剪力墙钢筋施工

【学习目标】

1. 掌握钢筋下料计算的基本原理和方法。
2. 掌握剪力墙钢筋下料计算单的计算。
3. 培养勤奋刻苦、不骄不躁的学习习惯；培养认真仔细、精确计算的计算习惯；培养充分利用资源、节约用料、降低成本的生产意识。

【任务描述】

掌握钢筋下料计算的基本原理和方法；根据图纸，完成剪力墙钢筋下料长度及钢筋根数的计算；钢筋的制作及施工。

【相关知识】

一、剪力墙钢筋分类

剪力墙各构件的钢筋较多，具体如图 6-7 所示。

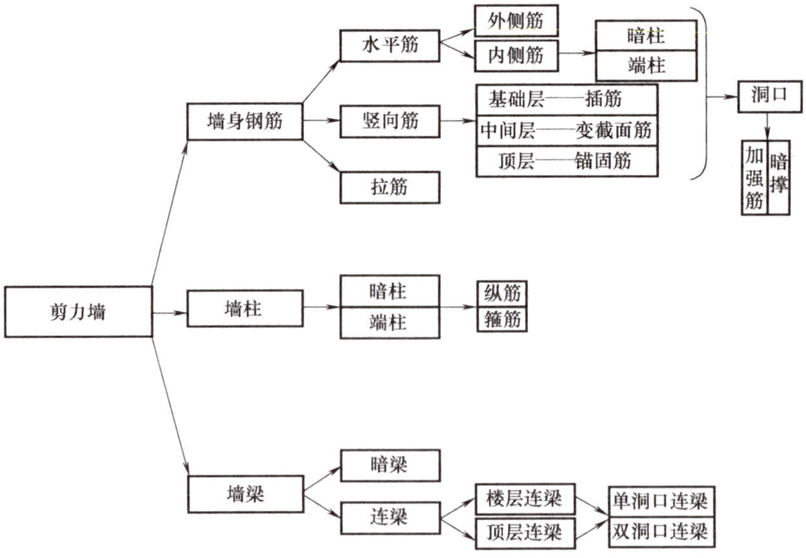

图 6-7 剪力墙各构件的钢筋

二、剪力墙钢筋下料

1. 剪力墙竖向钢筋下料计算

1）剪力墙基础插筋构造如图 6-8 所示。

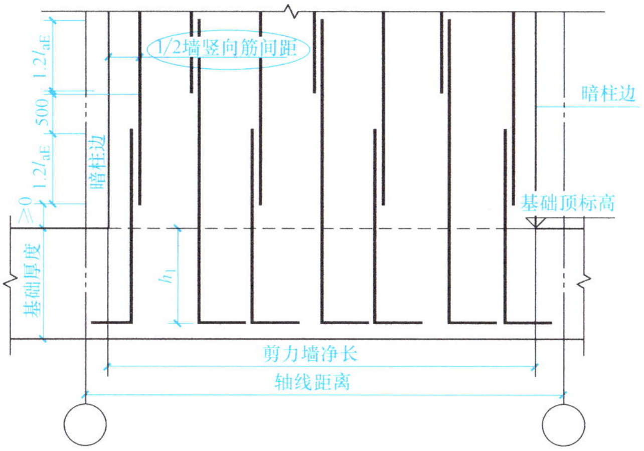

图 6-8 剪力墙基础插筋构造

剪力墙基础插筋计算公式见表 6-5。

表 6-5 剪力墙基础插筋计算公式

钢筋部位及其名称		计 算 公 式
基础插筋	长度	情况一：筏板基础≤2000mm 基础插筋长度=基础高度-保护层厚度+基础底部弯折长度ⓐ+基础顶面非连接区长度（绑扎为 0，焊接为 500mm）+与上层钢筋连接长度（绑扎为 1.2L_{aE}，焊接、机械连接为 0）
		情况二：筏板基础>2000mm 基础插筋长度=基础高度/2-保护层厚度+基础弯折长度ⓐ+基础顶面非连接区长度+与上层钢筋连接长度
		情况三：基础梁底与基础板底持平 同情况一
		情况四：基础梁顶与基础板顶持平 同情况一
	根数	根数=[（剪力墙净长-插筋间距）/插筋间距+1]×排数

2）剪力墙竖向钢筋中间层构造如图 6-9 所示。

剪力墙中间层钢筋计算公式见表 6-6。

3）剪力墙竖向钢筋顶层构造如图 6-10 所示。

剪力墙顶层钢筋计算公式见表 6-7。

表 6-6 剪力墙中间层钢筋计算公式

钢筋部位及其名称		计 算 公 式
中间层	长度	长度=层高-本层非连接区长度+上层非连接区长度+与上层钢筋连接长度（绑扎为 1.2L_{aE}，焊接、机械连接为 0） =层高+与上层钢筋连接长度（绑扎为 1.2L_{aE}，焊接、机械连接为 0）
	根数	根数=[（墙身净长-1 个竖向筋间距）/竖向筋间距+1]×排数

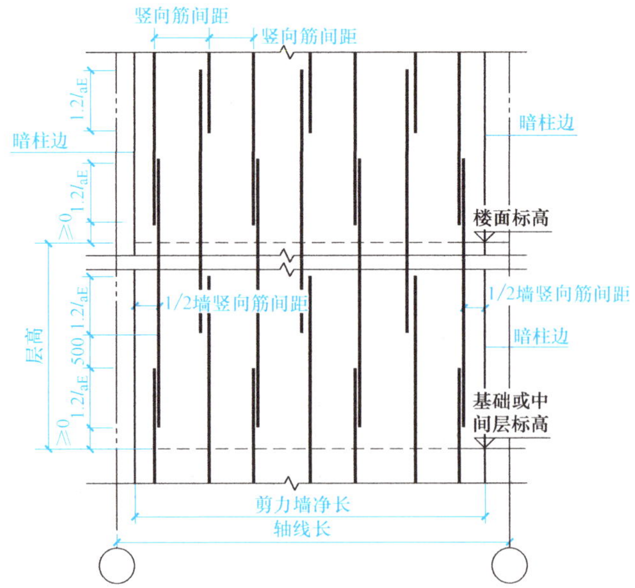

图 6-9 剪力墙竖向钢筋中间层构造

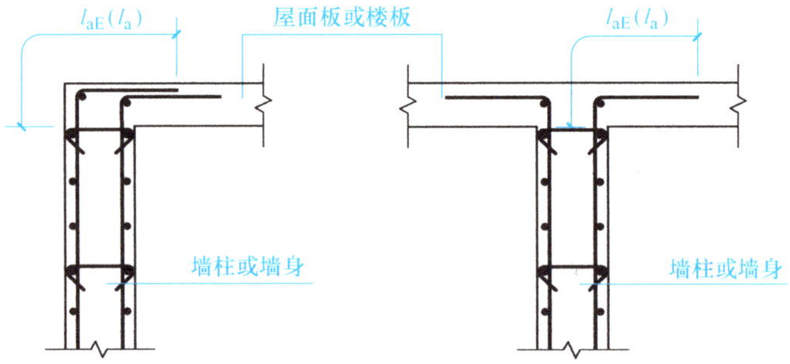

图 6-10 剪力墙竖向钢筋顶层构造

表 6-7 剪力墙顶层钢筋计算公式

钢筋部位及其名称		计算公式
顶层	长度	长度=层高-本层非连接区高度(绑扎为 0,焊接、机械连接为 500mm)-板厚+锚固长度 l_{aE} (l_a)
	根数	根数=[(墙身净长-1 个竖向钢筋间距)/竖向钢筋间距+1]×排数

2. 剪力墙水平钢筋下料计算

1) 墙端为暗柱，外侧钢筋连续通过时：

$$外侧钢筋长度=墙长-2\times保护层厚度-调整值$$

$$内侧钢筋长度=墙长-2\times保护层厚度+2\times15d-调整值$$

2) 墙端为暗柱，外侧钢筋不连续通过时：

$$外侧钢筋长度=墙长-2\times保护层厚度+0.8l_{aE}\times2$$

$$内侧钢筋长度=墙长-2\times保护层厚度+15d\times2-调整值$$

3) 墙端为端柱时：

外侧钢筋长度 = 墙长 − 2×保护层厚度 + 15d×2 − 调整值

内侧钢筋长度 = 墙长 − 2×保护层厚度 + 15d×2 − 调整值

4）当剪力墙端部既无暗柱也无端柱时：

钢筋长度 = 墙长 − 保护层厚度×2 + 10d×2 − 调整值

5）墙身水平钢筋根数计算请参考 16G101-1 图集第 71、72 页。

3. 剪力墙拉筋下料计算

剪力墙拉筋构造如图 6-11 所示。

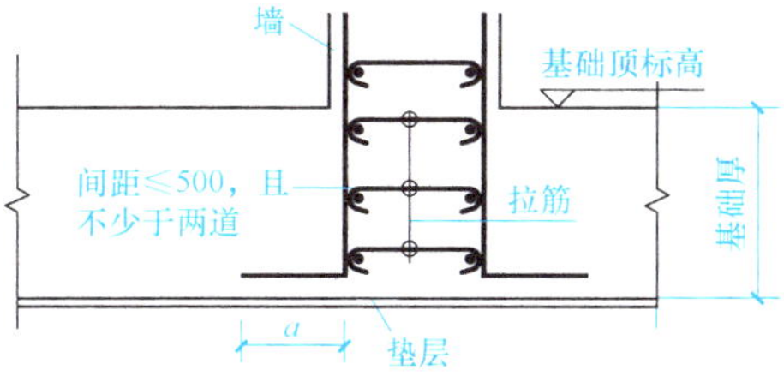

图 6-11 剪力墙拉筋构造

剪力墙拉筋下料计算公式见表 6-8。

表 6-8 剪力墙拉筋下料计算公式

钢筋部位及其名称		计 算 公 式
基础层拉筋	长度	长度 = 墙厚 − 2×保护层厚度 + 2d + 1.9d×2 + max(75, 10d)×2
	根数	根数 = [(剪力墙净长 − 剪力墙竖向筋间距)/拉筋间距 + 1]×基础水平筋排数
墙身拉筋	长度	同基础层
	根数	根数 = 净墙面积/(间距×间距) = (墙面积 − 门窗洞总面积 − 暗柱所占面积 − 暗梁所占面积 − 连梁所占面积)/(横向间距× 纵向间距)

三、剪力墙钢筋施工

1. 施工部署

1）按施工平面图确定的位置，平整清理好钢筋堆放场地，挖好排水沟，铺好垫木，按施工安装顺序分类堆放钢筋。

2）核对运到现场的成品钢筋的钢号、规格尺寸、形状、数量与施工图纸、配料单是否一致，如有问题应及时解决。

3）搭设必要的进入基坑的脚手马道。

4）清理好地下室垫层，复核测量控制线和水准基点，在垫层上弹好墙、柱、楼梯及门窗洞口等边线。

5）支好地下室外侧墙模板，做好周围排水，保持边坡稳定。

6）如地下水位较高，应做好四侧降排水措施，使施工期间地下水位始终低于基底 0.5m 以上。

7）确定研究好钢筋分段绑扎安装的顺序。

2. 剪力墙钢筋的安装

（1）材料及主要机具

1）钢筋下料完成后，核对基础成品钢筋的钢号、直径、形状、尺寸和数量与料单、料牌是否相符，如有不符，必须立即纠正。

2）拉筋和支撑筋：剪力墙内外层钢筋间应绑拉筋和支撑筋，以便固定上下、左右钢筋间的距离。通常情况下，拉结筋只能起拉而不能起支撑的作用。为了保证墙体双层钢筋的位置正确，最好采用梯形支撑筋。梯形支撑筋是用两根竖筋（与墙体竖筋同直径同高度）与水平钢筋焊成梯形，绑在墙体两排钢筋之间，起到支撑的作用。支撑筋可用直径 6~10mm 的钢筋制成，长度等于两层网片的净距，间距约为 1m，相互错开排列。

3）钢丝：可采用 20~22 号钢丝（火烧丝）或镀锌钢丝。

4）控制混凝土保护层用的砂浆垫块、塑料卡。

5）工具：钢筋钩子、撬棍、钢筋板子、绑扎架、钢丝刷子、手推车、粉笔、尺子等。

（2）作业条件

1）检查钢筋的出厂合格证，按规定做力学性能复试。当加工过程中发生脆断等特殊情况，还需做化学成分检验。钢筋应无老锈及油污现象。

2）钢筋或点焊网片应按现场施工平面图中指定位置堆放，网片立放时需有支架，平放时应垫平，垫木应上下对正，吊装时应使用网片架吊装。

3）钢筋外表面如有铁锈时，应在绑扎前清除干净，锈蚀严重、侵蚀断面的钢筋不得使用。

4）检查网片的几何尺寸、规格、数量及点焊质量等，合格后方可使用。

5）绑扎钢筋地点应清理干净。

6）弹好墙身、洞口位置线，并将预留钢筋处的松散混凝土剔凿干净。

3. 剪力墙钢筋绑扎操作要求

1）将墙身处预留钢筋调直理顺，并将表面砂浆等杂物清理干净。先立 2~4 根竖筋，并画好横筋分档标志，然后于下部及齐胸处绑两根横筋，固定好位置，并在横筋上画好分档标志。接着绑其余竖筋，最后绑其余横筋。

2）两排钢筋之间应绑拉筋，拉筋直径不小于Φ6，间距不大于 600mm。剪力墙底部加强部位的拉筋宜适当加密。为保持两排钢筋的相对距离，宜采用绑扎定位用的梯形支撑筋，间距为 1000~1200mm。

3）剪力墙的水平钢筋应交错搭接，当钢筋排数多于两排时，中间水平分布钢筋的端部构造同内侧水平分布钢筋，端部弯折段可向上或向下弯折，应符合构造要求。对剪力墙内竖向钢筋，钢筋接头位置要求高低错开，位于同一连接区段的竖向钢筋接头面积百分率不超过 50%。

4）对剪力墙的纵向钢筋，每段钢筋长度不宜超过 4m（钢筋直径≤12mm）或 6m（钢筋直径>12mm），水平段每段长度不宜超过 8m，以利于绑扎。

5）剪力墙的所有钢筋的相交点都要扎牢，绑扎时，相邻绑扎点的钢丝扣成八字形，以免网片歪斜变形。

6）剪力墙端柱的竖向钢筋连接和锚固与框架柱相同。对矩形截面独立墙肢，当截面高度不大于截面厚度的 4 倍时，其竖向钢筋连接和锚固要求同框架柱要求，或按设计要求设置。当竖向钢筋为 HPB300 时，钢筋端头应加 180°弯钩。

7）剪力墙的连梁沿梁全长的箍筋构造要符合设计要求，在建筑物的顶层连梁伸入墙体的钢筋范围内，应设置间距不小于150mm的构造箍筋。连梁连接与锚固应符合构造要求。

8）剪力墙洞口周围应绑扎补强钢筋，其锚固长度应符合设计要求。

9）剪力墙采用预制焊接网片时，应符合《钢筋焊接网混凝土结构技术规程》(JGJ 114—2014）的规定。

4. 质量标准

地下室钢筋绑扎、预埋件尺寸及位置的允许偏差及检验方法见表6-9。

表6-9 地下室钢筋绑扎、预埋件尺寸及位置的允许偏差及检验方法

序号	项目		允许偏差/mm	检验方法
1	网眼尺寸	焊接	±10	尺量连续三档，取其最大值
		绑扎	±20	
2	骨架的宽度、高度		±5	尺量检查
3	骨架的长度		±10	尺量检查
4	箍筋、构造筋间距	焊接	±10	尺量连续三档，取其最大值
		绑扎	±20	
5	受力钢筋	间距	±10	尺量两端、中间各一点，取其最大值
		排距	±5	
6	钢筋弯起点位移		20	尺量检查
7	焊接预埋件	中心线位移	5	尺量检查
		水平高差	+3,0	
8	受力钢筋保护层	底板	±10	尺量检查
		墙板	±3	

5. 安全措施

1）钢筋加工机械的电气设备应有良好的绝缘措施，并接地。每台机械必须一机一闸，并设漏电保护开关，机械转动的外露部分必须设有安全防护罩，在停止工作时应断开电源。

2）使用钢筋弯曲机时，操作人员应站在钢筋活动端的反方向，弯曲400mm的短钢筋时，要有防止钢筋弹出的措施。

3）粗钢筋切断时，冲切力大，应在切断机口两侧机座上安装两个角钢挡杆，防止钢筋摆动。

4）搬运钢筋时，要注意前后方向有无碰撞或被钩挂的危险，特别要避免碰挂周围和上下方向的电线。

5）安装悬空结构钢筋时，必须站在脚手架上操作，不得站在模板上或支撑上安装。

6）现场施工的照明电线及混凝土振动器线路不得直接挂在钢筋上。如确实需要，应在钢筋上架设横担木，把电线挂在横担木上。当采用行灯时，电压不得超过36V。

任务3 剪力墙模板施工

【学习目标】

1. 熟悉剪力墙模板的基本构造组成。
2. 掌握剪力墙模板的施工要求。

3. 培养安全施工、文明施工的意识；培养统筹安排，提高工作效率的能力；力争将先进的施工技术融入教学。

【任务描述】

掌握剪力墙模板的准备工作、模板的安装及拆除施工要点，能够根据图纸完成模板的配模设计，并完成现场安装实训任务。

【相关知识】

一、施工准备工作

1）根据工程结构的形式及特点进行模板设计，确定竹、木胶合板模板制作的几何形状，尺寸要求，龙骨的规格、间距以及如何选用支撑系统。

2）依据施工图纸绘制模板设计图，包括：模板平面布置图、剖面图、组装图、节点大样图、零件加工图等。

3）根据模板设计要求和工艺标准，向班组进行安全、技术交底。

4）按照模板设计图或明细进行模板安装材料准备，包括：配套大模板、胶合板、方木、连接件、支撑件、脱模剂等。

5）根据模板安装需要进行施工机械、施工组织及人员装备准备。

二、内外剪力墙支模方法

剪力墙模板支设相对较复杂，难度也较大，如图 6-12 所示。

图 6-12　剪力墙模板支设示意图

1）待钢筋绑扎、预埋件管道、人防门框、预埋件等隐蔽工程验收合格后，方可进行立模。

2）支内外模用多层板和 45mm×95mm 方木组合，再在外边采用 ϕ48×3.5 纵横钢管，用 ϕ14 螺杆（螺杆两头的丝扣长度不少于 7cm）和山型卡固定（山型卡采用厚壁、螺杆加双螺母），墙厚采用焊钢筋限位的方法确定，水平、竖向间距 400～500mm 设置一道螺杆，如图 6-13 所示。

3）墙体有预留洞，且预留洞水平方向长度≥800mm 时，需考虑设置一块活动模板作

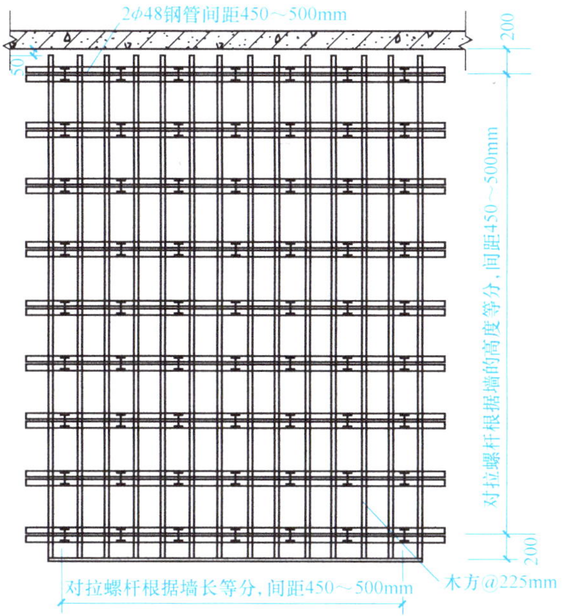

图 6-13 剪力墙模板安装图

为振动口，以确保预留洞底部墙体混凝土的密度。

4）地下室外墙穿墙螺栓采用 ϕ14 圆钢制成，中部焊止水片，止水片用 50mm×50mm×4mm 扁钢钻孔套至螺栓中间，双面满焊。在焊接过程中，要严格控制焊接质量，不得有漏焊和沙眼，保证起到止水作用。螺栓在内外两侧用 40mm×40mm×20mm 木垫片加短钢筋头与螺栓焊接作厚度的限位，待拆除后凿除木垫片，用防水砂浆抹平。

5）剪力墙外侧模板用 ϕ48 钢管，每排两根。钢管外侧用两个山形帽固定件或成品铁板垫块加双螺母拧紧，全面检查，不得漏拧。用线锤垂直吊着，拉通长线，对每轴进行校正，并检查承重架和支撑系统固定是否牢固。

6）剪力墙支模的允许偏差应控制在以下范围内：轴线位移 2mm，截面尺寸（+2，-3）mm，每层垂直度 2mm；预留洞中心线位移 5mm，截面内部尺寸（+5，-0）mm。

三、保证支模质量的技术措施

1）剪力墙支模 45mm×95mm 松木排挡间距加密设置，间距为 150~200mm，每排固定采用两根钢管加固，伞形帽每点需设置 3 只以上，防止其在混凝土振捣时发生断裂，产生炸模。对拉螺栓也采用双螺母固定。

2）所有剪力墙均有模板，应有翻样排列图和排架支撑图，特别部位应有细部构造大样图。

3）模板使用前，应先进行筛选，对变形、翘曲超出规范的应予以清除，不得使用。

4）认真做好“三检”制度，每个分项在拼模过程中，班组及时进行自检、互检，误差控制在规定的范围内，再由项目部质量员按要求进行技术复核，办好书面签字手续后方可进入下一道工序。

5）剪力墙根部找平，不得使用混凝土“方盘”，应焊接限位筋。

6）在剪力墙底部均考虑留设清理垃圾的孔洞，以便垃圾冲洗排出，浇灌前再封。

7）现浇混凝土结构模板安装的允许偏差及检验方法见表6-10。

表6-10 现浇混凝土结构模板安装的允许偏差及检验方法

项目		允许偏差/mm	检验方法
轴线位置		5	钢尺检查
底模上表面标高		±5	水准仪或拉线、钢尺检查
截面内部尺寸	基础	±10	钢尺检查
	柱、梁、墙	+4，-5	钢尺检查
层高垂直度	≤5m	6	经纬仪或吊线、钢尺检查
	>5m	8	
相邻两板表面高低差		2	钢尺检查
表面平整度		5	2m靠尺和塞尺检查

8）模板安装完毕后，应由专业人员对轴线、标高、尺寸、支撑系统、扣件螺栓、拉结螺栓等系统连接件进行全面检查。浇筑混凝土过程中，应派技术好、责任心强、有处理能力的木工“看模”，发现问题及时处理，并及时汇报。

9）泵送混凝土安全防护措施：根据泵送混凝土的特点，要保证泵送过程中产生的震动力不影响整个系统的强度、刚度和稳定性，在布置输送管时应尽量按直线布置，少设弯头。

10）布置操作层输送管时，为避免由输送管的冲击而影响钢筋质量以及减少对模板的震动，输送管应架在专用凳子上，凳脚下与模板接触面处垫上木板。输送管直立管至操作层水平管交接弯管处，四周要加固牢靠，管四周与模板间留150~200mm的空隙，防止泵送混凝土撞击模板。

11）预埋件和预留孔洞的允许偏差应符合表6-11的规定。

表6-11 预埋件和预留孔洞的允许偏差

项目		允许偏差/mm
预埋钢板中心线位置		3
预埋管、预埋孔中心线位置		3
插筋	中心线位置	5
	外露长度	+10，0
预埋螺栓	中心线位置	2
	外露长度	+10，0
预留洞	中心线位置	10
	尺寸	+10，0

四、模板施工的安全技术

1. 模板施工前的安全技术准备工作

1）模板构件进场后，要认真检查构件和材料是否符合设计要求，尤其是承重构件，其检查验收手续要齐全。

2）保证运输道路畅通，现场有安全防护措施。

3）夜间施工要做好照明的准备工作。

4）检查木工施工机具运转是否正常，电源线的漏电保护装置是否齐全。

5）模板施工作业前，现场施工人员（负责人）要认真向有关人员作安全技术交底，尤其是新的模板工艺，必须通过试验，编制详细的作业指导书，并组织人员进行操作培训。

2. 模板施工的安全要求

（1）模板施工安全的基本要求

1）模板工程作业高度在2m以上时，要严格按《建筑施工高处作业安全技术规范》（JGJ 80—2016）的要求进行操作和防护。

2）采用全封闭施工，模板施工作业区周围应设安全网、防护栏杆。

3）操作人员上下通行必须通过施工电梯、上人扶梯或马道等，不许攀登模板或脚手架上下。

4）不许在墙顶、独立梁及其他狭窄而无防护栏的模板上行走。

5）不得在作业架子上或平台上堆放模板材料。

6）高处支模工人所用工具不用时，要放在工具袋内，不得随意将工具、模板零件放在脚手架上，以免坠落伤人。

7）木料及易燃材料要远离火源堆放。

8）模板吊运必须采取防护措施，增设屏障、遮拦、围护或保护网，并悬挂醒目的警告标志牌。

9）夜间施工必须有足够的照明，各种电源线应用绝缘线，不允许直接固定在模板上。

10）模板支撑不能固定在脚手架或门窗上，避免发生倒塌或模板位移。

（2）模板安装的安全技术要求

1）基础及地下室工程模板安装前，应先检查基坑土壁边坡的稳定情况。发现有塌方的危险时，必须采取加固措施后，才能开始作业。

2）操作人员上下基坑要设扶梯。

3）基坑上口边缘1m以内不允许堆放模板构件和材料。

4）模板支撑在土壁上后，应在支点加垫板。地基土上立柱应垫通长垫板。

5）采用起重机吊运模板等材料时，要有专人指挥，被吊的模板构件和材料要捆牢，避免散落伤人。重物下的操作人员要避开起重臂的下方。

6）分层、分阶的柱基支模时，要待下层模板移正，并支撑牢固之后，再支上一层的模板。

7）当混凝土柱在6m以上时，不宜单独支模，应将几个柱子模板拉结成整体。

8）楼层支模架采用整体或钢管脚手架，各层支架的立柱应垂直，支架的层间垫板应平整，上下层立柱应在同一条直线上。

9）墙模一般由定型模板拼装而成，拼装模板时要进行检查，确认牢固后方可投入使用。就位后，除了用穿墙螺栓将两片模板拉牢之外，还必须设置支撑或相邻墙连成整体。

五、拆模的安全要求

拆模时，对混凝土强度的要求应符合《混凝土结构工程施工质量验收规范》（GB 50204—

2015）的规定。现浇混凝土结构模板及其支架拆除时的混凝土强度应符合设计要求；当设计无要求时，应符合下列要求：

1）剪力墙结构的拆模顺序为：拆剪力墙模斜撑与对拉螺栓→拆剪力墙侧模→拆梁侧模→拆楼板底模→拆梁底模。

2）拆除模板应经施工技术人员同意，操作时按顺序分段进行。

3）拆下的模板要分类整齐堆放，高度要适中，防止倾倒。

4）拆模内外墙板靠放时要平衡，吊装时严禁从中间起吊，防止倾倒。

5）起吊时应用卡环和安全吊钩，不得斜牵起吊，严禁操作人员随模板起落。

6）拆除模板应先拆穿墙螺杆和铁件等，起吊模板时，模板应与墙面脱离。

六、模板保护

1）模板新裁或钻孔时，须用耐水酚醛系列油漆将锯边或钻孔涂刷三次。如发现模板面有划痕、碰伤或其他较轻损伤，应补刷酚醛漆。

2）严禁硬物碰撞、撬棍敲打或随意抛掷模板，严禁在模板面拖拉钢筋。

3）新模板使用三次之后，每次要使用脱模剂。模板每次使用后，应及时清洁板面，严禁用坚硬物敲打板面。

4）模板每次周转下来须下垫方木，边角对齐堆放在平整的地面上，板面不得与地面接触。

5）模板露天堆放须盖防水布。

6）长期存储要保持模板通风良好，防止日晒雨淋，并定期检查。

任务4 剪力墙混凝土施工

【学习目标】

1. 熟悉剪力墙混凝土的基本概念。
2. 掌握剪力墙混凝土的施工要点。
3. 培养按施工方案施工的良好习惯；培养安全施工、文明施工的意识；培养热爱劳动的意识。

【任务描述】

编写一般剪力墙混凝土施工方案。

【相关知识】

一、施工条件

1）办完钢筋隐检手续，注意检查支铁、垫块，以保证保护层厚度。核实墙内预埋件、预留孔洞、水电预埋管线、盒（槽）的位置、数量及固定情况。

2）检查模板下口、洞口及角模处拼接是否严密，边角柱加固是否可靠，各种连接件是否牢固。

3）检查并清理模板内的残留杂物，用水冲净。常温时，外砖内模的砖墙及木模应浇水湿润。

4）混凝土搅拌机、振捣器、磅秤等经检查、维修后可以使用。计量器具已定期校核。

5）检查电源、线路，并作好夜间施工照明的准备。

6）由试验室进行试配，确定混凝土配合比及外加剂用量，注意节约水泥，方便施工，满足混凝土早期强度要求，拆模后墙面平整，达到不抹灰的要求。

二、操作工艺

剪力墙混凝土施工工艺流程：混凝土搅拌→混凝土运输→混凝土浇筑、振捣→拆模、养护。

1. 混凝土搅拌

采用自落式搅拌机，先加1/2用水量，然后加石子、水泥、砂搅拌1min，再加剩余1/2用水量继续搅拌，搅拌时间不少于1.5min。掺外加剂时，搅拌时间应适当延长。各种材料计量准确，计量精度：水泥、水、外加剂为±2%，集料为±3%。雨期应经常测定砂、石含水率，以保证水灰比准确。

2. 混凝土运输

混凝土从搅拌地点运至浇筑地点，运输时间尽量缩短，根据气温宜控制在0.5~1h之内。当采用商品混凝土时，应充分搅拌后再卸车，不允许任意加水。混凝土发生离析时，浇筑前应二次搅拌，已初凝的混凝土不应使用。

3. 混凝土浇筑、振捣

1）墙体浇筑混凝土前，在底部接槎处先浇筑5cm与墙体混凝土成分相同的水泥砂浆或减石子混凝土。用铁锹均匀入模，不应用吊斗直接灌入模内。第一层浇筑高度控制在50cm左右，以后每次浇筑高度不应超过1m；分层浇筑、振捣。混凝土下料点应分散布置。墙体连续进行浇筑，间隔时间不超过2h。墙体混凝土的施工缝宜设在门洞过梁跨中1/3区段。留在内纵横墙交界处的墙应留垂直缝。接槎处应振捣密实。浇筑时随时清理落地灰。

2）洞口浇筑时，使洞口两侧浇筑高度对称均匀，振捣棒距洞边30cm以上，宜从两侧同时振捣，防止洞口变形。大洞口下部模板应开口，并补充混凝土及振捣。

3）外砖内模、外板内模大角及山墙构造柱应分层浇筑，每层不超过50cm。内外墙交界处加强振捣，保证密实。外砖内模应采取措施，防止外墙鼓胀。

4）混凝土振捣时，插入式振捣器移动间距不宜大于振捣器作用半径的1.5倍，一般应小于50cm。门洞口两侧的构造柱要振捣密实，不得漏振。每一振点的延续时间，以表面呈现浮浆和不再沉落为达到要求，避免碰撞钢筋、模板、预埋件、预埋管、外墙板空腔防水构造等。发现有变形、移位时，各有关工种应相互配合进行处理。

5）混凝土浇筑、振捣完毕后，将上口甩出的钢筋加以整理，用木抹子按预定标高线，将表面找平。预制模板安装宜采用硬架支模。上口找平时，使混凝土墙上表面低于预制模板下皮标高3~5cm。

4. 拆模、养护

常温时混凝土强度大于1MPa，冬期时掺防冻剂，使混凝土强度达到4MPa时拆模，保证拆模时，墙体不粘模、不掉角、不裂缝，及时修整墙面、边角。常温时及时喷水养护，养护时间不少于7d，浇水次数应能保持混凝土湿润。

三、冬期施工

1）室外日平均气温连续5d稳定低于+5℃，即进入冬期施工。

2）原材料的加热、搅拌、运输、浇筑和养护等，应根据冬施方案施工。掺防冻剂混凝土的出机温度不得低于+10℃，入模温度不得低于+5℃。

3）冬期注意检查外加剂掺量，测量水及集料的加热温度，混凝土的出机温度、入模温度；集料必须清洁，不含有冰雪等冻结物，混凝土搅拌时间比常温延长50%。

4）混凝土养护作好测温记录，初期养护温度不得低于防冻剂的规定温度。当温度降低到防冻剂的规定温度以下时，强度不应小于4MPa。

5）模板及保温层应在混凝土冷却至+5℃以后拆除。拆模后，混凝土表面温度与环境温度差大于15℃时，表面应覆盖养护层，使其缓慢冷却。

四、质量标准

1. 保证项目

1）混凝土使用的水泥、集料和外加剂等必须符合施工规范的有关规定，使用前检查出厂合格证、试验报告。

2）混凝土配合比、原材料计量、搅拌、养护和施工缝处理必须符合施工规范的规定。

3）混凝土试块必须按规定取样、制作、养护和试验，其强度评定应符合《混凝土强度检验评定标准》（GB/T 50107—2010）的要求。

2. 基本项目

混凝土振捣密实，墙面及接槎处应平整，不得有孔洞、露筋、缝隙夹渣等缺陷。

五、质量缺陷与预防措施

剪力墙混凝土在施工中常见的质量缺陷与预防措施主要如下：

1）墙体烂根：预制模板安装后，支模前在每边模板下口抹找平层，找平层嵌入模板不超过1cm，保证模板下口严密。墙体混凝土浇筑前，先均匀浇筑5cm厚砂浆或减石子混凝土。混凝土坍落度要严格控制，防止混凝土离析，底部振捣应认真操作。

2）洞口移位变形：浇筑时防止混凝土冲击洞口模板，洞口两侧混凝土应对称、均匀进行浇筑、振捣。模板穿墙螺栓应紧固可靠。

3）墙面气泡过多：采用高频振捣棒，每层混凝土均应振捣至气泡排除为止。

4）混凝土与模板粘连：注意清理模板，拆模不能过早，隔离剂涂刷均匀。

5）墙体与楼板交接处易产生细微裂缝，浇筑混凝土时，应在浇筑完墙板后稍停片刻再浇筑楼板，或在墙板与楼板交接处再回振一次。

项目7

现浇楼梯施工

【项目概述】

通过本项目的学习，掌握楼梯施工图的识读程序与楼梯钢筋配料计算。掌握楼梯钢筋安装工艺与验收，楼梯模板的制作与安装、拆除工艺，楼梯混凝土的浇筑工艺。

任务1　现浇楼梯施工图识读

【学习目标】

1. 了解楼梯的分类。

2. 掌握楼梯平法施工图制图规则。

3. 培养查阅图集及对应知识点的自主学习能力；培养识读楼梯配筋图的能力；养成自我学习的能力。

【任务描述】

学习楼梯平法施工图制图规则。

【相关知识】

一、现浇混凝土楼梯的分类

从结构形式上划分，现浇混凝土楼梯可以分为板式楼梯、梁式楼梯、悬挑楼梯和旋转楼梯等。板式楼梯的踏步段是一块斜板，这块踏步段斜板支承在高端梯梁和低端梯梁上，或者直接与高端平板和低端平板连成一体。梁式楼梯踏步段的左右两侧是两根楼梯斜梁，踏步板支承在楼梯斜梁上；这两根楼梯斜梁支承在高端梯梁和低端梯梁上。这些高端梯梁和低端梯梁一般都是两端支承在墙或柱上。悬挑楼梯的梯梁一端支承在墙或柱上，形成悬挑梁的结构，踏步板支承在梯梁上。部分悬挑楼梯直接把楼梯踏步做成悬挑板（一端支承在墙或柱上）。旋转楼梯一改普通楼梯两个踏步段曲折上升的形式，而采用围绕一个轴心螺旋上升的做法。旋转楼梯往往与悬挑楼梯相结合，作为旋转中心的柱就是悬挑踏步板的支座，楼梯踏步围绕中心柱形成一个螺旋向上的踏步形式。

现浇结构楼梯多以板式楼梯为主。板式楼梯所包含的构件一般有踏步段、层间梯梁、层间平板、楼层梯梁和楼层平板等，如图 7-1 所示。

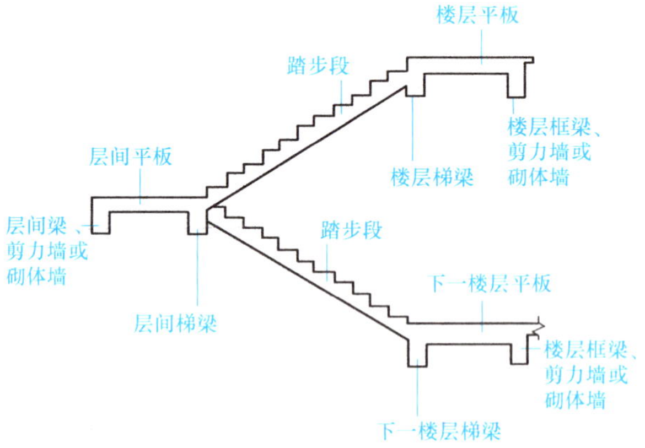

图 7-1 板式楼梯的组成

板式楼梯的代号以 AT~HT 表示。梯板类型见表 7-1。

表 7-1 梯板类型

<table>
<tr><th rowspan="2">梯板代号</th><th colspan="2">适用范围</th><th rowspan="2">是否参与结构整体抗震计算</th><th rowspan="2">适用条件</th></tr>
<tr><th>抗震构造措施</th><th>适用结构</th></tr>
<tr><td>AT</td><td rowspan="8">无</td><td rowspan="6">框架、剪力墙、砌体结构</td><td rowspan="8">不参与</td><td>两梯梁之间的矩形梯板全部由踏步段构成，踏步段两端均以梯梁为支座</td></tr>
<tr><td>BT</td><td>两梯梁之间的矩形梯板由低端平板和踏步段构成，两部分的一端各自以梯梁为支座</td></tr>
<tr><td>CT</td><td>两梯梁之间的矩形梯板由踏步段和高端平板构成，两部分的一端各自以梯梁为支座</td></tr>
<tr><td>DT</td><td>两梯梁之间的矩形梯板由低端平板、踏步段和高端平板构成，高低端的一端各自以梯梁为支座</td></tr>
<tr><td>ET</td><td>两梯梁之间的矩形梯板由低端踏步段、中位平板和高端踏步段构成，高低端踏步段的一端各自以梯梁为支座</td></tr>
<tr><td>FT</td><td>矩形梯板由楼层平板、两跑踏步段和层间平板组成，楼梯间内不设置梯梁；墙体位于平板外侧；楼层平板与层间平板采用三边支承，另一边与踏步段相连；同一楼层内各踏步段的水平长度相等，高度相等（即等分楼层高度）</td></tr>
<tr><td>GT</td><td>框架结构</td><td>楼梯间内不设置梯梁，矩形梯板由楼层平板、两跑踏步段和层间平板组成；楼层平板采用三边支承，另一边与踏步段的一端相连；层间平板采用单边支承，对边与踏步段的另一端相连，另外两个相对侧边为自由边；同一楼层内各踏步段的水平长度相等，高度相等（即等分楼层高度）</td></tr>
<tr><td>HT</td><td>框架、剪力墙、砌体结构</td><td>楼梯间内设置楼层梯梁，但不设置层间梯梁；矩形梯板由两跑踏步段和层间平板组成；踏步段端板采用单边支承，层间平板采用三边支承，踏步段的另一端以楼层梯梁为支座；同一楼层内各踏步段的水平长度相等，高度相等（即等分楼层高度）</td></tr>
</table>

（续）

梯板代号	适用范围		是否参与结构整体抗震计算	适用条件
	抗震构造措施	适用结构		
AT_a、AT_b	有	框架结构	参与	设滑动支座；两梯梁之间的矩形梯板全部由踏步段构成，踏步段两端均以梯梁为支座，且梯板低端支承处做成滑动支座，滑动支座直接落在梯梁上。框架结构中，楼梯中间平台通常设梯柱、梯梁，中间平台可与框架柱连接
AT_c				两梯梁之间的矩形梯板全部由踏步段构成，踏步段两端均以梯梁为支座。框架结构中，楼梯中间平台通常设梯柱、梯梁，中间平台可与框架柱连接（2个梯柱形式）或脱开（4个梯柱形式）

楼梯编号由梯板代号和序号组成，如 AT××、BT×××、AT_a××。

AT~ET 型板式楼梯如图 7-2 所示。AT~ET 型梯板的两端分别以（低端和高端）梯梁为支座，采用该组板式楼梯的楼梯间内部既要设置楼层梯梁，也要设置层间梯梁（其中 ET 型

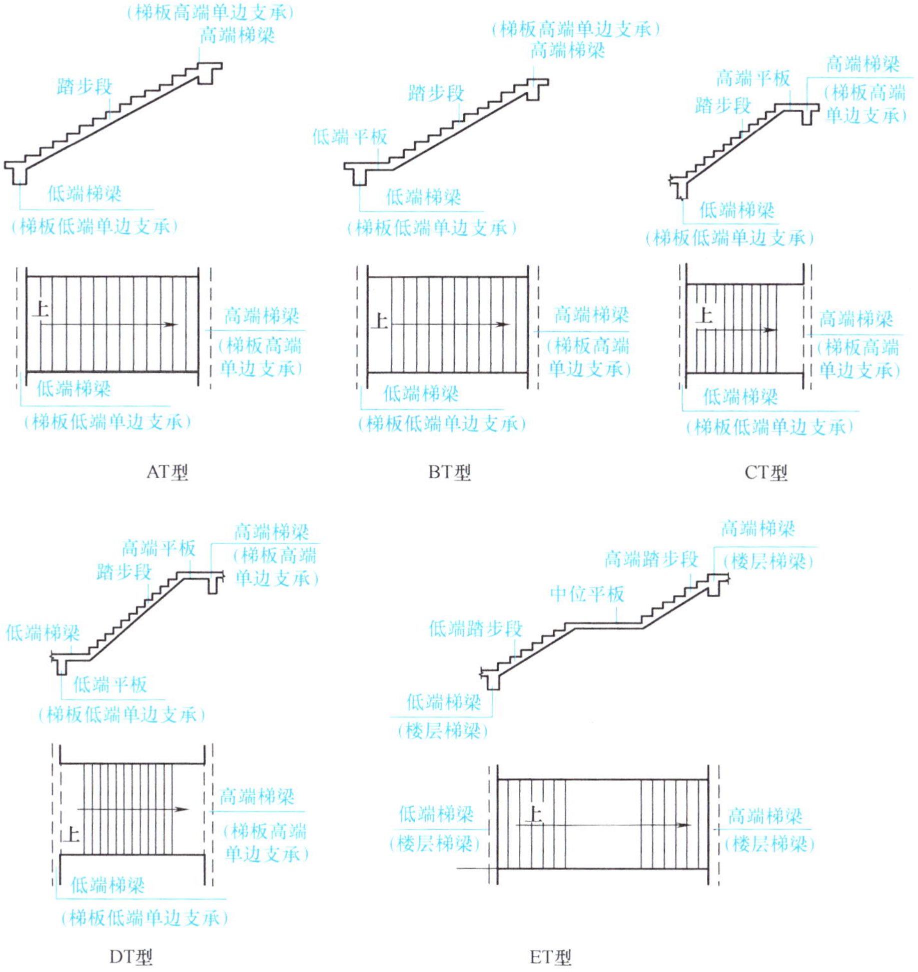

图 7-2 AT~ET 型板式楼梯的截面形状与支座位置示意图

底板两端均为楼层梯梁）以及与其相连的楼层平台板与层间平台板。AT～ET 型梯板的型号、板厚、上下部纵向钢筋及分布钢筋等内容由设计人员在图中标明。梯板上部纵向钢筋向跨内伸出的水平投影长度参考标准构造详图，图样中一般不标，只有当标准构造详图规定的水平投影长度不满足具体工程要求时，才由设计人员单独注明。

FT～HT 型板式楼梯的每个代号代表两跑踏步段和与其连接的楼层平板及层间平板。这类型梯板的构成分为两类：第一类是 FT 型和 GT 型，第二类是 HT 型。FT～HT 型板式楼梯如图 7-3 所示。

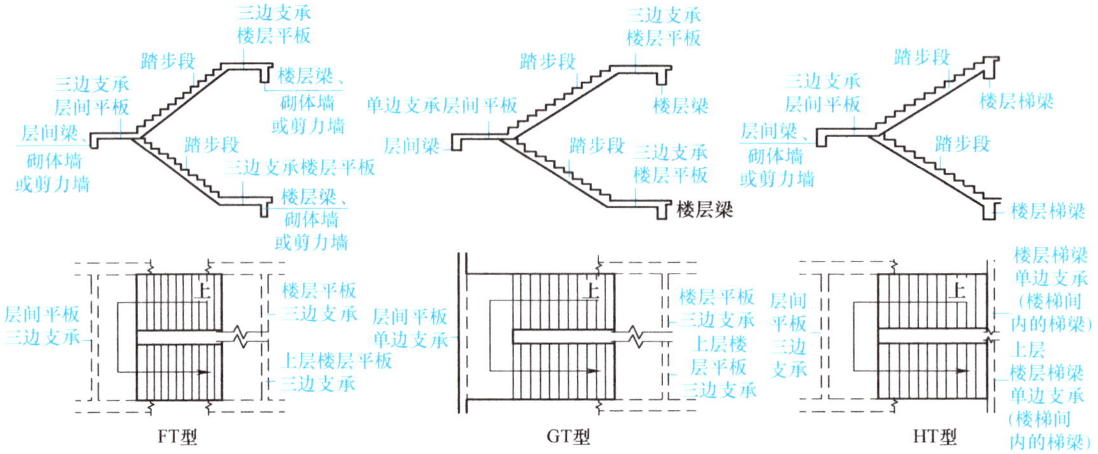

图 7-3　FT～HT 型板式楼梯的截面形状与支座位置示意图

FT～HT 型梯板的型号、板厚、上下部纵向钢筋及分布钢筋等内容由设计人员在平法施工图中注明。FT～HT 型平台上部纵向钢筋及其外伸长度在图上原位标注。梯板上部纵向钢筋向跨内伸出的水平投影长度参考标准构造详图，图样中一般不标明。当标准构造详图规定的水平投影长度不满足具体工程要求时，由设计人员注明。

AT_a、AT_b 型板式楼梯如图 7-4 所示；AT_c 型板式楼梯如图 7-5 所示。

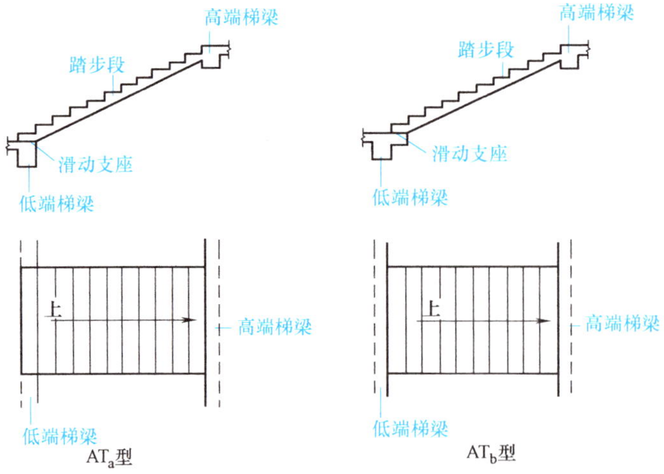

图 7-4　AT_a、AT_b 型板式楼梯的截面形状与支座位置示意图

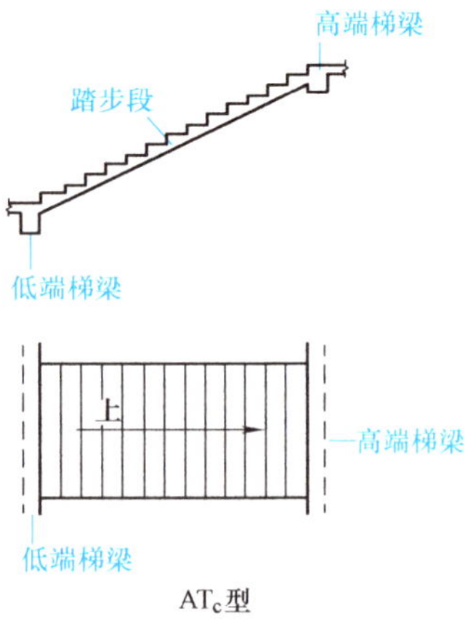

图 7-5　AT_c 型板式楼梯的截面形状与支座位置示意图

建筑专业地面、楼层平台板与层间平台板的建筑厚度经常与楼梯踏步面层厚度不同。为使建筑面层做好后的楼梯踏步等高，各型号楼梯踏步板的第一级踏步高度和最后一级踏步高度需要相应增加或减少，施工人员可查看楼梯剖面图。如果没有图样，可参照图 7-6 所示做法，即必须减小最上一级踏步的高度，并将其余踏步整体斜向推高。整体推高的（垂直）高度值 $\delta_1=\Delta_1-\Delta_2$，高度减小后的最上一级踏步高度 $h_{s2}=h_s-(\Delta_3-\Delta_2)$。

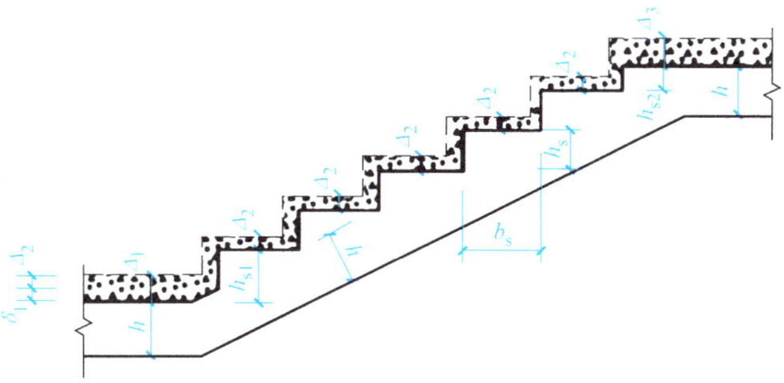

图 7-6 不同踏步位置推高与高度减小构造

δ_1—第一级与中间各级踏步整体竖向推高值 h_{s1}—第一级（推高后）踏步的结构高度

h_{s2}—最上一级（减小后）踏步的结构高度 Δ_1—第一级踏步根部面层厚度

Δ_2—中间各级踏步面层厚度 Δ_3—最上一级踏步（板）面层厚度

二、现浇混凝土板式楼梯平面注写

楼梯平面注写即通过在楼梯平面布置图上注写截面尺寸和配筋具体数值的方法来表达楼梯施工图。楼梯平面注写包括集中标注和外围标注，如图 7-7 所示。

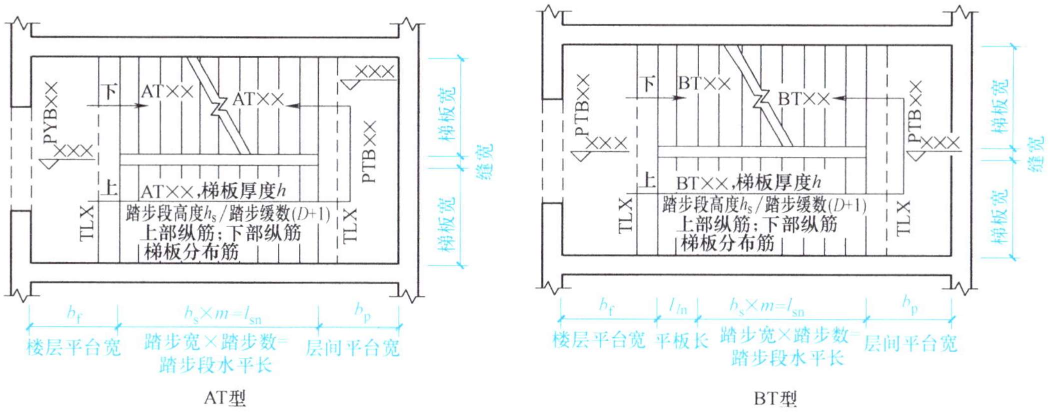

图 7-7 AT 型、BT 型楼梯平面注写方式

1. 集中标注

楼梯集中标注的内容有五项，分别是：

1）楼梯板类型代号与序号。

2）梯板厚度，注写为 h=×××。当梯板带平板，且梯板厚度和平板厚度不同时，可在梯板厚度后面的括号内以字母 P 开头注写平板厚度。

3）踏步段总高度和踏步级数之间用“/”分隔。

4）梯板支座上部纵筋和下部纵筋之间用“;”分隔。

5）梯板分布筋以 F 开头注写分布钢筋具体值，该项有时也在图中作统一说明。

2. 外围标注

楼梯外围标注的内容有楼梯间的平面尺寸、楼层结构标高、层间结构标高、楼梯的上下方向、梯板的平面几何尺寸、平台板配筋、梯梁及梯柱配筋等。

【例 7-1】 某施工图中，楼梯平法标注为：AT1，h=120（梯板类型及编号，梯板厚度）；1800/12（踏步段总高度/踏步级数）；⏀10@200，⏀12@150（上部纵筋，下部纵筋）；FΦ8@ 250（梯板分布筋）。

三、现浇混凝土板式楼梯剖面注写与列表注写

楼梯剖面注写的内容有梯板集中标注、梯梁及梯柱编号、梯板水平及竖向尺寸、楼层结构标高、层间结构标高等。其中梯板集中标注的内容有梯板类型及编号、梯板厚度、梯板配筋、梯板分布筋。楼梯剖面注写如图 7-8 所示。

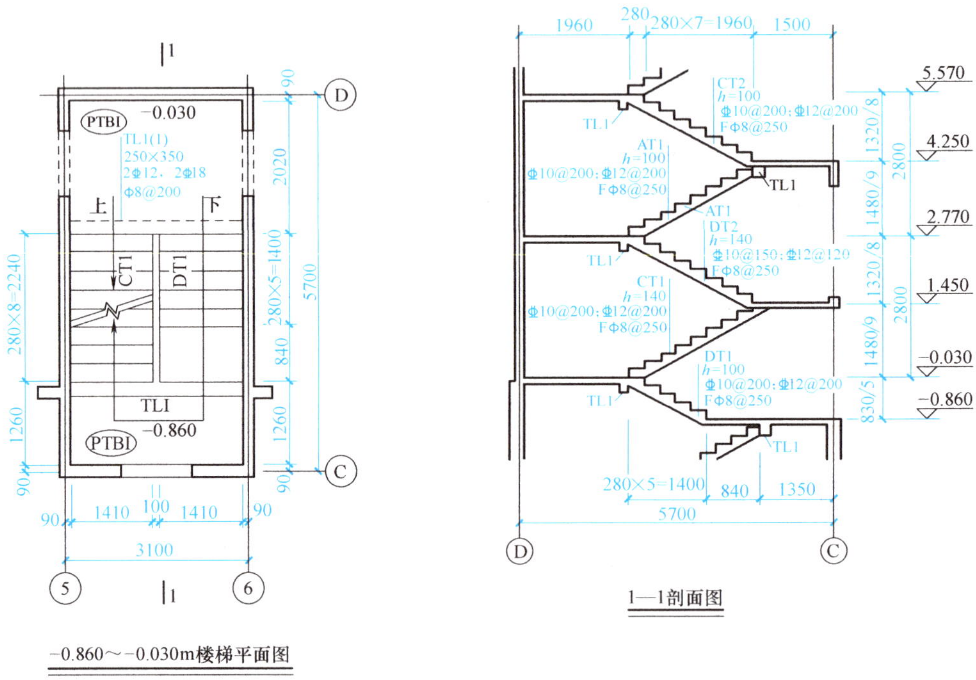

图 7-8 楼梯施工图剖面注写

楼梯列表注写即用列表方式注写梯板截面尺寸和配筋具体数值的方式来表达楼梯施工图，见表 7-2。

表 7-2 楼梯施工图列表注写

梯板编号	踏步段总高度（mm）/踏步级数	板厚 h/mm	上部纵筋	下部纵筋	分布筋
AT1	1480/9	100	Φ10@200	Φ12@200	Φ8@250
DT1	1320/8	140	Φ10@150	Φ10@150	Φ8@250

四、楼梯板配筋构造

AT 型楼梯板配筋构造如图 7-9 所示。图中上部纵筋锚固长度 $0.35l_{ab}$ 用于铰接的情况，括号内的数据 $0.6l_{ab}$ 用于设计考虑充分发挥钢筋抗拉强度的情况，具体工程中应指明采用何种情况。上部纵筋需伸至支座对边，再向下弯折，有条件时可直接伸入平台板内锚固。从支座内边算起，总锚固长度不小于 l_a，如图中虚线所示。其他类型楼梯板配筋构造和 AT 型相似，具体可参阅图集 22G101-2。

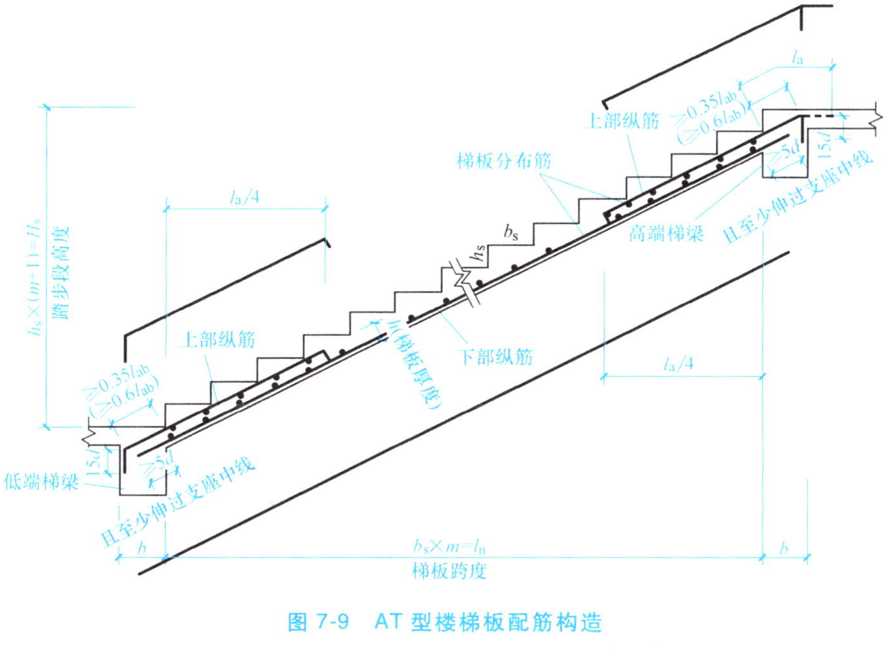

图 7-9 AT 型楼梯板配筋构造

任务 2 现浇楼梯模板施工

【学习目标】

1. 了解楼梯模板的支模形式。

2. 掌握楼梯模板配制、安装、验收、拆除的施工过程。

3. 培养安全规范操作的能力；培养精益求精的工作精神，模板的组装要求较高，模板位置、高度、支架的稳定性、拼缝的大小决定着后期混凝土浇筑成品的质量。

【任务描述】

学习楼梯模板的施工过程。

【相关知识】

目前楼梯支模形式有两种，如图 7-10 所示。

a) b)

图 7-10 楼梯模板

a）定型楼梯铝模板 b）楼梯木夹板模板

工具式定型铝（或钢）模（图 7-10a）的优点是安拆速度快、截面尺寸能保证。缺点是投入成本大，只能用于标准层楼梯。拆模时易造成棱角损坏。楼梯木夹板模板（图 7-10b）的优点是截面尺寸灵活多变。缺点是易变形，截面尺寸不能保证，安装、拆除工序复杂，周转次数少，一般 4~5 次。

一、楼梯模板制作

平台梁和平台模板的构造与有梁板模板基本相同。梯段模板由主龙骨（牵杠）、次龙骨（格栅）、底模、牵杠撑、外帮板、踏步侧板、反三角木等组成，如图 7-11 所示。

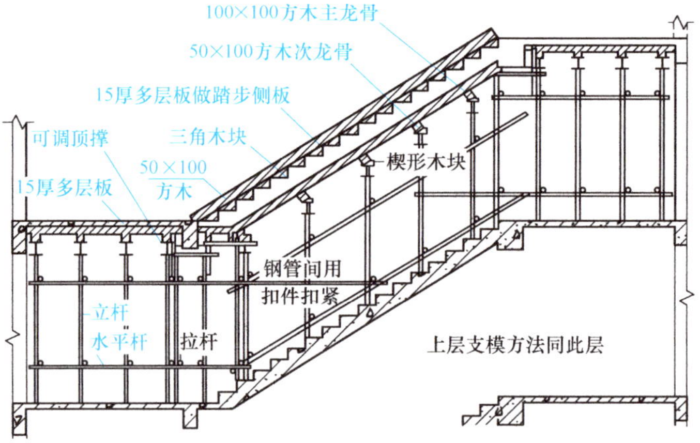

图 7-11 梯段模板示意图

梯段侧板的宽度至少等于梯段板厚度及踏步高，长度按梯段长度确定。反三角木是由若干三角木块钉在方块上，三角木块两直角边长分别等于踏步的高和宽，每一梯段至少要配一块反三角木，楼梯较宽时可多配。反三角木用横楞及立木支吊。

二、楼梯模板的安装和验收要求

1. 楼梯模板的安装

先立平台梁、平台板的模板以及梯基的侧板。在平台梁和梯基侧板上钉托木，将格栅支于托木上，格栅的间距为400~500mm，断面为50mm×100mm。格栅下立牵杠及牵杠撑，牵杠撑间距为1~1.2m，其下垫通长垫板。牵杠应与格栅相垂直，牵杠撑之间应用拉杆相互拉结。然后在格栅上铺梯段底板，底板纵向应与格栅相垂直。在底板上画梯段宽度线，依线立外帮板，且梯段两侧都应设外帮板，外帮板可用夹木或斜撑固定。梯段中间加设反三角木，在反三角木与外帮板之间逐块钉踏步侧板，踏步侧板一头钉在外帮板的木档上，另一头钉在反三角木的侧面上。

2. 楼梯横板的验收要求

踏步高度应均匀一致，最下一步及最上一步的高度必须考虑到楼地面最后的装修厚度，防止由于装修厚度不同而造成踏步高度不协调。

三、顶板模板的拆除

楼梯侧模在混凝土强度能保证其表面及棱角不因拆除模板而受损后方可拆除。

当混凝土强度超过设计强度的75%时（通过同条件试块试压提供数据），填写拆模申请，方可组织房间内顶板模板拆除。阳台及跨度大于8m房间的顶板模板必须待混凝土达到设计强度100%时，方可拆除，拆除顶柱水平拉杆，调节顶柱螺栓，依次拆除主次龙骨及面板。拆下的模板及时清理干净，集中收集，码放整齐。

（1）楼梯模板拆除的一般要点

1）拆除模板的顺序和方法应按照配板设计的规定进行。若无设计规定时，应遵循“先支后拆，后支先拆；先拆不承重的模板，后拆承重部分的模板；自上而下，支架先拆侧向支撑，后拆竖向支撑”等原则。

2）组织模板工程作业时，支模与拆模统一由一个作业班组执行作业。其优点是支模时就考虑拆模的方便与安全，拆模时，人员熟知情况，易找拆模关键点位，对拆模进度、安全、模板及配件的保护都有利。

（2）楼梯模板拆除工艺施工要点

1）拆除支架部分水平拉杆和剪刀撑，以便作业。而后拆除梁侧模板，以使两相邻模板断连。

2）下调支柱顶翼托螺杆后，用钢钎轻轻撬动模板，或用木锤轻击，拆下第一块，然后逐块逐段拆除。切不可用铁锤或撬棍猛击乱撬。每块模板拆下时，或人工放于地上，或将支柱顶翼托螺杆，再下调相等高度，在原有木楞上适量搭设脚手板，以托住拆下的模板。严禁使拆下的模板自由坠落于地面。

3）拆除梁底模板的方法大致与楼板模板相同。但拆除跨度较大的梁底模板时，应从跨中开始下调支柱顶翼托螺杆，然后向两端逐根下调。拆除梁底模支柱时，也从跨中向两端作业。

任务3 现浇楼梯钢筋施工

【学习目标】

1. 掌握楼梯钢筋的下料计算方法。

2. 掌握楼梯钢筋的加工、绑扎施工过程。

3. 了解楼梯钢筋的质量验收要求。

4. 回顾钢筋理论知识的学习，再一次强化同学们对钢筋识图、下料计算的能力提升，检验前期知识的积累应用；培养充分利用资源，节约用料，降低成本的生产意识。

【任务描述】

学习楼梯钢筋施工过程。

【相关知识】

一、楼梯钢筋下料、安装

1. 楼梯钢筋下料

在实际工程中，楼梯有很多种，这里只介绍最简单的 AT 型楼梯。

楼梯钢筋计算的原理：楼梯的休息平台和楼梯梁可参考板和梁的算法。这里只介绍楼梯斜跑的算法。

（1）梯板底筋

1）受力筋。

① 长度计算。AT 型楼梯第一斜跑梯板底受力筋长度按图 7-12 进行计算。

根据图 7-12 推导出受力筋的长度计算公式，见表 7-3。

表 7-3　AT 型楼梯第一斜跑梯板底受力筋长度计算公式

梯板底受力筋长度=梯板投影净长×斜度系数+伸入左端支座内长度+伸入右端支座内长度+弯钩×2(弯钩仅光圆筋有)				
梯板投影净长	斜度系数	伸入左端支座内长度	伸入右端支座内长度	弯钩
l_n	$k=\sqrt{b_s^2+h_s^2}/b_s$	max(5d,h)	max(5d,h)	6.25d
梯板底受力筋长度=l_n×k+max(5d,h)×2+6.25d×2(弯钩仅光圆筋有)				

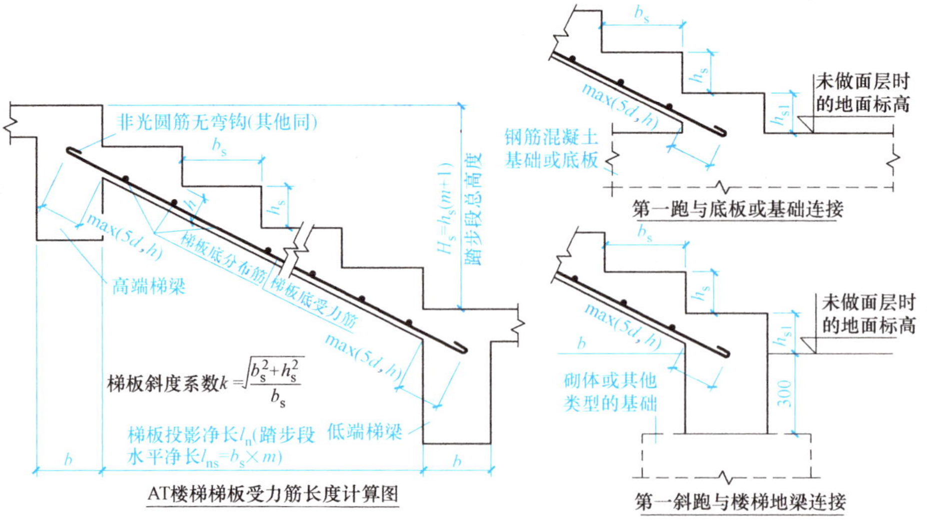

图 7-12　AT 型楼梯梯板受力筋计算简图

② 根数计算。楼梯受力筋根数根据图 7-13 进行计算。

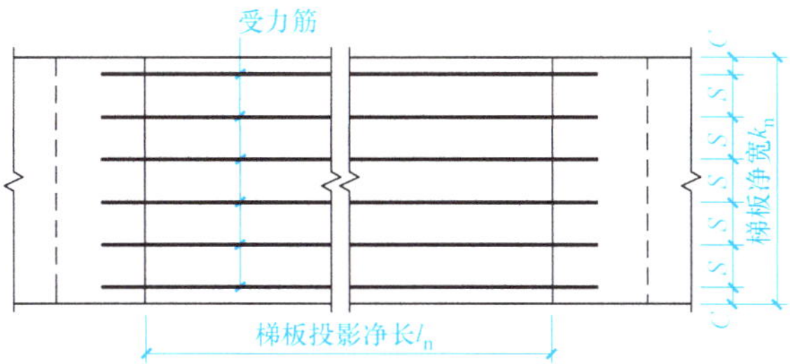

图 7-13 楼梯受力筋根数计算简图

根据图 7-13 可以推导出楼梯斜跑梯板受力筋根数计算公式，见表 7-4。

表 7-4 楼梯斜跑梯板受力筋根数计算公式

梯板受力筋根数=(梯板净宽-保护层厚度×2)/受力筋间距+1		
梯板净宽	保护层厚度	受力筋间距
k_n	C	S
梯板受力筋根数=(k_n-2C)/S+1(取整)		

2）受力筋的分布筋。

① 长度计算。楼梯斜跑梯板底受力筋的分布筋长度根据图 7-14 进行计算。

根据图 7-14 推导出楼梯斜跑梯板底受力筋的分布筋长度计算公式，见表 7-5。

表 7-5 梯板底受力筋的分布筋长度计算公式

分布筋长度=梯板净宽-保护层厚度×2+弯钩长度增加值×2		
梯板净宽	保护层厚度	弯钩长度增加值
k_n	C	$6.25d$
分布筋长度=$k_n-2C+6.25d×2$		

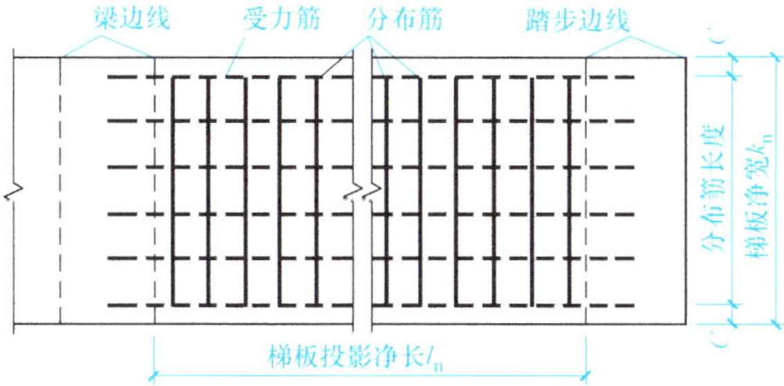

图 7-14 梯板受力筋分布筋长度计算简图

② 根数计算。梯板受力筋的分布筋根数根据图 7-15 进行计算。

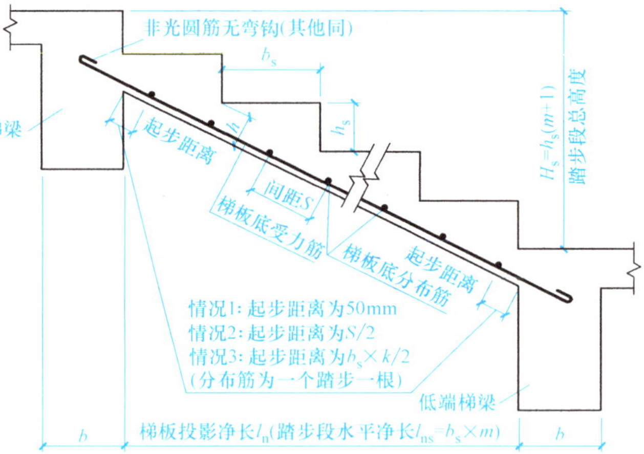

图 7-15　梯板受力筋的分布筋根数计算简图

根据图 7-15 推导出楼梯斜跑梯板分布筋根数计算公式，见表 7-6。

表 7-6　楼梯斜跑梯板分布筋根数计算公式

起步距离判断	梯板分布筋根数=(梯板投影净跨×斜度系数-起步距离×2)/分布筋间距+1			
	梯板投影净跨	斜度系数	起步距离	分布筋间距
起步距离为 50mm	l_n	k	50mm	S
	梯板分布筋根数=($l_n×k-50×2$)/S+1(取整)			
起步距离 $S/2$	l_n	k	$S/2$	S
	梯板分布筋根数=($l_n×k-S$)/S+1(取整)			
起步距离 $b_s×k/2$	l_n	k	$b_s×k/2$	S
	梯板分布筋根数=($l_n×k-b_s×k$)/S+1(取整)			

（2）梯板顶筋

1）支座负筋。

① 长度计算。梯板支座负筋长度根据图 7-16 进行计算。

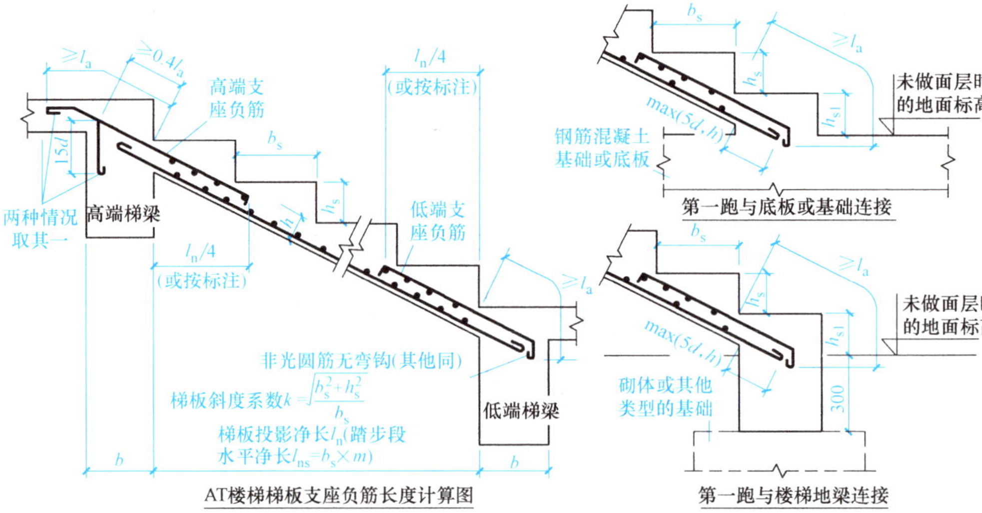

图 7-16　梯板支座负筋长度计算简图

根据图 7-16 推导出楼梯梯板支座负筋的长度计算公式，见表 7-7。

表 7-7 AT 楼梯梯板支座负筋长度计算公式

<table>
<tr><td rowspan="14">低端支座负筋</td><td rowspan="2">钢筋级别</td><td rowspan="2">弯折判断</td><td colspan="4">低端支座负筋长度＝伸入板内长度+伸入支座内长度</td></tr>
<tr><td colspan="2">伸入板内长度＝伸入板内直段长度+弯折长度</td><td colspan="2">伸入支座内长度＝锚固长度+弯钩长度</td></tr>
<tr><td rowspan="6">光圆筋</td><td rowspan="3">弯折长度＝$h-2C$</td><td>伸入板内直段长度</td><td>弯折长度</td><td>锚固长度</td><td>弯钩长度</td></tr>
<tr><td>$l_n/4\times k$ 或(按标注尺寸$\times k$)</td><td>$h-2C$</td><td>l_a</td><td>6.25d</td></tr>
<tr><td colspan="4">低端支座负筋长度＝$l_n/4\times k$ 或(按标注尺寸$\times k$)$+h-2C+l_a+6.25d$</td></tr>
<tr><td rowspan="3">弯折长度＝$h-C$</td><td>伸入板内直段长度</td><td>弯折长度</td><td>锚固长度</td><td>弯钩长度</td></tr>
<tr><td>$l_n/4\times k$ 或(按标注尺寸$\times k$)</td><td>$h-C$</td><td>l_a</td><td>6.25d</td></tr>
<tr><td colspan="4">低端支座负筋长度＝$l_n/4\times k$ 或(按标注尺寸$\times k$)$+h-C+l_a+6.25d$</td></tr>
<tr><td rowspan="6">非光圆筋</td><td rowspan="3">弯折长度＝$h-2C$</td><td>伸入板内直段长度</td><td>弯折长度</td><td>锚固长度</td><td>弯钩长度</td></tr>
<tr><td>$l_n/4\times k$ 或(按标注尺寸$\times k$)</td><td>$h-2C$</td><td>l_a</td><td>0</td></tr>
<tr><td colspan="4">低端支座负筋长度＝$l_n/4\times k$ 或(按标注尺寸$\times k$)$+h-2C+l_a$</td></tr>
<tr><td rowspan="3">弯折长度＝$h-C$</td><td>伸入板内直段长度</td><td>弯折长度</td><td>锚固长度</td><td>弯钩长度</td></tr>
<tr><td>$l_n/4\times k$ 或(按标注尺寸$\times k$)</td><td>$h-C$</td><td>l_a</td><td>0</td></tr>
<tr><td colspan="4">低端支座负筋长度＝$l_n/4\times k$ 或(按标注尺寸$\times k$)$+h-C+l_a$</td></tr>
<tr><td rowspan="8">高端支座负筋(伸入板内锚箍)</td><td rowspan="2">钢筋级别</td><td rowspan="2">弯折判断</td><td colspan="4">高端支座负筋长度＝伸入板内长度+伸入支座内长度</td></tr>
<tr><td colspan="2">伸入板内长度＝伸入板内直段长度+弯折长度</td><td colspan="2">伸入支座内长度＝伸入支座内直段长度+弯钩长度</td></tr>
<tr><td rowspan="6">光圆筋</td><td rowspan="3">弯折长度＝$h-2C$</td><td>伸入板内直段长度</td><td>弯折长度</td><td>伸入支座内直段长度</td><td>弯钩长度</td></tr>
<tr><td>$l_n/4\times k$ 或(按标注尺寸$\times k$)</td><td>$h-2C$</td><td>l_a</td><td>6.25d</td></tr>
<tr><td colspan="4">高端支座负筋长度＝$l_n/4\times k$ 或(按标注尺寸$\times k$)$+h-2C+l_a+6.25d$</td></tr>
<tr><td rowspan="3">弯折长度＝$h-C$</td><td>伸入板内直段长度</td><td>弯折长度</td><td>伸入支座内直段长度</td><td>弯钩长度</td></tr>
<tr><td>$l_n/4\times k$ 或(按标注尺寸$\times k$)</td><td>$h-C$</td><td>l_a</td><td>6.25d</td></tr>
<tr><td colspan="4">高端支座负筋长度＝$l_n/4\times k$ 或(按标注尺寸$\times k$)$+h-C+l_a+6.25d$</td></tr>
</table>

（续）

<table>
<tr><td rowspan="9">高端支座负筋（伸入板内锚箍）</td><td rowspan="2">钢筋级别</td><td rowspan="2">弯折判断</td><td colspan="4">高端支座负筋长度＝伸入板内长度+伸入支座内长度</td></tr>
<tr><td colspan="2">伸入板内长度＝伸入板内直段长度+弯折长度</td><td colspan="2">伸入支座内长度＝伸入支座内直段长度+弯钩长度</td></tr>
<tr><td rowspan="7">非光圆筋</td><td rowspan="3">弯折长度＝$h-2C$</td><td>伸入板内直段长度</td><td>弯折长度</td><td>伸入支座内直段长度</td><td>弯钩长度</td></tr>
<tr><td>$l_n/4\times k$ 或（按标注尺寸×k）</td><td>$h-2C$</td><td>l_a</td><td>0</td></tr>
<tr><td colspan="4">高端支座负筋长度＝$l_n/4\times k$ 或（按标注尺寸×k）$+h-2C+l_a$</td></tr>
<tr><td rowspan="3">弯折长度＝$h-C$</td><td>伸入板内直段长度</td><td>弯折长度</td><td>伸入支座内直段长度</td><td>弯钩长度</td></tr>
<tr><td>$l_n/4\times k$ 或（按标注尺寸×k）</td><td>$h-C$</td><td>l_a</td><td>0</td></tr>
<tr><td colspan="4">高端支座负筋长度＝$l_n/4\times k$ 或（按标注尺寸×k）$+h-C+l_a$</td></tr>
</table>

<table>
<tr><td rowspan="14">高端支座负筋（在梯梁内弯折）</td><td rowspan="2">钢筋级别</td><td rowspan="2">弯折判断</td><td colspan="5">高端支座负筋长度＝伸入板内长度+伸入支座内长度</td></tr>
<tr><td colspan="2">伸入板内长度＝伸入板内直段长度+弯折长度</td><td colspan="3">伸入支座内长度＝伸入直座内直段长度+伸入支座内弯折长度+弯钩长度</td></tr>
<tr><td rowspan="6">光圆筋</td><td rowspan="3">弯折长度＝$h-2C$</td><td>伸入板内直段长度</td><td>弯折长度</td><td>伸入支座内直段长度</td><td>伸入支座内弯折长度</td><td>弯钩长度</td></tr>
<tr><td>$l_n/4\times k$ 或（按标注尺寸×k）</td><td>$h-2C$</td><td>$0.4l_a\leqslant l_z\leqslant(b-C)\times k$</td><td>$15d$</td><td>$6.25d$</td></tr>
<tr><td colspan="5">高端支座负筋长度＝$l_n/4\times k$ 或（按标注尺寸×k）$+h-2C+l_z+15d+6.25d$</td></tr>
<tr><td rowspan="3">弯折长度＝$h-C$</td><td>伸入板内直段长度</td><td>弯折长度</td><td>伸入支座内直段长度</td><td>伸入支座内弯折长度</td><td>弯钩长度</td></tr>
<tr><td>$l_n/4\times k$ 或（按标注尺寸×k）</td><td>$h-C$</td><td>$0.4l_a\leqslant l_z\leqslant(b-C)\times k$</td><td>$15d$</td><td>$6.25d$</td></tr>
<tr><td colspan="5">高端支座负筋长度＝$l_n/4\times k$ 或（按标注尺寸×k）$+h-C+l_z+15d+6.25d$</td></tr>
<tr><td rowspan="6">非光圆筋</td><td rowspan="3">弯折长度＝$h-2C$</td><td>伸入板内直段长度</td><td>弯折长度</td><td>伸入支座内直段长度</td><td>伸入支座内弯折长度</td><td>弯钩长度</td></tr>
<tr><td>$l_n/4\times k$ 或（按标注尺寸×k）</td><td>$h-2C$</td><td>$0.4l_a\leqslant l_z\leqslant(b-C)\times k$</td><td>$15d$</td><td>0</td></tr>
<tr><td colspan="5">高端支座负筋长度＝$l_n/4\times k$ 或（按标注尺寸×k）$+h-2C+l_z+15d$</td></tr>
<tr><td rowspan="3">弯折长度＝$h-C$</td><td>伸入板内直段长度</td><td>弯折长度</td><td>伸入支座内直段长度</td><td>伸入支座内弯折长度</td><td>弯钩长度</td></tr>
<tr><td>$l_n/4\times k$ 或（按标注尺寸×k）</td><td>$h-C$</td><td>$0.4l_a\leqslant l_z\leqslant(b-C)\times k$</td><td>$15d$</td><td>0</td></tr>
<tr><td colspan="5">高端支座负筋长度＝$l_n/4\times k$ 或（按标注尺寸×k）$+h-C+l_z+15d$</td></tr>
</table>

② 根数计算。梯板支座负筋根数根据图 7-17 进行计算。

根据图 7-17 可以推导出楼梯斜跑梯板支座负筋根数计算公式，见表 7-8。

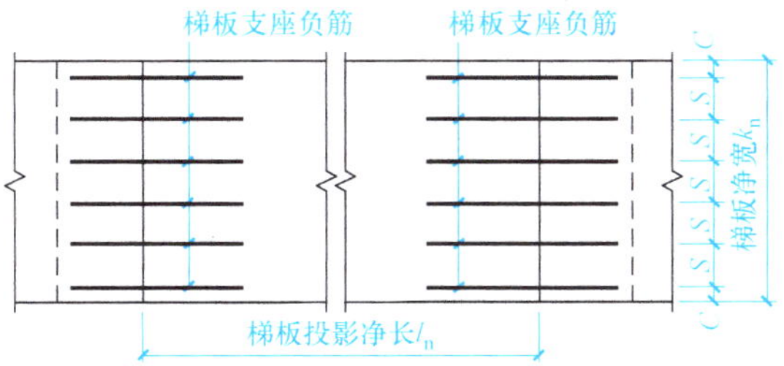

图 7-17 楼梯斜跑梯板支座负筋根数计算简图

表 7-8 楼梯斜跑梯板支座负筋根数计算公式

梯板受力筋根数=(梯板净宽-保护层厚度×2)/受力筋间距+1		
梯板净宽	保护层厚度	受力筋间距
k_n	C	S
梯板受力筋根数=(k_n-2C)/S+1(取整)		

2）支座负筋的分布筋。

① 长度计算。支座负筋的分布筋长度根据图 7-18 进行计算。

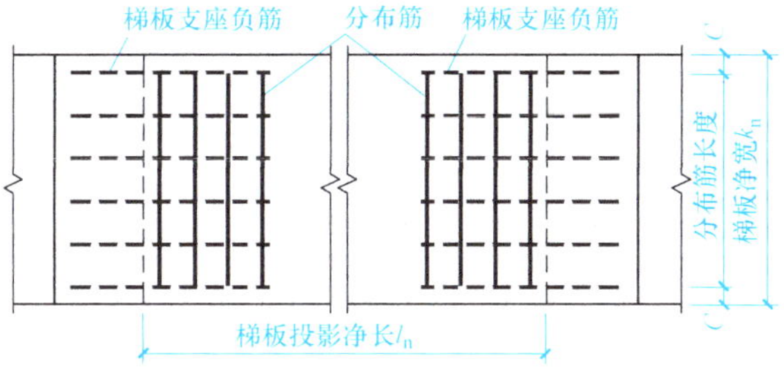

图 7-18 支座负筋的分布筋长度计算简图

根据图 7-18 推导出支座负筋的分布筋长度计算公式，见表 7-9。

表 7-9 支座负筋的分布筋长度计算公式

分布筋长度=梯板净宽-2×保护层厚度+弯钩长度×2		
梯板净宽	保护层厚度	弯钩长度
k_n	C	6.25d
分布筋长度=k_n-2C+6.25d×2		

② 根数计算。梯板支座负筋的分布筋根数根据图 7-19 进行计算。

根据图 7-19 推导出梯板支座负筋的分布筋根数计算公式，见表 7-10。

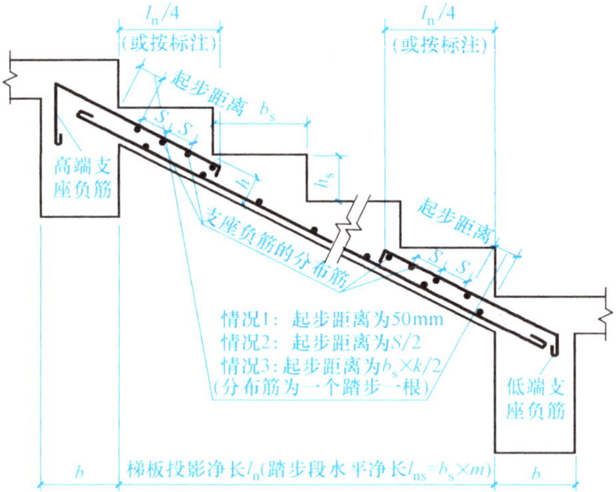

图 7-19 梯板支座负筋的分布筋根数计算简图

表 7-10 梯板支座负筋的分布筋根数计算公式

起步距离判断	梯板单个支座负筋的分布筋根数=(支座负筋伸入板内直线投影长度×斜度系数-起步距离×2)/支座负筋的分布筋间距+1				备注
	支座负筋伸入板内直线投影长度	斜度系数	起步距离	支座负筋的分布间距	
起步距离为 50mm	$l_n/4$(或按标注长度)	k	50mm	S	这里只计算了一个支座负筋的分布筋根数
	梯板分布筋根数=[$l_n/4$(或按标注长度)×k-50×2]/S+1(取整)				
起步距离为 $S/2$	$l_n/4$(或按标注长度)	k	$S/2$	S	
	梯板分布筋根数=[$l_n/4$(或按标注长度)×k-S]/S+1(取整)				
起步距离(b_s×k)/2	$l_n/4$(或按标注长度)	k	b_s×k/2	S	
	梯板分布筋根数=[$l_n/4$(或按标注长度)×k-(b_s×k)]/S+1(取整)				

2. 楼梯钢筋安装工艺

(1) 工艺流程 板式楼梯钢筋绑扎的工艺流程为：弹放钢筋位置线→布放钢筋→绑扎梁钢筋→绑扎板钢筋→垫混凝土（或塑料）垫块。

(2) 操作要点

1) 弹放钢筋位置线。按设计要求，先把楼梯梯段板受力钢筋和横向分布钢筋的位置弹放在模板上，上下楼梯平台梁箍筋位置标到平台梁模板上。

2) 布放钢筋。先将梯段板纵向钢筋按弹放好的位置线放好，然后将上下楼梯平台梁的箍筋和纵向钢筋在模板内穿好。

3) 绑扎梁钢筋。根据画线位置，按梁钢筋的绑扎方法和要求，绑扎好上下梁的钢筋。

4) 绑扎板钢筋。楼梯梯段板是斜的，为了保证纵向钢筋不向下移，可以先在上下平台梁边各先绑扎一根横向分布钢筋，再逐点绑扎好其他横向分布钢筋。绑扎上部负弯矩钢筋及其分布钢筋，并把交叉点全部绑牢。

5) 垫混凝土（或塑料）垫块。分别垫上梁板混凝土（或塑料）垫块，楼梯梯段板垫块厚度比楼梯梁垫块厚度稍薄一些，注意不要垫反了。

二、楼梯钢筋工程验收

楼梯钢筋绑扎结束后，正式浇筑混凝土之前，要作为隐蔽验收项目，检验钢筋工程质量是否符合要求。检验的项目主要有：楼梯踏步段受力筋锚固长度、位置与数量；梯梁内受力钢筋与箍筋、休息平台内部钢筋长度与数量；楼梯斜段与梯梁内钢筋的保护层厚度。

任务4 现浇楼梯混凝土施工

【学习目标】

1. 掌握楼梯混凝土施工工艺流程。

2. 回顾混凝土工程理论知识的学习，结合本次实训任务，再一次强化同学们对混凝土浇筑过程的认识，认识到浇筑过程每个环节的重要性，尤其振捣对混凝土强度的影响；培养同学们的质量意识。百年大计质量第一，混凝土质量在建筑结构安全中，起着举足轻重的作用，所以在混凝土浇筑过程中应按规范要求进行操作。

【任务描述】

楼梯混凝土施工：施工准备→混凝土运输→混凝土浇筑→混凝土养护。

【相关知识】

1. 准备工作

1）浇筑混凝土的模板、钢筋、预埋件及管线等，经检查符合设计要求，并办完隐、预检手续。

2）对模板内杂物进行清除，在浇筑前对木模板进行浇水湿润，以免木模板吸收混凝土中的水分，影响混凝土浇筑后的正常硬化。

2. 浇筑要点

楼梯段混凝土自上而下浇筑。先振实底板混凝土，达到踏步位置后，与踏步混凝土一起浇筑，不断连续向上推进，并随时用木抹子（木磨板）将踏步上表面抹平。

施工缝位置：楼梯混凝土宜连续浇筑完成，多层建筑的楼梯，根据结构情况可留设于楼梯平台板跨中或楼梯段 1/3 范围内。

项目8

高层建筑施工

【项目概述】

通过本项目的学习，掌握高层建筑的测量原理及方法，了解高层建筑垂直运输机械工作原理、安装和拆除方法，掌握高层建筑钢筋、模板、混凝土的施工要点。

任务1　高层建筑测量

【学习目标】

1. 掌握高层建筑测量的特点、原理。
2. 掌握高层建筑的测量方法。
3. 培养查阅仪器使用指南及对应理论知识点自主学习的习惯；培养仪器操作、进行测量施工的实践能力；养成严谨工作、仔细核对的工作作风。

【任务描述】

根据高层建筑案例工程，编制该工程的测量方案。

【相关知识】

一、高层建筑施工测量的特点和任务

近年来，我国的高层建筑蓬勃兴起，高层民用住宅群也在各大、中型城市中悄然屹立。“质量第一”已成为建筑企业的立身之本。为了提高工程质量，高层建筑施工测量越来越受到重视。高层建筑的特点是层数多、高度大、结构复杂。因结构竖向偏差直接影响工程受力情况，故在施工测量中要求竖向投点精度高，所选用的仪器和测量方法要适应结构类型、施工方法和场地情况。由于建筑结构复杂，设备和装修标准较高，特别是高速电梯的安装等对施工测量精度要求较高，一般情况下在设计图纸中会说明有各项允许偏差值，施工测量误差必须控制在允许偏差值以内。因此，面对建筑平面、立面造型的复杂多变，要求在工程施工前，先确定施工测量方案、仪器配置、测量人员的分工，并经有关专家论证后方可实施。

高层建筑施工测量的主要任务是将建筑物的基础轴线准确地向高层引测，并保证各层相应的轴线位于同一竖直面内，要控制与检核轴线向上投测的竖向偏差。在高层建筑施工中，

要由下层楼面向上层传递高程，以使上层楼板、门窗口、室内装修等工程的标高符合设计要求。

二、高层建筑的轴线投测

轴线向上投测时，要求竖向误差在本层内不超过 5mm，全楼累计误差值不应超过 $2H/10000$（H 为建筑物总高度），且不应大于：

$30\text{m}<H\leqslant 60\text{m}$ 时，10mm；

$60\text{m}<H\leqslant 90\text{m}$ 时，15mm；

$H>90\text{m}$ 时，20mm。

为了保证轴线投测的精度，高层建筑物轴线的竖向投测主要有外控法和内控法两种。

1. 外控法

外控法是在建筑物外部，利用经纬仪，根据建筑物轴线控制桩来进行轴线的竖向投测的方法，也称为经纬仪引桩投测法。

（1）在建筑物底部投测中心轴线位置　高层建筑的基础工程完工后，将经纬仪安置在轴线控制桩 A_1、A'_1、B_1 和 B'_1 上，把建筑物主轴线精确地投测到建筑物的底部，并设立标志，如图 8-1 中的 a_1、$a_1{}'$、b_1 和 $b_1{}'$，以供下一步施工与向上投测之用。

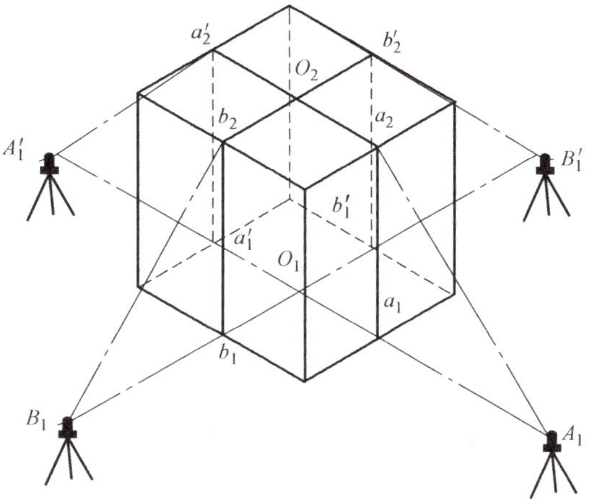

图 8-1　经纬仪投测中心轴线

（2）向上投测中心线　随着建筑物不断升高，要逐层将轴线向上传递，如图 8-1 所示，将经纬仪安置在轴线控制桩 A_1、A'_1、B_1 和 B'_1 上，严格整平仪器，用望远镜瞄准建筑物底部已标出的 a_1、a'_1、b_1 和 b'_1，用盘左和盘右分别向上投测到每层楼板上，并取其中点作为该层中心轴线的投影点，如图 8-1 中的 a_2、a'_2、b_2 和 b'_2。

（3）增设轴龙门架　当建筑物逐渐增高，而轴线控制桩距建筑物又较近时，望远镜的仰角较大，操作不便，投测精度也会降低。为此，要将原中心轴线控制桩引测到更远的安全地方，或者附近大楼的屋面。具体做法如下：

将经纬仪安置在已经投测上去的较高层（如第 10 层）楼面轴线 $a_{10}a'_{10}$ 上，如图 8-2 所示。瞄准地面上原有的轴线控制桩 A_1 和 $A_1{}'$点，用盘左、盘右分中投点法，将轴线延长到远处 A_2 和 $A_2{}'$点，并用标志固定其位置，A_2、$A_2{}'$即为新投测的 $A_1A_1{}'$轴控制桩。

对更高层的中心轴线，可将经纬仪安置在新的龙门架上，按上述方法继续进行投测。

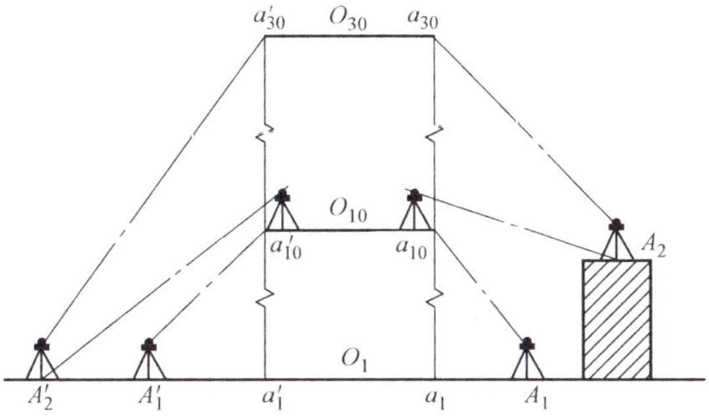

图 8-2　经纬仪引桩投测

2. 内控法

内控法是在建筑物内±0.000平面设置轴线控制点，并预埋标志，然后在各层楼板相应位置上预留200mm×200mm的传递孔，在轴线控制点上直接采用吊线坠法或激光铅垂仪法，通过预留孔将其点位垂直投测到任一楼层的方法。

（1）内控法轴线控制点的设置　在基础施工完毕后，在±0.000首层平面上的适当位置设置与轴线平行的辅助轴线，辅助轴线距轴线500~1000mm为宜。在辅助轴线交点或端点处埋设标志，如图8-3所示。

（2）吊线坠法　吊线坠法是利用钢丝悬挂重锤球进行轴线竖向投测的方法。这种方法一般用于高度为50~100m的高层建筑施工中，锤球的质量为10~20kg，钢丝的直径为0.5~0.8mm。投测方法如下：

如图8-4所示，在预留孔上面安置十字架，挂上锤球，对准首层预埋标志。当锤球线静止时，固定十字架，并在预留孔四周作出标记，作为以后恢复轴线及放样的依据。此时，十字架中心即为轴线控制点在该楼面上的投测点。

用吊线坠法实测时，要采取一些必要措施，如用铅直的塑料管套着坠线或将锤球沉浸于油中，以减少摆动。

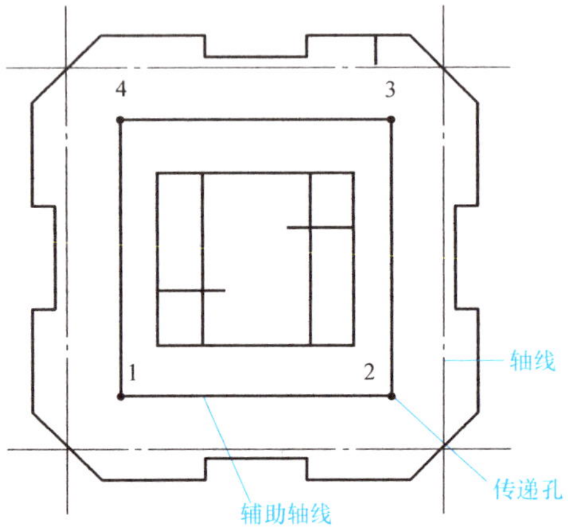

图8-3　内控法轴线控制点的设置

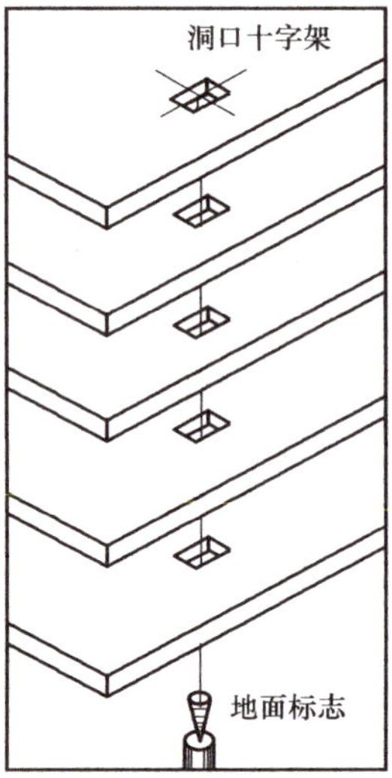

图8-4　吊线坠法投测轴线

（3）激光铅垂仪法　激光铅垂仪是一种专用的铅直定位仪器，适用于高层建筑物、烟囱及高塔架的铅直定位测量。

激光铅垂仪的基本构造如图8-5所示，主要由氦氖激光器、精密竖轴、发射望远镜、水准器、基座、激光电源及接收屏等部分组成。

图8-6所示为用激光铅垂仪法进行轴线投测的示意图，其投测方法如下：

1）在首层轴线控制点上安置激光铅垂仪，利用激光器底端（全反射棱镜端）所发射的激光束进行对中，通过调节基座整平螺旋，使水准器气泡严格居中。

2）在上层施工楼面预留孔处放置接受靶。

3）接通激光电源，启动激光器发射铅直激光束，通过发射望远镜调焦，使激光束聚成红色耀目光斑，投射到接受靶上。

4）移动接受靶，使靶心与红色光斑重合，然后固定接受靶，并在预留孔四周作出标记。此时，靶心位置即为轴线控制点在该楼面上的投测点。

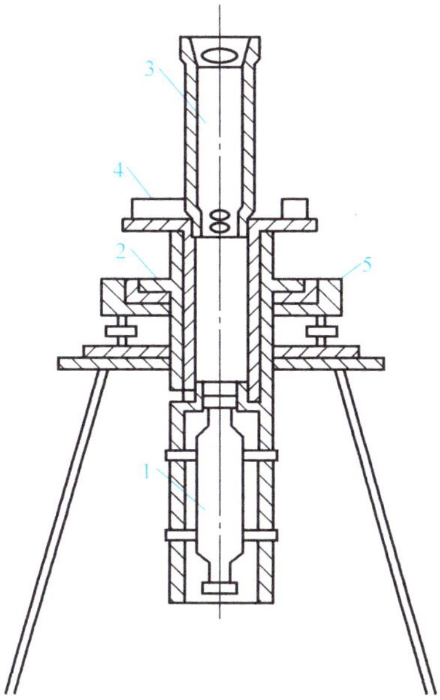

图 8-5 激光铅垂仪的基本构造

1—氦氖激光器 2—精密竖轴 3—发射望远镜

4—水准器 5—基座

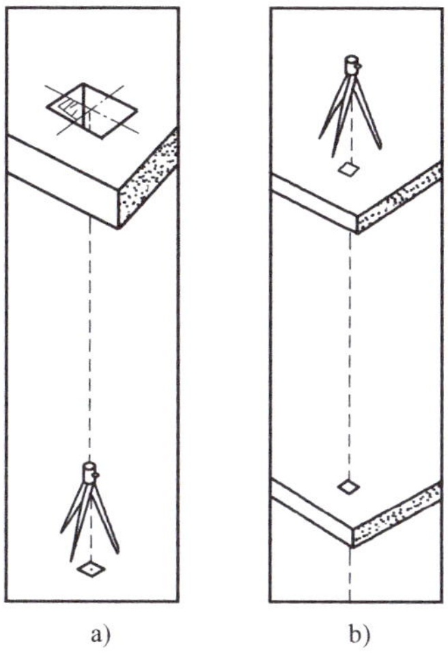

图 8-6 激光铅垂仪法

三、高层建筑物的标高传递

在高层建筑施工中，建筑物的标高要由下层传递到上层，以使上层建筑的工程施工标高符合设计要求。常用的标高传递方法有悬吊钢尺法和全站仪天顶测距法。

高层建筑施工的标高控制网为建筑场地内的一组水准点（不少于 3 个）。待建筑物基础和地坪层建造完成后，在墙上或柱上从水准点测设出底层“+50mm 标高线”，作为向上各层测设设计标高之用。

（1）悬吊钢卷尺法标高传递　如图 8-7 所示，从底层“+50mm 标高线”起向上量取累积设计层高，即可测设出相应楼层的“+50mm 标高线”。根据各层的“+50mm 标高线”，即可进行各楼层的施工工作。

以第 3 层为例，放样第 3 层“+50mm 标高线”时的应读前视为

$$b_3 = a_3 - (l_1 + l_2) + (a_1 - b_1) \tag{8-1}$$

在第 3 层墙面上上下移动水准标尺，当标尺读数恰好为 b_3 时，沿水准标尺底部在墙面上划线，即可得到第 3 层的“+50mm 标高线”。

（2）全站仪天顶测距法　对于超高层建筑，吊卷钢尺有困难时，可以在预留垂准孔或

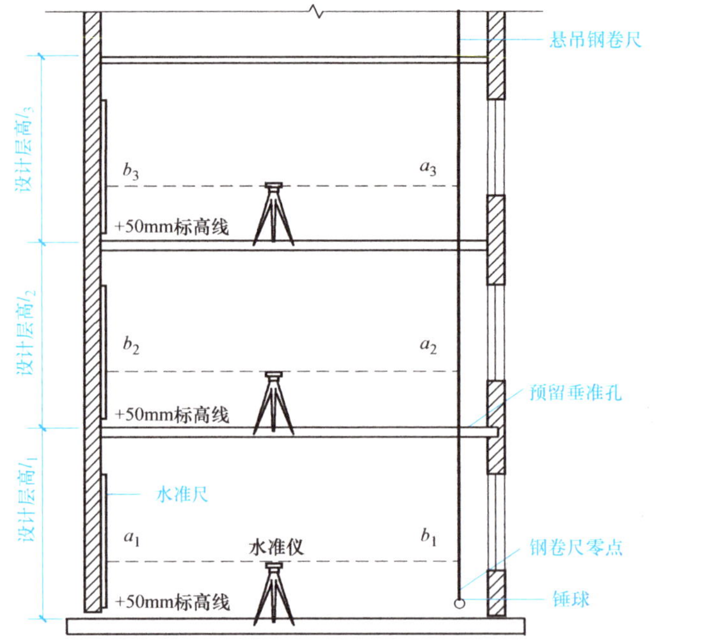

图 8-7 悬吊钢卷尺法传递标高

电梯井安置全站仪，通过对天顶方向测距的方法引测高程，如图 8-8 所示。

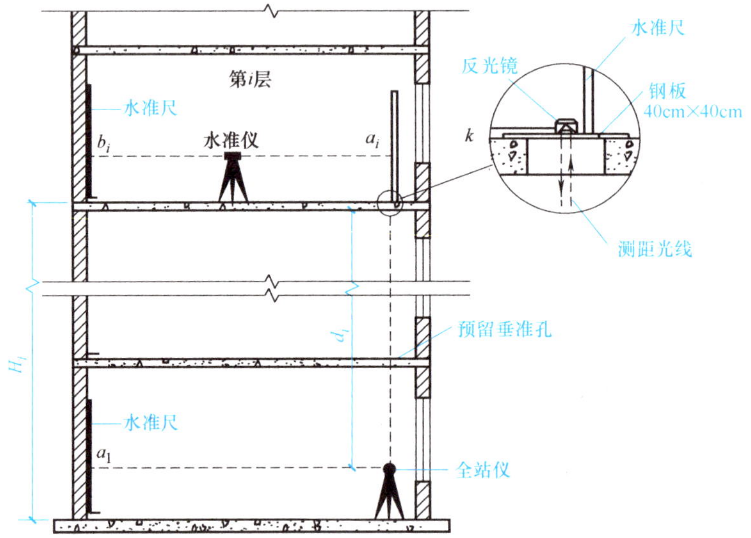

图 8-8 全站仪对天顶测距法传递高程

在投测点安置全站仪，置平望远镜（屏幕显示竖直角为 0°或竖直度盘读数为 90°），读取竖立在首层“+50mm 标高线”上水准尺的读数为 a_1。a_1 即为全站仪横轴至首层“+50mm 标高线”的仪器高。

将望远镜指向天顶（屏幕显示竖直角为 90°或竖直度盘读数为 0°），将一块制作好的 40cm×40cm、中间开了一个 ϕ30mm 圆孔的钢板放置在需传递标高的第 i 层层面垂准孔上，使圆孔的中心对准测距光线（由测站观测员在全站仪望远镜中观察指挥），将棱镜扣在钢板上，操作全站仪测距，得距离 d_i。

在第 i 层安置水准仪，将一把水准尺立在钢板上，读出其上的读数为 a_i；假设另一把水准尺竖立在第 i 层"+50mm 标高线"上，其上的读数为 b_i，则有下列方程成立：

$$a_1+d_i-k+(a_i-b_i)=H_i \tag{8-2}$$

式中 H_i——第 i 层楼面的设计标高（m，以建筑物的±0.000 起算）；

d_i——全站仪到测量层的高度（mm）；

k——棱镜常数，可以通过试验的方法测定出。

由式（8-2）可以解出 b_i 为

$$b_i=a_1+d_i-k+(a_i-H_i) \tag{8-3}$$

上下移动水准标尺，使其读数为 b_i，沿水准标尺底部在墙面上划线，即可得到第 i 层的"+50mm 标高线"。

任务2 高层建筑垂直运输

【学习目标】

1. 掌握高层建筑垂直运输机械的分类。
2. 掌握垂直运输机械的安装、拆卸以及安全使用。
3. 培养查阅《建筑施工起重吊装工程安全技术规范》（JGJ 276—2012）、《建筑施工高处作业安全技术规范》（JGJ 80—2016）等规范的能力，通过学习编制垂直运输机械的安装、拆卸与安全使用方案；培养安全意识，垂直运输机械安装施工属于高处作业，安全"三宝"必须学会正确使用，结合"建筑工程安全管理"课程的学习，锻炼同学们的综合实际运用能力。

【任务描述】

根据高层建筑案例工程，编制该工程的塔式起重机和施工电梯方案。

【相关知识】

建筑工程施工中，建筑材料的垂直运输和施工人员的上下需要依靠垂直运输机械。垂直运输机械是指承担垂直运输建筑材料或供施工人员上下的机械设备和设施。塔式起重机（以下简称塔机）、施工外用电梯、混凝土泵是建筑施工中最常见的垂直运输机械。

一、塔机

1. 塔机的分类

塔机按有无行走机构可分为轨道式塔机和固定式塔机。轨道式塔机的塔身固定于行走底架上，可在专设的轨道上运行，稳定性好，能带负荷行走，工作效率高，因而广泛应用于建筑安装工程，如图 8-9 所示。固定式塔机根据装设位置的不同，又分为附着自升式和内爬式两种。其中，附着自升式塔机的塔身安装在建筑物一侧，底座固定在专门的基础上，或将行走台车固定在轨道上。随着塔身的自行加节升高，每间隔一定高度用专用杆件将塔身与建筑物连接起来，依附在建筑物上。

此外，塔机还有以下几种分类方式：

1）按回转支承位置分：上回转塔机和下回转塔机。

2）按变幅方式分：小车变幅式、动臂变幅式。

3）按安装方式分：快速安装式（下回转式）、非快速安装式（上回转式）。

4）按底架固定情况分：固定式、轨行式。

5）按升高方式分：固定高度式、自升式（附着式、内爬式）。

附着式塔机是我国目前应用最广泛的一种，由其他起重设备安装至基本高度后，即可由自身的顶升机构，随建筑物升高将塔身逐节接高。附着和顶升过程可利用施工间隙进行，对工程进度影响不大，且建筑物仅承受由塔机附着杆件所传递的水平载荷，一般无须特别加固。施工结束后，塔机的拆卸可按安装逆程序进行，不需要另设拆卸设备，如图 8-10 所示。

图 8-9　轨道式塔机

图 8-10　附着式塔机

内爬式塔机主要应用于超高层建筑的施工，塔身高度固定，塔机自身质量较小，利用建筑物的楼层进行爬升。在塔机起升卷筒的容绳量内，其爬升高度不受限制，但塔机全部质量支承在建筑物上，建筑结构需作局部加强，与建筑设计联系比较密切，其爬升须与施工进度协调。施工结束后，需用特设的屋面起重机或辅助起重设备将塔机解体卸至地面，如图 8-11 所示。

图 8-11　内爬式塔机

2. 塔机的构造

塔机的主要构造有底座（塔机基础）、塔身、塔臂、平衡系统等，具体如图 8-12 所示。

3. 塔机的平面定位

选择塔机的平面定位时，需注意以下几个问题：

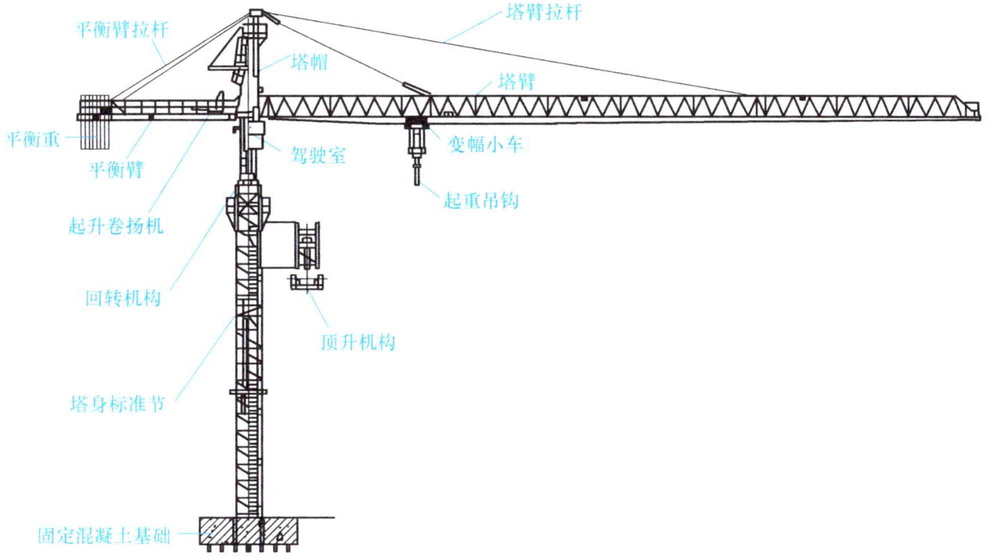

图 8-12 塔机构造示意图

（1）满足塔机覆盖面的要求　塔机的覆盖面是指以塔机的工作幅度为半径的圆形覆盖面积。塔机定位应能保证建筑工程的全部作业面处于塔机的覆盖范围之内。

（2）满足塔机操作过程中，周边环境条件对其的要求　塔机作业半径内应尽量避开架空高压线和既有建筑物、构筑物，防止塔臂、吊绳、吊钩可能对其发生的碰撞。实在无法避开时，可考虑搭设防护棚的方法。

有架空输电线的场所，塔机的任何部位与输电线的安全距离应符合表 8-1 的规定。

表 8-1 塔机的任何部位与输电线的安全距离

安全距离/m	电压/kV				
	<1	1~15	20~40	60~110	220
沿垂直方向	1.5	3.0	4.0	5.0	6.0
沿水平方向	1.5	2.0	3.5	4.0	6.0

（3）满足塔机基础设置的要求　设置在基坑外的塔机基础应尽量避开室外总体管线密集区域；设置于基坑基础结构内的塔机基础应避免与地下室墙、柱、梁、后浇带体系相碰，并设置于防水处理较方便的位置。

（4）满足塔机附着的位置和尺寸要求　建筑物的附着点可选为框架柱、结构主梁及剪力墙、丁字墙、L 形墙等位置，并尽可能对称布置，以利于附着及结构的合理受力。经验数据为：塔身中点至两个附着支座连线的垂直距离为 5~8m，附着杆与附着支座连线的夹角为 45°~70°。

（5）满足结构施工设备及设施的空间位置要求　在塔机定位时，注意避免塔身，尤其是塔机顶部爬升架平台，与外墙脚手架相交错（特别注意要避开外挑造型）；塔机的平面定位还应考虑施工电梯位置的要求（可考虑塔机与施工电梯分立建筑物两侧；必须设于同一侧时，应尽量错开设置）。

（6）满足塔机拆除的要求　在塔机安装和拆卸过程中，塔机前臂必须与爬升架标准节引进装置口的朝向一致。若塔机前臂方向存在新建建筑物的主体或其他障碍物，将导致塔身无法拆除。塔机布置应尽量使其能拆至地面。

（7）群塔施工要求

1）群塔施工时，塔机相互位置应保证处于低位的塔机的起重臂端部与另外一台塔机的塔身之间至少有 2m 的距离。

2）处于高位的塔机的最低位置部件（吊钩升至最高点或平衡臂的最低部位）与同一垂线位置处的低位塔机相关部位顶端的垂直距离不应小于 2m，如图 8-13 所示。

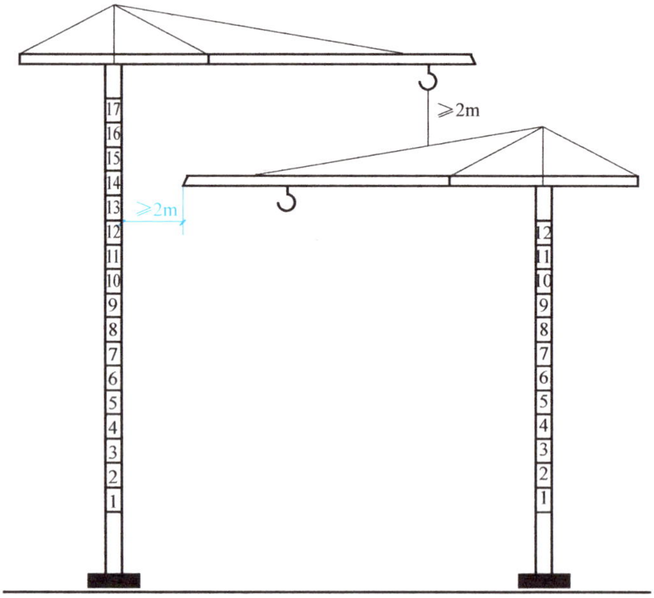

图 8-13　群塔距离示意图

二、施工外用电梯

1. 施工外用电梯的概念

施工外用电梯（又称施工升降机、施工电梯、附壁式升降机）是一种使用工作笼（吊笼）沿导轨架做垂直（或倾斜）运动，用于运送人员和物料的机械。

施工外用电梯可根据需要的高度在施工现场进行组装，一般架设可达 100m，用于超高层建筑施工时可达 200m。施工外用电梯可借助本身安装在顶部的电动机杆组装，也可利用施工现场的塔机等起重设备组装。另外，由于梯笼和平衡重的对称布置，故倾覆力矩很小，立柱又通过附壁与建筑结构牢固连接（不需要缆风绳），所以受力合理可靠。施工外用电梯为保证使用安全，本身设置了必要的安全装置，这些装置应该经常保持良好的状态，防止意外事故。由于施工外用电梯结构坚固、拆装方便、不用另设机房，因此，被广泛应用于工业、民用高层建筑施工以及桥梁、矿井、水塔的高层物料和人员的垂直运输。

2. 施工外用电梯的分类

1）施工外用电梯按驱动方式分为齿轮齿条驱动（SC 型）、卷扬机钢丝绳驱动（SS 型）和混合驱动（SH 型）三种。SC 型外用电梯的吊笼内装有驱动装置，驱动装置的输出齿轮与导轨架上的齿条相啮合，当控制驱动电动机正、反转时，吊装将沿着车轨上下移动。这种施工电梯较常用，如图 8-14 所示。SS 式外用电梯的吊笼沿轨架上下移动是借助于卷扬机收放钢丝来实现的。

2）施工外用电梯按导轨架的结构可分为单柱式和双柱式两种。

一般情况下，SC 型施工外用电梯多采用单柱式导轨架，而且采取上接节方式。SC 型施工外用电梯按吊笼数又分单笼和双笼两种。对单导轨架双笼的 SC 型施工外用电梯，在导轨架的两侧各装一个吊笼，每个吊笼各有自己的驱动装置，并可独立地上下移动，从而提高了运送客货的能力。

3. 施工外用电梯的构造

施工外用电梯主要由金属结构、驱动机构、安全保护装置和电气控制系统等部分组成。

（1）金属结构　金属结构由吊笼、底笼、导轨架、对（配）重、天轮架及小起重机构、天轮和附墙架等组成。

1）吊笼（梯笼）：吊笼（梯笼）是施工外用电梯运载人和物料的构件，笼内有传动机构、防坠安全器及电气箱等，外侧附有驾驶室，设置了门保险开关与门连锁。只有当前后两道门均关好后，吊笼才能运行。

吊笼内空净高度不得小于2m。对于SS型人货两用外用电梯，提升吊笼的钢丝绳不得少于两根，且彼此应独立。钢丝绳的安全系数不得小于12，直径不得小于9mm。

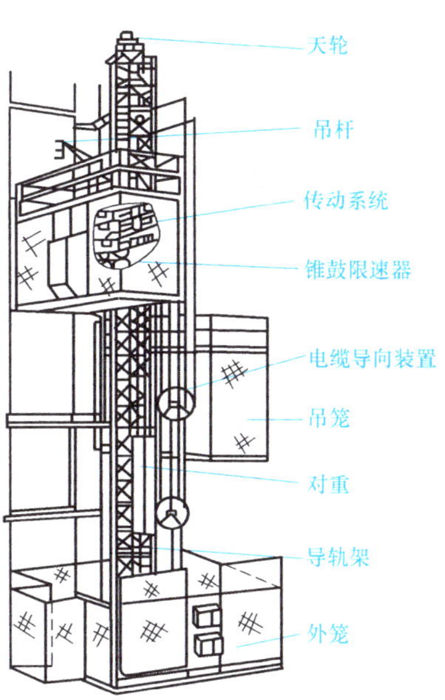

图8-14　齿轮齿条驱动施工电梯构造示意图

2）底笼：底笼的底架是施工外用电梯与基础连接的部分，多用槽钢焊接成平面框架，并用地脚螺栓与基础相固结。底笼的底架上装有导轨架的基础节，吊笼不工作时停在其上。底笼四周有钢板网护栏，入口处有门，门的自动开启装置与吊笼门配合动作。在底笼的骨架上装有四个缓冲弹簧，在吊笼坠落时起缓冲作用。

3）导轨架：导轨架是吊笼上下运动的导轨、外用电梯的主体，能承受规定的各种载荷。导轨架是由若干个具有互换性的标准节经螺栓连接而成的多支点的空间桁架，用来传递和承受荷载。标准节的截面形状有正方形、矩形和三角形；标准节的长度与齿条的模数有关，一般每节为1.5m。导轨架的主弦杆和腹杆多用钢管制造，横缀条则选用不等边角钢。

4）对（配）重：对重用以平衡吊笼的自重，可改善结构受力情况，从而提高电动机的功率利用率和吊笼载重。

5）天轮架及小起重机构：天轮架由导向滑轮和天轮架钢结构组成，用来支承和导向配重的钢丝绳。

6）天轮：立柱顶的左前方和右后方安装两组定滑轮，分别支承两对吊笼和对重。对单笼，只使用一组天轮。

7）附墙架：立柱的稳定是靠与建筑结构进行附墙连接来实现的。附墙架用来使导轨架可靠地支承在所施工的建筑物上。附墙架多由型钢或钢管焊成平面桁架。

（2）驱动机构　施工外用电梯的驱动机构一般有两种形式，一种为齿轮齿条式，另一种为卷扬机钢丝绳式。

（3）安全保护装置

1）防坠安全器：防坠安全器是施工外用电梯主要的安全装置，它可以限制吊笼的运行速度，防止坠落。安全器应能保证外用电梯吊笼出现不正常超速运行时及时动作，将吊笼制停。防坠安全器为限速制停装置，应采用渐进式安全器。钢丝绳施工外用电梯的额定提升速度≤0.63m/s时，可使用瞬时式安全器，但人货两用型应使用速度触发型防坠安全器。

防坠安全器的工作原理：当吊笼沿导轨架上下移动时，齿轮沿齿条滚动。当吊笼以额定速度工作时，齿轮带动传动轴及其上的离心块空转。一旦驱动装置的传动件损坏，吊笼将失去控制，并沿导轨架快速下滑（当有配重，而且配重大于吊笼一侧载荷时，吊笼在配重的作用下快速上升）。随着吊笼速度的加快，防坠安全器齿轮的转速也随之增大。当转速增大到防坠安全器的动作转速时，离心块在离心力和重力的作用下与制动轮内表面上的凸齿相啮合，并推动制动轮转动。螺母沿着制动轮尾部的螺杆做轴向移动，进一步压缩碟形弹簧组，逐渐增加制动轮与制动毂之间的制动力矩，直到将工作笼制动在导轨架上为止。在防坠安全器左端的下表面上装有行程开关。导板向右移动一定距离后，与行程开关触头接触，并切断驱动电动机的电源。

防坠安全器动作后，吊笼应不能运行。只有当故障排除，安全器复位后，吊笼才能正常运行。

2）缓冲弹簧：在施工外用电梯的底架上有缓冲弹簧，当吊笼发生坠落事故时，可用于减轻吊笼的冲击。

3）上下限位开关：上下限位开关是为防止吊笼上下超过需停位置时，因司机误操作和电气故障等原因继续上升或下降引发事故而设置的。上下限位开关必须为自动复位型，上限位开关的安装位置应保证吊笼触发限位开关后，保留的上部安全距离不得小于1.8m，与上极限开关的越程距离为0.15m。

4）上下极限开关：上下极限开关是为了在上下限位开关不起作用，吊笼继续上行或下降到设计规定的最高极限或最低极限位置时，能及时切断电源，以保证吊笼安全而设置的。极限开关为非自动复位型，其动作后必须手动复位才能使吊笼重新起动。

5）安全钩：安全钩是为防止吊笼到达预先设定位置后，上限位器因各种原因不能及时动作，吊笼继续向上运行，冲击导轨架顶部而发生倾翻坠落事故而设置的。安全钩是安装在吊笼上部的重要的，也是最后一道安全装置。安全钩安装在传动系统齿轮与安全器齿轮之间，当传动系统齿轮脱离齿条后，安全钩可防止吊笼脱离导轨架。吊笼上行到导轨架顶部的时候，安全钩钩住导轨架，以保证吊笼不发生倾翻坠落事故。

6）吊笼门、底笼门连锁装置：施工外用电梯的吊笼门、底笼门均装有电气连锁开关，它们能有效地防止因吊笼门或底笼门未关闭就起动运行而造成的人员坠落和物料滚落，只有当吊笼门和底笼门完全关闭时才能起动运行。

7）急停开关：当吊笼在运行过程中发生紧急情况时，司机应能及时按下急停开关，使吊笼立即停止运行，防止事故的发生。急停开关必须是非自行复位的电气安全装置。

8）楼层通道门：施工外用电梯与各楼层均搭设了运料和人员进出的通道，在通道口与外用电梯结合部位必须设置楼层通道门。此门在吊笼上下运行时处于常闭状态，只有在吊笼停靠时才能由吊笼内的人打开。应做到楼层内的人员无法打开此门，以确保通道口处在封闭的条件下，避免发生危险。

（4）电气控制系统　施工外用电梯的每个吊笼都有一套电气控制系统。施工外用电梯的电气控制系统包括电源箱和电控箱。

4. 施工外用电梯的安装与拆卸

（1）安装前的准备工作　施工外用电梯在安装和拆除前，必须编制专项施工方案；必须由有相应资质的队伍来施工。

在安装施工外用电梯前，需做好以下几项准备工作。

1）必须有熟悉施工外用电梯产品的钳工、电工等作业人员，作业人员应当具备熟练的操作技术和排除一般故障的能力，清楚了解外用电梯的安装流程。

2）认真阅读全部随机技术文件。通过阅读技术文件清楚了解外用电梯的型号、主要参数尺寸，读懂安装平面布置图、电气安装接线图，并在此基础上进行下列工作：

① 核对基础的宽度、平面度、楼层高度、基础深度，并作好记录。

② 核对预埋件的位置和尺寸，确定附墙架等的位置。

③ 核对和确定限位开关装置、防坠安全器、电缆架、限位开关碰铁的位置。

④ 核对电源线位置和容量，确定电源箱和极限开关的位置，并做好施工外用电梯安全接地方案。

3）按照施工方案，编制施工进度。

4）清查或购置安装工具以及必要的设备和材料。

（2）安装拆卸安全技术　安装与拆卸时应注意以下安全事项。

1）操作人员必须按高处作业要求，在安装时戴好安全帽，系好安全带，并将安全带系好在立柱节上。

2）安装过程中必须由专人负责统一指挥。

3）在外用电梯运行过程中，人员的头、手绝不能露出安全栏外。如果有人在导轨架上或附墙架上工作，绝对不允许开动外用电梯。

4）每个吊笼顶平台的作业人数不得超过 2 人，顶部承载总质量不得超过 650kg。

5）利用吊杆进行安装时，不允许超载。吊杆只允许用来安装或拆卸外用电梯零部件，不得用于其他用途。

6）遇有雨、雪、雾及风速超过 13m/s 的恶劣天气时，不得进行安装和拆卸作业。

三、混凝土泵

混凝土泵是在压力推动下沿管道输送混凝土的一种设备。它能连续完成高层建筑的混凝土的水平运输和垂直运输，配以布料杆后，还可以进行较低位置的混凝土的浇筑。近几年来，在高层建筑施工中，泵送商品混凝土的应用日益广泛，主要原因是泵送商品混凝土的效率高，质量好，劳动强度低。

（1）混凝土泵的分类　混凝土泵按驱动方式分为活塞式泵和挤压式泵，目前用得较多的是活塞式泵。混凝土泵按动力可分为机械式活塞泵和液压式活塞泵，目前用得较多的是液压式活塞泵。混凝土泵按移动方式分为固定式、拖挂式和自行式三种。固定式混凝土泵是原始形式，多由电动机驱动，适用于工程量大、移动较少的场合；拖挂式混凝土泵是把泵安装在简单的底架上，由于其装有车轮，所以拖挂式混凝土泵既能在施工现场方便地移动，又能在道路上拖运；自行式混凝土泵是把泵直接安装在汽车的底盘上，移动自如。

（2）活塞式混凝土泵的工作原理　活塞式混凝土泵如图 8-15 所示。它是利用活塞的往复运动将混凝土吸入和排出。泵工作时，搅拌好的混凝土装入料斗，吸入端片阀移开，排出端片阀关闭，液压活塞在液压作用下带动混凝土活塞左移。混凝土在自重及其真空吸力作用下，进入混凝土缸。然后，液压系统中压力油的进出方向相反，活塞右移，同时吸入端片阀关闭，压出端片阀移开，混凝土被压入管道中，输送到浇筑地点。混凝土泵的出料是脉冲式的，由两个缸体交替出料，通过Y形输料管，送入同一输送管，因而能连续稳定地出料。

混凝土输送管有直管、弯管、锥形管和浇筑软管等，一般由合金钢、橡胶和塑料等材料制成，常用混凝土输送管的管径为100mm、150mm。直管以3.0m标准长度管为主管，弯管角度有数种，以适应管道改变方向。当两种不同直径的输送管需要连接时，中间用锥形管过渡，一般长度为1m。在管道的出口都接有软管，以便在不移动输送管的情况下扩大布料范围。

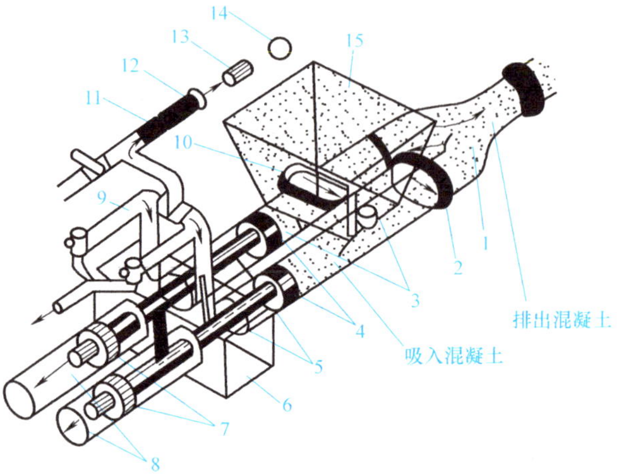

图 8-15 活塞式混凝土泵示意图

1—Y形输料管 2—排出端片阀 3—混凝土缸 4—混凝土活塞 5—活塞杆 6—水箱 7—液压活塞 8—液压缸 9—水洗装置转向阀 10—吸入端片阀 11—水洗用高压软管 12—水洗法兰 13—清洗活塞 14—海绵球 15—料斗

(3) 混凝土泵的操作要求

1) 砂石粒径、水泥强度等级及配合比应按出厂说明书选择，并满足泵的力学性能的要求。

2) 泵送设备的停车制动和锁紧制动应同时使用，轮胎应楔紧，水源供应应正常，水箱应储满清水，料斗内应无杂物，各润滑点应润滑正常。

3) 泵送设备的各部螺栓应紧固，管道接头应紧固密封，防护装置应齐全可靠。

4) 各部位操纵开关、调整手柄、手轮、控制杆、旋塞等均应处于正确位置。液压系统应正常无泄漏。

5) 准备好清洗管、清洁用品等有关装置。作业前，必须先用按规定配制的水泥砂浆润滑管道。无关人员必须离开管道。

6) 支腿应全部伸出并支牢，未固定前不得起动布料杆。布料杆升高支架后方可回转。布料杆伸出时应按顺序进行。严禁使用布料杆起吊或拖拉物件。

7) 当布料杆处于全伸状态时，严禁移动车身。作业中需要移动时，应将上段布料杆折叠固定，移动速度不得超过10km/h。布料杆不得使用超过规定直径的配管，装接的轮管应系防脱安全绳带。

8) 应随时监视各种仪表和指示灯，发现不正常时，及时调整或处理。如出现输送管堵塞时，应进行逆向运转，使混凝土返回料斗，必要时应拆管排除堵塞。

9) 泵送系统受压时，不得开启任何输送管道和液压管道。液压系统的安全阀不得任意调整。蓄能器只能充入氮气。

10) 作业后，必须将料斗内和管道内的混凝土全部输出，然后对泵机、料斗、管道进行清洗。用压缩空气冲洗管道时，管道出口端前方10m以内不得站人，并应用金属网篮等收集冲出的泡沫橡胶及砂石粒。

11) 严禁用压缩空气冲洗布料杆配管。布料杆的折叠收缩须按顺序进行。

12) 各部位操纵开关、调整手柄、手轮、控制汗、旋塞等均应复位。液压系统卸荷。

任务3 高层建筑钢筋工程

【学习目标】

1. 掌握高层建筑钢筋工程的施工准备工作。

2. 掌握高层建筑钢筋的施工要点。

3. 回顾之前所学的钢筋工程相关知识，结合本次实训任务，再一次强化同学们对钢筋工程中箍筋进场检验、钢筋加工、钢筋连接、钢筋安装等一系列知识的学习，编制一份高层钢筋工程施工方案；培养严谨细致的工作态度，注重隐蔽工程的质量验收，要求全过程仔细检查验收，树立一丝不苟的质量意识，贯穿于施工全过程。

【任务描述】

根据高层建筑案例工程，编制该工程的施工方案。

【相关知识】

钢筋工程是普通钢筋进场检验、钢筋加工、钢筋连接、钢筋安装等一系列技术工作和完成实体的总称。在钢筋混凝土结构中，钢筋起着关键性的作用。钢筋工程属于隐蔽工程，需要在施工过程中进行严格的质量控制。

一、高层建筑钢筋工程的施工准备工作

1）熟悉图纸，了解各个构件钢筋的大小、构件的混凝土强度等级、构件的尺寸、断面发生变化的标高和位置以及有无特殊要求等。

2）查看设计图纸上所采用的标准图集以及标准节点构造，查阅所需的相关规范和要求，咨询当地是否有地方性强制要求。

3）在对设计图纸熟悉后，对各构件的钢筋进行抽样，确定构件和不同编号钢筋的形状、尺寸大小、下料长度和根数，逐步形成施工中的钢筋翻样表。

4）根据工程量的大小和工期的要求，确定钢筋机具的数量，在钢筋工程施工前安装就位。提出钢材计划，组织原材料进场，进行取样检验，保证工程顺利进行。

二、基础钢筋施工

高层钢筋混凝土结构采用的基础形式有筏板基础、箱型基础、深基础，本任务主要讨论应用较广的筏板基础钢筋施工。

1. 钢筋的加工制作

1）箍筋：箍筋一般都用细钢筋，加工时采用机械折弯。这些钢筋切断时可用切断机、钢筋大剪或砂轮锯，切断后应按不同的样式、型号、规格分别放置。成型时，每个样式的箍筋先做一个样板，然后校核各部位尺寸及角度，无误后批量加工。

2）主筋：主筋的加工制作应符合图示规格尺寸和规范的规定，端部的锚固应符合要求。

3）钢筋加工的允许偏差见表 8-2。

表 8-2 钢筋加工的允许偏差

序号	项　　目	允许偏差/mm
1	钢筋顺直长度方向全长的净尺寸	±10
2	弯起钢筋的弯折位置	±20
3	箍筋内净尺寸	±5

2. 筏板钢筋绑扎

筏板钢筋绑扎施工顺序：绑扎筏板下层钢筋→绑扎筏板上层筋→柱、墙插筋。

（1）绑扎板下层钢筋

1）筏板钢筋排列顺序：东西方向，下排钢筋在下，上排钢筋在上；南北方向，下排钢筋在上，上排钢筋在下。

2）筏板钢筋的端部，下排钢筋上弯 300mm，上排钢筋下弯 300mm，外挑出部分按图纸详图加工。

3）筏板钢筋开始绑扎之前，基础底线必须验收完毕，特别在柱插筋、墙边线等位置，应用油漆在墨线边及交角位置画出不小于 50mm 宽、150mm 长的标记。

4）筏板钢筋施工时，先铺作业面内的底筋，再铺上层钢筋。

5）为保证底板钢筋保护层厚度准确，底板、墙、柱等部位均采用特制的混凝土垫块。垫块间距为 1 块/m^2。

（2）绑扎筏板上层钢筋　为了撑起筏板上层钢筋，应在筏板下层钢筋上布置马凳钢筋。马凳宜采用直径为 18mm 的螺纹钢，沿筏板短方向的布置间距不大于 1.2m，沿筏板长方向的布置间距不大于 1.5m。绑扎上层钢筋时，先在马凳上绑架立筋，在架立筋上画好钢筋位置线，按图纸要求，在序绑扎上层钢筋。要求接头在同一截面相互错开 50%，同一根钢筋尽量减少接头。

（3）柱、墙插筋　筏板钢筋绑扎完毕后，绑扎柱插筋和墙插筋。柱插筋应全部直通到筏板底。当柱插筋保护层厚度 $>5d$，且筏高度 $>l_{aE}$ 时，柱插筋插到筏板底，并做 $6d$（≥150mm）弯折，筏板底部与顶部之间绑扎两道箍筋。

当柱外侧插筋保护层厚度 $\leqslant 5d$，且筏板高度 $\leqslant l_{aE}$ 时，柱插筋插到筏板底部，并做 $15d$ 弯折，筏板底部和顶部之间全段加密。插筋位置要准确，固定要牢固，接头在同一截面上要错开，并且不超过 50%。

墙板插筋插入筏板内应满足锚固长度要求，内外排插筋均要带麻线拉直，位置要准确，固定要牢固，接头在同一截面上要错开，且不超过 50%。在筏板顶部内外绑扎水平筋、底板筋和插筋并焊牢。基础钢筋绑扎完毕，自检合格后，邀请建设单位、监理单位验收钢筋，验收合格后方可进行下道工序施工。

（4）受力钢筋保护层厚度（表 8-3）

表 8-3 受力钢筋保护层厚度

部位	保护层厚度/mm	备注
筏板、地下室外墙迎水面	50	不小于纵向主筋直径
筏板上层钢筋	25	
地下室外墙内侧	25	

3. 钢筋安装位置的允许偏差

钢筋安装位置的允许偏差应符合表 8-4 的规定。

表 8-4 钢筋安装位置的允许偏差 （单位：mm）

绑扎钢筋网	长、宽		±10
	网眼尺寸		±20
绑扎钢筋骨架	长		±10
	宽、高		±5
受力钢筋	间距		±10
	排距		±5
	保护层厚度	基础	±10
		柱、梁	±5
		板、墙、壳	±3
绑扎箍筋、横向钢筋间距			±20
钢筋弯起点位置			20
预埋件	中心线位置		5
	水平高差		+3,0

三、主体钢筋施工

1. 柱钢筋施工

1）柱主筋料下好后，对应到图纸上进行编号，同一根柱钢筋捆在一起，挂上料牌，并标出钢筋型号、根数和下料长度。

2）柱箍筋统一下料，每一层柱箍筋按不同型号、尺寸计算总个数，集中下料。每绑扎一层柱筋，要清查剩余箍筋的数量，以便分析、判断出箍筋是否按图纸的要求进行绑扎并控制质量，同时可以控制钢筋的损耗。板混凝土浇筑完，混凝土终凝后，先根据每根柱各种箍筋的个数，将箍筋套在柱主筋上，这样可以大大提高绑扎的效率。

3）箍筋套完后，将柱主筋吊上楼层，柱主筋采用竖焊。柱主筋焊接完成后，及时敲掉焊疤，进行焊接质量检查。对接头不均匀、上下钢筋不在一条竖线上以及接头有气泡的部位，坚决进行返工。焊渣安排专人进行清理，用水冲洗干净后才能绑扎箍筋。

4）在每层柱顶设置一道限位箍，与柱主筋可靠连接，保证在浇筑混凝土时主筋不发生移位。柱主筋第一道箍筋自楼板面起 50mm 开始绑扎，按照设计和图纸的要求绑扎加密区和非加密区的箍筋，主筋与箍筋采用全点绑扎。

5）柱主筋大小头钢筋进行连接时，若直径相差不大（如下层筋 ϕ20，上层筋 ϕ18 时），可直接进行焊接；若直径相差较大（如下层筋 ϕ20，上层筋 ϕ16 时），则必须进行搭接，或将上层钢筋锚固在下层柱混凝土中。

6）柱钢筋到顶收头时，要对每一根柱进行分析，确定中柱和边柱，根据规范要求进行柱顶钢筋锚固。由于在实际操作过程中，柱主筋在焊接时，需要返工或处理钢筋接头等，造成钢筋绑扎完成后不能形成齐头的两批，相邻钢筋错开的高度不能达到规范的要求。此时要及时调整主筋的长度，使高低两批钢筋满足要求。

7）柱钢筋绑扎完成后，沿柱四周挂好垫块，垫块间距为 50～60cm。绑扎全部完成后，及时对现场进行清理，将剩余的钢筋及时吊下操作层。

2. 梁钢筋施工

1）梁主筋按楼层、编号分别下料，挂上料牌，注明标高、楼层及梁的编号；梁箍筋按楼层、直径、钢号和箍筋尺寸分别下料，并挂上料牌，标明直径和尺寸大小。

2）梁底模支好后，即将梁主筋运到楼层，锚入柱内。在支设梁侧模前，将箍筋套在梁主筋上。框架梁上部钢筋的接头位置在跨中 1/3 的范围内，下部钢筋的接头位置在支座 1/3 的范围内。

3）在施工中，同一个柱上存在多根梁相交的情况，此时由于钢筋较多，给绑扎带来一定的困难。为了保证钢筋的绑扎质量，在施工中要采取以下措施：

① 对能连通的钢筋在柱子位置尽量连通，不断开，以减少柱头钢筋的根数。

② 在柱头处，根据梁的主次位置关系，适当调整梁箍筋的高度尺寸，避免相对的钢筋相互交叉。

4）主次梁交接处，次梁钢筋放在主梁钢筋的上面；框架梁与非框架梁的交接处，非框架梁钢筋放在框架梁钢筋的上部。在钢筋交接处，主梁或框架梁的箍筋连续布置。

5）若下部钢筋为双排钢筋，根据规范要求，钢筋之间最少要间隔 25mm。为了满足规范要求，施工时可在两层钢筋之间用 ϕ25 的短钢筋隔开，沿长度方向间距 2m 左右。

6）若上部钢筋为双排钢筋，在加工箍筋时要留一个弯钩，在施工现场二次成型，两排钢筋放在第二个弯钩上。

7）挑梁和纯悬挑梁的受力主筋在上部，施工中严格保证梁的有效断面，箍筋的尺寸误差控制在 2mm 以内。

8）梁主筋采用机械连接，机械连接质量要使用力矩扳手定期进行检查。对机械连接不合格的情况，应进行帮条加焊处理。

9）箍筋在梁侧模支设前绑扎，梁的第一个箍筋距离支座边 5cm 起，箍筋交口处的弯钩相互错开。为保证梁的有效断面，除了严格控制箍筋的制作尺寸，在绑扎时要使梁的主筋“蹬角”，为此在绑扎时箍筋应相隔 2m，将箍筋和主筋点焊固定。

3. 板钢筋施工

1）现浇板钢筋制作前，对板进行编号，将同一块板的钢筋放在一起，挂上料牌，标明钢筋直径、板号、长度和根数，方便在绑扎施工时吊装和查找。

2）板的钢筋尽量拉通布置，同时应避免有接头。绑扎前，先标记出各个钢筋的间距和位置，再根据标记进行摆筋；板下层钢筋短跨方向钢筋在下，板上层钢筋短跨方向钢筋在上。

3）对现浇板有孔洞的位置，当圆洞直径或方洞边长 $D<300$mm 时，可将板的受力钢筋绕过洞口，不必加固；当 300mm $\leqslant D \leqslant$ 1000mm 时，应沿洞边每侧配置加强钢筋，其面积不小于洞口宽度内被切断的受力钢筋面积的 1/2；当 $D>300$mm 且孔洞周边有集中荷载时，或 $D>1000$mm 时，应在孔洞边加设边梁。

4）现浇板钢筋绑扎完成后，应加强保护，在钢筋上架设小马凳，并铺上木板，便于操作人员行走，绑扎后的钢筋不得踩踏。

5）现浇板钢筋采用跳点绑扎，扎点成梅花型。钢筋绑扎完成后，及时浇筑混凝土，避免钢筋生锈。

4. 剪力墙钢筋施工

1）竖向剪力墙钢筋采用搭接，搭接长度要符合设计和规范要求。

2）剪力墙钢筋绑扎时，先绑扎柱钢筋，再绑扎墙体钢筋，然后绑扎暗梁和联系梁钢筋。墙体钢筋采用隔点绑扎，扎点要成梅花型。为保证钢筋位置的正确，墙体网片筋之间设置拉筋。

3）剪力墙上有洞口的地方要设置加强钢筋，其长度为洞口宽度加上加强钢筋锚固长度的2倍。加强钢筋的直径应符合设计要求；如设计无要求，一般为12mm。

4）施工时，墙身钢筋伸入柱主筋内侧，钢筋能连续通过时，尽量不切断。钢筋绑扎完成后要挂上垫块，垫块间距60cm左右。

5. 后浇带钢筋的处理

1）许多结构在设计中都会出现后浇带。由于后浇带往往在主体完成以后才进行施工，因此在施工后浇带钢筋时，首先要对钢筋进行除锈、清理，清除掉钢筋上的混凝土等杂质，保证钢筋与混凝土的握裹力。

2）后浇带处的钢筋要进行加强，加强钢筋的数量为设计钢筋的一半。后浇带处的钢筋必须全部采用满扎。

3）后浇带处所有的钢筋接头均采用焊接。同一截面上，焊接钢筋的数量不超过钢筋总数的25%。

任务4 高层建筑模板系统

【学习目标】

1. 掌握高层建筑模板的类型。
2. 掌握高层建筑模板工程的施工要点。
3. 培养查阅资料、收集有用信息的工作能力；养成自我学习的习惯。

【任务描述】

根据高层建筑案例工程编制该工程的模板施工方案。

【相关知识】

模板工程是混凝土结构构件成型的一个十分重要的组成部分。现浇混凝土结构用模板工程的造价约占钢筋混凝土工程总造价的30%，总用工量的50%。采用先进的模板技术，对于提高工程质量，加快施工速度，提高劳动生产率，降低工程成本和实现文明施工，都具有十分重要的意义。

一、模板工程的组成和基本要求

模板是使混凝土结构和构件按所要求的几何尺寸成型的模型板。模板工程是新浇筑混凝土的支承系统，包括模板、支撑以及紧固件。模板与混凝土直接接触，主要使混凝土具有构件所要求的形状，承受一定的荷载。支撑是保证模板形状和位置，并承受模板、钢筋、新浇筑混凝土的自重及施工荷载的临时性结构。

模板及其支承系统必须符合下列基本要求：

1）保证结构和构件各部分的形状、尺寸及相互位置的正确性。

2）具有足够的强度、刚度和稳定性，能可靠地承受新浇筑混凝土的质量和侧压力以及施工过程中所产生的荷载。

3）构造简单，装拆方便，并便于钢筋的绑扎、混凝土的浇筑及养护等工艺要求。

4）接缝严密，不得漏浆。

5）选用要因地制宜，就地取材，周转次数多，损耗小，成本低，技术先进。

二、模板体系的选择依据

1）根据项目工程的结构特点进行选择。对于模板选择来说，一定要能够满足结构功能的设计需求，不但要使结构施工质量得到保证，还要节约项目资金的投入，并保证施工进度能够按计划进行。一般情况下，要基于项目的结构体系和工程特点的不同，对模板体系进行合理的选择。

2）根据当前企业的机械设备现状进行选择。机械设备的现状在一定程度上制约了模板体系的选择。施工企业的起重机械决定了模板的质量、尺寸和类型。

3）基于企业的施工组织管理进行选择。对于施工企业而言，选择合适的模板体系已成为其项目施工组织设计的核心内容。是否选择合理的模板体系，将对项目的施工质量产生直接的影响。

4）根据企业的技术水平和地区差异进行选择。地区情况的差异与模板体系的选择密切相关。随着建筑业的高速发展，我国部分地区出现了模板生产、租赁和设计的相关企业和单位，促进了模板设计和生产的社会化和专门化。此外，企业的技术水平也决定了模板体系的选择，为了使企业的优势得到尽可能大的发挥，模板体系应能够最大程度地符合企业现有的技术水平。

三、大模板体系

1. 大模板结构

大模板是大型模板或大块模板的简称。作为工具式模板，它是根据建筑施工的需求及特点（按照混凝土结构和构件设计的尺寸要求而制作的模型板）开发得来的，能够持续及周期使用的专用模板。而大模板技术则利用这些大型或者大块的模板组成一个整体，达到保障建筑施工质量的目的。大模板的单块面积较大，与钢框胶合模板及组合钢模板不同的是，通常情况下，一面浇筑墙一般仅采用一块模板。此外，大模板结构形式也是从普通小开间剪力墙工程逐渐发展成了大开间剪力墙工程，并在框架剪力墙及箱型基础工程中得到广泛的应用。大模板工程结构的类型较多，既有内外墙都是现浇混凝土结构的，也有外墙为砖砌体、内墙为现浇混凝土结构的。

2. 大模板工程

大模板是采用专业设计和工业化加工制作而成的一种工具式模板，一般与支架连为一体。由于它自身质量大，施工时需配以相应的吊装和运输机械，设计、制作时以建筑物的开间、进深、层高为基础。

大模板工程主要包括四大系统，即面板系统、支承系统、操作平台系统、附件系统。

面板系统由面板、横肋和竖肋组成，面板直接接触混凝土，横肋和竖肋是面板下的骨架，承受面板的压力。

支承系统由支承架和地脚螺栓构成，承受风带来的压力和地面平行压力，保持整个模板工程的稳定。

操作平台系统是用于建筑工人进行施工的场所，主要包括脚手板和三脚架，此外还有铁爬梯和保护措施。

附件系统是指其他模板配件系统。

3. 大模板施工工艺特点

（1）施工便捷　高层建筑施工时，技术的便捷性有利于施工效率的大幅度提高及施工成本的有效降低。与小模板相比，大模板安装、拆卸更为便捷，不需要对每一块小型模板进行管理及安装即可完成工作，因而能够节约出大量的用工时间，使得建筑施工的工期得以保障。

（2）外观好看　小模板在应用时，需要特别注意安装及拆卸，防止因模板间不平等及缝隙问题的出现，影响整个建筑的外观。而大模板技术在应用时，则可做到对此类问题的有效避免，因为大模板本身就是一个整体，不需要像小模板施工那样进行大范围接缝，从而使其在高层建筑施工应用时具有很好的整体性，并能够在质量上有所保证。

（3）寿命较长　在建筑施工过程中，年限问题是其必须考虑的问题之一。通过比较得知，大模板的使用年限较长，并且可以循环使用。此外，大模板一般都是由钢筋等建筑材料构成的，因此在使用过程中会体现出较好的耐用性。

（4）成本较低　在建筑施工过程中，除了使用年限及施工工期，施工成本也需要重点考虑。在对模板进行应用时，不仅需要考虑模板的使用效率及耐用性，还需要考虑模板的成本。大模板在应用时，可以承接大量的搭建及外挂设施，在成本控制方面具有较大的优势。

4. 大模板的优势

1）刚度好，拥有较高的混凝土成型质量。

2）节省原材料和抹灰用料。

3）提高施工效率，改装后的模板可以重复周转使用。

4）在很大程度上减少了墙体抹灰出现质量通病的隐患，提高了建筑工程的安全性。

5）施工条件简单，便于操作。

6）加快施工进度，减少施工时间；利用大模板进行支模，具有较多的周转次数，具有较强的机械化操作，同时也可以提高建筑工程的经济效益。

四、滑模体系

1. 滑模法施工技术

（1）滑模法施工原理　滑模法施工原理就是在构筑物或建筑物底部，沿墙、柱、梁等构件的周边组装高 1.2m 左右的滑升模板。随着向模板内不断分层浇筑混凝土，用液压提升设备使模板不断地沿埋在混凝土中的支承杆向上滑升，直到需要浇筑的高度为止。滑模和其他施工工艺相结合，可为简化施工工艺创造条件，取得更好的综合效益。

（2）滑模装置的组成　滑模装置主要由三大系统组成，即由模板、提升架、围圈组成的模板系统，由主操作平台、上辅助平台和内外吊脚手架组成的平台系统，由液压控制台、油路和支承杆组成的液压提升系统。滑模装置结构如图 8-16 所示，主要部件包括千斤顶、支承杆、提升架、上下围圈、模板、外吊架、内吊架、栏杆及桁架、格栅、铺板、挑三脚架、液压动力泵站及连接管路等。

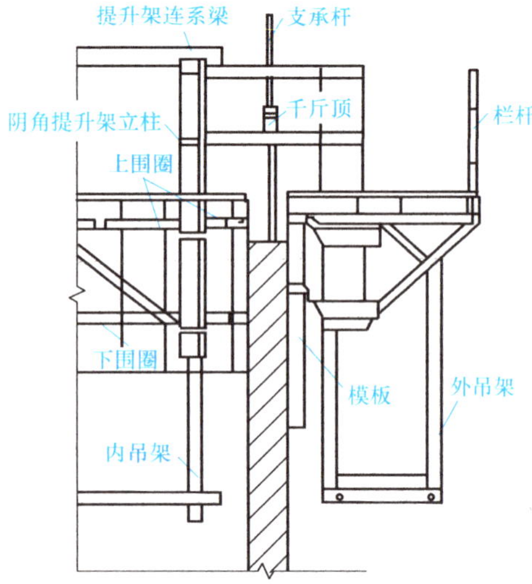

图 8-16　滑模装置结构示意图

2. 滑模的优点

滑模施工可以连续不断地作业，从而很好地保证了混凝土的连续性，没有施工缝，结构表面光滑（有利于主体结构的整体性），机械化强度高，劳动强度低，施工条件好，施工成本低，材料消耗少（能减少大量的拉筋、架子管及钢模板），施工安全、文明、快速。

3. 施工技术要点

（1）混凝土的质量　滑模工艺对混凝土的质量要求较高，应事先做好混凝土配合比的适配工作。混凝土的配合比是混凝土质量优劣的科学依据，也是保证滑模施工顺利进行的重要条件之一，其性能除满足设计规定的强度、抗渗性、耐久性以及季节等要求外，还应满足下列规定：

1）混凝土早期强度的增长速度必须满足模板滑升速度的要求。

2）严格遵守滑模施工规范，确保滑空后模板与混凝土不黏结。隔夜附加一次提升是检验和消除这种现象的稳妥办法。

3）混凝土的入模坍落度应符合施工规范要求，其对混凝土的输送、保温、初凝时间和工作度都有一定的影响。

4）在混凝土中掺入的外加剂或掺和料，其品种和掺加量应通过试验确定。在混凝土供应商确定后，通知对方按照合同规范制作混凝土试拌。

5）高强度等级混凝土应满足流动性、包裹性、可泵性和可滑性等要求。

6）必须把好原材料的质量关。原材料（水泥、砂、碎石、粉煤灰、外加剂）的质量直接影响到混凝土的质量，因此，应严格按照配合比设计的要求选用优质的原材料。

（2）混凝土的浇筑

1）必须按照施工方案规定的浇筑方向分层均匀交圈浇筑，每层厚度不得大于 300mm（混凝土浇筑速度和高度等应均匀，这样才有利于模板的顺利升降）。各层混凝土的浇筑时间不得大于混凝土的凝结时间，间隔时间超过规定时，按照接槎处施工缝处理。混凝土罐车等待时间不得超过 1h，混凝土等待时间不得超过 2h。如果超过规定时间，现场应该拒绝浇筑混凝土，以免影响工程质量。

2）不要污染钢筋，否则钢筋上的混凝土不易清理，同时也会使混凝土与钢筋黏结不牢，影响工程质量和下道工序的顺利进行。

3）预留孔洞、门窗洞口及通风管道等两侧的混凝土应对称均衡浇筑。

4）混凝土浇筑时，泵送混凝土操作人员必须跟班作业，直到浇筑完成，且应严控布料数量和位置。

5）平台上的混凝土渣应及时清除，不得掺入新混凝土内使用。

6）混凝土浇筑一定时间后，在混凝土终凝前，应对墙体楼板预埋筋处进行凿除、清理，将预埋钢筋露出，为下一步施工创造条件。

7）混凝土应该分区、分层、等厚浇筑、振捣，不得直接用吊斗或者布料杆直接入模，而是先将混凝土卸到分料器中，再均分到各个区域，确保各个区域的混凝土浇筑基本平衡，防止偏载。

（3）混凝土的振捣　滑模浇筑混凝土时，振动棒不得直接触及支承杆、钢筋、平台或者模板。混凝土振动棒一般采用70mm或50mm软轴式振捣器。振捣棒的插入深度，在振捣第一层混凝土时，以振捣器头部不碰到端头模板为准，但相距不超过5cm为宜；振捣上层混凝土时，则应插入下层混凝土5cm左右，使上下两层结合良好。振捣时间以混凝土不再显著下沉，水分和气泡不再逸出并开始泛浆为准。振捣器的插入间距控制在振捣器有效作用半径的1.5倍以内。

（4）模板的滑升　滑升过程是滑模施工的主导工序，必须确保由专业人员进行。

1）初滑阶段应该缓慢、匀速，滑升的高度要小，以便检验整个滑模装置的强度、稳定性、安全性等。对整个滑模装置进行带负荷检验，避免粘模，同时检查出模强度，确定出模时间和滑升速度，确定正常后，方可转为正常滑升。

2）当滑模施工正常后，应该按照初始确定的模板提升速度均匀、平稳滑升。滑升的速度应该根据混凝土的强度确定，出模时间不得太短，以免由于先浇筑混凝土强度不够而坍塌。灰、外加剂的质量直接影响到混凝土的质量，因此，应严格按照配合比设计的要求选用优质的水泥、砂、碎石、粉煤灰、外加剂等原材料。此外，还要在保持操作平台基本水平的情况下，每层浇筑200~300mm，相应滑升9~12个行程，其中每隔20~40min滑升1~2个行程。滑升速度和出模强度要互相协调，在滑升过程中，应检查和记录结构垂直度、水平度扭转及结构截面尺寸等偏差数值。

3）当模板滑升至设计标高1m处，滑模即完成滑升阶段。此时现场管理人员应及时通知滑模操作人员降低滑升速度，通知混凝土泵送操作员降低混凝土供应速度，测量人员进行准确地抄平和找正工作，以保证最后浇筑的混凝土按照设计标高均匀浇筑。

4）根据规范制定并张贴滑模的停滑措施，通知具体施工人员执行。

5）模板滑升后应及时进行抹面，滑后拉裂坍塌部位要仔细处理，多压几遍，保证接触良好。根据规范要求，确保混凝土表面不出现或少出现裂缝。

（5）钢筋的制作加工　滑模施工过程中，墙体钢筋、墙体和楼板连接处预埋钢筋需要连续进行施工。加之作业面有限，因此钢筋的加工制作和安装工程量大、工作时间长、工作环境差、交叉作业多，在安排劳动力过程中要加强和其他工种的相互配合，才能有效地保证工程质量和工程进度。

五、液压爬模系统

1. 液压爬模系统介绍

液压爬模的动力来自其自带的液压顶升系统。液压顶升系统包括液压油缸及上下换向手柄，换向手柄可控制和调节导轨及爬架的爬升。液压顶升系统可使导轨及爬架之间形成互爬，从而使液压爬模系统交替向上爬升，完成液压爬模的整个爬升过程。该系统具有自动化程度高、灵活性好、爬升速度快、安全系数高的特点，并且既可直爬，又可斜爬。在125mm范围内，截面尺寸系统可自动调节，从而满足超高层建筑结构墙体尺寸变化。液压爬模系统共分为模板系统、液压提升系统和操作平台系统三个部分。

2. 爬模主要系统的组成

（1）模板系统　采用全钢大模板，包括定型大钢模、定型角模、穿墙螺栓及螺母、铸钢垫片等，面板经铣边处理，以避免模板拼缝漏浆。

（2）液压提升系统　具备带载上升、带载下降、上拔承重杆等功能，由提升架立柱、横梁、斜撑、活动支腿、滑道夹板、围圈、桁架、千斤顶、承重杆、液压控制台、油管、阀门和接头等组成。

（3）操作平台系统　由固定平台、活动平台、吊平台、中间平台、挑梁、外架栏杆、立柱、斜撑和安全网等组成。

3. 爬模架的爬升工序

（1）正常的爬升（墙体无变截面）　当导轨爬升到位后，拔出架体与附墙装置的锁紧销，再操作液压升降装置，将架体爬升到上一个楼层位置，然后移动支承架，将外墙模板安装就位，并浇筑墙体混凝土，重复正常工艺流程，直至结构封顶。

（2）墙体变截面位置的爬升　安装上层附墙装置（截面变化大于50mm时，需在上层附墙装置处增加变截面垫板）；操作液压系统提升导轨，同时调节控制导轨倾斜度的调节支架，使导轨向内倾斜，穿过上层附墙装置，爬升到位；操作液压系统，沿着导轨爬升架体，完成变截面位置的爬升。

4. 液压爬模的优点

（1）施工速度快　整个核心筒结构的施工速度平均能达到4.5~5.5d/层。

（2）整体性强　所有操作平台通过连接杆件、螺栓、销钉等连接成爬模架体单元，模板与架体有效连接在一起。所有爬模架体单元都通过液压控制系统控制，从而使爬模形成一个整体。

（3）安全性好　所有操作平台均采用半封闭式，每层施工平台上都设有安全护栏和特制压型彩钢板，每层平台设2处楼梯通往上下层平台；在施工期间，用翻板封闭了爬模架体内侧与核心筒结构之间的所有空隙，从而避免了高空坠物的危险；仅在爬模液压操作平台设置出入楼层的通道口，用于施工人员进出爬架，每层操作平台设置2个钢楼梯，用于操作平台之间施工人员的上下，为施工人员提供了较好的安全保障。

（4）自动化程度高　液压爬模系统由单液压柜控制，导轨及架体的爬升均由1人通过控制手柄进行操作；导轨和架体爬升时，由液压动力柜集中提供油压，实现顶升动作的同步性，从而使每个架体的提升速度保持一致，提升自如。

（5）标准化程度高　爬模所有构件和设备模数化、标准化，可根据工程结构特点，灵活组装成适合工程需要的产品，并且所有构件和设备均可以多次周转使用。

（6）适应性强　可以适应各种不同的截面形式，并且能够适应截面收缩125mm范围时爬模架体的爬升；模板能够退出700mm，不受筒体结构外伸钢结构牛腿等的影响。

（7）灵活性好　爬模架体及模板均通过螺栓和销轴连接，安装、拆卸、运输都十分简单快捷。墙体模板可同时整体向上爬升，也可根据工程施工需要，分片、分段向上爬升；可直爬，也可小幅度斜爬。

（8）缩短工期、节省材料　方便操作，具有较高的安全性，能够大大缩短工期，节省施工材料。

（9）节省场地、减轻损毁　由于超高层建筑结构的要求，除了改造模板以外，通常在组装完爬模架之后，会一直到顶不落地，以节省施工场地，同时减少模板的碰伤损毁现象。

（10）爬升优点　液压自爬升过程具有同步、平稳和安全的特点。

（11）节约成本　液压自爬模可作为施工的全方位操作平台使用，施工单位无需为了重新搭设操作平台而浪费材料和劳动力，减少了工程成本的实际支出。

六、滑模与爬模工艺技术的主要异同点

1. 主要相同点

（1）机械化程度高　整个施工过程只需要进行1次模板组装，均利用机械提升，从而减轻了劳动强度，实现了机械化操作。

（2）结构整体性好　滑模和爬模施工中，混凝土分层连续浇筑，各层之间可不形成施工缝。

（3）施工速度快　模板组装一次成型，减少模板装拆工序，且连续作业，竖向结构施工速度快。如果合理选择横向结构的施工工艺与其相应配套进行交叉作业，可以缩短施工周期。

（4）节约模板和劳动力，有利于安全施工　施工装置事先在地面上组装，施工中一般不再变化，不但可以大量节约模板，同时极大地减少了装拆模板的劳动力。且浇筑混凝土方便，改善了操作条件，有利于安全施工。

（5）一次性投资较多、施工组织管理要求高　模板装置一次性投资较多，对结构物立面造型有一定限制，结构设计上也必须根据施工的特点予以配合。更重要的是，在施工组织管理上，要有科学的管理制度和熟练的专业队伍，才能保证施工的顺利进行。

2. 主要区别

滑模在浇筑过程中，当混凝土还未凝固时，就不断地提升或移动模板，使之成形，模板和浇筑的混凝土之间相对滑动；爬模在浇筑一段模板后提升爬架，再安装一段模板后浇筑施工，模板和浇筑的混凝土之间没有相对运动，在下层的混凝土凝固后拆除模板。

任务5　高层建筑混凝土工程

【学习目标】

1. 掌握高层建筑大体积混凝土工程的施工工艺流程。
2. 掌握高层建筑大体积混凝土工程的施工要点。
3. 培养吃苦耐劳精神；培养按图、按规范施工的能力与习惯。

【任务描述】

根据高层建筑案例工程，编制该工程的混凝土施工方案。

【相关知识】

我国《大体积混凝土施工标准》（GB 50496—2018）规定：混凝土结构物实体最小几何尺寸不小于 1m 的大体量混凝土，或预计会因胶凝材料水化引起的温度变化和收缩，而导致有害裂缝产生的混凝土，称为大体积混凝土。

对于高层建筑，基础底板一般采用大体积混凝土施工，质量控制难度很大。

一、大体积混凝土施工的特点

1）混凝土设计强度较高，单方水泥用量较多，水化热引起的混凝土内部温度变化比一般混凝土大得多。

2）结构断面内配筋较多，整体性要求较高。

3）基础结构大多埋置于地下，虽然受外界温度变化的影响较小，但要求抗渗性能较高。

二、大体积混凝土的施工

1. 材料要求

（1）水泥

1）在满足强度和耐久性等要求的前提下，宜选用低热或中热的矿渣水泥、火山灰水泥（发热量 270~290kJ/kg），严禁使用安定性不合格的水泥。

2）由于大体积混凝土工程量大，水泥用量多，水泥供应难以做到按施工要求的品种、强度等级一次进场，因此要加强水泥进场的检验和试配工作。

（2）集料

1）粗集料。碎石和卵石均可，并采取连续级配或合理的掺配比例，其最大粒径不得大于钢筋最小间距的 3/4。当采用泵送混凝土时，为了提高混凝土的可泵性和控制水泥用量，粗骨料可按照表 8-5 选用。粗集料中不得含有机杂质。

表 8-5 泵送大体积混凝土粗集料最大粒径 （单位：mm）

管道直径	100	125	150
卵石	30	40	50
碎石	25	30	40

2）细集料。宜选用粗砂或中砂，含泥量应≤3%。当采用泵送混凝土时，其细度模数以 2.6~2.8 为宜。控制细砂以 0.3mm 筛孔的通过率为 15%~30%；0.15mm 筛孔的通过率为 5%~10%。

3）粉煤灰。为了减少水泥用量，可掺入水泥用量 10%的粉煤灰取代水泥。粉煤灰应符合规范的要求，其烧失量应<15%，SO_3 应<3%，SiO_2 应>40%，并应对水泥无不良反应。

4）外加剂。为了满足和易性和减少水泥早期水化热发热量的要求，宜在混凝土中掺入适量的缓凝型减水剂。

2. 配合比设计

（1）基本要求

1）设计配合比时，尽量利用混凝土 60d 或 90d 的后期强度，以满足减少水泥用量的要求。但必须征得设计单位的同意和满足施工荷载的要求。

2）混凝土配合比应根据使用的材料通过试配确定。一般要求水泥用量宜控制在 260~300kg/m^3。水灰比应≤0.6。砂率应控制在 0.33~0.37 之间（泵送时宜为 0.4~0.45）。坍落度应根据配合比要求严格控制；当采用商品泵送混凝土时，坍落度的增加应通过调整砂率和掺用减水剂或高效减水剂解决。严禁在现场随意加水以增大坍落度，坍落度应控制在 10~14cm 之间。

（2）设计步骤　按现行《混凝土结构工程施工质量验收规范》（GB 50204—2015）执行。

3. 施工准备工作

大体积混凝土施工前，除了按一般混凝土施工前必须进行的物质准备、机具准备、技术准备和现场准备外，还应根据其施工的特殊性，做好附属材料和辅助设备的准备工作，如冰、冰水箱（池）、真空吸水设备、水泵、测温设备等。

4. 施工方案的编制

（1）编制的原则

1）在保证结构整体性的原则下，采用分层分块浇筑时，尽量减少浇筑块在硬化过程中的内外约束。分层的时间间隔做到既有利于散热，又考虑到底层对上层的约束。

2）控制内外温差，加强养护，防止产生贯通裂缝和其他有害裂缝。

（2）编制的主要内容

1）根据减少约束的要求，确定分层分块的尺寸及层间、块间的结合措施。

2）通过热工计算，确定混凝土入模温度以及对材料加热或降温的措施。

3）确定混凝土搅拌、运输和浇筑的方案。

4）制定混凝土的保温方案。

5）明确混凝土的测温方案。

6）工程质量保证方案。

5. 施工工艺

（1）大体积混凝土的施工一般宜在低温条件下进行，即最高气温≤30℃时为宜。气温大于 30℃时，应周密分析和计算温度（包括收缩）应力，并采取相应的降低温差和减少温度应力的措施。

（2）混凝土配制时，应严格掌握各种原材料的配合比。其重量允许误差为：水泥、外掺合料+2%；粗、细集料±3%；水、外加剂溶液±2%。混凝土的搅拌时间自全部拌合料装入搅拌筒内起到卸料止，一般应不少于 1.5~2min。雨季施工期间，应勤测粗、细集料的含水量，并随时调整用水量和粗、细集料用量。

（3）搅拌后的混凝土应及时运至浇筑地点，入模浇筑。在运送过程中，要防止混凝土离析、灰浆流失、坍落度变化等现象。如发生离析现象，必须进行人工二次拌合后方可入模。

（4）混凝土浇筑要点如下：

① 大体积混凝土浇筑时，应根据整体连续浇筑的要求，结合结构尺寸的大小、钢筋疏密、混凝土供应条件等具体情况，选用以下三种方法：

第一种，全面分层：即将整个结构浇筑层分为数层浇筑。当已浇筑的下层混凝土尚未凝结时，即开始浇筑第二层，如此逐层进行，直至浇筑完成。这种方法适用于结构平面尺寸不太大的工程。一般长方形底板宜从短边开始，沿长边推进浇筑；亦可从中间向两端或从两端向中间同时进行浇筑。

第二种，分段（块）分层：适用于厚度较薄而面积或长度较大的工程。施工时，从底层一端开始浇筑混凝土，进行到一定距离后浇筑第二层，如此依次向前浇筑其他各层。

第三种，斜面分层：适用于结构的长度超过厚度 3 倍的工程。振捣工作应从浇筑层的底层开始，逐渐上移，以保证分层混凝土之间的施工质量。

② 当基础底板厚度超过 1.3m 时，应采取分层浇筑。分层厚度宜为 0.6~1.0m。对于大块底板，在平面上应分成若干块施工，以减少收缩和温度应力，有利于控制裂缝。一般分块的最大尺寸宜为 30m 左右。

③ 为了减少大体积混凝土底板的内外约束，浇筑前宜在基层设置滑移层。为了减少分块间后浇缝处钢筋的连接约束，应将钢筋的连接设置在后浇缝处。设置滑移层可采取以下做法：

在基层设置沥青油毡层或其他类似做法；

利用防水层上的保护层，在其早期强度较低时，浇筑底板大体积混凝土；

在岩基等基层上铺设 250mm 厚级配砂石层，作为缓冲层。

④ 分层浇筑时，上层钢筋的绑扎应在下层混凝土经一定养护，强度达到 $1.2N/mm^2$，混凝土表面温度与混凝土浇筑后达到稳定时的室外温度之差在 25℃ 以下时进行。

⑤ 为了加强分层浇筑层间的结合，可以采取在下层混凝土表面设置键槽的办法。键槽可用 100mm×100mm 的木方每隔 1m 左右留设。

⑥ 分层浇筑的间隔时间应以混凝土表面温度降至大气平均温度为宜，即水化热温峰值以后［一般为（3~5）d］，因此间隔时间以大于 5d 为宜。

⑦ 暑期施工时，必须采取有效措施降低混凝土内部的实际温度（T_{max}）。

⑧ 为了防止混凝土发生离析，当混凝土的自由倾落高度超过 2m 时，应采用串筒，溜槽下落。串筒和漏斗的布置应根据浇筑面积、浇筑速度和铺平混凝土的能力确定，一般间距不得大于 3m。

⑨ 混凝土应采用机械振捣。振捣棒的操作要做到“快插慢拔”，在振捣过程中，宜使振动棒上下略有抽动，以使振动均匀。每次振捣时间一般以 20~30s 为宜，但应以混凝土表面呈水平不再显著下沉、不再出现气泡、表面泛出灰浆为准。

分层浇筑时，振捣棒应插入下层 5cm 左右，以消除两层之间的接缝。

振捣时要防止模板振动，并应尽量避免碰撞钢筋、管道、预埋件等。每振捣完一段，应随即用铁锹摊平拍实。

⑩ 混凝土养护的时间和方法如下：

养护时间。为了保证新浇筑的混凝土有适宜的硬化条件，防止在早期由于干缩而产生裂缝，大体积混凝土浇筑完毕后，应在 12h 内加以覆盖和浇水。具体要求是：普通硅酸盐水泥拌制的混凝土不得少于 14d；矿渣水泥、火山灰质水泥、大坝水泥、矿渣大坝水泥拌制的混凝土不得少于 21d。

养护方法。大体积混凝土养护方法分降温法和保温法两种。降温法即在混凝土浇筑成型后，用蓄水、洒水或喷水养护；保温法是在混凝土成型后，使用保温材料覆盖养护（如塑料薄膜、草袋等）及薄膜养生液养护。可视具体条件选用。

夏季施工时，混凝土一般可使用草袋覆盖、洒水、喷水养护或喷刷养生液养护。

冬期施工时，由于环境气温较低，一般可利用保温材料提高浇筑的混凝土的表面温度和四周温度，减少混凝土的内外温差。此外，也可使用薄膜养生液、塑料薄膜等封闭材料封闭混凝土中多余的拌合水，以实现混凝土的自养护，但应选用低温下成膜性能好的养生液。养生液要求涂刷均匀，最好能互相垂直地涂刷两道，或用农用喷雾器进行喷涂。

附录　某框架结构工程施工图

建筑施工图设计总说明

一、设计依据

1.1　建设主管单位对设计方案的批复文件

1.2　规划管理部门对设计方案的审批意见

1.3　建设单位的建设工程设计委托合同书

1.4　建设单位认可的设计方案及设计要求

1.5　现行的国家及地方有关建筑设计规范、规程和规定（主要使用的规范、规程和规定如下）：

（1）《民用建筑设计统一标准》（GB 50352—2019）

（2）《建筑设计防火规范》（GB 50016—2014）

（3）《屋面工程技术规范》（GB 50345—2012）

（4）《建筑玻璃应用技术规程》（JGJ 113—2015）。

二、项目概况

2.1　工程名称：新校区东门

建设单位：××学院

建设地点：常州市武进区殷村南部

设计阶段：建筑施工图

2.2　本工程为某校区东门，建筑面积为 $52m^2$，建筑基底面积 $32m^2$。

2.3　建筑层数及高度：东大门门卫檐高为 3.6m，塔楼檐高为 10.8m。

2.4　建筑结构形式：混凝土框架结构，抗震设防烈度 7 度，抗震设防类别为标准设防类（简称丙类），设计使用年限为 50 年。

2.5　防火设计的建筑耐火等级为二级。

三、建筑定位、设计标高与尺寸标注

3.1　建筑单位及道路定位详见总平面定位图，建筑定位坐标点为轴线交叉点，采用城市坐标系。

3.2　建筑总平面所注尺寸及图纸标高以 m 为单位，其余均以 mm 为单位（图纸注明除外）。

3.3　建筑施工图中所标注各层楼地面标高（包括楼梯和地下室）均为建筑完成面标高（图纸注明除外），屋面标高为结构面标高，建筑平面图所注尺寸均为结构尺寸，门窗所注尺寸为结构留洞尺寸，所有尺寸以图纸上的标注尺寸为准。

3.4　本工程室内地面±0.000 标高相当于“黄海高程” 7.050m，BM 位置见勘察报告。

3.5　卫生间、外廊及其他易积水的房间的楼地面低于相应楼地面标高 50mm。

四、砌体工程

4.1　本工程墙体材料：±0.000 以上墙体为 200mm 厚 MU7.5 混凝土空心砖，±0.000 以下墙体详见结构图，墙体及砂浆强度等级详见结构图，砂浆采用预拌砂浆。

4.2　在室内地面下 60mm 处做墙身防潮层，如有混凝土地圈梁或混凝土墙可不设；室内地面标高变化处，防潮层应重叠搭接，（埋土面）加设防潮层；当墙身一侧设有花坛和覆土时，相邻外侧应设防潮层；防潮层做法为 20mm 厚 1：2 水泥砂浆（内加 5%防水剂）。

4.3　混凝土构造柱以结构图为准，柱边砖垛≤300mm 时与柱同浇。

××设计院 资质证书编号：A1××00（甲级）				建设单位	××学院	设计号	
				工程名称	东大门	设计阶段	施工图
批准		专业负责		图纸内容： 建筑施工图 总说明（一）		图号	建施-01
审定		复核				比例	
审核		设计				日期	
项目负责		制图					

4.4　卫生间等易积水的房间及空调板交外墙处，墙体下部做 200mm 高 C20 素混凝土翻边，宽度同墙厚，遇门洞口处不做。

4.5　墙体施工应按《混凝土多孔砖建筑技术规程》（苏 JG/T 019—2005）或《蒸压加气混凝土砌块建筑构造》（03J104）等的各项要求执行。

4.6　对混凝土小型空心砌块、蒸压加气混凝土砌块等轻质墙体，当墙的长度大于 5m 时，应增设间距不大于 3m 的构造柱；每层墙高的中部应增设高度为 120mm、与墙体同宽的混凝土腰梁，砌体无约束的端部必须增设构造柱，预留的门窗洞口应采取钢筋混凝土框加强，详见结构图。

4.7　洞口宽度大于 2m 时，两边应设置构造柱；窗度大于 3m 时，在窗台位置增加一道圈梁，详见结构图。

4.8　墙体留洞及封堵

（1）钢筋混凝土墙预留洞见结施和设备图；砌筑墙预留洞见建施和设备图；洞上过梁见结施说明。

（2）预留洞的封堵：钢筋混凝土墙留洞的封堵见结施，其余砌筑墙留洞待管道设备安装完成后，用 C15 细石混凝土填实；变形缝处双墙留洞的封堵，应在双墙分别增设套管，套管与穿墙管之间嵌堵岩棉。

4.9　墙、柱凸角处如需做护角，做 50×4 角钢护角，高 2000mm，$\phi 6L150@700$ 钢筋锚固。

五、楼地面工程

5.1　楼地面各种材料做法详见工程做法列表。

5.2　卫生间和有防水要求的楼地面均应做防水层。防水层四周翻高 300mm，地面做 1%找坡，坡向地漏，地漏比相邻地面低 5mm。

5.3　对现浇或预制钢筋混凝土楼地板，结构施工时应按图纸预留建筑面层厚度。

5.4　凡需吊平顶的房间，其上层楼板施工时按设计要求预留钢筋或埋件。

5.5　室内地面的混凝土垫层均应设置纵、横向缩缝。纵向缩缝应采用平头缝或企口缝，间距为 5m；横向缩缝宜采用假缝，间距为 9m，缝宽为 5~20mm，高度为垫层厚度的 1/3，缝内填水泥砂浆：有特殊要求的详见具体设计。

5.6　楼梯踏步应在阳角处增设护角，楼梯踏步面层无具体说明者，均设铜防滑包角条（成品）。

5.7　主管道穿过楼面处，应设置金属套管；管道穿楼板处应填塞密实防水材料嵌缝处理，楼面防水层翻高 300mm。

5.8　地面回填土应分层夯实，分层厚度应符合规范要求；回填土内不得含有机物及腐质土；回填土应按规范要求分层取样做密实度试验，压实系数必须符合设计要求，压实系数不应小于 0.9。

六、屋面工程

6.1　本工程屋面防水等级为Ⅱ级，屋面做法见工程做法列表。

6.2　屋面排水坡度及屋面节点索引见屋顶平面图；露台、雨篷等见各层平面图及有关详图；内排水水落管见水施图，外落水落水口处预埋铸铁落水头下接 ϕ100UPVC 雨水管，高低跨处屋面落水管下铺设 20mm 厚 400mm×400mm 花岗岩滴水板。

6.3　平屋面管道出屋面泛水处理和平屋面上的各种设备基础的防水构造见 12J201；坡屋面管道出屋面泛水处理见 09J202-1。

6.4　卷材防水屋面基层与突出屋面结构（女儿墙，立墙，天窗壁，变形缝，烟囱等）的交接处以及基层的转角处（水落口，檐口、天沟，檐沟、屋脊等），均应做成圆弧并加铺 300mm 宽卷材一层。内部排水的水落口周围应做成略低的凹坑。

6.5　玻璃雨篷必须使用安全玻璃；当玻璃最高点离地高度大于 3m 时，必须采用夹层玻璃；屋面用夹层玻璃时，其胶片厚度应≥0.76mm。

6.6　突出屋面的墙体，露台交外墙处，墙体下部作 300mm 高素混凝土翻边（或反梁）。

七、门窗工程

7.1　门窗立樘：除注明外，一般外门门框立墙外皮，内门门框与开启方向墙面平齐，窗框立墙中，其中木材与墙体接触部分应涂桐油防腐。

7.2　设计图所示门窗尺寸为洞口尺寸，门窗加工尺寸应考虑装修面厚度要求，所有门窗尺寸，数量均请施工单位核实后方能制作：平面图中未标注门垛尺寸者应为门洞靠边者距墙边 120mm，门洞位于中间者，门洞中心为房间中心，管道竖井门设 150mm 高素混凝土门槛。

××设计院				建设单位	××学院	设计号	
资质证书编号：A1××00（甲级）				工程名称	东大门	设计阶段	施工图
批准		专业负责		图纸内容： 建筑施工图 总说明（二）		图号	建施-02
审定		复核				比例	
审核		设计				日期	
项目负责		制图					

7.3 建筑外门窗抗风压性能分级为4级，气密性能分级为4级，水密性能分级为3级。

7.4 门窗选料，颜色、玻璃见“门窗表”附注，门窗立面图仅表示门窗的洞口尺寸、分樘示意、开启扇位置及开启方式。

7.5 门窗承包商应根据建筑功能、当地气候及环境，按照相应规范确定门窗的抗风压、气密性、水密性、保温，隔声、防火、玻璃厚度，安全玻璃使用部位及防玻璃炸裂等技术按要求进行设计，并经确认后制作与安装，且应符合以下要求：

（1）组合门窗拼樘料必须进行抗风压变形验算。拼樘料应左右或上下贯通，并直接锚人洞口墙体；拼樘料与门窗之间的拼接应为插接，插接深度不小于10mm。

（2）铝合金窗的型材壁厚不得小于1.4mm，门的型材壁厚不得小于2。

（3）塑钢门窗型材必须选用与其相匹配的热镀锌增强型钢，型钢壁厚应满足规范和设计要求，但不小于1.5mm。

（4）推拉门、推拉窗应有防止从室外侧拆卸的装置；用于外墙的推拉窗或外开窗应设置防止窗扇向室外脱落的措施；外门窗在砌体上安装时，严禁用射钉固定；五金配件的型号、规格和性能应符合国家现行标准和相关要求，并与门窗相匹配：上悬窗的开启角度≤30。详见《江苏省铝合金门窗工程技术规程》（DGJ32/J 07—2009）和《江苏省塑料门窗工程技术规程》（DGJ32/J 62—2008）。

7.6 建筑幕墙制作和安装应执行《建筑幕墙》（GB/T 21086—2007）的要求：玻璃幕墙应采用安全玻璃，并具有抗撞击的性能；玻璃幕墙应设不小于5%房间面积的可开启扇；建筑幕墙由承包商根据幕墙立面图中表示的立面形式，分樘示意，开启扇位置及开启方式、颜色和材质要求进行设计，并经确认后制作与安装。

7.7 门窗玻璃设计：

（1）门窗玻璃的选用应符合《建筑玻璃应用技术规程》（JGJ 113—2015）和《建筑安全玻璃管理规定》（发改运行［2003］2116号）及地方主管部门的有关规定。

（2）必须采用安全玻璃的门窗：

① 单块玻璃面积>0.5m^2；

② 7层及以上建筑的外开窗。

（3）落地窗、活动门玻璃、固定门玻璃、有框玻璃应使用安全玻璃，无框玻璃应使用厚度不小于12mm的钢化玻璃。

（4）室内玻璃隔断应采用安全玻璃，无框玻璃应采用厚度不小于10mm的钢化玻璃。

（5）落地窗、门、玻璃隔断等易受到人体或物体碰撞的玻璃，应在视线高度设醒目标志或护栏；碰撞后可能发生高处人体或玻璃坠落的部位，必须设置可靠的护栏。

八、栏杆工程

8.1 所有楼板临空处均应按规范要求设栏杆，栏杆高度不应低于1.05m，楼板做120mm×100mm混凝土翻边；栏杆垂直杆间净距应不大于110mm，采用非垂直杆件时，必须采取防止儿童攀爬措施；栏杆主要受力杆件固定处必须与预埋钢板或通长预埋钢板焊接。

8.2 栏杆抗水平荷载：人流集中的场所不应小于1000N/m，人流集中的场所严禁承受水平荷载的玻璃栏杆。

8.3 栏杆材料应选择具有良好耐候性和耐久性的材料，栏杆用材除由专业厂家按栏杆分格进行受力计算确定外，还应符合以下要求：

（1）不锈钢：主要受力杆件壁厚不应小于1.5mm，一般杆件不宜小于1.2mm。

（2）型钢：主要受力杆件壁厚不应小于3.5mm，一般杆件不宜小于2.0mm。

（3）铝合金：主要受力杆件壁厚不应小于3.0mm，一般杆件不宜小于2.0mm。

8.4 砌体栏杆压顶应设现浇钢筋混凝土压梁，并与主体结构和小立柱可靠连接，压梁高度不应小于120mm，宽度不宜小于砌体厚度，内配钢筋不宜小于4Φ10，Φ6@200。

8.5 室内玻璃栏板设计对承受水平荷载的栏板玻璃，必须选用厚度不小于12mm的钢化玻璃或厚度不小于16.76mm的钢化夹层玻璃。当3m≤临空高度≤5m时，应使用厚度不小于16.76mm的钢化夹层玻璃；临空高度大于5m时，不得使用承受水平荷载的栏板玻璃。对不承受水平荷载的栏板玻璃，可选用厚度不小于5mm的钢化玻璃或厚度不小于6.38mm的夹层玻璃。

<table>
<tr><td colspan="4">××设计院
资质证书编号：A1××00（甲级）</td><td>建设单位</td><td>××学院</td><td>设计号</td><td></td></tr>
<tr><td colspan="4"></td><td>工程名称</td><td>东大门</td><td>设计阶段</td><td>施工图</td></tr>
<tr><td>批准</td><td></td><td>专业负责</td><td></td><td colspan="2" rowspan="4">图纸内容：
建筑施工图
总说明（三）</td><td>图号</td><td>建施-03</td></tr>
<tr><td>审定</td><td></td><td>复核</td><td></td><td>比例</td><td></td></tr>
<tr><td>审核</td><td></td><td>设计</td><td></td><td>日期</td><td></td></tr>
<tr><td>项目负责</td><td></td><td>制图</td><td></td><td></td><td></td></tr>
</table>

8.6　室外玻璃栏板除应符合室内玻璃栏板的设计规定外，还应进行玻璃抗风压设计和考虑抗震作用的组合效应。

九、装饰工程

9.1　外墙饰面砖：面层做法及色彩见立面图注明，基层做法按工程做法列表。

（1）外墙饰面砖：应选择吸水率小，强度高的饰面砖；外墙保温层上粘贴面砖时，应按有关规定试验合格后方可使用。

（2）不同材料基体交接处，必须铺设抗裂钢丝网或玻纤网，与各基体间的搭接宽度不应小于150mm；当框架顶层填充墙采用混凝土多孔砖或蒸压加气混凝土砌块等材料时，墙面粉刷应采取满铺镀锌钢丝网等措施。

9.2　外墙粉刷：面层做法及色彩见立面图注明，基层做法按工程做法列表。

（1）外墙抹灰

① 面层必须设置分格缝：

② 外墙抹灰层总厚度≥35mm时，必须采用挂大孔钢丝网片的措施，且钢丝网片的固定件锚入混凝土基体的深度不应小于25mm，其他基体的深度不小于50mm；

③ 外墙粉刷砂浆中宜掺入抗裂纤维；

④ 所有外窗台、腰线、外挑板等挑出墙面部分必须粉出不小于2%的排水坡度，且靠墙体根部处应粉成圆角；

⑤ 滴水线宽度应为15～25mm，厚度不小于12mm，且应粉成鹰嘴式（或用成品塑料）。

（2）不同材料基体交接处，必须铺设抗裂钢丝网或玻纤网，与各基体间的搭接宽度不应小于150mm；当框架顶层填充墙采用混凝土多孔砖或蒸压加气混凝土砌块等材料时，墙面粉刷应采取满铺镀锌钢丝网等措施。

9.3　内墙粉刷：

（1）所有的抹灰处阳角拉方，按标筋找平。

（2）室内墙、柱、门窗洞口的阳角处，均需做20mm厚1：2水泥砂浆护角，高2000mm，宽50mm。

（3）填充墙与剪力墙、混凝土梁柱连接处铺设抗裂钢丝网或玻纤网，宽150mm，再做粉刷。

（4）所有砌块砌筑的井道内壁用20mm厚水泥石灰砂浆打底抹面，无法二次抹面的竖井均用砂浆随砌随抹面，压光。

9.4　油漆：

（1）木质油漆均为二底二度调和漆：钢构件油漆均为一底二度调和漆，钢构件除锈后，应先刷防锈漆，再做面漆。

（2）所有埋入墙内的构件均需要做防腐处理，木构件满涂桐油，铁构件红丹二度。

十、室内外附属工程

10.1　室外平台，台阶，坡道，花池、明沟，围墙等做法应按图纸注明施工，未注明者按景观专业图纸施工。

10.2　沉降缝、收缩缝和其他隐蔽工程处遗留的杂物及垃圾必须严格清除干净。

10.3　底层入口处台阶、平台、坡道等室外工程必须待户外管道施工完毕后方可进行。

10.4　室外做混凝土散水600mm宽，做法见苏J08-2006。

十一、防火设计说明

11.1　本工程为门卫、地上3层；建筑高度10.80m。

11.2　门卫为防火分区。

11.3　建筑防火间距及消防道路的设置见总平面位置图。

11.4　建筑防火构造：

1）防火墙、房间隔墙均砌至顶板不留缝隙；电缆井、管道井在每层楼板处应与该楼层同强度等级的混凝土封实作防火分隔；电缆井、管道井与房间走道等相连通的孔洞，其缝隙应采用与该楼层同强度等级的混凝土封堵。

2）建筑物内管道井、电缆井等竖向管道井井壁应用耐火极限不低于1h的不燃烧体封到顶。

3）防火门、特级防火卷帘及防火材料应选用国家认可的厂家产品；双扇防火门应具有按顺序关闭的功能；常开防火门应能在火灾时自行关闭，防火门内外两侧应能手动开启；特级防火卷帘耐火极限不低于3.0h（背火面温度上升判定），防火卷帘应有防烟性能，与楼板等的空隙应采用防火封堵材料封堵。

4）楼面变形缝内用防火岩棉填实，穿越相邻防火分区的墙面变形缝内用防火岩棉填实。

5）灭火救援窗：沿两个长边设置消防扑救面，其外墙上每层应设置灭火救援窗，其间距不应大于20m，且每个防火分区不应少于2个，窗口净尺寸不应小于0.9×1.0m，窗口下沿距室内地面不宜大于1.2m，窗口玻璃应易于破碎，并应设置可在室外识别的明显标志。

十二、其他

12.1　本说明有关内容应根据工程具体情况选择使用；设计图中所采用的标准图、通用图应按相应图集要求施工。

12.2　土建、水电、暖等设备施工时应密切配合；配电箱等应预埋；不得对砌体、主体结构进行破坏性开凿。

12.3　本建筑物所用材料及施工要求除按本设计说明外，还应严格执行现行建筑安装工程施工及验收规范质量标准。

12.4　在施工过程中如需更改，应事先征得建设单位、设计院同意，由设计院出具变更图方能施工。

××设计院				建设单位	××学院	设计号	
资质证书编号：A1××00（甲级）				工程名称	东大门	设计阶段	施工图
批准		专业负责		图纸内容：建筑施工图总说明（四）		图号	建施-04
审定		复核				比例	
审核		设计				日期	
项目负责		制图					

工程做法列表

名称	构造做法	适用范围
地面 1(D1)	耐磨地面面层(由业主定) 150mm 厚 C30 混凝土 300mm 厚碎石夯实 素土夯实	门卫 安防中心
地面 2(D2)	10mm 厚防滑地砖铺实拍平,干水泥擦缝 撒素水泥面(洒适量清水) 20mm 厚 1:2 干硬性水泥砂浆,面上撒素水泥 刷素水泥浆一道 最薄处 40mm 厚 C20 细石混凝土找坡 0.5%坡向地漏聚氨脂防水涂膜三遍,厚 1.8mm 所有地面、竖管及墙角均翻高 300mm 60mm 厚 C15 混凝土随捣随抹平 (与墙连接阴角位批 *R*50 凹圆弧) 150m 厚碎石垫层 素土夯实	卫生间
平顶 1(P1)	喷乳白色内墙涂料 6mm 厚 1:2.5 水泥砂浆粉面 6mm 厚 1:3 水泥砂浆打底 刷素水泥浆一道,内掺 10% 801 胶	钢筋混凝土楼板
平顶 2(P2)	刷乳胶漆 2 遍 板底腻子 2 遍刮平 ϕ8 钢筋吊杆(双向中距 900~1200mm) 钢筋混凝土板内预留 ϕ6 铁环 (双向中距 900~1200mm)	卫生间
屋面 1(W1)	400mm 厚 C20 细石混凝土内取 ϕ4 双向@150,粉平压光 10mm 厚 1:3 石灰砂浆隔离层 4mm 厚 SBS 防水卷材 20mm 厚 1:3 水泥砂浆找平层 80mm 厚 MLC 轻质混凝土(密度 600kg/m^3) 沥青玛琋脂隔气层 现浇钢筋混凝土屋面板,原浆结面(结构找坡 3%)	不上人 平屋顶 (屋面分格缝 详见苏 J01-2005 屋面做法说明八) 现浇泡沫混凝土抗压≥0.5MPa
屋面 2(W2)	30×25(h)挂瓦条(中距按瓦材规格),混凝土瓦屋面 30×25(h)顺水条、中距 500mm 固定用 ϕ4 长 60mm 水泥钉 间距 600 35mm 厚 C20 细石混凝土持钉层(内配 ϕ4@150×150 钢筋网与屋面板预埋 ϕ10 钢筋头绑牢) 保温层 4mm 厚 SBS 改性沥青防水卷材 20mm 厚 1:3 水泥砂浆找平层 现浇钢筋混凝土楼板,预埋 ϕ10 钢筋头双向间距 900mm,伸出 30mm 保温隔热层面(檐口处的两排瓦、屋脊两侧的一排瓦、山墙处的一行瓦应采取固定加强措施)	三层坡屋顶

××设计院 资质证书编号: A1××00(甲级)				建设单位	××学院	设计号	
批准		专业负责		工程名称	东大门	设计阶段	施工图
审定		复核		图纸内容: 建筑施工图 总说明(五)		图号	建施-05
审核		设计				比例	
项目负责		制图				日期	

（续）

名称	构造做法	适用范围
外墙 1（WQ1）	贴外墙面砖，1：1 水泥砂浆勾缝 10mm 厚 1：2 水泥砂浆粘接层 8mm 厚防水砂浆 10mm 厚 1：3 水泥砂浆打底扫毛 刷 AAC 界面处理剂一道 基层墙体	面砖外墙（颜色见立面标注）
外墙 2（WQ2）	刷外墙涂料二度 6mm 厚 1：2.5 水泥砂浆粉面，水刷带出小麻点 12mm 厚 1：3 水泥防水砂浆找平 刷界面处理剂一道（基层为砖墙时取消） 基层墙体	涂料外墙（颜色见立面标注）
楼面 1（L1）	耐磨地面面层（由业主定） 40mm 厚 C30 混凝土 现浇钢筋混凝土板	休息室
内墙 1（NQ1）	刷乳胶漆 5mm 厚 1：0.3：3 水泥石膏砂浆粉面 12mm 厚 1：6 水泥石膏砂浆打底 刷界面处理剂一道（基层为砖墙时取消） 基层墙体	除卫生间以外的其他房间
内墙 2（NQ2）	5mm 厚釉面砖白水泥浆擦缝 3mm 厚建筑陶瓷胶粘剂 8mm 厚 1：3 水泥砂浆粉面拉毛 10mm 厚 1：3 防水砂浆刮糙 2mm 厚 1：2 水泥砂浆掺 10%　801 胶水毛化处理 抹灰前墙面湿润 刷界面处理剂一道（基层为砖墙时取消） 基层墙体	卫生间
踢脚 1（TJ1）	6mm 厚 1：2.5 水泥砂浆压实抹光 12mm 厚 1：3 水泥砂浆打底 （踢脚高 150mm）	耐磨地面房间
踢脚 2（TJ2）	10mm 厚地面砖，干水泥擦缝 5mm 厚 1：1 水泥砂浆结合层 12mm 厚 1：3 水泥砂浆打底 （踢脚高 150mm）	地砖地面房间

门窗表

类别	编号	洞口尺寸/mm		数量	备注
		宽	高		
门	M0922	900	2200	2	铝合金玻璃门
	M0820	800	2000	1	铝合金玻璃门
窗	C0619	600	1850	4	铝合金推拉窗
	C0604	600	350	4	铝合金推拉窗
	C1019	1000	1850	4	铝合金推拉窗
	C1004	1000	350	4	铝合金推拉窗
	C1	1500	2500	1	铝合金推拉窗
	C2	1500	3150	2	铝合金推拉窗
	C3	1500	1650	2	铝合金推拉窗
	C4	940	1200	2	铝合金推拉窗
	C5	1000	2500	1	铝合金推拉窗
	C6	1000	3150	1	铝合金推拉窗
	C7	1000	1650	1	铝合金推拉窗

注：1. 所有门窗均应复核现场尺寸和数量后制作。
2. 窗框料应采用 88 系列，门框料应采用 100 系列，窗框料均采用铝合金。
3. 本设计只给出门窗立面图，具体构造详图、型材、规格、强度、抗风、防水、保温、密实性能均由生产厂家负责设计。
4. 门玻璃应采用安全玻璃。
5. 单块玻璃面积大于 $0.5m^2$ 时应采用安全玻璃。详见《建筑玻璃应用技术规程》（JGJ 113—2015）的相关规定。
6. 固定窗作防护措施时，玻璃框的嵌固需有足够的强度，详见《建筑玻璃应用技术规程》（JGJ 113—2015）的相关规定。

××设计院 资质证书编号：A1××00（甲级）				建设单位	××学院	设计号	
				工程名称	东大门	设计阶段	施工图
批准		专业负责		图纸内容： 建筑施工图 总说明（六）		图号	建施-06
审定		复核				比例	
审核		设计				日期	
项目负责		制图					

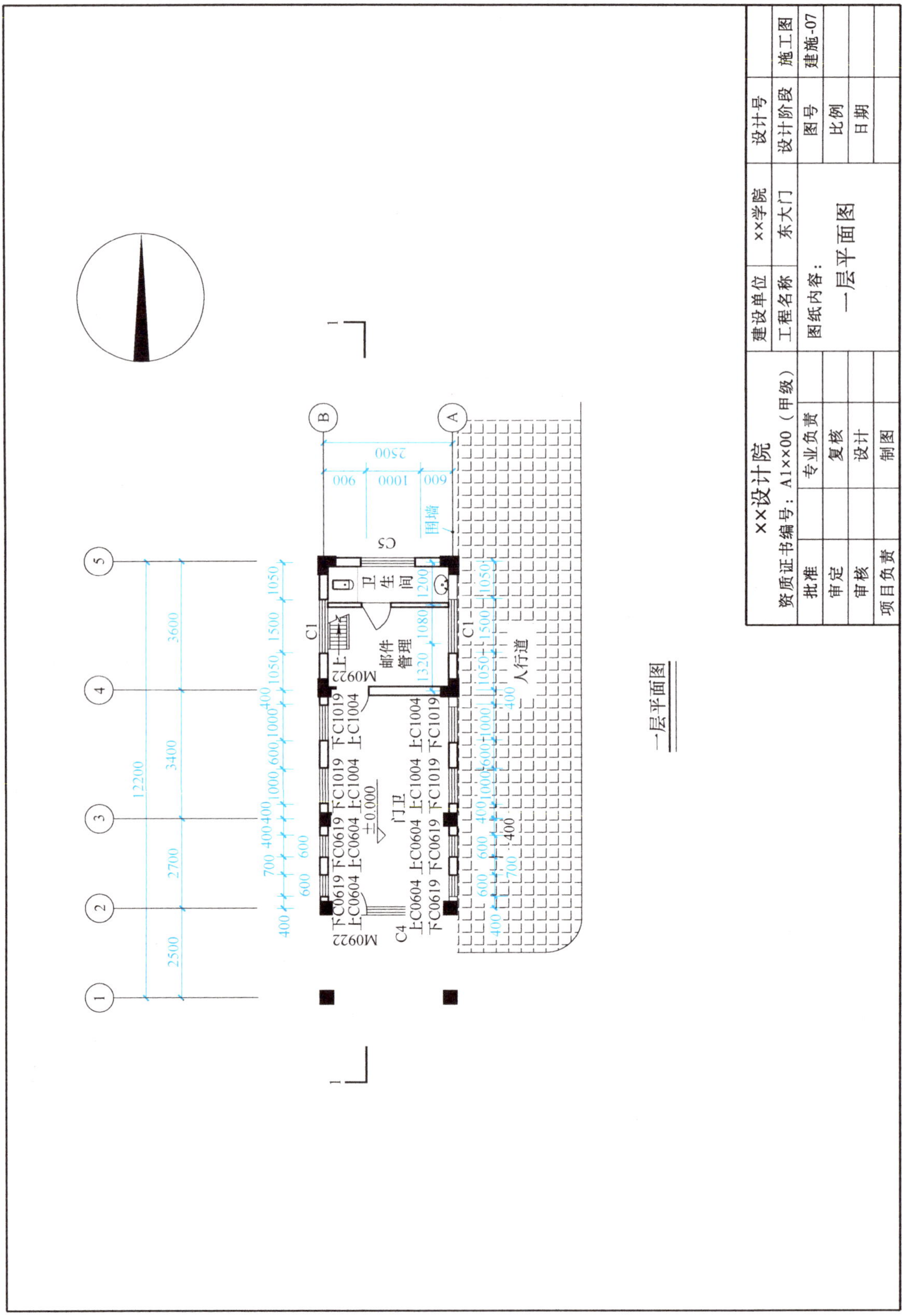

一层平面图
××设计院
资质证书编号：A1××00（甲级）
批准
审定
审核
项目负责
专业负责
复核
设计
制图
建设单位
××学院
工程名称
东大门
图纸内容：
一层平面图
设计号
设计阶段
施工图
图号
建施-07
比例
日期
门卫
邮件管理
卫生间
人行道
围墙
±0.000
M0922
C1
C4
C5
下C0619 上C0604
下C1019 上C1004
12200
2500
2700
3400
3600
900
1000
600

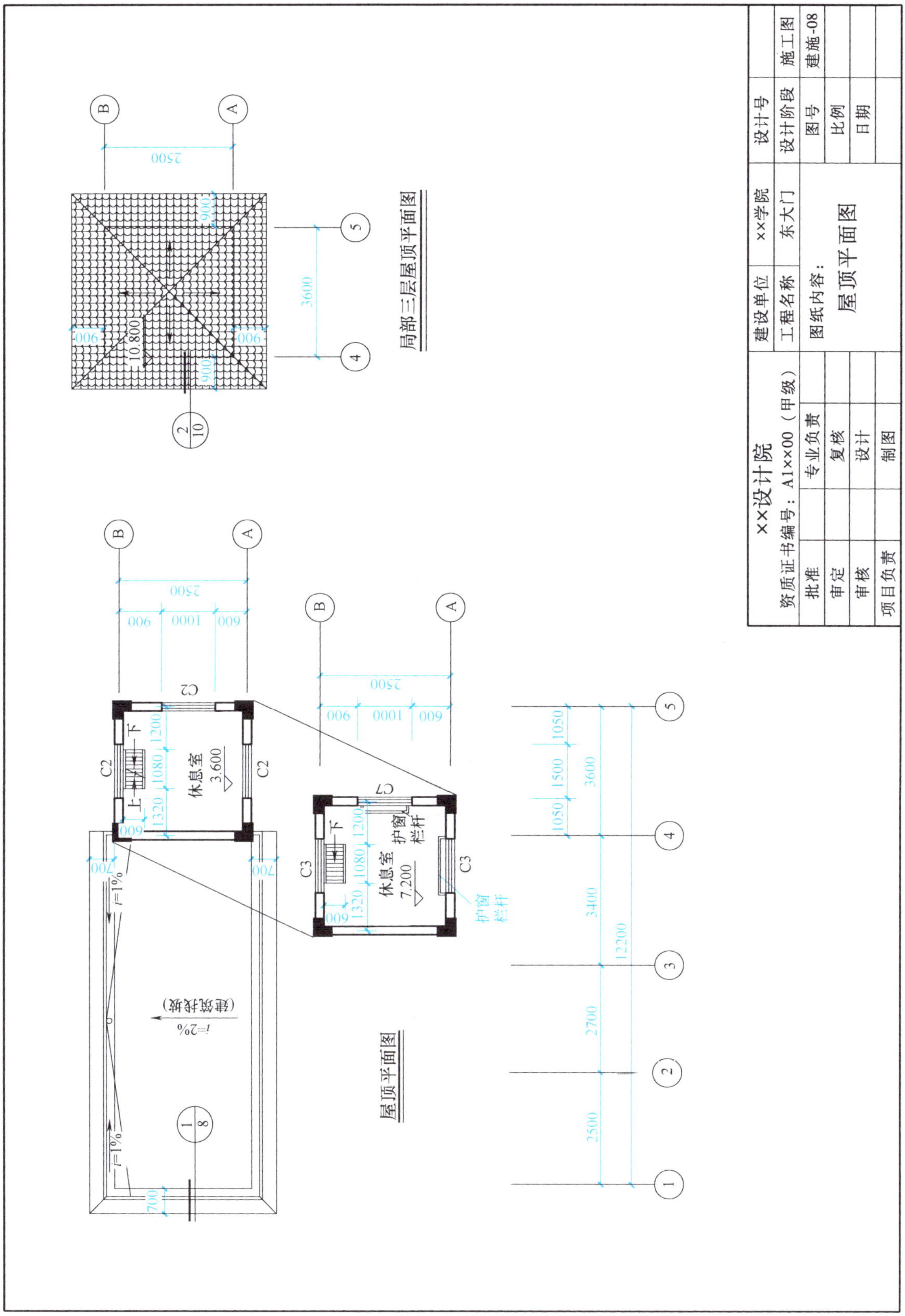

局部三层屋顶平面图
屋顶平面图
休息室
3.600
休息室
7.200
10.800
护窗栏杆
C2
C3
C7
i=2%
(建筑找坡)
i=1%
2500
3600
3400
2700
12200
1050
1500
900
1000
600
1200
1080
1320
700
××设计院
资质证书编号：A1××00（甲级）
批准
审定
审核
项目负责
专业负责
复核
设计
制图
建设单位
××学院
工程名称
东大门
图纸内容：
屋顶平面图
设计号
设计阶段
施工图
图号
建施-08
比例
日期

东立面图

××设计院 资质证书编号：A1××00（甲级）				建设单位	××学院	设计号	
				工程名称	东大门	设计阶段	施工图
批准		专业负责		图纸内容： 东立面图		图号	建施-09
审定		复核				比例	
审核		设计				日期	
项目负责		制图					

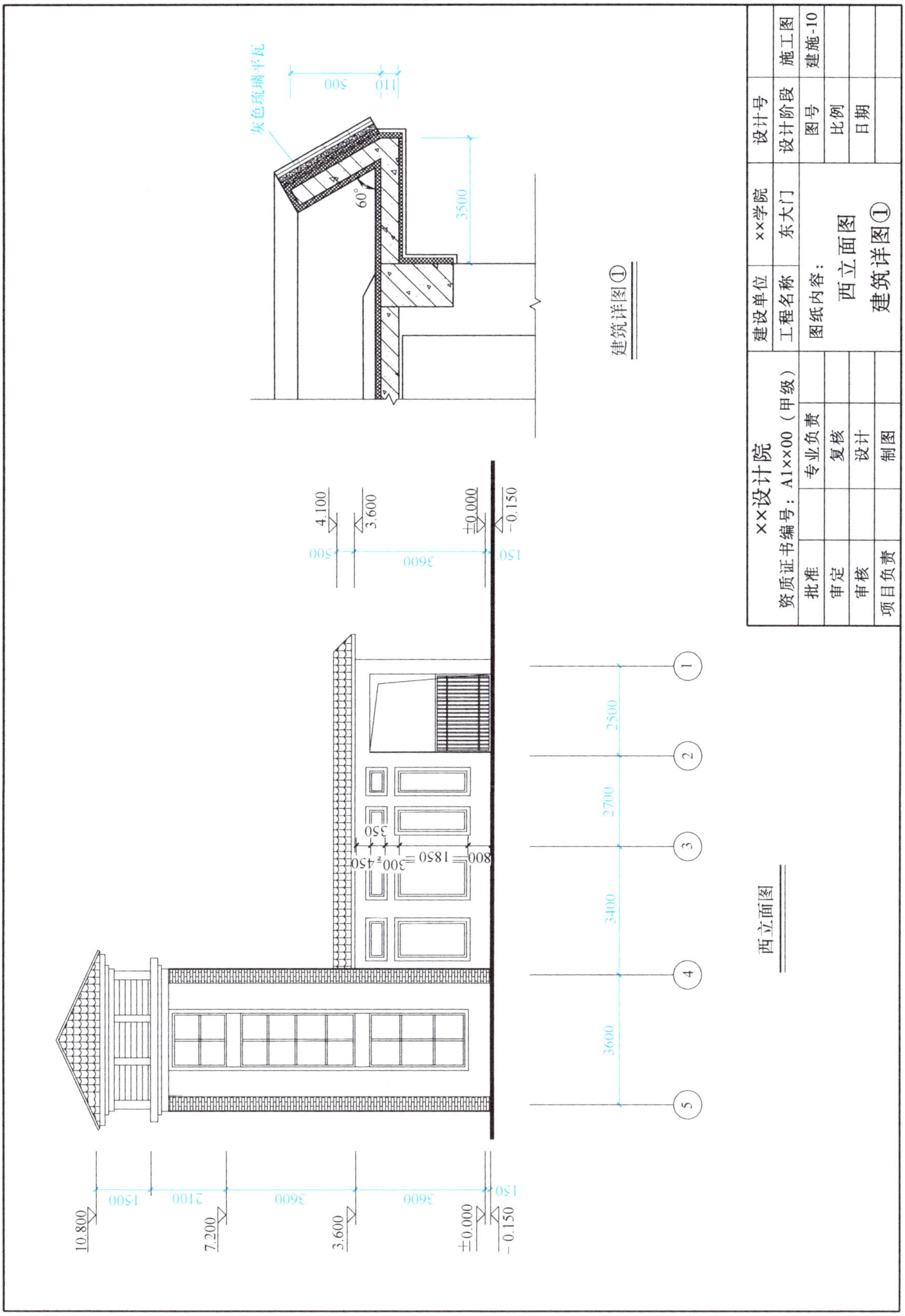
灰色琉璃平瓦
500
110
3500
60°
建筑详图①
4.100
3.600
±0.000
−0.150
500
3600
150
1
2
3
4
5
2500
2700
3400
3600
350
800
1850
300
450
西立面图
10.800
7.200
3.600
±0.000
−0.150
1500
2100
3600
3600
150
××设计院
资质证书编号：A1××00（甲级）
批准
审定
审核
项目负责
专业负责
复核
设计
制图
建设单位
××学院
工程名称
东大门
图纸内容：
西立面图
建筑详图①
设计号
设计阶段
施工图
图号
建施-10
比例
日期

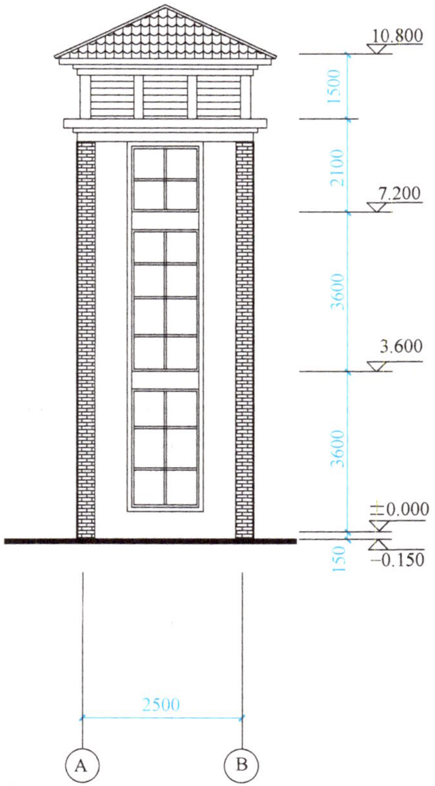

北立面图

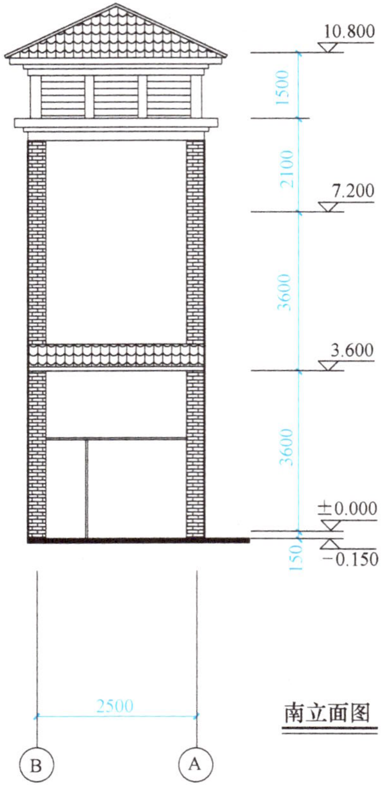

南立面图

××设计院 资质证书编号：A1××00（甲级）				建设单位	××学院	设计号	
				工程名称	东大门	设计阶段	施工图
批准		专业负责		图纸内容： 北立面图 南立面图		图号	建施-11
审定		复核				比例	
审核		设计				日期	
项目负责		制图					

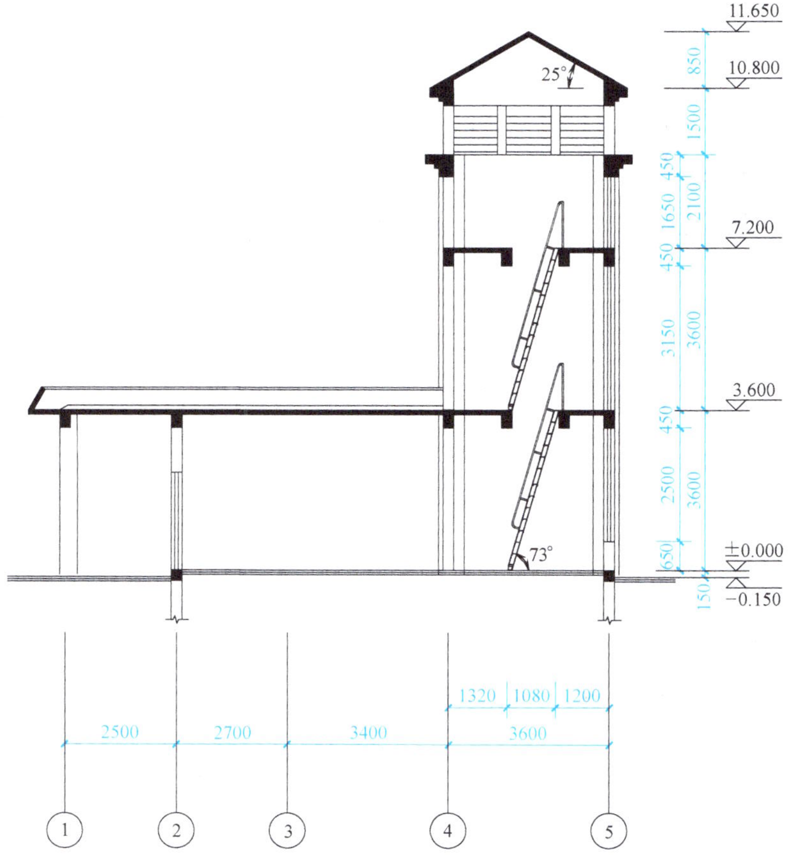

1—1剖面图

××设计院				建设单位	××学院	设计号	
资质证书编号：A1××00（甲级）				工程名称	东大门	设计阶段	施工图
批准		专业负责		图纸内容：1—1 剖面图		图号	建施-12
审定		复核				比例	
审核		设计				日期	
项目负责		制图					

结构设计总说明

一、设计总则

1. 结构类型及概况

结构类型	安全等级	设计使用年限	平面尺寸 长/m	平面尺寸 宽/m	结构层层数 地下	结构层层数 地上	室外地面至檐口总高度	砌体结构施工质量等级
框架结构	二级	50 年	/	/	无	一层，局部三层	/	B

2. 抗震设防

抗震设防类别	抗震设防烈度	设计地震基本加速度	设计地震分组	结构抗震等级 框架	结构抗震等级 剪力墙
丙类	七度	0.10g	第一级	三级	—

3. 建筑防火

耐火等级	结构构件耐火极限/h 墙	柱	梁	板
二级	2.5	2.5	1.5	1.0

4. 建筑场地与地基基础

场地土类型	建筑场地类别	地基基础设计等级	基础型式	地基持力层 持力层	地基持力层 承载力特征值	液化土层 土层	液化土层 液化等级
中软场地土	Ⅲ类	丙级	独立基础	详见结施-04	详见结施-04	无	—

注：本基础数据来自常州市规划设计院提供的补充地质勘察报告（工程编号 2010-KX-45 补）。

5. 高程及地下水

室内±0.00m（地质报告黄海高程）	设计洪水位（黄海高程）	设计室外场面（黄海高程）	场地自然地面（黄海高程）	抗浮设计水位（黄海高程）	地下水类型及黄海高程 上层滞水	地下水类型及黄海高程 承压水	地下水腐蚀性
7.050m	/		/		/	/	微腐蚀性

6. 风、雪荷载

重现期	基本雪压/（kN/m²）	基本风压/（kN/m²）	地面粗糙度
50 年	0.35	0.40	B 类

7. 环境类别

基础	地面以下与水或土壤接触的墙、柱、梁、板	地下室内部构件及上部结构构件	屋面以上室外构件
二 a	二 a	—	二 a

8. 混凝土材料耐久性要求

环境等级	最大水胶比	最低强度等级	最大氯离子含量	最大碱含量
一	0.60	C20	0.3%	不限制
二 a	0.55	C25	0.2%	3.0
二 b	0.50	C30	0.15%	3.0

9. 标准图目录

序号	图集名称	图集代号
1	混凝土结构施工图平面整体表示方法制图规则和构造详图	11G101-1
2	建筑物抗震构造	苏 G02-2011
3	钢筋混凝土过梁	03G322-2,3

10. 最外层钢筋的混凝土保护层厚度

(mm)

环境类别	板、墙、壳	梁、柱、杆
一	15	20
二 a	20	25
二 b	25	35

附注：1. 本表为设计使用年限 50 年的混凝土结构中最外层钢筋的保护层厚度，受力钢筋的保护层厚度不应小于钢筋的公称直径。

2. 基础混凝土保护层厚度为 50mm。

3. 当地下水及土对钢筋有微腐蚀性时，基础混凝土保护层厚度为 50mm。

二、设计依据

1.《建筑结构荷载规范》（GB 50009—2012）。
2.《混凝土结构设计规范》（GB 50010—2010）。
3.《建筑抗震设计规范》（GB 50011—2010）。
4.《建筑地基基础设计规范》（GB 50007—2011）。
5.《砌体结构设计规范》（GB 50003—2011）。
6.《建筑结构可靠性设计统一标准》（GB 50068—2018）。
7.《建筑工程抗震设防分类标准》（GB 50223—2008）。
8.《建筑地基处理技术规范》（JGJ 79—2012）。
9. 结构设计由中国建筑科学研究院 PKPM 系列软件计算（新规范 2011.3 网络版）。

三、设计使用荷载标准值（kN/m²）

二、三层楼面	屋面(不上人)
2.0	5.0

××设计院 资质证书编号：A1××00（甲级）				建设单位	××学院	设计号	
				工程名称	东大门	设计阶段	施工图
批准		专业负责		图纸内容：结构设计总说明（一）		图号	结施-01
审定		复核				比例	
审核		设计				日期	
项目负责		制图					

四、主要材料

1. 钢筋：(Φ) 为 HPB300 级钢筋，f_y=270N/mm^2；(Φ) 为 HRB400 级钢筋，f_y=360N/mm^2。

钢筋的强度标准值应具有不小于 95% 的保证率。

框架结构钢筋的抗拉强度实测值与屈服强度实测值的比值不应小于 1.25，钢筋的屈服强度实测值与强度标准值的比值不应大于 1.3，且钢筋在最大拉力下的总伸长率实测值不应小于 9%。

纵向受力钢筋选用符合抗震性能指标的热轧钢筋，普通钢筋在最大力下的总伸长率 HPB300 不应小于 10%，HPB400 不应小于 7.5%。

2. 混凝土：(1) 基础垫层混凝土强度等级为 C15；圈梁，构造柱混凝土强度等级为 C25，其余受力构件均采用 C30，混凝土均采用预拌混凝土。

(2) 标准构件混凝土强度等级除注明外，均可按图集要求选用。

3. 砌体±0.000 以下采用 240mm 厚 MU10 混凝土普通砖，M10 水泥砂浆。

±0.000 以上采用 200mm 厚 MU7.5 混凝土空心砖，Mb7.5 混合砂浆。

女儿墙采用 240mm 厚 MU10 混凝土普通砖 Mb7.5 混合砂浆，砌体施工质量等级为 B 级。

4. 过梁：选用国标《钢筋混凝土过梁》(03G322-2)，GL-1××lM。

两端搁置长度范围内遇有现浇柱梁时，改为现浇，断面配筋不变，当门窗洞口上方有承重梁通过，且该梁底标高与门窗洞顶距离过近，放不下过梁时，可直接梁下挂板，见附图三。

5. 预埋铁件：锚板采用 Q235B，除图中注明外焊缝高度均为 6mm，一律满焊。锚筋采用 HRB400，吊筋采用 HPB300，严禁采用冷加工。

6. 焊条：详见《钢筋焊接及验收规程》(JGJ 18—2012) 第 3.0.3 条规定。

五、主要构造及施工要求

1. 基坑、基槽回填土应分层夯实，分层厚度为 250mm，回填土压实系数 λ_c 不小于 0.94。

基坑回填土不得采用淤泥、耕土及有机质含量大于 5% 的土，严格控制土的含水量。承台四周应采用灰土，级配砂石、压实性较好的素土回填，并分层夯实。

2. 梁内通长钢筋接头位置：上部钢筋在跨中 1/3 跨长范围内，下部钢筋在支座处。

3. 柱、墙纵筋连接优先采用机械连接或焊接，接头应避开箍筋加密区；梁纵筋采用绑扎搭接或焊接。

钢筋的机械连接、绑扎搭接及焊接应符合国家现行有关标准的规定。

4. 当需要以强度等级较高的钢筋替代原设计中的纵向受力钢筋时，应按照钢筋受拉承载力设计值相等的原则换算，并应满足最小配筋率要求。

5. 现浇板周边上部钢筋应按受拉钢筋锚固在梁内、墙内或柱内。锚固长度 l_{aE} 详见 16G101-1。

6. 纵向受拉钢筋最小锚固长度：详见 16G101-1。

(1) 当钢筋直径大于 25mm 时，锚固长度取表内相应值的 1.10 倍。

(2) 当采用环氧树脂涂层钢筋时，锚固长度取表内相应值的 1.25 倍。

(3) 当钢筋在混凝土施工过程中采用滑模施工时，锚固长度取表内相应值的 1.10 倍。

(4) 任何情况下，纵向受拉钢筋的锚固长度经上述三项修正后，锚固长度还应≥250mm。

7. 纵向受拉钢筋抗震锚固长度及最小搭接长度详见 16G101-1。

8. 混凝土保护层最小厚度详见："一、设计总则" 第 10 条，基础保护层厚度详见其附注。

9. 除注明外，梁内附加箍筋及吊筋构造要求详见 16G101-1。

10. 梁柱交汇处钢筋分布密集，请在钢筋翻样时细心核对，部分梁柱箍筋保护层厚度可适当调整，确保箍筋保护层厚度不小于 15mm 即可。

在浇捣混凝土时，务请精心施工，采取措施确保节点处混凝土浇捣密实，严禁采用砂浆浇灌，以保证结构受力安全。

11. 每楼层均在电梯井门顶位置附加一道封闭圈梁 QLA (200mm×400mm×4 Φ 12，Φ 8@200)，电梯支架圈梁按电梯厂家要求设置，断面配筋均同 QLA。

窗台处均做 120mm 厚通长压顶，内配 4 Φ 12，Φ 6@200。门洞顶单独过梁伸入两端墙内每边不少于 600mm，且过梁上水平灰缝内设置 2 道 2 Φ 6@300 通长焊接钢筋网片。

12. 梁柱中线间偏心距大于 1/4 柱宽的梁，框架梁水平加腋按 16G101-1 第 83 页要求施工。

13. 砌体与现浇柱墙连接。

(1) 框架柱、构造柱与填充墙的交接处，沿柱高每 500mm 设置 2 Φ 6 拉结筋，锚入柱内 200mm，沿墙通长贯通，遇有门窗洞口时，伸至洞口边。

(2) 当墙高度大于 4m 时，除图中注明有连梁 GL-x 外，在门（窗）顶或半层高标高处增设贯通水平系梁，截面为墙厚 200mm×240mm，配筋 4 Φ 12，Φ 8@200（纵筋锚入端部柱 37d）。

(3) 墙长大于 5m 时，墙顶与梁宜有拉结，填充墙顶与现浇梁连接按苏 G02-2011 第 49 页 2、3 节点施工。

(4) 柱边小墙肢做法见附图三。

14. 砌体与砌体连接

1) 内外墙砌体及内墙砌体的交接处，沿墙高每 500mm 设置 2 Φ 6 拉结筋，沿墙通长设置。

2) 阳台栏板砌体、女儿墙砌体沿墙高每 400mm 设置 2 Φ 6 通长钢筋。

15. 现浇板分布钢筋：除注明外均为 Φ 6@200（板厚 120mm），Φ 8@200（板厚>120mm）。

外墙阳角处板面设置放射形钢筋，7 Φ 10@150，长度 2000mm。

16. 卫生间和砌体女儿墙墙身位置均设置 200mm 高素混凝土翻边，宽度同墙宽，门洞口处不设混凝土翻边。

17. 跨度>4m 的梁起拱，拱度为跨度的 1/300。

18. 悬挑构件施工时，应保证上部钢筋的设计位置，混凝土强度达到设计要求后，才能拆除支撑模板。

19. 现浇板内埋设管线时，管线应放置在上下两层钢筋之间，如埋设管线处板内无上层负筋，应在管线上方附加钢筋网，见附图一。水管严禁水平埋设在现浇楼板中。

20. 现浇板开洞加筋构造做法详见 16G101-1 第 101、102 页。对于单向板，受力方向的附加钢筋应伸至支座内，另一方向的附加钢筋应伸过洞边 l_{aE}；对于双向板，两个方向的附加钢筋均应伸至支座内。

21. 在板上砌隔墙时，应在墙下板内底部增设加强钢筋（图中另有要求者除外），见下表；加强钢筋应锚固于两端支座内。

板上砌墙时板底加强钢筋

板跨度/mm	$L \leq 1500$	$1500<L<2500$	$2500 \leq L \leq 3000$
板底加强钢筋	2 Φ 14	3 Φ 14	3 Φ 16

××设计院				建设单位	××学院	设计号	
资质证书编号：A1××00（甲级）				工程名称	东大门	设计阶段	施工图
批准		专业负责		图纸内容：结构设计总说明（二）		图号	结施-02
审定		复核				比例	
审核		设计				日期	
项目负责		制图					

22. 现浇板施工要求：

（1）混凝土水胶比≤0.5。

（2）应采取有效措施保证板厚及板负筋不被踩下。

（3）短跨4m以上的板双向起拱，拱度为短向跨度的1/300。

（4）楼面施工荷载≤1.5kN/m^2，并防止集中堆载。

（5）专人负责养护不少于两周。

23. 预制构件均按所选用图集的要求进行制作、安装。

24. 施工单位应严格按图纸及有关施工规范施工，按《建筑工程施工质量验收统一标准》及《混凝土结构工程施工质量验收规范》验收。施工时，应与设备工种密切配合，做好预留、预埋，严防乱打凿而影响工程质量及结构安全。施工中如遇疑难问题，应及时与设计人员联系协商解决。

六、其他

1. 建筑物定位详见建施总平面图。图中所注尺寸除标高以m为单位外，其余均以mm为单位。

2. 梁、柱、墙采用平法表示，参见《混凝土结构施工图平面整体表示方法制图规则和构造详图》（16G101-1）有关构造做法，本设计未详之处均按该图集要求施工。

七、以上说明未尽之处，请按现行有关规范规程的要求执行，未经技术鉴定或设计许可，不得改变结构的用途和使用环境。

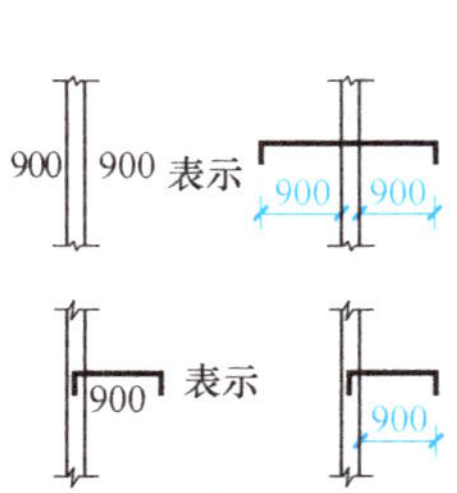

板面钢筋示意

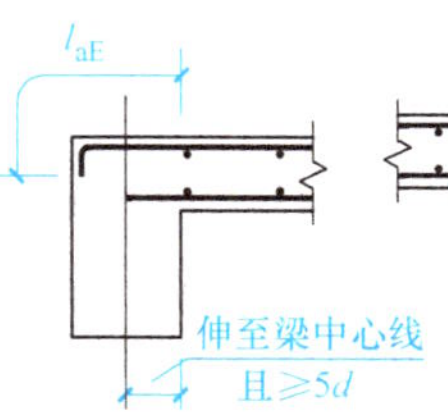

边梁(或洞边)处板中钢筋的锚固

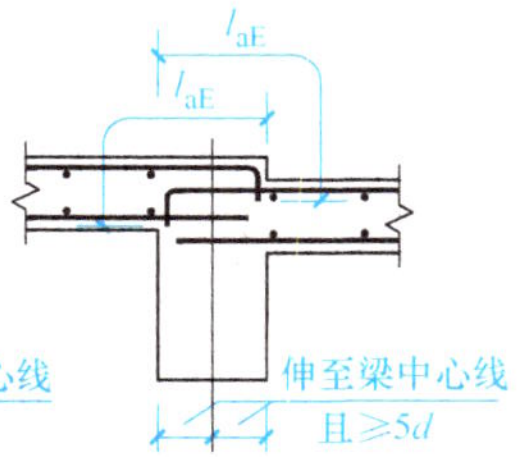

中间支座高底处板中钢筋的锚固

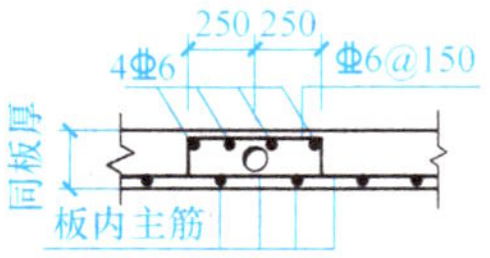

附图一

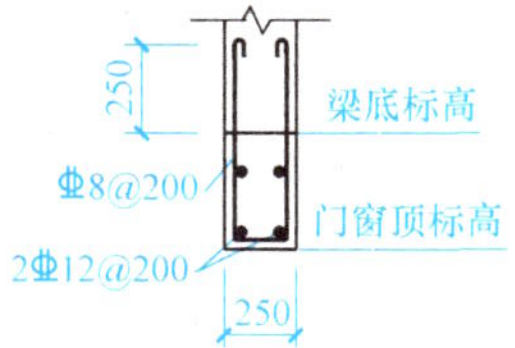

附图二

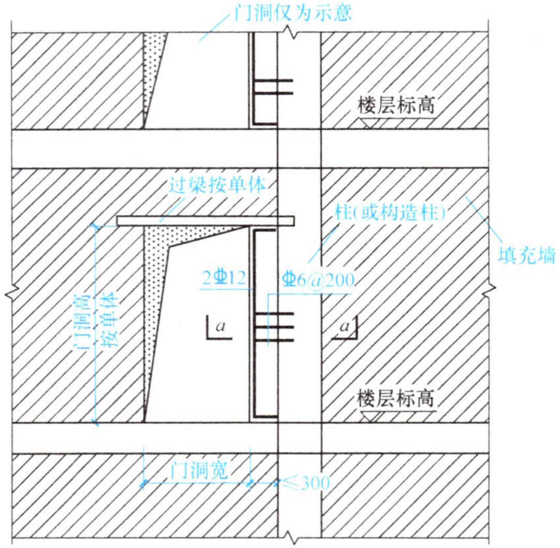

附图三 柱边小墙肢立面

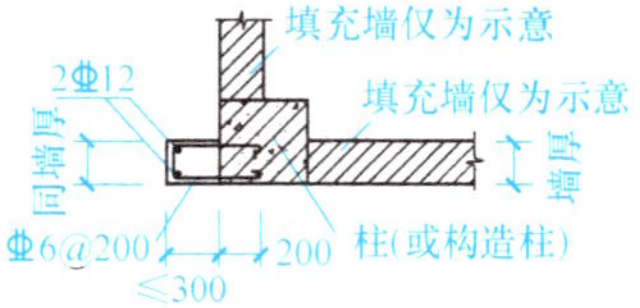

a—a剖面图

××设计院				建设单位	××学院	设计号	
资质证书编号：A1××00（甲级）				工程名称	东大门	设计阶段	施工图
批准		专业负责		图纸内容：		图号	结施-03
审定		复核		结构设计		比例	
审核		设计		总说明（三）		日期	
项目负责		制图					

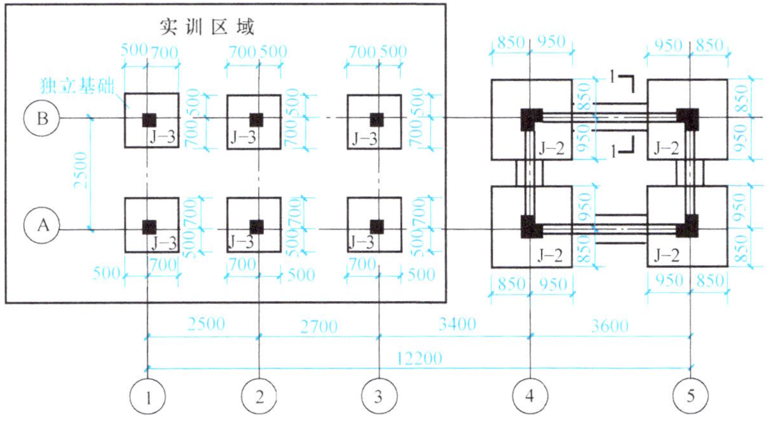

基础平面图

1.图中未注明条基均为1—1。
2.基础底部超挖部分用C15毛石混凝土垫层回填至基底标高。

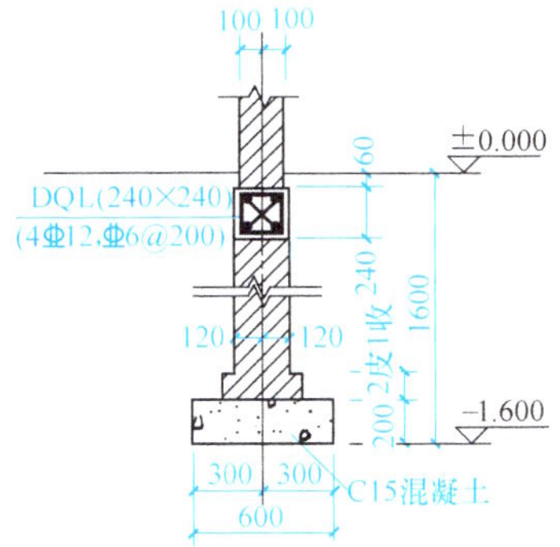

1—1剖面图
(条形基础)

基础说明：

1. 本工程基础为独立柱基，地基基础设计等级为丙级。基础设计依据为常州市规划设计院提供的补充地质勘察报告（工程编号 2010-KX-45 补）。根据勘察报告，场地土类型为中软场地上，建筑场地类别为Ⅲ类，土层不液化。基础持力层：采用③-1 黏土层，基础地耐力按 $f_{ak}=200\text{kPa}$ 设计。

2. 基槽开挖应注意排水，严防浸泡基槽，地基开挖按规范要求，确保边坡稳定。施工过程如遇异常情况，应通知设计人员现场解决。

3. 为保证基坑内的正常施工，浅层滞水或承压水的降水、排水及基坑支护均应有周密的组织设计，方可进行开挖。

4. 基础施工前必须验槽，如发现土层与勘察报告不符，必须同勘察设计单位现场共同处理。

××设计院				建设单位	××学院	设计号	
资质证书编号：A1××00（甲级）				工程名称	东大门	设计阶段	施工图
批准		专业负责		图纸内容：基础平面图		图号	结施-04
审定		复核				比例	
审核		设计				日期	
项目负责		制图					

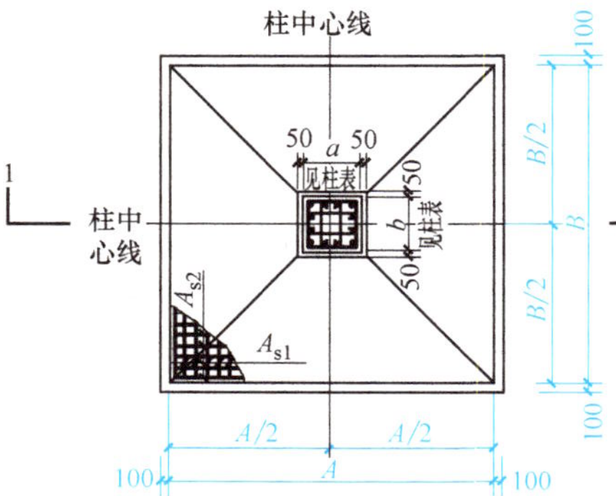

基础平面

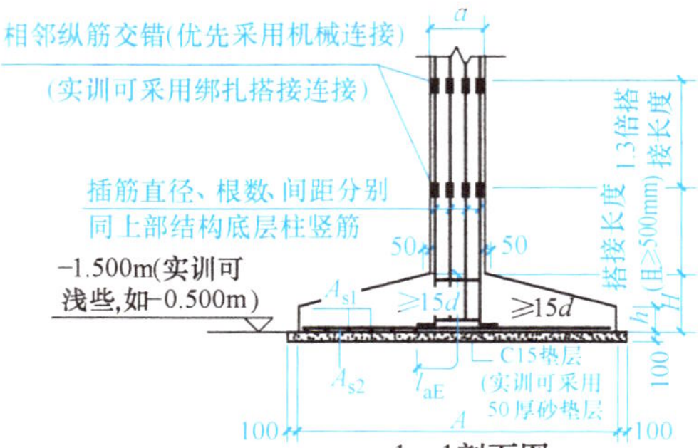

1—1剖面图

基础详图

基础编号	基底标高/m	A/mm	B/mm	H/mm	h/mm	A_{s1}	A_{s2}
J–1	−1.500	1600	1600	400	250	Φ12@125	Φ12@125
J–2	−1.500	1800	1800	400	250	Φ12@125	Φ12@125
J–3	−1.500	1200	1200	400	250	Φ12@125	Φ12@125
J–4	−1.500	1400	1400	400	250	Φ12@125	Φ12@125

基 础 表

注：实训时,基底标高可浅些,如−0.500m。

××设计院				建设单位	××学院	设计号	
资质证书编号：A1××00（甲级）				工程名称	东大门	设计阶段	施工图
批准		专业负责		图纸内容：基础详图		图号	结施-05
审定		复核				比例	
审核		设计				日期	
项目负责		制图					

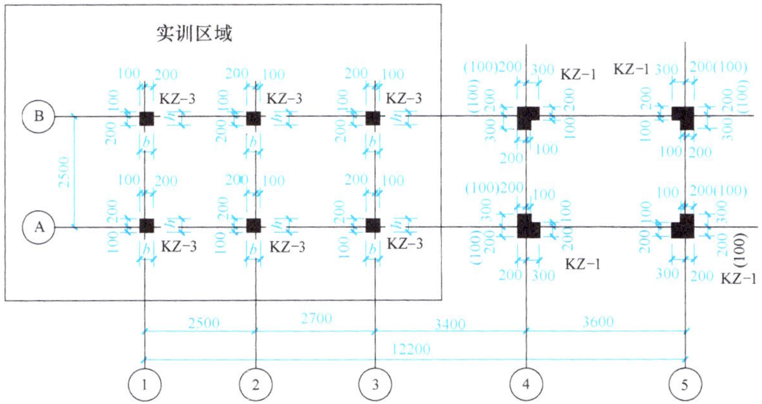

柱定位平面图

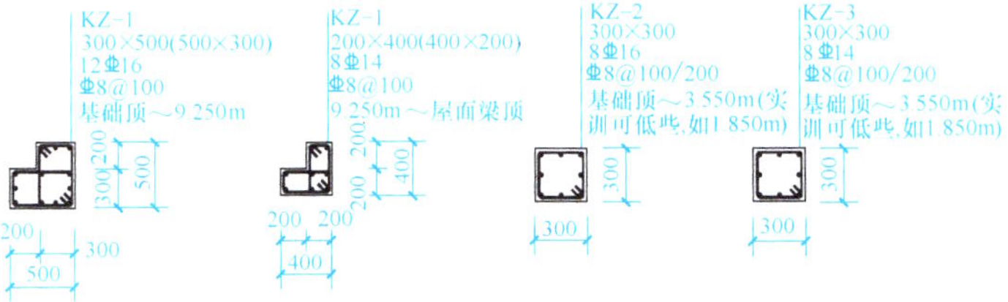

注：框架柱纵筋连接优先采用机械连接(实训可采用搭接)。

××设计院				建设单位	××学院	设计号	
资质证书编号：A1××00（甲级）				工程名称	东大门	设计阶段	施工图
批准		专业负责		图纸内容：柱定位平面图		图号	结施-06
审定		复核				比例	
审核		设计				日期	
项目负责		制图					

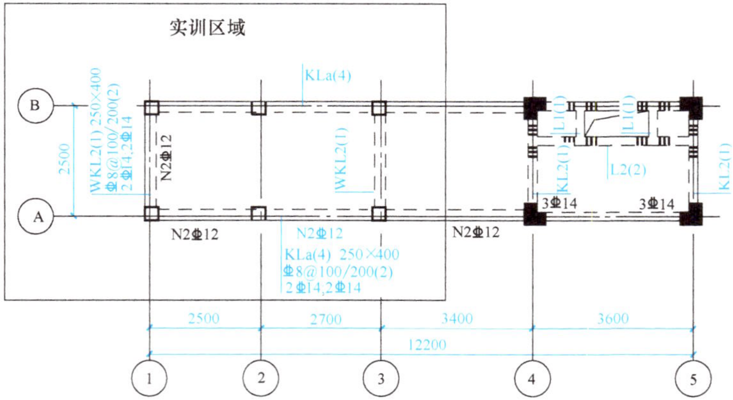

二层梁配筋图

注：1.标高以3.550m为准(实训应低些，如+1.85m)。

2.梁定位除注明以及明显与柱边平齐外，其余梁中线均在轴线或其定位尺寸线上，定位未详处见结平。

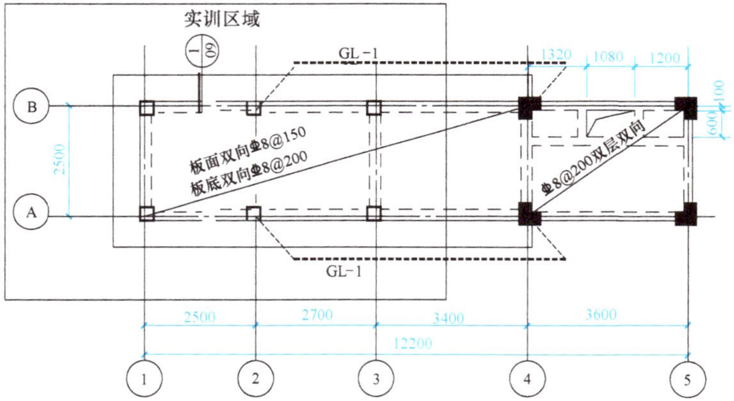

二层板配筋图

注：1.未注明板面标高为3.550m (实训应低些，如+1.85m)。

2.未注明板厚为100mm。

××设计院 资质证书编号：A1××00（甲级）				建设单位	××学院	设计号	
				工程名称	东大门	设计阶段	施工图
批准		专业负责		图纸内容： 二层梁、板配筋图		图号	结施-07
审定		复核				比例	
审核		设计				日期	
项目负责		制图					

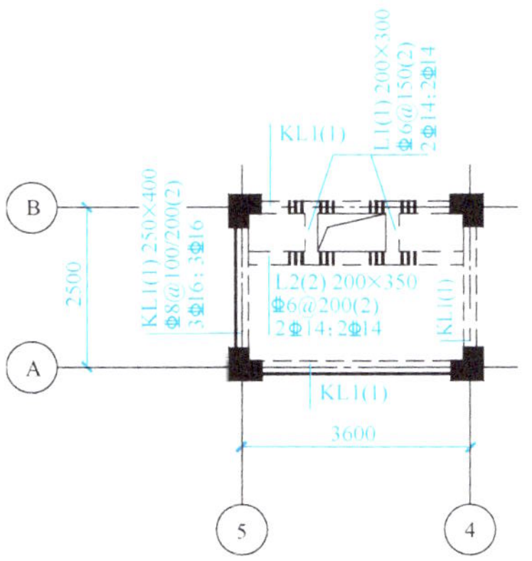

7.150m梁配筋图

注：梁定位除注明以及明显与柱边平齐外，其余梁中线均在轴线或其定位尺寸线上，定位未详处见结平。
L1(1)上钢梯预埋件甲方自理。

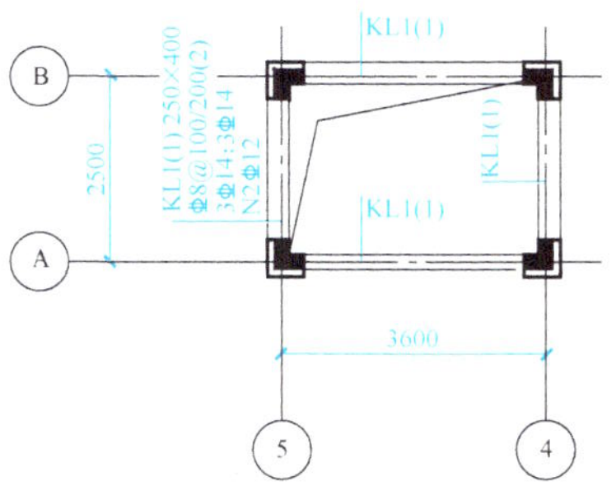

9.250m梁配筋图

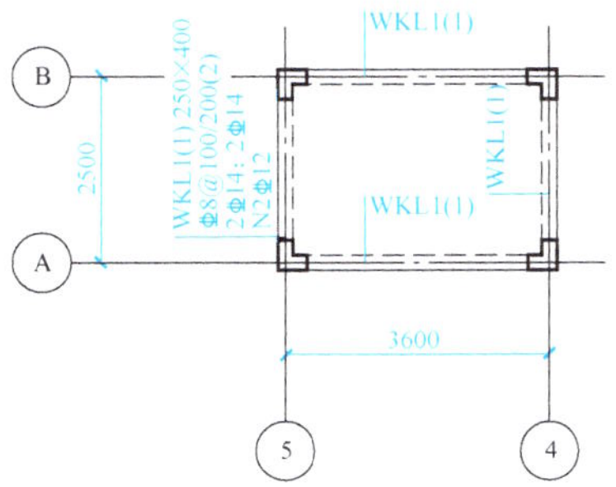

局部屋顶梁配筋图

注：标高以11.750m为准。

××设计院				建设单位	××学院	设计号	
资质证书编号：A1××00（甲级）				工程名称	东大门	设计阶段	施工图
批准		专业负责		图纸内容：7.150m、9.250m、局部屋顶梁配筋图		图号	结施-08
审定		复核				比例	
审核		设计				日期	
项目负责		制图					

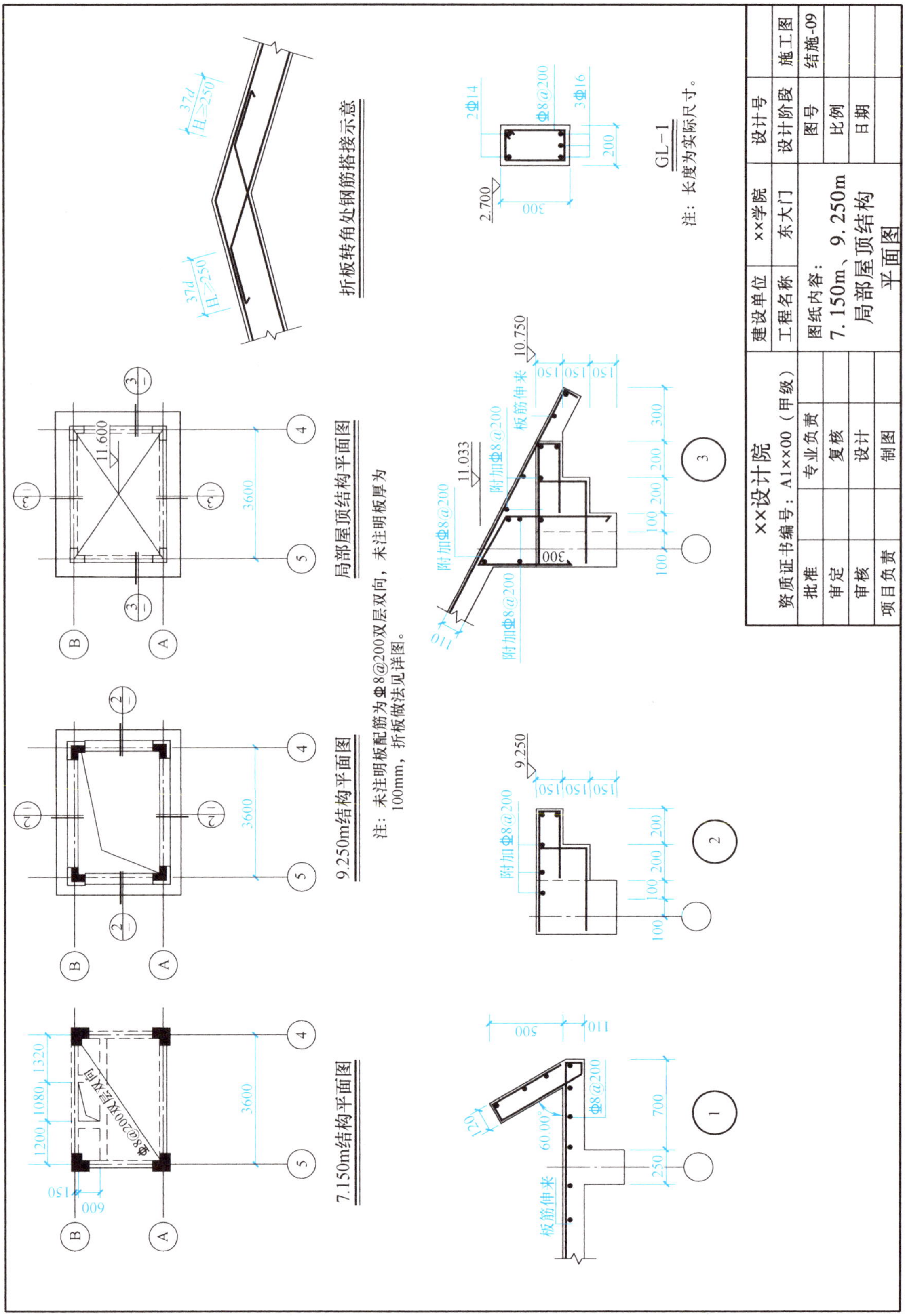
7.150m结构平面图
Φ8@200双层双向
9.250m结构平面图
局部屋顶结构平面图
注：未注明板配筋为Φ8@200双层双向，未注明板厚为100mm，折板做法见详图。
折板转角处钢筋搭接示意
37d
H≥250
板筋伸来
附加Φ8@200
2Φ14
Φ8@200
3Φ16
GL-1
注：长度为实际尺寸。
××设计院
资质证书编号：A1××00（甲级）
批准
审定
审核
项目负责
专业负责
复核
设计
制图
建设单位
××学院
工程名称
东大门
图纸内容：
7.150m、9.250m局部屋顶结构平面图
设计号
设计阶段
施工图
图号
结施-09
比例
日期

参考文献

[1] 杨建林，张清波. 建筑施工技术［M］. 北京：高等教育出版社，2013.

[2] 李仙兰. 钢筋混凝土工程施工［M］. 北京：机械工业出版社，2015.

[3] 张悠荣，李承辉. 建筑工程施工质量与节点标准化图册［M］. 北京：清华大学出版社，2016.

[4] 范优铭，田江永. 建筑施工技术［M］. 北京：化学工业出版社，2014.

职业教育建筑专业“互联网+”创新教材

钢筋混凝土结构工程施工实训手册

活 页 式

主　编　张悠荣
副主编　董建军
参　编　林冶强　蔡　雷　吴　斌
　　　　陆建兵　周秋月
主　审　顾国忠

机 械 工 业 出 版 社

目　录

班级__________　　第__________组　　学号：__________　　姓名：__________

项目1　施工准备与基础知识

任务1　施工准备

一、任务描述

识读某框架结构工程施工图，组建项目部，完成施工技术交底，做好施工现场准备工作。

二、学习目标

1. 知识目标

1）掌握施工图识读方法。

2）了解施工组织设计、施工方案、规范、图集等技术文件。

3）了解施工现场准备内容。

2. 能力目标

1）能识读框架结构工程施工图。

2）能够进行安全教育，完成安全施工技术交底。

3）能进行施工现场的场地平整，设置坐标和高程。

三、任务分析

1. 重点

建筑施工用物资材料准备。

1）劳动力组织准备。

2）施工物资准备。

2. 难点

进行施工现场场地平整，设置坐标。

四、主教材相关知识链接

1）建筑施工用物资材料准备。

2）场地平整内容与过程。

3）场地平整质量标准。

五、职业素养养成

1）在劳动力组织准备过程中，了解学生特长、培养学生团结合作精神，学习如何在工作角色上选人用人，培养精于管理团队的领导能力。

2）场地平整过程中，要有安全意识，安全第一的理念时刻牢记。一定要认真放样，细致复核，力求达到最小允许误差，树立工匠精神。养成工作结束后，场地规整、清理干净的职业素养。

六、任务分组

表 1-1-1 学生任务分配表

<table>
<tr><td>班级</td><td></td><td>组号</td><td></td><td>指导教师</td><td></td></tr>
<tr><td>组长</td><td></td><td>学号</td><td></td><td></td><td></td></tr>
<tr><td>组员</td><td colspan="5"><table>
<tr><td>姓名</td><td>学号</td><td>姓名</td><td>学号</td></tr>
<tr><td></td><td></td><td></td><td></td></tr>
<tr><td></td><td></td><td></td><td></td></tr>
<tr><td></td><td></td><td></td><td></td></tr>
<tr><td></td><td></td><td></td><td></td></tr>
<tr><td></td><td></td><td></td><td></td></tr>
<tr><td></td><td></td><td></td><td></td></tr>
<tr><td></td><td></td><td></td><td></td></tr>
</table></td></tr>
<tr><td>任务分工</td><td colspan="5"></td></tr>
</table>

七、任务安排

子任务 1：土方量的计算方法。

____

____

____

子任务 2：场地平整的工序流程。

____

____

____

八、工作方案

子任务 1：准备工具清单。

填写完成场地平整所需的实训工具表。

班级________ 第________组 学号：________ 姓名：________

表 1-1-2 实训工具表

序号	工具名称	数量	序号	工具名称	数量
1			5		
2			6		
3			7		
4			8		

子任务 2：平整实训项目场地。

九、工作实施

子任务 1：现场勘察。

了解地形、地貌和周围环境。

____

____

____

____

子任务 2：清除平整场地范围内障碍物。

平整场地范围内障碍物有哪些？

____

____

____

____

子任务 3：引进基准标高点。

如何引进基准标高点？

____

____

____

____

子任务 4：土方量计算。

土方量计算有哪几种方法？本次采用哪种方法计算？

____

____

____

____

子任务 5：场地平整。

场地平整有哪些施工机具？本次如何进行平整施工？

____

____

____

____

班级__________　　第__________组　　学号：__________　　姓名：__________

十、评价反馈

表 1-1-3　评分表

班级		组名		学号		姓名		
评价指标	评价内容					分值	自己评价	小组评价	教师评价
信息检索	能有效利用网络、图书资源、工作手册查找有用的相关信息等；能用自己的语言有条理地去解释、表达所学知识；能将查到的信息有效地传递到工作中					10 分			
感知工作	熟悉工作岗位，认同工作价值；在工作中能获得满足感					10 分			
参与态度	积极主动参与工作，能吃苦耐劳，崇尚劳动光荣、技能宝贵；与教师、同学之间相互尊重、理解；与教师、同学之间能够保持多向、丰富、适宜的信息交流					10 分			
	探究式学习、自主学习不流于形式，处理好合作学习和独立思考的关系，做到有效学习；能提出有意义的问题或能发表个人见解；能按要求正确操作；能够倾听别人意见、协作共享					10 分			
学习方法	学习方法得当，有工作计划；操作技能符合规范要求；能按要求正确操作；能获得进一步学习的能力					10 分			
工作过程	遵守管理规程，操作过程符合现场管理要求；平时上课的出勤情况和每天完成工种任务情况良好；善于多角度分析问题，能主动发现、提出有价值的问题					15 分			
思维能力	能发现问题、提出问题、分析问题、解决问题					10 分			
自评反馈	按时按质完成工作任务；较好地掌握了专业知识点；具有较强的信息分析能力和理解能力；具有较为全面、严谨的思维能力并能条理清晰地表达成文					25 分			
各方评价得分									
各方评价权重							20%	30%	50%
总得分									
有益的经验和做法									
总结反馈建议									

任务2 学习钢筋工程基础知识

一、任务描述

学习混凝土结构工程中钢筋工程基础知识。

二、学习目标

1. 知识目标

1）了解钢筋的分类。

2）掌握钢筋的下料长度计算方法。

3）掌握钢筋的代换方法。

2. 能力目标

1）掌握钢筋的加工过程和连接方式。

2）掌握钢筋工程的检验标准。

3）能够对钢筋工程常见质量事故提出处理方法。

三、任务分析

1. 重点

1）钢筋下料长度计算。

2）钢筋的代换。

2. 难点

钢筋的调直、切断及弯曲。

四、主教材相关知识链接

1）钢筋的配料与计算。

2）钢筋的加工与连接。

3）钢筋的检查验收与常见质量事故。

五、职业素养养成

1）在钢筋配料与代换计算过程中，培养学生严谨细致的计算能力，认真校核的工作精神。

2）在钢筋加工过程中，要时刻牢记安全第一、规范操作。钢筋加工质量关系工程质量，要控制允许误差较小值，做优质工程。养成工作结束后清理干净的好习惯。

班级＿＿＿＿＿　第＿＿＿＿＿组　学号：＿＿＿＿＿　姓名：＿＿＿＿＿

六、任务分组

表 1-2-1　学生任务分配表

班级		组号		指导教师	
组长		学号			
组员	姓名	学号	姓名	学号	
任务分工					

七、任务安排

子任务 1：钢筋下料长度计算。

＿＿＿＿＿＿＿＿＿＿＿＿＿＿＿＿＿＿＿＿＿＿＿＿＿＿＿＿＿＿

＿＿＿＿＿＿＿＿＿＿＿＿＿＿＿＿＿＿＿＿＿＿＿＿＿＿＿＿＿＿

＿＿＿＿＿＿＿＿＿＿＿＿＿＿＿＿＿＿＿＿＿＿＿＿＿＿＿＿＿＿

子任务 2：钢筋代换方法。

＿＿＿＿＿＿＿＿＿＿＿＿＿＿＿＿＿＿＿＿＿＿＿＿＿＿＿＿＿＿

＿＿＿＿＿＿＿＿＿＿＿＿＿＿＿＿＿＿＿＿＿＿＿＿＿＿＿＿＿＿

＿＿＿＿＿＿＿＿＿＿＿＿＿＿＿＿＿＿＿＿＿＿＿＿＿＿＿＿＿＿

八、工作方案

子任务 1：计算案例。

某教学楼第一层楼共有 5 根 L1 梁，梁的配筋如图 1-2-1 所示，梁混凝土保护层厚度取 25mm，箍筋为 135°斜弯钩，试编制该梁的钢筋配料单（HRB335 级钢筋末端为 90°弯钩，弯起直段长度 250mm）。

班级__________ 第__________组 学号：__________ 姓名：__________

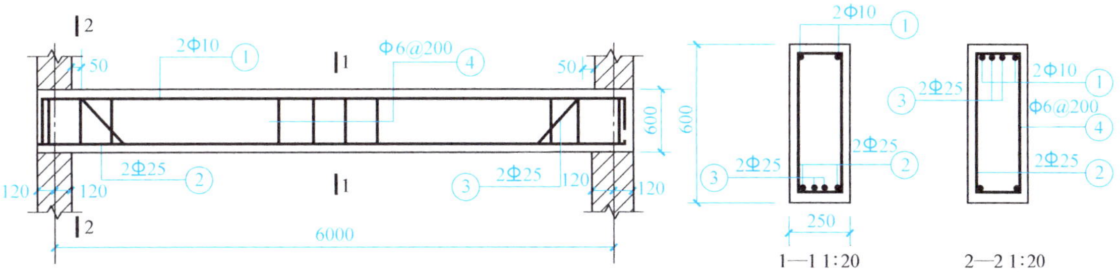

图 1-2-1 梁的配筋

查询图集规范，整理计算条件参数。

____

____

____

子任务 2：填写下料单。

表 1-2-2 钢筋下料单

构件名称	钢筋编号	简图及计算公式	钢号及直径	计算长度	根数	质量

子任务 3：练习巩固。

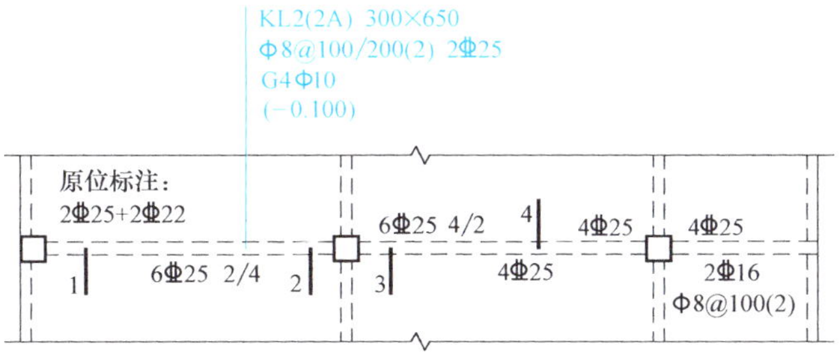

图 1-2-2 梁配筋图

绘制 KL2 梁截面（1-1、2-2、3-3、4-4）配筋钢筋排布图

班级__________ 第__________组 学号：__________ 姓名：__________

九、评价反馈

表 1-2-3 评分表

班级		组名		学号		姓名		
评价指标	评价内容					分值	自己评价	小组评价	教师评价
信息检索	能有效利用网络、图书资源、工作手册查找有用的相关信息等;能用自己的语言有条理地去解释、表达所学知识;能将查到的信息有效地传递到工作中					10 分			
感知工作	熟悉工作岗位,认同工作价值;在工作中能获得满足感					10 分			
参与态度	积极主动参与工作,能吃苦耐劳,崇尚劳动光荣、技能宝贵;与教师、同学之间相互尊重、理解;与教师、同学之间能够保持多向、丰富、适宜的信息交流					10 分			
	探究式学习、自主学习不流于形式,处理好合作学习和独立思考的关系,做到有效学习;能提出有意义的问题或能发表个人见解;能按要求正确操作;能够倾听别人意见、协作共享					10 分			
学习方法	学习方法得当,有工作计划;操作技能符合规范要求;能按要求正确操作;能获得进一步学习的能力					10 分			
工作过程	遵守管理规程,操作过程符合现场管理要求;平时上课的出勤情况和每天完成工种任务情况良好;善于多角度分析问题,能主动发现、提出有价值的问题					15 分			
思维能力	能发现问题、提出问题、分析问题、解决问题					10 分			
自评反馈	按时按质完成工作任务;较好地掌握了专业知识点;具有较强的信息分析能力和理解能力;具有较为全面、严谨的思维能力并能条理清晰地表达成文					25 分			
各方评价得分									
各方评价权重							20%	30%	50%
总得分									
有益的经验和做法									
总结反馈建议									

班级__________　　第__________组　　学号：__________　　姓名：__________

任务3　学习模板工程基础知识

一、任务描述

学习混凝土结构工程中模板工程基础知识。

二、学习目标

1. 知识目标

1）了解模板的分类。

2）掌握模板的设计方法。

3）掌握模板的施工工艺。

2. 能力目标

1）掌握模板的加工制作方法。

2）掌握模板常见质量事故与原因。

3）能够对模板工程进行质量验收。

三、任务分析

1. 重点

模板的设计方案。

1）模板的设计与选用。

2）模板的估量。

2. 难点

模板的组装。

四、主教材相关知识链接

1）模板的组成。

2）模板的设计。

3）模板检查验收与常见质量事故。

五、职业素养养成

1）在模板选用过程中，考验学生综合分析估量能力，对模板工程的了解与综合运用。

2）在模板组装过程中，锻炼动手能力，模板的组装要求很高，一定要认真拼装，防止不牢固出现后期漏浆，培养工作结束后场地清理干净的好习惯。

班级________　第________组　学号：________　姓名：________

六、任务分组

表 1-3-1　学生任务分配表

<table>
<tr><td>班级</td><td></td><td>组号</td><td></td><td>指导教师</td><td></td></tr>
<tr><td>组长</td><td></td><td>学号</td><td></td><td></td><td></td></tr>
<tr><td>组员</td><td colspan="5">
<table>
<tr><td>姓名</td><td>学号</td><td>姓名</td><td>学号</td></tr>
<tr><td></td><td></td><td></td><td></td></tr>
<tr><td></td><td></td><td></td><td></td></tr>
<tr><td></td><td></td><td></td><td></td></tr>
<tr><td></td><td></td><td></td><td></td></tr>
<tr><td></td><td></td><td></td><td></td></tr>
<tr><td></td><td></td><td></td><td></td></tr>
<tr><td></td><td></td><td></td><td></td></tr>
</table>
</td></tr>
<tr><td>任务分工</td><td colspan="5"></td></tr>
</table>

班级__________ 第__________组 学号：__________ 姓名：__________

七、任务安排

子任务 1：模板工程设计计算。

子任务 2：估算模板用量。

八、工作方案

子任务 1：模板的施工工艺。

子任务 2：模板的拆除注意事项。

班级__________ 第__________组 学号：__________ 姓名：__________

九、评价反馈

表 1-3-2 评分表

班级		组名		学号		姓名		
评价指标	评价内容				分值	自己评价	小组评价	教师评价
信息检索	能有效利用网络、图书资源、工作手册查找有用的相关信息等；能用自己的语言有条理地去解释、表达所学知识；能将查到的信息有效地传递到工作中				10分			
感知工作	熟悉工作岗位，认同工作价值；在工作中能获得满足感				10分			
参与态度	积极主动参与工作，能吃苦耐劳，崇尚劳动光荣、技能宝贵；与教师、同学之间相互尊重、理解；与教师、同学之间能够保持多向、丰富、适宜的信息交流				10分			
	探究式学习、自主学习不流于形式，处理好合作学习和独立思考的关系，做到有效学习；能提出有意义的问题或能发表个人见解；能按要求正确操作；能够倾听别人意见、协作共享				10分			
学习方法	学习方法得当，有工作计划；操作技能符合规范要求；能按要求正确操作；能获得进一步学习的能力				10分			
工作过程	遵守管理规程，操作过程符合现场管理要求；平时上课的出勤情况和每天完成工种任务情况良好；善于多角度分析问题，能主动发现、提出有价值的问题				15分			
思维能力	能发现问题、提出问题、分析问题、解决问题				10分			
自评反馈	按时按质完成工作任务；较好地掌握了专业知识点；具有较强的信息分析能力和理解能力；具有较为全面、严谨的思维能力并能条理清晰地表达成文				25分			
各方评价得分								
各方评价权重						20%	30%	50%
总得分								
有益的经验和做法								
总结反馈建议								

班级__________　　第__________组　　学号：__________　　姓名：__________

任务4　学习混凝土工程基础知识

一、任务描述

学习混凝土工程基础知识。

二、学习目标

1. 知识目标

1）了解混凝土的制备方法。

2）了解混凝土强度检查与强度验收评定标准。

2. 能力目标

1）掌握混凝土的施工工艺。

2）能够计算混凝土施工配合比。

3）掌握混凝土质量检查方法。

三、任务分析

1. 重点

1）混凝土施工配合比计算。

2）混凝土的搅拌。

2. 难点

混凝土的浇筑。

四、主教材相关知识链接

1）混凝土的制备、搅拌与浇筑。

2）混凝土的质量检查。

3）混凝土的质量事故分析。

五、职业素养养成

1）在混凝土制备过程中，做到计算严谨细致，配合比的精确是质量控制的首要任务，培养学生质量控制的意识。

2）在混凝土浇筑过程中，要团队合作、分工明确，对标施工工艺流程，做到混凝土振捣密实。

班级__________　　第__________组　　学号：__________　　姓名：__________

六、任务分组

表 1-4-1　学生任务分配表

<table>
<tr><td>班级</td><td></td><td>组号</td><td></td><td>指导教师</td><td></td></tr>
<tr><td>组长</td><td></td><td>学号</td><td></td><td></td><td></td></tr>
<tr><td>组员</td><td colspan="5">
<table>
<tr><td>姓名</td><td>学号</td><td>姓名</td><td>学号</td></tr>
<tr><td></td><td></td><td></td><td></td></tr>
<tr><td></td><td></td><td></td><td></td></tr>
<tr><td></td><td></td><td></td><td></td></tr>
<tr><td></td><td></td><td></td><td></td></tr>
<tr><td></td><td></td><td></td><td></td></tr>
<tr><td></td><td></td><td></td><td></td></tr>
<tr><td></td><td></td><td></td><td></td></tr>
</table>
</td></tr>
<tr><td>任务分工</td><td colspan="5"></td></tr>
</table>

班级__________　　第__________组　　学号：__________　　姓名：__________

七、任务安排

子任务 1：混凝土施工配合比计算。

子任务 2：混凝土施工工艺流程。

八、工作方案

子任务 1：混凝土的制备要求。

子任务 2：混凝土搅拌方法。

子任务 3：混凝土运输要求与工具的选择。

子任务 4：混凝土浇筑前准备工作与浇筑要求。

子任务 5：混凝土的振捣。

子任务 6：混凝土的养护方法。

子任务 7：混凝土的拆模要求。

班级__________ 第__________组 学号：__________ 姓名：__________

九、评价反馈

表 1-4-2 评分表

班级		组名		学号		姓名		
评价指标	评价内容					分值	自己评价	小组评价	教师评价
信息检索	能有效利用网络、图书资源、工作手册查找有用的相关信息等；能用自己的语言有条理地去解释、表达所学知识；能将查到的信息有效地传递到工作中					10 分			
感知工作	熟悉工作岗位，认同工作价值；在工作中能获得满足感					10 分			
参与态度	积极主动参与工作，能吃苦耐劳，崇尚劳动光荣、技能宝贵；与教师、同学之间相互尊重、理解；与教师、同学之间能够保持多向、丰富、适宜的信息交流					10 分			
	探究式学习、自主学习不流于形式，处理好合作学习和独立思考的关系，做到有效学习；能提出有意义的问题或能发表个人见解；能按要求正确操作；能够倾听别人意见、协作共享					10 分			
学习方法	学习方法得当，有工作计划；操作技能符合规范要求；能按要求正确操作；能获得进一步学习的能力					10 分			
工作过程	遵守管理规程，操作过程符合现场管理要求；平时上课的出勤情况和每天完成工种任务情况良好；善于多角度分析问题，能主动发现、提出有价值的问题					15 分			
思维能力	能发现问题、提出问题、分析问题、解决问题					10 分			
自评反馈	按时按质完成工作任务；较好地掌握了专业知识点；具有较强的信息分析能力和理解能力；具有较为全面、严谨的思维能力并能条理清晰地表达成文					25 分			
各方评价得分									
各方评价权重							20%	30%	50%
总得分									
有益的经验和做法									
总结反馈建议									

班级__________　第__________组　学号：__________　姓名：__________

项目 2　钢筋混凝土独立基础施工

任务 1　钢筋混凝土独立基础施工图识读

一、任务描述

学习图集《混凝土结构施工图平面整体表示方法制图规则和构造详图（独立基础、条形基础、筏形基础、桩基础）》（22G101-3）中独立基础的制图规则，完成主教材附录中结构施工图的基础平面图、基础详图的识读。

二、学习目标

1. 知识目标

1）掌握基础的常见类型。

2）熟悉钢筋混凝土独立基础平法制图规则。

2. 能力目标

1）能分辨出基础类型。

2）能看懂基础平面图、基础详图。

三、任务分析

1. 重点

钢筋混凝土独立基础平面注写方式。

1）集中标注。

2）原位标注。

2. 难点

非对称独立基础底板钢筋的布置。

四、主教材相关知识链接

1）常见的基础类型。

2）独立基础平法施工图制图规则。

五、职业素养养成

在基础平面图、基础详图识读的过程中要把每个符号都看懂，每段文字都不遗漏，遇到模棱两可的地方要向老师请教或查阅规范图集。养成勤翻规范图集的习惯。

班级__________ 第__________组 学号：__________ 姓名：__________

六、任务分组

表 2-1-1 学生任务分配表

<table>
<tr><td>班级</td><td></td><td>组号</td><td></td><td>指导教师</td><td></td></tr>
<tr><td>组长</td><td></td><td>学号</td><td></td><td></td><td></td></tr>
<tr><td>组员</td><td colspan="5"><table>
<tr><td>姓名</td><td>学号</td><td>姓名</td><td>学号</td></tr>
<tr><td></td><td></td><td></td><td></td></tr>
<tr><td></td><td></td><td></td><td></td></tr>
<tr><td></td><td></td><td></td><td></td></tr>
<tr><td></td><td></td><td></td><td></td></tr>
<tr><td></td><td></td><td></td><td></td></tr>
<tr><td></td><td></td><td></td><td></td></tr>
<tr><td></td><td></td><td></td><td></td></tr>
</table></td></tr>
<tr><td>任务分工</td><td colspan="5"></td></tr>
</table>

班级__________　　第__________组　　学号：__________　　姓名：__________

七、任务安排

子任务：准备某框架结构工程的基础平面图（结施-04）、基础详图（结施-05）。

八、工作实施

子任务 1：识读基础平面图。

从基础类型，基础编号，基底尺寸和位置，轴线、柱和基础之间的尺寸关系等方面进行识读，并归纳总结。

____

____

____

____

____

____

____

____

____

____

____

____

____

____

子任务 2：识读基础详图。

从混凝土垫层、独立基础钢筋、基础大小与高度、基础埋设深度及基础上部柱等方面进行识读，并归纳总结。

____

____

____

____

____

____

____

____

____

____

____

____

____

____

班级__________　　第__________组　　学号：__________　　姓名：__________

九、评价反馈

表 2-1-2　评分表

班级		组名		学号		姓名			
评价指标	评价内容					分值	自己评价	小组评价	教师评价
信息检索	能有效利用网络、图书资源、工作手册查找有用的相关信息等；能用自己的语言有条理地去解释、表达所学知识；能将查到的信息有效地传递到工作中					10 分			
感知工作	熟悉工作岗位，认同工作价值；在工作中能获得满足感					10 分			
参与态度	积极主动参与工作，能吃苦耐劳，崇尚劳动光荣、技能宝贵；与教师、同学之间相互尊重、理解；与教师、同学之间能够保持多向、丰富、适宜的信息交流					10 分			
	探究式学习、自主学习不流于形式，处理好合作学习和独立思考的关系，做到有效学习；能提出有意义的问题或能发表个人见解；能按要求正确操作；能够倾听别人意见、协作共享					10 分			
学习方法	学习方法得当，有工作计划；操作技能符合规范要求；能按要求正确操作；能获得进一步学习的能力					10 分			
工作过程	遵守管理规程，操作过程符合现场管理要求；平时上课的出勤情况和每天完成工种任务情况良好；善于多角度分析问题，能主动发现、提出有价值的问题					15 分			
思维能力	能发现问题、提出问题、分析问题、解决问题					10 分			
自评反馈	按时按质完成工作任务；较好地掌握了专业知识点；具有较强的信息分析能力和理解能力；具有较为全面、严谨的思维能力并能条理清晰地表达成文					25 分			
各方评价得分									
各方评价权重							20%	30%	50%
总得分									
有益的经验和做法									
总结反馈建议									

班级__________　第__________组　学号：__________　姓名：__________

任务2　钢筋混凝土独立基础定位放线

一、任务描述

完成钢筋混凝土独立基础定位放线。

二、学习目标

1. 知识目标

1）掌握经纬仪的使用方法。

2）掌握全站仪的使用方法。

3）掌握水准仪的使用方法。

4）熟悉基础定位放线步骤。

2. 能力目标

1）能用测量仪器确定建筑物的四个角点（轴线交点）。

2）能够建立建筑物施工控制网。

三、任务分析

1. 重点

建筑物角点的确定。

1）测量仪器操作示范。

2）主轴线的引测。

2. 难点

建筑物施工控制网的建立。

四、主教材相关知识链接

1）经纬仪、全站仪和水准仪的使用。

2）独立基定位放线的施工流程。

3）定位放线的质量标准。

五、职业素养养成

1）钢筋混凝土独立基础定位放线过程中，要培养学生的团队协作意识，沟通和交流的能力，一丝不苟、事实求是的工作习惯。

2）钢筋混凝土独立基础定位放线过程中要严格按照测量操作步骤完成，不能忽略复验的环节。外业完成后，要将仪器及时归还，并立即进行内业数据处理，如发现问题，不能对原始数据篡改，必要时，需重新进行外业复测。

班级__________　　第__________组　　学号：__________　　姓名：__________

六、任务分组

表 2-2-1　学生任务分配表

班级		组号		指导教师	
组长		学号			
组员					
任务分工					

姓名	学号	姓名	学号

班级__________　第__________组　学号：__________　姓名：__________

七、任务安排

子任务 1：经纬仪或者全站仪测量角度的操作步骤。

____

____

____

子任务 2：钢筋混凝土独立基础定位放线的施工流程。

____

____

____

八、工作方案

子任务 1：准备工具清单。

独立基础定位放线实训工器具表。

表 2-2-2　实训工具表

序号	工具名称	数量	序号	工具名称	数量
1			5		
2			6		
3			7		
4			8		

子任务 2：独立基础定位放线。

九、工作实施

子任务 1：阅读图纸。

根据图纸，复述建筑物和轴线之间的关系。

____

____

____

子任务 2：复核坐标基准点和水准基准点。

根据图纸和坐标基准点的位置，确定过渡点 M、过渡点 N，画出轴线、过渡点、基准点三者之间的关系图。

____

____

____

子任务 3：确定建筑物四个角点。

简述建筑物四个角点的定位放线及复核过程。

____

____

____

班级__________ 第__________组 学号：__________ 姓名：__________

子任务 4：引测轴线。

根据已经放好的交点，将轴线引测到龙门架上，并标记轴线号，简述操作步骤。

____

____

____

十、评价反馈

表 2-2-3 评分表

班级		组名		学号		姓名		
评价指标	评价内容					分值	自己评价	小组评价	教师评价
信息检索	能有效利用网络、图书资源、工作手册查找有用的相关信息等；能用自己的语言有条理地去解释、表达所学知识；能将查到的信息有效地传递到工作中					10 分			
感知工作	熟悉工作岗位，认同工作价值；在工作中能获得满足感					10 分			
参与态度	积极主动参与工作，能吃苦耐劳，崇尚劳动光荣、技能宝贵；与教师、同学之间相互尊重、理解；与教师、同学之间能够保持多向、丰富、适宜的信息交流					10 分			
	探究式学习、自主学习不流于形式，处理好合作学习和独立思考的关系，做到有效学习；能提出有意义的问题或能发表个人见解；能按要求正确操作；能够倾听别人意见、协作共享					10 分			
学习方法	学习方法得当，有工作计划；操作技能符合规范要求；能按要求正确操作；能获得进一步学习的能力					10 分			
工作过程	遵守管理规程，操作过程符合现场管理要求；平时上课的出勤情况和每天完成工种任务情况良好；善于多角度分析问题，能主动发现、提出有价值的问题					15 分			
思维能力	能发现问题、提出问题、分析问题、解决问题					10 分			
自评反馈	按时按质完成工作任务；较好地掌握了专业知识点；具有较强的信息分析能力和理解能力；具有较为全面、严谨的思维能力并能条理清晰地表达成文					25 分			
各方评价得分									
各方评价权重							20%	30%	50%
总得分									
有益的经验和做法									
总结反馈建议									

班级__________　　第__________组　　学号：__________　　姓名：__________

任务3　钢筋混凝土独立基础土方开挖

一、任务描述

完成钢筋混凝土独立基础土方开挖。

二、学习目标

1. 知识目标

1）掌握基坑土方开挖工程量的计算方法。

2）掌握基坑（槽）施工工艺流程。

3）理解土方边坡大小的影响因素。

4）了解基坑（槽）验收的质量要求。

5）了解常用土方开挖机械和工具。

6）了解土的工程分类。

2. 能力目标

1）能准确放出基坑（槽）土方开挖灰线。

2）能根据基准标高确定基坑（槽）土方开挖深度。

3）能进行基坑（槽）的验收工作。

三、任务分析

1. 重点

基坑（槽）土方开挖。

1）开挖基坑（槽）边线的确定。

2）基坑（槽）底标高的控制。

2. 难点

基坑（槽）土方量计算。

四、主教材相关知识链接

1）土的组成及工程分类。

2）土方边坡的影响因素。

3）基坑（槽）土方量计算。

4）土方开挖机械。

五、职业素养养成

1）钢筋混凝土独立基础土方开挖过程中，培养学生各组之间协同施工，组员之间团结合作、吃苦耐劳的工作作风。

2）钢筋混凝土独立基础土方开挖时，由于场地狭小、人员密集，要养成施工安全意识，确保施工过程中做到“三不伤害”。开挖过程中要有环保措施，如洒水降尘等，将环境污染降至最低，确保师生的身心健康。在开挖完成后，要认真打扫场地，及时归还工具，做到工完场清。

六、任务分组

表 2-3-1 学生任务分配表

<table>
<tr><td>班级</td><td></td><td>组号</td><td></td><td>指导教师</td><td></td></tr>
<tr><td>组长</td><td></td><td>学号</td><td></td><td></td><td></td></tr>
<tr><td>组员</td><td colspan="5">
<table>
<tr><th>姓名</th><th>学号</th><th>姓名</th><th>学号</th></tr>
<tr><td></td><td></td><td></td><td></td></tr>
<tr><td></td><td></td><td></td><td></td></tr>
<tr><td></td><td></td><td></td><td></td></tr>
<tr><td></td><td></td><td></td><td></td></tr>
<tr><td></td><td></td><td></td><td></td></tr>
<tr><td></td><td></td><td></td><td></td></tr>
<tr><td></td><td></td><td></td><td></td></tr>
</table>
</td></tr>
<tr><td>任务分工</td><td colspan="5"></td></tr>
</table>

七、任务安排

子任务 1：计算主教材附录中图纸实训独立基础基坑土方量。

____

____

____

子任务 2：独立基础基坑开挖步骤。

____

____

____

八、工作方案

子任务 1：准备工器具。

独立基础土方开挖实训工器具表。

班级__________　第__________组　学号：__________　姓名：__________

表 2-3-2　实训工具表

序号	工具名称	数量	序号	工具名称	数量
1			5		
2			6		
3			7		
4			8		

子任务 2：独立基础土方开挖。

九、工作实施

子任务 1：放基坑边线。

如何确定基坑边线？基坑边线与轴线的关系是什么？

子任务 2：土方开挖施工。

如何确保坑底标高？坑底边线如何确定？

子任务 3：基坑验收。

哪些单位参与基坑验收？基坑验收要检查哪些指标？

子任务 4：绘制基坑平面布置图及剖面图。

班级__________ 第__________组 学号：__________ 姓名：__________

十、评价反馈

表 2-3-3 评分表

班级		组名		学号		姓名		
评价指标	评价内容					分值	自己评价	小组评价	教师评价
信息检索	能有效利用网络、图书资源、工作手册查找有用的相关信息等；能用自己的语言有条理地去解释、表达所学知识；能将查到的信息有效地传递到工作中					10 分			
感知工作	熟悉工作岗位，认同工作价值；在工作中能获得满足感					10 分			
参与态度	积极主动参与工作，能吃苦耐劳，崇尚劳动光荣、技能宝贵；与教师、同学之间相互尊重、理解；与教师、同学之间能够保持多向、丰富、适宜的信息交流					10 分			
	探究式学习、自主学习不流于形式，处理好合作学习和独立思考的关系，做到有效学习；能提出有意义的问题或能发表个人见解；能按要求正确操作；能够倾听别人意见、协作共享					10 分			
学习方法	学习方法得当，有工作计划；操作技能符合规范要求；能按要求正确操作；能获得进一步学习的能力					10 分			
工作过程	遵守管理规程，操作过程符合现场管理要求；平时上课的出勤情况和每天完成工种任务情况良好；善于多角度分析问题，能主动发现、提出有价值的问题					15 分			
思维能力	能发现问题、提出问题、分析问题、解决问题					10 分			
自评反馈	按时按质完成工作任务；较好地掌握了专业知识点；具有较强的信息分析能力和理解能力；具有较为全面、严谨的思维能力并能条理清晰地表达成文					25 分			
各方评价得分									
各方评价权重							20%	30%	50%
总得分									
有益的经验和做法									
总结反馈建议									

班级__________ 第__________组 学号：__________ 姓名：__________

任务4 钢筋混凝土独立基础模板施工

一、任务描述

依据基础平面图、基础详图进行基础模板的配制、安装，并按规范要求进行验收。

二、学习目标

1. 知识目标

1）掌握基础模板的配制方法。

2）掌握基础模板的安装过程。

3）了解施工现场准备内容。

2. 能力目标

1）能够进行基础模板配制。

2）能够进行基础模板安装。

3）能够进行基础模板加固与验收。

三、任务分析

1. 重点

1）独立基础模板配制。

2）独立基础模板安装。

2. 难点

进行标高复核。

四、主教材相关知识链接

1）独立基础模板配制要求。

2）独立基础模板安装技术要点。

3）独立基础模板质量标准。

五、职业素养养成

1）在独立基础模板选用过程中，培养学生团队中相互配合的能力，按照各自分工进行，要有节约材料的意识、选用拼装的计算能力。

2）在标高复核过程中，一定要仔细核对，明确尺寸高度的重要性，养成材料工具堆放整齐的良好习惯。

班级__________ 第__________组 学号：__________ 姓名：__________

六、任务分组

表 2-4-1 学生任务分配表

班级		组号		指导教师	
组长		学号			

组员

姓名	学号	姓名	学号

任务分工

七、任务安排

子任务 1：独立基础模板配制方法。

____

____

____

____

子任务 2：独立基础模板的安装要求。

____

____

____

____

八、工作方案

子任务 1：准备工具清单。

独立基础模板施工实训工具表。

班级__________　　第__________组　　学号：__________　　姓名：__________

表 2-4-2　实训工具表

序号	工具名称	数量	序号	工具名称	数量
1			5		
2			6		
3			7		
4			8		

子任务 2：独立基础模板安装。

九、工作实施

子任务 1：基底标高复核。

子任务 2：模板拼装步骤。

子任务 3：轴线引测过程。

子任务 4：轴线复核。

子任务 5：模板顶标高复核。

子任务 6：模板加固方式。

班级__________　第__________组　学号：__________　姓名：__________

十、评价反馈

表 2-4-3　评分表

<table>
<tr><td colspan="2">序号</td><td colspan="4">检查项目要求</td><td>小组检查评定记录</td><td>教师验收记录</td></tr>
<tr><td rowspan="2">主控项目</td><td>1</td><td colspan="4">安装现浇结构的上层模板及其支架时，下层楼板应具有承受上层荷载的承载能力，或加设支架；上、下层支架的立柱应对准，并铺设垫板。</td><td></td><td rowspan="11"></td></tr>
<tr><td>2</td><td colspan="4">在涂刷模板隔离剂时，不得沾污钢筋和混凝土接槎处。</td><td></td></tr>
<tr><td rowspan="9">一般项目</td><td>1</td><td colspan="4">模板安装应满足下更要求：
1. 模板的接缝不应漏浆；在浇筑混凝土前，木模板应浇水湿润，但模板内不应有积水；
2. 模板与混凝土的接触面应清理干净并涂刷隔离剂，但不得采用影响结构性能或防碍装饰工程施工的隔离剂；
3. 浇筑混凝土前，模板内的杂物应清理干净；
4. 对清水混凝土工程及装饰混凝土工程，应使用能达到设计效果的模板。</td><td></td></tr>
<tr><td rowspan="7">2</td><td>项次</td><td colspan="2">项目(现浇结构模板安装)</td><td>允许偏差/mm</td><td></td></tr>
<tr><td>1</td><td colspan="2">轴线位置</td><td>5</td><td></td></tr>
<tr><td>2</td><td colspan="2">底模上表面标高</td><td>±5</td><td></td></tr>
<tr><td>3</td><td>截面内部尺寸</td><td>梁</td><td>+4,-5</td><td></td></tr>
<tr><td>4</td><td>层高垂直度</td><td>不大于 5m</td><td>6</td><td></td></tr>
<tr><td>5</td><td colspan="2">相邻两板表面高底差</td><td>2</td><td></td></tr>
<tr><td>6</td><td colspan="2">表面平整度</td><td>5</td><td></td></tr>
<tr><td colspan="3">实训小组检查评定结果</td><td colspan="5">小组质量检查员：　　　　年　月　日</td></tr>
<tr><td colspan="3">实训指导教师验收结论</td><td colspan="5">实训指导教师：　　　　年　月　日</td></tr>
</table>

班级__________　　第__________组　　学号：__________　　姓名：__________

任务5　钢筋混凝土独立基础钢筋施工

一、任务描述

依据基础平面图、基础详图进行独立基础底板钢筋及柱插筋的配料、加工、绑扎，并按规范要求进行验收。

二、学习目标

1. 知识目标

1）掌握基础钢筋的配料方法。

2）掌握基础钢筋的加工过程。

3）掌握基础钢筋的绑扎过程。

4）了解基础钢筋的质量验收要求。

2. 能力目标

1）能够进行基础模板下料计算。

2）能够完成钢筋加工制作。

3）能够完成基础钢筋的绑扎。

三、任务分析

1. 重点

独立基础钢筋下料计算。

1）独立基础钢筋下料计算。

2）独立基础钢筋下料单填写。

2. 难点

下料计算公式的运用。

四、主教材相关知识链接

1）独立基础钢筋下料计算方法。

2）独立基础钢筋加工与绑扎。

3）独立基础钢筋质量验收。

五、职业素养养成

1）在独立基础钢筋下料计算过程中，能够对照图集，找到对应的规范要求进行计算，培养运用多种计算公式进行结果核对的能力。

2）在钢筋加工过程中，学会利用工具、巧用工具，达到省力且高标准的加工质量，对标世界技能大赛的要求，设定钢筋加工误差接近于0的目标。

班级__________　　第__________组　　学号：__________　　姓名：__________

六、任务分组

表 2-5-1　学生任务分配表

<table>
<tr><td>班级</td><td></td><td>组号</td><td></td><td>指导教师</td><td></td></tr>
<tr><td>组长</td><td></td><td>学号</td><td></td><td></td><td></td></tr>
<tr><td>组员</td><td colspan="5"><table>
<tr><td>姓名</td><td>学号</td><td>姓名</td><td>学号</td></tr>
<tr><td></td><td></td><td></td><td></td></tr>
<tr><td></td><td></td><td></td><td></td></tr>
<tr><td></td><td></td><td></td><td></td></tr>
<tr><td></td><td></td><td></td><td></td></tr>
<tr><td></td><td></td><td></td><td></td></tr>
<tr><td></td><td></td><td></td><td></td></tr>
<tr><td></td><td></td><td></td><td></td></tr>
</table></td></tr>
<tr><td>任务分工</td><td colspan="5"></td></tr>
</table>

七、任务安排

子任务 1：识读基础详图。

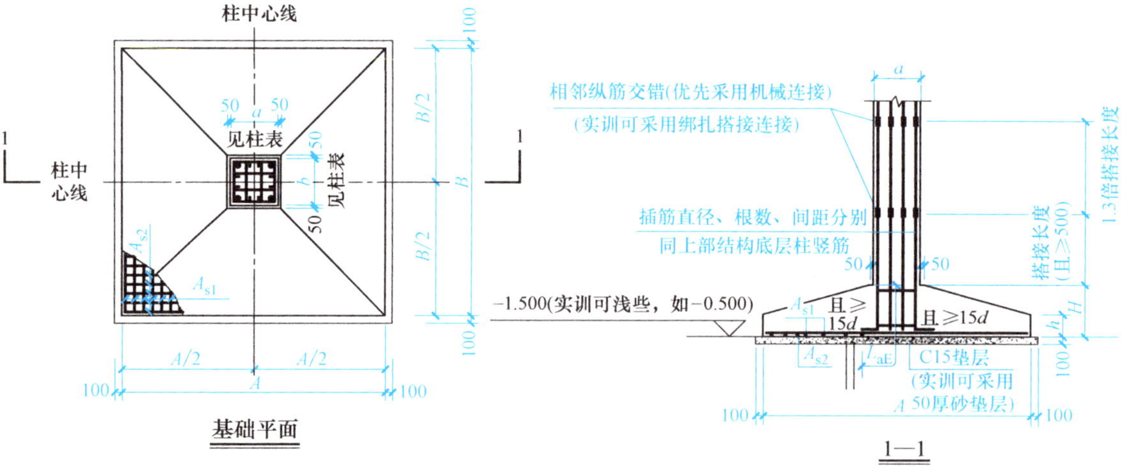

图 2-5-1　独立柱基础详图

子任务 2：独立基础钢筋的一般计算原则运用。

____

____

____

班级__________　第__________组　学号：__________　姓名：__________

八、工作方案

子任务 1：准备工具。

独立基础钢筋施工实训工具表

表 2-5-2　实训工具表

序号	工具名称	数量	序号	工具名称	数量
1			5		
2			6		
3			7		
4			8		

子任务 2：独立基础钢筋加工与绑扎。

九、工作实施

子任务 1：独立基础底板钢筋下料计算与下料单填写。

表 2-5-3　钢筋下料单（一）

构件名称	钢筋编号	简图及计算公式	钢号及直径	计算长度/mm	根数	质量/kg

子任务 2：独立基础柱插筋、箍筋下料计算与下料单填写。

表 2-5-4　钢筋下料单（二）

构件名称	钢筋编号	简图及计算公式	钢号及直径	计算长度/mm	根数	质量/kg

子任务 3：独立基础底板钢筋、柱插筋与箍筋的加工。

子任务 4：独立基础底板钢筋的安装。

子任务 5：独立基础柱插筋与箍筋的安装。

班级__________　第__________组　学号：__________　姓名：__________

十、评价反馈

表 2-5-5　钢筋工程验收记录表

<table>
<tr><th colspan="3">序号</th><th colspan="4">检查项目要求</th><th>小组检查评定记录</th><th>教师验收记录</th></tr>
<tr><td rowspan="2">主控项目</td><td>钢筋连接</td><td>1</td><td colspan="4">纵向受力钢筋的连接方式应符合设计要求</td><td></td><td rowspan="14"></td></tr>
<tr><td>钢筋安装</td><td>2</td><td colspan="4">钢筋安装时，受力钢筋的品种、级别、规格和数量必须符合设计要求</td><td></td></tr>
<tr><td rowspan="12">一般项目</td><td rowspan="2">钢筋连接</td><td>1</td><td colspan="4">同一构件相邻纵向受力钢筋的绑扎搭接接头宜相互错开，绑扎搭接接头中钢筋的横向净距不应小于钢筋直径，且不应小于 25mm</td><td></td></tr>
<tr><td>2</td><td colspan="4">梁、柱类构件的纵向受力钢筋搭接长度范围的箍筋的设置符合设计要求</td><td></td></tr>
<tr><td rowspan="10">钢筋安装</td><td rowspan="10">3</td><td>项次</td><td colspan="2">项目(钢筋安装位置)</td><td>允许偏差/mm</td><td></td></tr>
<tr><td rowspan="2">1</td><td rowspan="2">绑扎钢筋网</td><td>长、宽</td><td>±10</td><td></td></tr>
<tr><td>网眼尺寸</td><td>±20</td><td></td></tr>
<tr><td rowspan="2">2</td><td rowspan="2">绑扎钢筋骨架</td><td>长</td><td>±10</td><td></td></tr>
<tr><td>宽、高</td><td>±5</td><td></td></tr>
<tr><td rowspan="3">3</td><td rowspan="3">受力钢筋</td><td>间距</td><td>±10</td><td></td></tr>
<tr><td>排距</td><td>±5</td><td></td></tr>
<tr><td>保护层厚度</td><td>±10</td><td></td></tr>
<tr><td>4</td><td colspan="2">绑扎箍筋、横向钢筋间距</td><td>±20</td><td></td></tr>
<tr><td>5</td><td colspan="2">钢筋弯起点位置</td><td>20</td><td></td></tr>
</table>

实训小组检查评定结果	小组质量检查员：　　　　年　月　日
实训指导教师验收结论	实训指导教师：　　　　年　月　日

班级__________　　第__________组　　学号：__________　　姓名：__________

任务6　钢筋混凝土独立基础混凝土施工

一、任务描述

完成钢筋混凝土独立基础混凝土浇筑。

二、学习目标

1. 知识目标

1）掌握独立基础混凝土浇筑用量计算方法。

2）掌握独立基础混凝土施工工艺流程。

3）了解独立基础混凝土质量验收要求。

2. 能力目标

1）能计算独立基础混凝土浇筑用量。

2）能安排独立基础混凝土浇筑。

3）能进行独立基础混凝土施工质量验收。

三、任务分析

1. 重点

混凝土浇筑时振捣。

1）混凝土振捣操作示范。

2）混凝土振捣要求。

2. 难点

混凝土量计算。

四、相关知识链接

1）独立基础混凝土浇筑用量计算。

2）独立基础混凝土浇筑流程。

3）混凝土质量标准。

五、职业素养养成

1）独立基础混凝土浇筑过程中，培养学生吃苦耐劳、团结合作的精神，按规范施工的意识，要养成精益求精、专心致志的工作作风。

2）在混凝土浇筑过程中，要有讲原则、守规矩的意识；在浇筑完成后，要认真打扫场地，规范摆放器具，要养成热爱劳动的习惯。

班级__________ 第__________组 学号：__________ 姓名：__________

六、任务分组

表 2-6-1 学生任务分配表

<table>
<tr><td>班级</td><td></td><td>组号</td><td></td><td>指导教师</td><td></td></tr>
<tr><td>组长</td><td></td><td>学号</td><td></td><td></td><td></td></tr>
<tr><td>组员</td><td colspan="5"><table>
<tr><td>姓名</td><td>学号</td><td>姓名</td><td>学号</td></tr>
<tr><td></td><td></td><td></td><td></td></tr>
<tr><td></td><td></td><td></td><td></td></tr>
<tr><td></td><td></td><td></td><td></td></tr>
<tr><td></td><td></td><td></td><td></td></tr>
<tr><td></td><td></td><td></td><td></td></tr>
<tr><td></td><td></td><td></td><td></td></tr>
<tr><td></td><td></td><td></td><td></td></tr>
</table></td></tr>
<tr><td>任务分工</td><td colspan="5"></td></tr>
</table>

七、任务安排

子任务 1：计算主教材附录中图纸实训独立基础混凝土方量。

____

____

____

____

子任务 2：独立基础混凝土浇筑流程。

____

____

____

____

八、工作方案

子任务 1：准备混凝土浇筑工具。

填写完成独立基础混凝土浇筑实训工具表。

班级__________ 第__________组 学号：__________ 姓名：__________

表 2-6-2 实训工具表

序号	工具名称	数量	序号	工具名称	数量
1			5		
2			6		
3			7		
4			8		

子任务 2：自拌混凝土浇筑独立基础。

九、工作实施

子任务 1：混凝土配制。

确定实训混凝土实验室配合比、砂石含水率。根据确定的混凝土实验室配合比计算出施工配合比及各种材料用量。

____

____

____

子任务 2：混凝土搅拌。

混凝土搅拌方法有哪几种？本次实训采用哪种方法？

____

____

____

____

子任务 3：混凝土运输。

常用的混凝土运输工具有哪些？

____

____

____

____

子任务 4：混凝土浇筑。

混凝土振捣方式有哪几种？插入式振捣方式施工要点有哪些？

____

____

____

____

子任务 5：混凝土养护。

混凝土养护方法有哪几种？

____

____

____

班级__________ 第__________组 学号：__________ 姓名：__________

十、评价反馈

表 2-6-3 评分表

班级		组名		学号		姓名		
评价指标	评价内容					分值	自己评价	小组评价	教师评价
信息检索	能有效利用网络、图书资源、工作手册查找有用的相关信息等；能用自己的语言有条理地去解释、表达所学知识；能将查到的信息有效地传递到工作中					10 分			
感知工作	熟悉工作岗位，认同工作价值；在工作中能获得满足感					10 分			
参与态度	积极主动参与工作，能吃苦耐劳，崇尚劳动光荣、技能宝贵；与教师、同学之间相互尊重、理解、平等；与教师、同学之间能够保持多向、丰富、适宜的信息交流					10 分			
	探究式学习、自主学习不流于形式，处理好合作学习和独立思考的关系，做到有效学习；能提出有意义的问题或能发表个人见解；能按要求正确操作；能够倾听别人意见、协作共享					10 分			
学习方法	学习方法得当，有工作计划；操作技能符合规范要求；能按要求正确操作；能获得进一步学习的能力					10 分			
工作过程	遵守管理规程，操作过程符合现场管理要求；平时上课的出勤情况和每天完成工种任务情况良好；善于多角度分析问题，能主动发现、提出有价值的问题					15 分			
思维能力	能发现问题、提出问题、分析问题、解决问题					10 分			
自评反馈	按时按质完成工作任务；较好地掌握了专业知识点；具有较强的信息分析能力和理解能力；具有较为全面、严谨的思维能力并能条理清晰地表达成文					25 分			
各方评价得分									
各方评价权重							20%	30%	50%
总得分									
有益的经验和做法									
总结反馈建议									

班级__________　　第__________组　　学号：__________　　姓名：__________

任务7　钢筋混凝土独立基础土方回填

一、任务描述

完成钢筋混凝土独立基础土方回填及场地平整。

二、学习目标

1. 知识目标

1）掌握土方回填的施工流程。

2）掌握土方回填的质量要求。

3）了解土的可松性。

2. 能力目标

1）能计算独立基础土方回填量。

2）能安排独立基础土方回填。

3）能进行独立基础土方回填质量验收。

三、任务分析

1. 重点

土方回填分层夯实。

1）土的夯实方法。

2）填土夯实的影响因素。

2. 难点

土方回填量计算。

四、主教材相关知识链接

1）土的可松性。

2）土的可松性指标的应用。

五、职业素养养成

1）土方回填工作之前，培养学生要有鉴别回填土质量的能力及基坑能否满足回填要求的能力；土方回填过程中灰尘较大，培养学生要有防尘意识、劳动保护意识及不怕吃苦的精神。

2）在土方回填过程中土方要分层夯实，培养学生的质量意识、质量终身制意识。

班级__________ 第__________组 学号：__________ 姓名：__________

六、任务分组

表 2-7-1 学生任务分配表

<table>
<tr><td>班级</td><td></td><td>组号</td><td></td><td>指导教师</td><td></td></tr>
<tr><td>组长</td><td></td><td>学号</td><td></td><td></td><td></td></tr>
<tr><td>组员</td><td colspan="5">
<table>
<tr><td>姓名</td><td>学号</td><td>姓名</td><td>学号</td></tr>
<tr><td></td><td></td><td></td><td></td></tr>
<tr><td></td><td></td><td></td><td></td></tr>
<tr><td></td><td></td><td></td><td></td></tr>
<tr><td></td><td></td><td></td><td></td></tr>
<tr><td></td><td></td><td></td><td></td></tr>
<tr><td></td><td></td><td></td><td></td></tr>
<tr><td></td><td></td><td></td><td></td></tr>
</table>
</td></tr>
<tr><td>任务分工</td><td colspan="5"></td></tr>
</table>

七、任务安排

子任务 1：计算主教材附录中图纸实训独立基础土方回填量。

____

____

____

____

子任务 2：基础土方回填的施工工艺流程。

____

____

____

____

八、工作方案

子任务 1：准备土方回填工具。

填写完成独立基础土方回填实训工具表。

班级__________ 第__________组 学号：__________ 姓名：__________

表 2-7-2 实训工具表

序号	工具名称	数量	序号	工具名称	数量
1			5		
2			6		
3			7		
4			8		

子任务 2：独立基础基坑土方回填。

九、工作实施

子任务 1：基础模板拆除。

基础模板拆除要求有哪些？

____

____

子任务 2：基坑（槽）底部清理。

基坑（槽）底部清理要求有哪些？

____

____

子任务 3：检验土质。

本工程基坑回填土设计要求有哪些？

____

____

子任务 4：分层铺土并夯实。

本工程按设计要求，每层铺土厚度为________ mm，采用蛙式打夯机夯实，每层夯实________次，局部蛙式打夯机夯不到的地方采取人工夯实，回填土压实系数 λ_c 不小于________。

子任务 5：修整、找平、验收。

填方施工结束后，应检查标高、表面平整度、边坡坡度、压实程度等，完成下表填土工程检验标准相关内容。

表 2-7-3 填土工程质量检验标准 （单位：mm）

项目	序号	检查项目	允许偏差或允许值					检查方法
			桩基、基坑、基槽	场地平整		管沟	地(路)面基础层	
				人工	机械			
主控项目	1	标高						
	2	分层压实系数						
一般项目	1	回填土料						
	2	分层厚度及含水量						
	3	表面平整度						

十、评价反馈

表 2-7-4 评分表

<table>
<tr><td>班级</td><td colspan="2"></td><td>组名</td><td></td><td>学号</td><td></td><td>姓名</td><td colspan="3"></td></tr>
<tr><td>评价指标</td><td colspan="6">评价内容</td><td>分值</td><td>自己评价</td><td>小组评价</td><td>教师评价</td></tr>
<tr><td>信息检索</td><td colspan="6">能有效利用网络、图书资源、工作手册查找有用的相关信息等；能用自己的语言有条理地去解释、表达所学知识；能将查到的信息有效地传递到工作中</td><td>10 分</td><td></td><td></td><td></td></tr>
<tr><td>感知工作</td><td colspan="6">熟悉工作岗位，认同工作价值；在工作中能获得满足感</td><td>10 分</td><td></td><td></td><td></td></tr>
<tr><td rowspan="2">参与态度</td><td colspan="6">积极主动参与工作，能吃苦耐劳，崇尚劳动光荣、技能宝贵；与教师、同学之间相互尊重、理解、平等；与教师、同学之间能够保持多向、丰富、适宜的信息交流</td><td>10 分</td><td></td><td></td><td></td></tr>
<tr><td colspan="6">探究式学习、自主学习不流于形式，处理好合作学习和独立思考的关系，做到有效学习；能提出有意义的问题或能发表个人见解；能按要求正确操作；能够倾听别人意见、协作共享</td><td>10 分</td><td></td><td></td><td></td></tr>
<tr><td>学习方法</td><td colspan="6">学习方法得当，有工作计划；操作技能符合规范要求；能按要求正确操作；能获得进一步学习的能力</td><td>10 分</td><td></td><td></td><td></td></tr>
<tr><td>工作过程</td><td colspan="6">遵守管理规程，操作过程符合现场管理要求；平时上课的出勤情况和每天完成工种任务情况良好；善于多角度分析问题，能主动发现、提出有价值的问题</td><td>15 分</td><td></td><td></td><td></td></tr>
<tr><td>思维能力</td><td colspan="6">能发现问题、提出问题、分析问题、解决问题</td><td>10 分</td><td></td><td></td><td></td></tr>
<tr><td>自评反馈</td><td colspan="6">按时按质完成工作任务；较好地掌握了专业知识点；具有较强的信息分析能力和理解能力；具有较为全面、严谨的思维能力并能条理清晰地表达成文</td><td>25 分</td><td></td><td></td><td></td></tr>
<tr><td colspan="8">各方评价得分</td><td></td><td></td><td></td></tr>
<tr><td colspan="8">各方评价权重</td><td>20%</td><td>30%</td><td>50%</td></tr>
<tr><td colspan="8">总得分</td><td colspan="3"></td></tr>
<tr><td>有益的经验和做法</td><td colspan="10"></td></tr>
<tr><td>总结反馈建议</td><td colspan="10"></td></tr>
</table>

班级__________　第__________组　学号：__________　姓名：__________

项目3　框架柱施工

任务1　框架柱施工图识读

一、任务描述

学习图集《混凝土结构施工图平面整体表示方法制图规则和构造详图（现浇混凝土框架、剪力墙、梁、板）》（22G101-1）中柱平法施工图制图规则，完成训练图纸中柱平法施工图的识读。

二、学习目标

1. 知识目标

1）了解钢筋混凝土结构房屋结构体系。

2）理解柱平法施工图制图规则。

3）掌握柱钢筋构造要求。

2. 能力目标

1）能从结构施工图纸中辨认是何种结构体系。

2）能看懂柱平法施工图。

三、任务分析

1. 重点

柱钢筋构造的相关规定。

1）柱和基础连接纵筋的构造要求。

2）柱和顶层梁板连接钢筋的构造要求。

2. 难点

角柱顶层纵向的构造要求。

四、主教材相关知识链接

1）常见的钢筋混凝土结构房屋结构体系。

2）柱平法施工图制图规则。

3）柱钢筋构造要求。

五、职业素养养成

对照建施、结施图纸，查看轴线和构件与结构有没有矛盾的地方，有没有需特别注意的地方，不同楼层相似部位的图纸有没有变化，如有要能够及时发现，并标上记号。养成认真仔细看图的习惯。

班级__________ 第__________组 学号：__________ 姓名：__________

六、任务分组

表 3-1-1 学生任务分配表

<table>
<tr><td>班级</td><td></td><td>组号</td><td></td><td>指导教师</td><td></td></tr>
<tr><td>组长</td><td></td><td>学号</td><td></td><td></td><td></td></tr>
<tr><td>组员</td><td colspan="5"><table>
<tr><td>姓名</td><td>学号</td><td>姓名</td><td>学号</td></tr>
<tr><td></td><td></td><td></td><td></td></tr>
<tr><td></td><td></td><td></td><td></td></tr>
<tr><td></td><td></td><td></td><td></td></tr>
<tr><td></td><td></td><td></td><td></td></tr>
<tr><td></td><td></td><td></td><td></td></tr>
<tr><td></td><td></td><td></td><td></td></tr>
<tr><td></td><td></td><td></td><td></td></tr>
</table></td></tr>
<tr><td>任务分工</td><td colspan="5"></td></tr>
</table>

班级__________　　第__________组　　学号：__________　　姓名：__________

七、任务安排

子任务：准备某框架结构“结施-06”柱定位平面图。

八、工作实施

子任务：识读主教材附录中柱定位平面图的 KZ-1、KZ-2、KZ-3。

从柱编号、柱段起止标高、柱截面几何尺寸及与轴线的关系、柱纵向受力钢筋、箍筋等方面进行识读，并归纳总结。

班级__________ 第__________组 学号：__________ 姓名：__________

九、评价反馈

表 3-1-2 评分表

班级		组名		学号		姓名		
评价指标	评价内容					分值	自己评价	小组评价	教师评价
信息检索	能有效利用网络、图书资源、工作手册查找有用的相关信息等；能用自己的语言有条理地去解释、表达所学知识；能将查到的信息有效地传递到工作中					10 分			
感知工作	熟悉工作岗位，认同工作价值；在工作中能获得满足感					10 分			
参与态度	积极主动参与工作，能吃苦耐劳，崇尚劳动光荣、技能宝贵；与教师、同学之间相互尊重、理解；与教师、同学之间能够保持多向、丰富、适宜的信息交流					10 分			
	探究式学习、自主学习不流于形式，处理好合作学习和独立思考的关系，做到有效学习；能提出有意义的问题或能发表个人见解；能按要求正确操作；能够倾听别人意见、协作共享					10 分			
学习方法	学习方法得当，有工作计划；操作技能符合规范要求；能按要求正确操作；能获得进一步学习的能力					10 分			
工作过程	遵守管理规程，操作过程符合现场管理要求；平时上课的出勤情况和每天完成工种任务情况良好；善于多角度分析问题，能主动发现、提出有价值的问题					15 分			
思维能力	能发现问题、提出问题、分析问题、解决问题					10 分			
自评反馈	按时按质完成工作任务；较好地掌握了专业知识点；具有较强的信息分析能力和理解能力；具有较为全面、严谨的思维能力并能条理清晰地表达成文					25 分			
各方评价得分									
各方评价权重							20%	30%	50%
总得分									
有益的经验和做法									
总结反馈建议									

班级__________ 第__________组 学号：__________ 姓名：__________

任务2 框架柱钢筋施工

一、任务描述

学习图集《混凝土结构施工图平面整体表示方法制图规则和构造详图（现浇混凝土框架、剪力墙、梁、板）》（22G101-1）中KZ纵向钢筋连接构造的规定，完成框架柱钢筋的下料计算、制作、安装并按规范要求进行复验。

二、学习目标

1. 知识目标

1）掌握柱钢筋的翻样计算原则。

2）掌握柱钢筋的制作流程。

3）掌握柱钢筋的绑扎工艺。

4）了解柱钢筋的质量验收要求。

2. 能力目标

1）能独自进行柱钢筋的下料计算。

2）会进行柱钢筋的下料制作。

3）会进行柱钢筋的绑扎。

4）能进行柱钢筋的隐蔽工程质量验收。

三、任务分析

1. 重点

柱钢筋下料计算。

1）柱纵筋下料长度及数量计算。

2）柱箍筋下料长度及数量计算。

2. 难点

边柱顶层纵筋下料计算。

四、主教材相关知识链接

1）混凝土结构对钢筋性能的要求。

2）钢筋和混凝土之间的黏结和钢筋的锚固。

五、职业素养养成

1）能够独自根据主教材中框架柱的构造要求对主教材附录“结施-06”进行柱纵筋及箍筋下料长度和数量的计算。如计算有误，能够自行分析原因并解决。

2）在下料的过程中，能够根据料单上的下料长度选择适合的钢筋长度下料，将钢筋的利用率做到最大化，节约用料，降低实训成本。

3）在钢筋绑扎的过程中，确保箍筋的开口方向及位置，绑扎完成后箍筋的间距符合图纸要求。

班级__________　第__________组　学号：__________　姓名：__________

六、任务分组

表 3-2-1　学生任务分配表

<table>
<tr><td>班级</td><td></td><td>组号</td><td></td><td>指导教师</td><td></td></tr>
<tr><td>组长</td><td></td><td>学号</td><td></td><td></td><td></td></tr>
<tr><td>组员</td><td colspan="5"><table><tr><td>姓名</td><td>学号</td><td>姓名</td><td>学号</td></tr><tr><td></td><td></td><td></td><td></td></tr><tr><td></td><td></td><td></td><td></td></tr><tr><td></td><td></td><td></td><td></td></tr><tr><td></td><td></td><td></td><td></td></tr><tr><td></td><td></td><td></td><td></td></tr><tr><td></td><td></td><td></td><td></td></tr><tr><td></td><td></td><td></td><td></td></tr></table></td></tr>
<tr><td>任务分工</td><td colspan="5"></td></tr>
</table>

七、任务安排

子任务 1：抗震受拉钢筋的基本锚固长度相关参数。

子任务 2：本次实训材料。

八、工作方案

子任务 1：准备工具。

框架柱钢筋施工实训工器具表。

班级＿＿＿＿＿＿ 第＿＿＿＿＿＿组 学号：＿＿＿＿＿＿ 姓名：＿＿＿＿＿＿

表 3-2-2 实训工具表

序号	工具名称	数量	序号	工具名称	数量
1			5		
2			6		
3			7		
4			8		

子任务 2：框架柱钢筋下料、制作、安装。

九、工作实施

子任务 1：根据主教材附录的柱定位平面图，计算 KZ-3 纵筋、箍筋的下料长度及数量，填写下料单。

表 3-2-3 钢筋下料单

构件名称	钢筋编号	钢号及直径	计算过程	简图	计算长度/mm	根数

子任务 2：绘制柱钢筋布置图。

绘制立面图时需标出纵筋的非连接区、纵筋错开间距、箍筋间距；平面图需标出纵筋的编号的位置。

子任务 3：柱钢筋安装工艺流程。

班级__________ 第__________组 学号：__________ 姓名：__________

子任务4：填写钢筋安装检验批质量现场检查原始记录

表 3-2-4 钢筋安装检验批质量现场检查原始记录

单位（子单位）工程名称		分部（子分部）工程名称	混凝土结构	分项工程名称	钢筋安装
施工单位		项目负责人		检验批容量	
分包单位		分包单位项目负责人		检验批部位	
选择计数抽样方案	按专业验收规范规定			（打印原始记录空白表格前必须选择抽样方案）	
主控项目检查	项目	检查部位及质量情况			
主控项目检查	受力钢筋和品种、级别、规格和数量				

现场测量	测量部位													
现场测量	项目													
现场测量	纵向受力钢筋	锚固长度	设计值											
现场测量	纵向受力钢筋	锚固长度	实测值											
现场测量	纵向受力钢筋	间距	设计值											
现场测量	纵向受力钢筋	间距	实测值											
现场测量	纵向受力钢筋	排距	设计值											
现场测量	纵向受力钢筋	排距	实测值											
现场测量	纵向受力钢筋、箍筋的混凝土保护层厚度	柱	设计值											
现场测量	纵向受力钢筋、箍筋的混凝土保护层厚度	梁	设计值											
现场测量	纵向受力钢筋、箍筋的混凝土保护层厚度	板	设计值											
现场测量	绑扎箍筋、横向钢筋间距	箍筋间距	设计值											
现场测量	绑扎箍筋、横向钢筋间距	箍筋间距	实测值											
现场测量	绑扎箍筋、横向钢筋间距	横向钢筋间距	设计值											
现场测量	绑扎箍筋、横向钢筋间距	横向钢筋间距	实测值											
现场测量	钢筋弯起点位置													

班级__________ 第__________组 学号：__________ 姓名：__________

子任务5：填写钢筋安装检验批质量验收记录

表3-2-5 钢筋安装检验批质量验收记录

<table>
<tr><td colspan="3">单位(子单位)
工程名称</td><td colspan="2"></td><td>分部(子分部)
工程名称</td><td>混凝土结构</td><td>分项工程名称</td><td colspan="2">钢筋安装</td></tr>
<tr><td colspan="3">施工单位</td><td colspan="2"></td><td>项目负责人</td><td></td><td>检验批容量</td><td colspan="2"></td></tr>
<tr><td colspan="3">分包单位</td><td colspan="2"></td><td>分包单位
项目负责人</td><td></td><td>检验批部位</td><td colspan="2">TJ5. 1. 2. 8</td></tr>
<tr><td colspan="3">施工依据</td><td colspan="3">《混凝土工程》(DGJ 32/J30-2006)</td><td>验收依据</td><td colspan="3">设计文件和《混凝土结构工程施工质量验收规范》(GB 50204-2015)</td></tr>
<tr><td colspan="4">验收项目</td><td colspan="2">设计要求及规范规定</td><td>最小/实际
抽样数量</td><td colspan="2">检查记录</td><td>检查
结果</td></tr>
<tr><td rowspan="10">主
控
项
目</td><td>1</td><td colspan="2">受力钢筋和品种、级别、规格和数量</td><td colspan="2">受力钢筋的品种：
级别：
规格：
数量：</td><td>/</td><td colspan="2">受力钢筋的品种：
级别：
规格：
数量：</td><td></td></tr>
<tr><td>2</td><td colspan="2">受力钢筋的安装位置、锚固方式</td><td colspan="2">设计受力钢筋锚固方式为：</td><td>/</td><td colspan="2">受力钢筋的安装位置：
锚固方式：</td><td rowspan="9"></td></tr>
<tr><td rowspan="3">3</td><td rowspan="3">纵向受力钢筋</td><td>锚固长度</td><td colspan="2">−20</td><td>/</td><td colspan="2" rowspan="8">选择计数抽样方案：
按专业验收规范规定</td></tr>
<tr><td>间距</td><td colspan="2">±10</td><td>/</td></tr>
<tr><td>排距</td><td colspan="2">±5</td><td>/</td></tr>
<tr><td rowspan="3">4</td><td rowspan="3">纵向受力钢筋、箍筋的混凝土保护层厚度</td><td>基础</td><td colspan="2">±10</td><td>/</td></tr>
<tr><td>柱、梁</td><td colspan="2">±5</td><td>/</td></tr>
<tr><td>板、墙、壳</td><td colspan="2">±3</td><td>/</td></tr>
<tr><td>5</td><td colspan="2">绑扎箍筋、横向钢筋间距</td><td colspan="2">±20</td><td>/</td></tr>
<tr><td>6</td><td colspan="2">钢筋弯起点位置</td><td colspan="2">20</td><td>/</td></tr>
<tr><td colspan="4">施工单位检查结果</td><td colspan="6">专业工长：
质量员：
年 月 日</td></tr>
<tr><td colspan="4">监理单位验收结论</td><td colspan="6">监理工程师：
年 月 日</td></tr>
</table>

班级__________ 第__________组 学号：__________ 姓名：__________

十、评价反馈

表 3-2-6 评分表

班级		组名		学号		姓名		
评价指标	评价内容					分值	自己评价	小组评价	教师评价
信息检索	能有效利用网络、图书资源、工作手册查找有用的相关信息等；能用自己的语言有条理地去解释、表达所学知识；能将查到的信息有效地传递到工作中					10 分			
感知工作	熟悉工作岗位，认同工作价值；在工作中能获得满足感					10 分			
参与态度	积极主动参与工作，能吃苦耐劳，崇尚劳动光荣、技能宝贵；与教师、同学之间相互尊重、理解、平等；与教师、同学之间能够保持多向、丰富、适宜的信息交流					10 分			
	探究式学习、自主学习不流于形式，处理好合作学习和独立思考的关系，做到有效学习；能提出有意义的问题或能发表个人见解；能按要求正确操作；能够倾听别人意见、协作共享					10 分			
学习方法	学习方法得当，有工作计划；操作技能符合规范要求；能按要求正确操作；能获得进一步学习的能力					10 分			
工作过程	遵守管理规程，操作过程符合现场管理要求；平时上课的出勤情况和每天完成工种任务情况良好；善于多角度分析问题，能主动发现、提出有价值的问题					15 分			
思维能力	能发现问题、提出问题、分析问题、解决问题					10 分			
自评反馈	按时按质完成工作任务；较好地掌握了专业知识点；具有较强的信息分析能力和理解能力；具有较为全面、严谨的思维能力并能条理清晰地表达成文					25 分			
各方评价得分									
各方评价权重							20%	30%	50%
总得分									
有益的经验和做法									
总结反馈建议									

班级__________　　第__________组　　学号：__________　　姓名：__________

任务3　框架柱模板施工

一、任务描述

依据柱定位平面图、梁配筋图及柱高度进行柱模板的配制、安装，并按规范要求进行验收。

二、学习目标

1. 知识目标

1）掌握柱模板的配制方法。

2）掌握柱模板的安装工艺。

3）了解柱模板的质量验收要求。

2. 能力目标

1）能独自配置柱模板。

2）会进行柱模板的安装。

3）能进行柱模板的工程质量验收。

三、任务分析

1. 重点

柱模板施工。

1）柱模板配制。

2）柱模板安装。

2. 难点

柱模板平面位置及垂直度的控制。

四、主教材相关知识链接

1）柱模板的类型。

2）柱模板的特点。

五、职业素养养成

1）在配置柱模板的过程中，做到轻拿轻放、不暴力丢扔模板。配置完成后，对不需要的模板能够按照规格型号重新堆放整齐。

2）在安装模板的过程中，U型卡要按照方案进行安装，不能有遗漏，确保模板拼缝的严密性和强度达到要求。调整柱子垂直度时要确保柱模板的平面位置不能发生移动，数据确认无误后上紧柱箍。

班级__________ 第__________组 学号：__________ 姓名：__________

六、任务分组

表 3-3-1 学生任务分配表

<table>
<tr><td>班级</td><td></td><td>组号</td><td></td><td>指导教师</td><td></td></tr>
<tr><td>组长</td><td></td><td>学号</td><td></td><td></td><td></td></tr>
<tr><td>组员</td><td colspan="5"><table><tr><td>姓名</td><td>学号</td><td>姓名</td><td>学号</td></tr><tr><td></td><td></td><td></td><td></td></tr><tr><td></td><td></td><td></td><td></td></tr><tr><td></td><td></td><td></td><td></td></tr><tr><td></td><td></td><td></td><td></td></tr><tr><td></td><td></td><td></td><td></td></tr><tr><td></td><td></td><td></td><td></td></tr><tr><td></td><td></td><td></td><td></td></tr></table></td></tr>
<tr><td>任务分工</td><td colspan="5"></td></tr>
</table>

七、任务安排

子任务 1：基础顶标高复核（理论值/实测值）。

____

____

____

____

子任务 2：柱模平面位置复核。

____

____

____

____

八、工作方案

子任务 1：准备工具。

框架柱模板施工实训工器具表。

班级__________ 第__________组 学号：__________ 姓名：__________

表 3-3-2 实训工具表

序号	工具名称	数量	序号	工具名称	数量
1			5		
2			6		
3			7		
4			8		

子任务 2：框架柱模板施工。

九、工作实施

子任务 1：绘制柱模板配置的展开图

子任务 2：柱模板施工要点。

____

____

____

____

____

____

____

____

____

班级__________ 第__________组 学号：__________ 姓名：__________

子任务 3：填写现浇结构模板安装检验批质量验收记录

表 3-3-3 现浇结构模板安装检验批质量验收记录

工程名称		分部(子分部)工程名称	混凝土结构	分项工程名称	现浇结构模板安装
施工单位		项目负责人		检验批容量	
分包单位		分包单位项目负责人		检验批部位	
施工依据	《混凝土工程》(DGJ 32/J30-2006)	验收依据	设计文件和《混凝土结构工程施工质量验收规范》(GB 50204-2015)		

验收项目			设计要求及规范规定	最小/实际抽样数量	检查记录	检查结果
主控项目	1	模板及支架用材料	技术指标应符合国家现行有关标准的规定。进场时应抽样检验模板和支架材料的外观、规格和尺寸	/	材料为：	
	2	现浇混凝土结构模板及支架的安装	现浇混凝土结构模板及支架的安装质量,应符合国家现行有关标准的规定和施工方案的要求	/		
	3	在土层上安装支架竖杆和竖向模板	1. 土层应坚实、平整,其承载力或密实度应符合施工方案的要求 2. 应有防水、排水措施;对冻胀性土,应有预防冻融措施 3. 支架竖杆下应有底座或垫板	/	1. 土层： 2. 措施： 3. 支架立杆：	
一般项目	1	模板安装质量	1. 模板的接缝应严密 2. 模板内不应有杂物、积水或冰雪等 3. 模板与混凝土的接触面应平整、清洁 4. 用作模板的地坪、胎膜等应平整、清洁,不应有影响构件质量的下沉、裂缝、起砂或起鼓 5. 对清水混凝土及装饰混凝土构件,应使用能达到设计效果的模板	/	1. 模板的接缝： 2. 模板内： 3. 模板与混凝土的接触面： 4. 用作模板的地坪、胎膜： 5. 清水混凝土及装饰混凝土构件：	
	2	脱模剂的品种和涂刷方法	应符合施工方案的要求。脱模剂不得影响结构性能及装饰施工;不得沾污钢筋、预应力筋、预埋件和混凝土接槎处;不得对环境造成污染	/	脱模剂的品种： 涂刷方法：	

班级__________　　第__________组　　学号：__________　　姓名：__________

（续）

<table>
<tr><th colspan="5">验收项目</th><th>设计要求及规范规定</th><th>最小/实际抽样数量</th><th>检查记录</th><th>检查结果</th></tr>
<tr><td rowspan="13">一般项目</td><td>3</td><td colspan="3">模板起拱高度</td><td>模板的起拱应符合现行国家标准《混凝土结构工程施工规范》（GB 50666—2011）的规定，并应符合设计及施工方案的要求</td><td>/</td><td>设计或规范要求起拱：
经测量的起拱：</td><td></td></tr>
<tr><td>4</td><td colspan="3">现浇混凝土结构多层连续支模</td><td>现浇混凝土结构多层连续支模应符合施工方案的规定。上下层模板支架的竖杆宜对准。竖杆下垫板的设置应符合施工方案的要求</td><td>/</td><td>支模方式：</td><td></td></tr>
<tr><td rowspan="11">5</td><td rowspan="11">模板安装允许偏差</td><td colspan="2">轴线位置</td><td>5</td><td>/</td><td rowspan="11"></td><td rowspan="11"></td></tr>
<tr><td colspan="2">底模上表面标高/mm</td><td>±5</td><td>/</td></tr>
<tr><td rowspan="3">模板内部尺寸/mm</td><td>基础</td><td>±10</td><td>/</td></tr>
<tr><td>柱、墙、梁</td><td>±5</td><td>/</td></tr>
<tr><td>楼梯相邻踏步高差</td><td>±5</td><td>/</td></tr>
<tr><td rowspan="2">层高垂直度/mm</td><td>柱、墙层高≤6m</td><td>8</td><td>/</td></tr>
<tr><td>柱、墙层高>6m</td><td>10</td><td>/</td></tr>
<tr><td colspan="2">相邻两板表面高低差/mm</td><td>2</td><td>/</td></tr>
<tr><td colspan="2">表面平整度/mm</td><td>5</td><td>/</td></tr>
<tr><td rowspan="2">住宅工程质量通病控制</td><td>1</td><td colspan="3">模板及支架的承载能力、刚度和稳定性</td><td>模板及其支架应根据工程结构形式、荷载大小、地基土类别、施工设备和材料供应等条件进行设计。模板及其支架应具有足够的承载能力、刚度和稳定性，能可靠地承受浇筑混凝土的质量、侧压力以及施工荷载</td><td>/</td><td></td><td></td></tr>
<tr><td>2</td><td colspan="3">模板的垂直度、标高和平整度</td><td>模板支撑完成后，混凝土浇筑前，应对柱模板的垂直度进行吊线校正，校正模板的标高和平整度，其尺寸应符合设计要求</td><td>/</td><td></td><td></td></tr>
<tr><td colspan="5">施工单位检查结果</td><td colspan="4">专业工长：
质量员：
年　月　日</td></tr>
<tr><td colspan="5">监理单位验收结论</td><td colspan="4">专业监理工程师：
年　月　日</td></tr>
</table>

班级__________ 第__________组 学号：__________ 姓名：__________

十、评价反馈

表 3-3-4 评分表

<table>
<tr><td>班级</td><td></td><td>组名</td><td></td><td>学号</td><td></td><td>姓名</td><td colspan="3"></td></tr>
<tr><td>评价指标</td><td colspan="5">评价内容</td><td>分值</td><td>自己评价</td><td>小组评价</td><td>教师评价</td></tr>
<tr><td>信息检索</td><td colspan="5">能有效利用网络、图书资源、工作手册查找有用的相关信息等;能用自己的语言有条理地去解释、表达所学知识;能将查到的信息有效地传递到工作中</td><td>10 分</td><td></td><td></td><td></td></tr>
<tr><td>感知工作</td><td colspan="5">熟悉工作岗位,认同工作价值;在工作中能获得满足感</td><td>10 分</td><td></td><td></td><td></td></tr>
<tr><td rowspan="2">参与态度</td><td colspan="5">积极主动参与工作,能吃苦耐劳,崇尚劳动光荣、技能宝贵;与教师、同学之间相互尊重、理解、平等;与教师、同学之间能够保持多向、丰富、适宜的信息交流</td><td>10 分</td><td></td><td></td><td></td></tr>
<tr><td colspan="5">探究式学习、自主学习不流于形式,处理好合作学习和独立思考的关系,做到有效学习;能提出有意义的问题或能发表个人见解;能按要求正确操作;能够倾听别人意见、协作共享</td><td>10 分</td><td></td><td></td><td></td></tr>
<tr><td>学习方法</td><td colspan="5">学习方法得当,有工作计划;操作技能符合规范要求;能按要求正确操作;能获得进一步学习的能力</td><td>10 分</td><td></td><td></td><td></td></tr>
<tr><td>工作过程</td><td colspan="5">遵守管理规程,操作过程符合现场管理要求;平时上课的出勤情况和每天完成工种任务情况良好;善于多角度分析问题,能主动发现、提出有价值的问题</td><td>15 分</td><td></td><td></td><td></td></tr>
<tr><td>思维能力</td><td colspan="5">能发现问题、提出问题、分析问题、解决问题</td><td>10 分</td><td></td><td></td><td></td></tr>
<tr><td>自评反馈</td><td colspan="5">按时按质完成工作任务;较好地掌握了专业知识点;具有较强的信息分析能力和理解能力;具有较为全面、严谨的思维能力并能条理清晰地表达成文</td><td>25 分</td><td></td><td></td><td></td></tr>
<tr><td colspan="7">各方评价得分</td><td></td><td></td><td></td></tr>
<tr><td colspan="7">各方评价权重</td><td>20%</td><td>30%</td><td>50%</td></tr>
<tr><td colspan="7">总得分</td><td colspan="3"></td></tr>
<tr><td>有益的经验和做法</td><td colspan="9"></td></tr>
<tr><td>总结反馈建议</td><td colspan="9"></td></tr>
</table>

班级__________ 第__________组 学号：__________ 姓名：__________

项目4 框架梁施工

任务1 框架梁施工图识读

一、任务描述

学习梁平法施工图制图规则；结合实训项目结构施工图，识读梁配筋图、楼层结构平面图。

二、学习目标

1. 知识目标

1）熟悉《混凝土结构施工图平面整体表示方法制图规则和构造详图（梁）》（22G101-1）部分图集。

2）熟悉《混凝土结构施工钢筋排布规则与构造详图（梁）》（18G901-1）部分图集。

3）掌握梁配筋下料计算公式。

2. 能力目标

1）能够识读楼层结构平面图与梁配筋图。

2）能够进行梁配筋下料计算与下料单填写。

3）能针对实训任务进行梁钢筋下料计算与下料单填写。

三、任务分析

1. 重点

识读梁配筋图。

1）掌握集中标注内容。

2）掌握原位标注内容。

2. 难点

梁钢筋下料计算。

四、主教材相关知识链接

1）平面注写方式。

2）截面注写方式。

3）钢筋混凝土梁构造要求。

五、职业素养养成

1）在梁平法识读过程中，要培养学生忠于事业的崇高理想，钢筋下料计算是造价预算的重要环节，差之毫厘、谬以千里，要懂得积少成多的道理，在计算中考验学生的综合能力。

2）在绘制配筋大样图中，考量学生的图集对照任务图分析能力，运用所学知识结合思考能力，引导学习，培养举一反三的思考能力。

六、任务分组

表 4-1-1 学生任务分配表

<table>
<tr><td>班级</td><td colspan="2"></td><td>组号</td><td colspan="2"></td><td>指导教师</td><td></td></tr>
<tr><td>组长</td><td colspan="2"></td><td>学号</td><td colspan="2"></td><td></td><td></td></tr>
<tr><td rowspan="8">组员</td><td colspan="2">姓名</td><td colspan="2">学号</td><td colspan="2">姓名</td><td>学号</td></tr>
<tr><td colspan="2"></td><td colspan="2"></td><td colspan="2"></td><td></td></tr>
<tr><td colspan="2"></td><td colspan="2"></td><td colspan="2"></td><td></td></tr>
<tr><td colspan="2"></td><td colspan="2"></td><td colspan="2"></td><td></td></tr>
<tr><td colspan="2"></td><td colspan="2"></td><td colspan="2"></td><td></td></tr>
<tr><td colspan="2"></td><td colspan="2"></td><td colspan="2"></td><td></td></tr>
<tr><td colspan="2"></td><td colspan="2"></td><td colspan="2"></td><td></td></tr>
<tr><td colspan="2"></td><td colspan="2"></td><td colspan="2"></td><td></td></tr>
<tr><td>任务分工</td><td colspan="7"></td></tr>
</table>

七、任务安排

子任务 1：识读图纸。

某教学楼第一层楼的 KL1，共计 5 根，如图 4-1-1 所示，混凝土保护层厚度 25mm，抗震等级为 3 级，C30 混凝土，柱截面尺寸 500mm×500mm，请对其进行钢筋下料计算，并填写钢筋下料单。

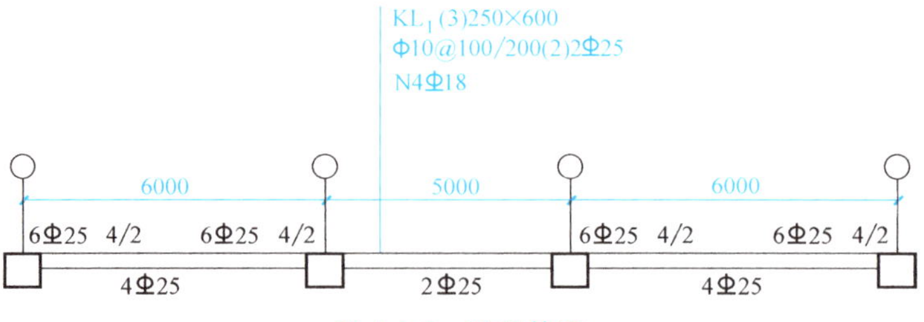

图 4-1-1 梁配筋图

子任务 2：绘制梁纵向钢筋大样图。

八、工作方案

子任务 1：准备下料计算。

下料计算任务分配表。

班级__________　第__________组　学号：__________　姓名：__________

表 4-1-2　实训工具表

序号	工具名称	数量	序号	工具名称	数量
1			5		
2			6		
3			7		
4			8		

子任务 2：依据分配任务，进行查阅图集，识读钢筋具体信息。

九、工作实施

子任务 1：描述每一种纵向钢筋及箍筋含义。

表 4-1-3　纵向钢筋及箍筋含义

钢筋编号	钢筋含义
1	
2	
3	
4	
5	
6	
7	
8	

子任务 2：各纵向钢筋和箍筋计算。

表 4-1-4　纵向钢筋和箍筋计算

钢筋编号	计算的过程及结果
1	
2	
3	
4	
5	
6	
7	
8	

子任务 3：填写钢筋下料单。

表 4-1-5　钢筋下料单

构件名称	钢筋编号	简图	钢号及直径	计算长度 /mm	根数	质量 /kg

班级__________ 第__________组 学号：__________ 姓名：__________

十、评价反馈

表 4-1-6 评分表

班级		组名		学号		姓名		
评价指标	评价内容					分值	自己评价	小组评价	教师评价
信息检索	能有效利用网络、图书资源、工作手册查找有用的相关信息等；能用自己的语言有条理地去解释、表达所学知识；能将查到的信息有效地传递到工作中					10 分			
感知工作	熟悉工作岗位，认同工作价值；在工作中能获得满足感					10 分			
参与态度	积极主动参与工作，能吃苦耐劳，崇尚劳动光荣、技能宝贵；与教师、同学之间相互尊重、理解；与教师、同学之间能够保持多向、丰富、适宜的信息交流					10 分			
	探究式学习、自主学习不流于形式，处理好合作学习和独立思考的关系，做到有效学习；能提出有意义的问题或能发表个人见解；能按要求正确操作；能够倾听别人意见、协作共享					10 分			
学习方法	学习方法得当，有工作计划；操作技能符合规范要求；能按要求正确操作；能获得进一步学习的能力					10 分			
工作过程	遵守管理规程，操作过程符合现场管理要求；平时上课的出勤情况和每天完成工种任务情况良好；善于多角度分析问题，能主动发现、提出有价值的问题					15 分			
思维能力	能发现问题、提出问题、分析问题、解决问题					10 分			
自评反馈	按时按质完成工作任务；较好地掌握了专业知识点；具有较强的信息分析能力和理解能力；具有较为全面、严谨的思维能力并能条理清晰地表达成文					25 分			
各方评价得分									
各方评价权重							20%	30%	50%
总得分									
有益的经验和做法									
总结反馈建议									

班级__________ 第__________组 学号：__________ 姓名：__________

任务2 梁板下部满堂支撑架搭设

一、任务描述

根据主教材附录的图纸，结合柱、梁、板的位置，尺寸大小、高度等，进行满堂脚手架搭设。

二、学习目标

1. 知识目标

1）掌握支架（脚手架）的作用与分类。

2）掌握钢管扣件式脚手架构造要求。

3）掌握满堂支撑架搭设的安全技术要领。

4）了解建筑施工承插型盘扣式钢管脚手架搭设要求。

2. 能力目标

1）能够编制梁板下部满堂支撑架搭设方案。

2）能够填写完成梁板下部满堂支撑架搭设配料表。

3）能针按照规范要求完成梁板下部满堂支撑架搭设。

三、任务分析

1. 重点

1）掌握扣件式钢管脚手架的构造要求。

2）掌握满堂支撑架的搭设要求。

2. 难点

设计满堂脚手架搭设平面图。

四、主教材相关知识链接

1）脚手架的作用与分类。

2）扣件式钢管脚手架。

五、职业素养养成

1）在脚手架搭设方案编制过程中，锻炼同学们的方案编制、文字撰写能力，资料编写整理是建筑工程验收的重要组形成部分，是全过程管理的重要环节。

2）在脚手架搭设过程中，培养同学们安全第一的理念，时刻要把安全放在心中，同时也在检验同学们如何结合所学“建筑工程安全管理”课程后的实践应用能力。

班级__________　第__________组　学号：__________　姓名：__________

六、任务分组

表 4-2-1　学生任务分配表

<table>
<tr><td>班级</td><td></td><td>组号</td><td></td><td>指导教师</td><td></td></tr>
<tr><td>组长</td><td></td><td>学号</td><td></td><td></td><td></td></tr>
<tr><td>组员</td><td colspan="5">
<table>
<tr><td>姓名</td><td>学号</td><td>姓名</td><td>学号</td></tr>
<tr><td></td><td></td><td></td><td></td></tr>
<tr><td></td><td></td><td></td><td></td></tr>
<tr><td></td><td></td><td></td><td></td></tr>
<tr><td></td><td></td><td></td><td></td></tr>
<tr><td></td><td></td><td></td><td></td></tr>
<tr><td></td><td></td><td></td><td></td></tr>
<tr><td></td><td></td><td></td><td></td></tr>
</table>
</td></tr>
<tr><td>任务分工</td><td colspan="5"></td></tr>
</table>

七、任务安排

子任务 1：识读图纸。

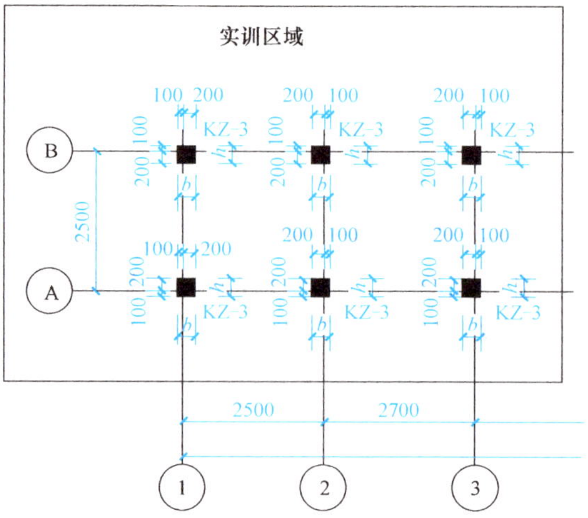

图 4-2-1　基础平面框架柱位置图

班级__________ 第__________组 学号：__________ 姓名：__________

子任务 2：绘制满堂支撑架平面布置图。

八、工作方案

子任务 1：准备工具。

表 4-2-2 实训工具表

序号	工具名称	数量	序号	工具名称	数量
1			5		
2			6		
3			7		
4			8		

子任务 2：依据脚手架搭设方案，正确选用材料和工具。

九、工作实施

子任务 1：安全管理技术要求。

____

____

子任务 2：确定四个角立杆及四周扫地杆位置。

____

____

子任务 3：搭设其他立杆与水平杆。

____

____

子任务 4：一米标高控制点测定。

____

____

子任务 5：质量验收。

____

____

子任务 6：练习巩固。

看建筑施工承插型盘扣式钢管脚手架搭设的支架图（图 4-2-2）和盘扣节点示意图（图 4-2-3），试解释图中各序号所对应的部件名称。

班级__________ 第__________组 学号：__________ 姓名：__________

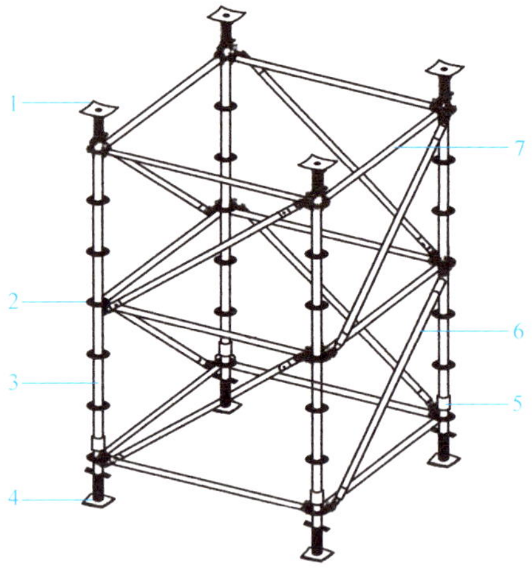

图 4-2-2 承插型盘扣式钢管支架

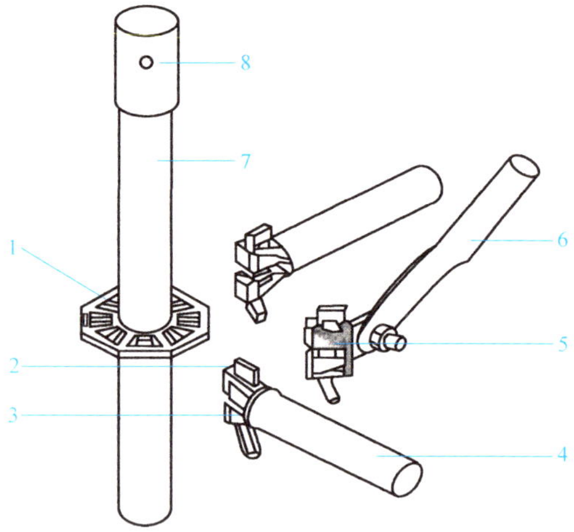

图 4-2-3 盘扣节点示意图

十、评价反馈

表 4-2-3 脚手架搭设检查记录表

序号	检查项目	标 准	小组检查评定记录	教师验收记录
1	立杆、横杆间距	立杆间距均匀一致，且小于 2m，大横杆间距小于 1.2m，小横杆间距小于 1.5m		
2	横杆步距	横杆水平，步距尺寸相等		
3	横向斜撑	每隔 6~7 根立杆设置一道		
4	剪刀撑、抛撑	脚手架的两端、转角处以及每隔 6~7 根立杆，设置剪刀撑、抛撑，夹角不得大于 60°		
5	拉结点	高度低于 6m 的脚手架设支杆及剪刀撑；高度大于 6m 的脚手架，必须用连墙杆或加 8 号铁丝与墙体连接，水平距离每隔 5m、垂直距离每隔 3.5m 设一处拉结点		
6	脚手板	严禁钢木混搭，严禁用钢（木）模板、开箱板、方（圆）木代替脚手板，脚手板两端，必须用退火后的双股 8 号铁丝绑扎，探头板长度不得大于 20cm，无单板现象		
7	防护栏杆	脚手架的外侧、斜道、平台设上下两道横杆及栏杆，上杆离地高度：1.05~1.2m，设 18cm 高的挡脚板或设防护立网		
8	兜底网、防护立网	脚手架的高度大于或等于 6m 时，从第三层架子的底部（距坠落基准面高度达 4m 时）开始兜包安全网，侧面拉设防护立网		
9	钢挂架、软爬梯	上方用双股 8 号铁丝拧紧，下方垂直拉紧。垂直方向每间隔 2~5m 设立与立柱或脚手架的拉结点。当加长时，立筋对正，把四点拧紧，每隔 10m 左右设立固定点，若下部有多余部分，折叠起来固定在距地面 0.5m 高处		
10	是否验收、挂牌	10m 以下脚手架设“*H*”点，架工负责人、安全员验收；拆除前，安全员、技术负责人负责验证		
11	扫地杆	设置纵横向扫地杆，距底座不大于 200mm		
12	脚手架宽度	不小于 1.2m		
13	与墙面间距	脚手架与墙面间距小于 0.2m，大于 0.2m 时用脚手板进行隔离		
实训小组检查评定结果		小组质量检查员： 年 月 日		
实训指导教师验收结论		实训指导教师： 年 月 日		

班级__________　第__________组　学号：__________　姓名：__________

任务3　框架梁模板施工

一、任务描述

根据主教材附录中图纸二层梁配筋图、二层结构平面图进行梁模板支架搭设、梁模板的配制与安装，并按规范要求进行验收。

二、学习目标

1. 知识目标

1）掌握梁模板（组合钢模板）支架搭设方法。

2）掌握梁模板（组合钢模板）的配制方法。

3）掌握梁模板（组合钢模板）搭设的安全技术要领。

2. 能力目标

1）能够按照梁模板支架搭设方案完成支架搭设。

2）能够通过完成支架搭设检查加固任务来掌握梁模板的安装过程。

3）能够按照规范要求进行梁模板的质量验收。

三、任务分析

1. 重点

掌握梁模板支架搭设方案。

1）掌握梁底支架标高确定。

2）掌握梁模板支承节点处做法。

2. 难点

梁模板的安装施工。

四、主教材相关知识链接

1）梁模板支架搭设方案。

2）梁模板的施工操作工艺流程。

3）梁模板的具体施工操作。

五、职业素养养成

1）培养学生理论知识学习与实践技能融合的运用能力，注重上一道工序质量，是为了保障下一道工序能够按时施工，不做无用功，尽量一次按照质量要求完成，不返工。

2）培养学生节约材料的意识。钢模板的组装、顶层设计拼接尺寸，决定一线施工的成效，为避免浪费时间，要提高工作生产效率。

班级__________　　第__________组　　学号：__________　　姓名：__________

六、任务分组

表 4-3-1　学生任务分配表

<table>
<tr><td>班级</td><td></td><td>组号</td><td></td><td>指导教师</td><td></td></tr>
<tr><td>组长</td><td></td><td>学号</td><td></td><td></td><td></td></tr>
<tr><td>组员</td><td colspan="5">
<table>
<tr><td>姓名</td><td>学号</td><td>姓名</td><td>学号</td></tr>
<tr><td></td><td></td><td></td><td></td></tr>
<tr><td></td><td></td><td></td><td></td></tr>
<tr><td></td><td></td><td></td><td></td></tr>
<tr><td></td><td></td><td></td><td></td></tr>
<tr><td></td><td></td><td></td><td></td></tr>
<tr><td></td><td></td><td></td><td></td></tr>
<tr><td></td><td></td><td></td><td></td></tr>
</table>
</td></tr>
<tr><td>任务分工</td><td colspan="5"></td></tr>
</table>

七、任务安排

子任务 1：识读图纸。

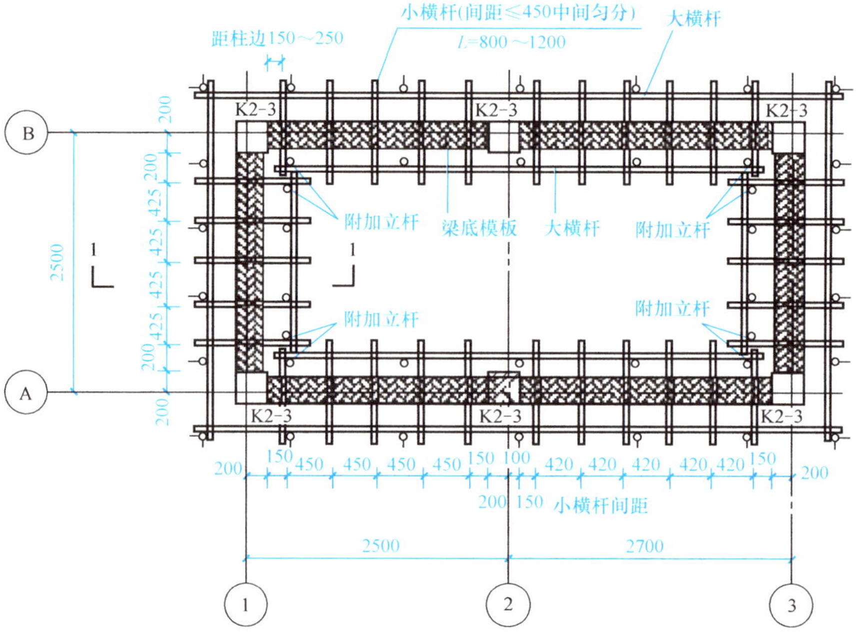

图 4-3-1　梁模板支架搭设平面布置图

班级__________　　第__________组　　学号：__________　　姓名：__________

子任务 2：绘制梁模板支架搭设垂直布置图。

八、工作方案

子任务 1：准备工具。

表 4-3-2　实训工具表

序号	工具名称	数量	序号	工具名称	数量
1			5		
2			6		
3			7		
4			8		

子任务 2：梁模板支架搭设流程。

九、工作实施

子任务 1：梁模板的主要施工流程。

____

____

子任务 2：搭设梁底大横杆要求。

____

____

子任务 3：铺设梁底小横杆要求。

____

____

子任务 4：铺梁底模板要求。

____

____

子任务 5：安装梁侧模板要求。

____

____

班级__________　第__________组　学号：__________　姓名：__________

十、评价反馈

表 4-3-3　模板工程（现浇结构模板安装）质量验收记录

<table>
<tr><th colspan="2">序号</th><th colspan="4">检查项目要求</th><th>小组检查评定记录</th><th>教师验收记录</th></tr>
<tr><td rowspan="2">主控项目</td><td>1</td><td colspan="4">安装现浇结构的上层模板及其支架时，下层楼板应具有承受上层荷载的承载能力，或加设支架；上、下层支架的立柱应对准，并铺设垫板</td><td></td><td rowspan="10"></td></tr>
<tr><td>2</td><td colspan="4">在涂刷模板隔离剂时，不得沾污钢筋和混凝土接槎处</td><td></td></tr>
<tr><td rowspan="8">一般项目</td><td>1</td><td colspan="4">模板安装应满足下面要求：
1. 模板的接缝不应漏浆；在浇筑混凝土前，木模板应浇水湿润，但模板内不应有积水
2. 模板与混凝土的接触面应清理干净并涂刷隔离剂，但不得采用影响结构性能或妨碍装饰工程施工的隔离剂
3. 浇筑混凝土前，模板内的杂物应清理干净
4. 对清水混凝土工程及装饰混凝土工程，应使用能达到设计效果的模板</td><td></td></tr>
<tr><td rowspan="7">2</td><td>项次</td><td colspan="2">项目（现浇结构模板安装）</td><td>允许偏差/mm</td><td></td></tr>
<tr><td>1</td><td colspan="2">轴线位置</td><td>5</td><td></td></tr>
<tr><td>2</td><td colspan="2">底模上表面标高</td><td>±5</td><td></td></tr>
<tr><td>3</td><td>截面内部尺寸</td><td>梁</td><td>+4，-5</td><td></td></tr>
<tr><td>4</td><td>层高垂直度</td><td>不大于 5m</td><td>6</td><td></td></tr>
<tr><td>5</td><td colspan="2">相邻两板表面高低差</td><td>2</td><td></td></tr>
<tr><td>6</td><td colspan="2">表面平整度</td><td>5</td><td></td></tr>
<tr><td colspan="3">实训小组检查评定结果</td><td colspan="5">小组质量检查员：　　　　年　月　日</td></tr>
<tr><td colspan="3">实训指导教师验收结论</td><td colspan="5">实训指导教师：　　　　年　月　日</td></tr>
</table>

班级__________　　第__________组　　学号：__________　　姓名：__________

任务4　框架梁钢筋施工

一、任务描述

根据实训任务图纸进行梁钢筋的配料、加工、绑扎，并按规范要求进行验收。

二、学习目标

1. 知识目标

1）掌握梁钢筋的配料方法。

2）掌握梁钢筋加工制作方法。

3）掌握梁钢筋绑扎工艺流程。

2. 能力目标

1）能够按照梁配筋图完成钢筋下料计算与下料单填写。

2）能够完成梁钢筋安装与绑扎作业。

3）能够按照规范要求进行梁质量验收。

三、任务分析

1. 重点

掌握梁钢筋的下料。

1）掌握梁钢筋构造与连接。

2）掌握梁钢筋的下料计算。

2. 难点

梁钢筋绑扎安装。

四、主教材相关知识链接

1）梁钢筋构造。

2）梁钢筋连接。

3）梁钢筋下料计算与加工安装。

五、职业素养养成

1）培养梁钢筋绑扎的实操能力，要求按照优质工程的做法进行，充分利用实训机会，完成高质量的作品，提升精细化施工管理的良好职业素养。

2）使学生明白梁作为楼板的支座，承担分散楼板传递的荷载作用，再次传递给柱子，起着承上启下的重要作用。

班级__________　第__________组　学号：__________　姓名：__________

六、任务分组

表 4-4-1　学生任务分配表

<table>
<tr><td>班级</td><td></td><td>组号</td><td></td><td>指导教师</td><td></td></tr>
<tr><td>组长</td><td></td><td>学号</td><td></td><td></td><td></td></tr>
<tr><td>组员</td><td colspan="5">
<table>
<tr><td>姓名</td><td>学号</td><td>姓名</td><td>学号</td></tr>
<tr><td></td><td></td><td></td><td></td></tr>
<tr><td></td><td></td><td></td><td></td></tr>
<tr><td></td><td></td><td></td><td></td></tr>
<tr><td></td><td></td><td></td><td></td></tr>
<tr><td></td><td></td><td></td><td></td></tr>
<tr><td></td><td></td><td></td><td></td></tr>
<tr><td></td><td></td><td></td><td></td></tr>
</table>
</td></tr>
<tr><td>任务分工</td><td colspan="5"></td></tr>
</table>

七、任务安排

子任务 1：识读图纸。

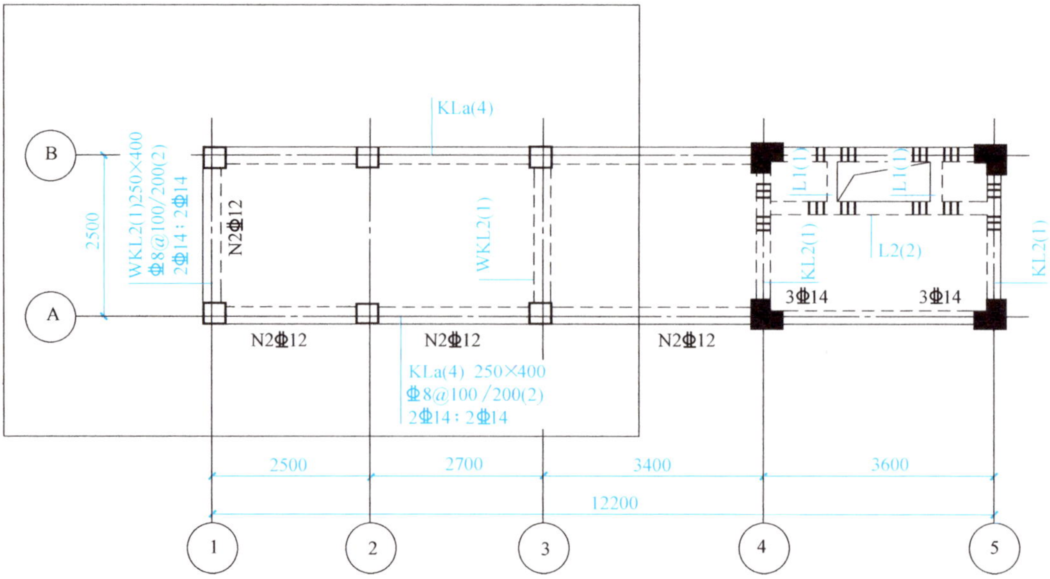

图 4-4-1　二层梁配筋图

班级＿＿＿＿＿　第＿＿＿＿＿组　学号：＿＿＿＿＿　姓名：＿＿＿＿＿

子任务 2：绘制 WKL-2 梁截面配筋钢筋排布图。

八、工作方案

子任务 1：准备工具。

表 4-4-2　实训工具表

序号	工具名称	数量	序号	工具名称	数量
1			5		
2			6		
3			7		
4			8		

子任务 2：梁钢筋施工流程。

九、工作实施

子任务 1：梁钢筋下料计算与下料单填写。

表 4-4-3　钢筋下料单

构件名称	钢筋编号	简图及计算公式	钢号及直径	计算长度/mm	根数	质量/kg

班级__________ 第__________组 学号：__________ 姓名：__________

子任务 2：梁钢筋加工工序与要求。

____

____

____

子任务 3：梁钢筋绑扎安装工艺流程。

____

____

____

子任务 4：梁钢筋绑扎安装工艺中每一个步骤具体操作要点。

____

____

____

十、评价反馈

表 4-4-4 钢筋工程（钢筋连接、钢筋安装）质量验收记录

<table>
<tr><th colspan="3">序 号</th><th colspan="4">检查项目要求</th><th>小组检查评定记录</th><th>教师验收记录</th></tr>
<tr><td rowspan="2">主控项目</td><td>钢筋连接</td><td>1</td><td colspan="4">纵向受力钢筋的连接方式应符合设计要求</td><td></td><td rowspan="13"></td></tr>
<tr><td>钢筋安装</td><td>2</td><td colspan="4">钢筋安装时，受力钢筋的品种、级别、规格和数量必须符合设计要求</td><td></td></tr>
<tr><td rowspan="11">一般项目</td><td rowspan="3">钢筋连接</td><td>1</td><td colspan="4">钢筋的接头宜设置在受力较小处。同一纵向受力钢筋不宜设置两个或两个以上接头。接头末端至钢筋弯起点的距离不应小于钢筋直径的 10 倍</td><td></td></tr>
<tr><td>2</td><td colspan="4">同一构件相邻纵向受力钢筋的绑扎搭接接头宜相互错开，绑扎搭接接头中钢筋的横向净距不应小于钢筋直径，且不应小于 25mm</td><td></td></tr>
<tr><td>3</td><td colspan="4">梁、柱类构件的纵向受力钢筋搭接长度范围的箍筋配置</td><td></td></tr>
<tr><td rowspan="8">钢筋安装</td><td rowspan="8">4</td><td>项次</td><td colspan="2">项目（钢筋安装位置）</td><td>允许偏差/mm</td><td></td></tr>
<tr><td rowspan="2">1</td><td rowspan="2">绑扎钢筋骨架</td><td>长</td><td>±10</td><td></td></tr>
<tr><td>宽、高</td><td>±5</td><td></td></tr>
<tr><td rowspan="3">2</td><td rowspan="3">受力钢筋</td><td>间距</td><td>±10</td><td></td></tr>
<tr><td>排距</td><td>±5</td><td></td></tr>
<tr><td>保护层厚度（梁）</td><td>±5</td><td></td></tr>
<tr><td>3</td><td colspan="2">绑扎箍筋、横向钢筋间距</td><td>±20</td><td></td></tr>
<tr><td>4</td><td colspan="2">钢筋弯起点位置</td><td>20</td><td></td></tr>
<tr><td colspan="3">实训小组检查评定结果</td><td colspan="6">小组质量检查员： 年 月 日</td></tr>
<tr><td colspan="3">实训指导教师验收结论</td><td colspan="6">实训指导教师： 年 月 日</td></tr>
</table>

班级__________ 第__________组 学号：__________ 姓名：__________

项目5 钢筋混凝土板施工

任务1 钢筋混凝土板施工图识读

一、任务描述

学习钢筋混凝土板平法施工图制图规则；结合实训项目结构施工图，识读板配筋图、楼层结构平面图。

二、学习目标

1. 知识目标

1）熟悉《混凝土结构施工图平面整体表示方法制图规则和构造详图（板）》（22G101-1）部分图集。

2）熟悉《混凝土结构施工钢筋排布规则与构造详图（板）》（22G901-1）部分图集。

3）掌握板配筋下料计算公式。

2. 能力目标

1）能够识读楼层结构平面图与板配筋图。

2）能够进行板配筋下料计算与下料单填写。

3）能针对实训任务进行板钢筋下料计算与下料单填写。

三、任务分析

1. 重点

识读板配筋图。

1）掌握板集中标注内容。

2）掌握板原位标注内容。

2. 难点

板钢筋下料计算。

四、主教材相关知识链接

1）板平面注写方式。

2）板截面注写方式。

3）钢筋混凝土板构造要求。

五、职业素养养成

1）在板平法识读过程中，要培养学生们忠于事业的崇高理想。钢筋下料计算是造价预算的重要环节，差之毫厘、谬以千里，要懂得积少成多的道理，在计算中考验学生的综合能力。

2）在绘制配筋大样图中，考量学生的图集对照任务图分析能力，运用所学知识结合分析，引导学习，培养举一反三的能力。

六、任务分组

表 5-1-1　学生任务分配表

<table>
<tr><td>班级</td><td></td><td>组号</td><td></td><td>指导教师</td><td></td></tr>
<tr><td>组长</td><td></td><td>学号</td><td></td><td></td><td></td></tr>
<tr><td>组员</td><td colspan="5"><table>
<tr><td>姓名</td><td>学号</td><td>姓名</td><td>学号</td></tr>
<tr><td></td><td></td><td></td><td></td></tr>
<tr><td></td><td></td><td></td><td></td></tr>
<tr><td></td><td></td><td></td><td></td></tr>
<tr><td></td><td></td><td></td><td></td></tr>
<tr><td></td><td></td><td></td><td></td></tr>
<tr><td></td><td></td><td></td><td></td></tr>
<tr><td></td><td></td><td></td><td></td></tr>
</table></td></tr>
<tr><td>任务分工</td><td colspan="5"></td></tr>
</table>

七、任务安排

子任务 1：识读图纸

某工程 5~8 层板平法施工图如图 5-1-1 所示，请理解各楼板集中标注、原位标注含义，并计算相应的钢筋下料长度，并填写钢筋下料单。

班级__________ 第__________组 学号：__________ 姓名：__________

层号	标高(m)	层高(m)
屋面2	65.670	
塔层2	62.370	3.30
屋面1(塔层1)	59.070	3.30
16	55.470	3.60
15	51.870	3.60
14	48.270	3.60
13	44.670	3.60
12	41.070	3.60
11	37.470	3.60
10	33.870	3.60
9	30.270	3.60
8	26.670	3.60
7	23.070	3.60
6	19.470	3.60
5	15.870	3.60
4	12.270	3.60
3	8.670	3.60
2	4.470	4.20
1	-0.030	4.50
-1	-4.530	4.50
-2	-9.030	4.50

结构层楼面标高
结构层高

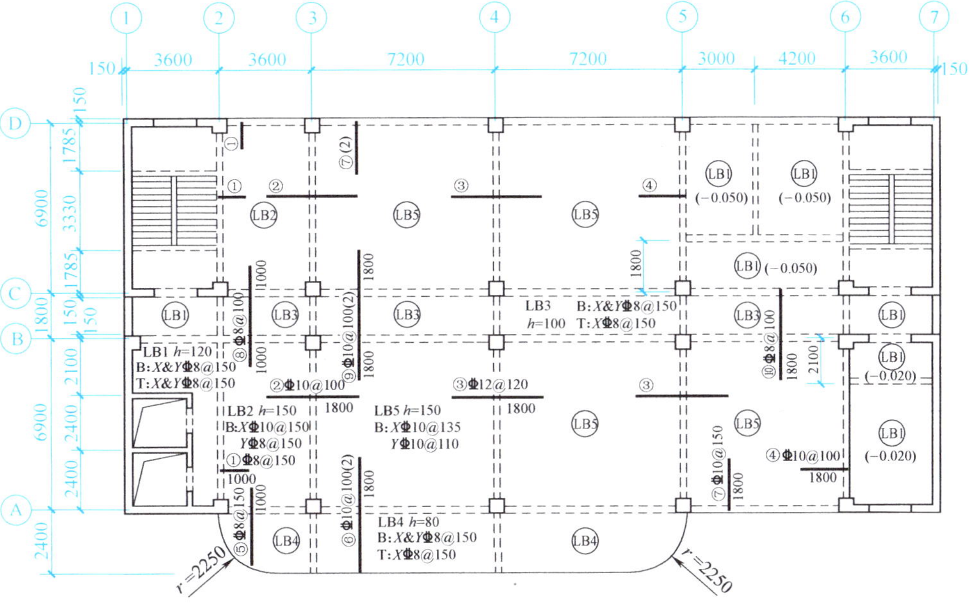

15.870～26.670板平法施工图
(未注明分布筋为Φ8@250)

图 5-1-1 板平法施工图

子任务 2：绘制集中标注 LB1（Ⓐ~Ⓑ轴/⑥~⑦轴）钢筋大样图、原位标注①号筋、②号筋钢筋大样图。

班级__________ 第__________组 学号：__________ 姓名：__________

八、工作方案

子任务 1：准备下料计算清单。

表 5-1-2 钢筋下料单

序号	钢筋编号(或位置)	数量	序号	钢筋编号(或位置)	数量
1			5		
2			6		
3			7		
4			8		

子任务 2：依据分配任务，进行查阅图集，识读钢筋具体信息。

九、工作实施

子任务 1：描述集中标注 LB1、LB2 板钢筋，原位标注①号、②号钢筋的含义。

表 5-1-3 钢筋含义表

钢筋编号(或位置)	钢筋含义

子任务 2：计算集中标注 LB1（Ⓐ~Ⓑ轴/⑥~⑦轴）板（或其他部位板）钢筋，原位标注①号、②号钢筋下料长度。

表 5-1-4 钢筋下料计算

钢筋编号	计算
1	
2	
3	
4	
5	
6	

班级__________　　第__________组　　学号：__________　　姓名：__________

子任务 3：练习巩固。

识读实训图纸：某框架结构工程的结施二层板配筋图，掌握各现浇板配筋情况。如图 5-1-2 所示，试解释各信息的含义。

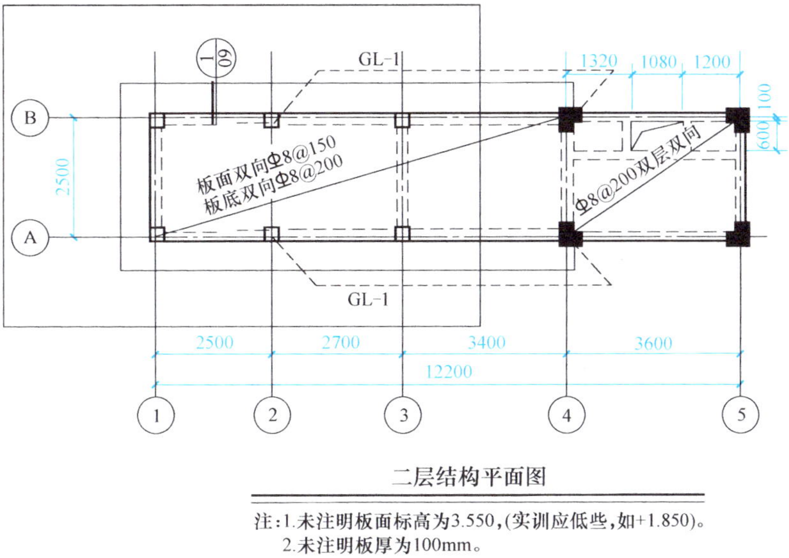

图 5-1-2　板配筋图

表 5-1-5　钢筋含义表

钢筋编号(或位置)	钢筋含义

班级__________ 第__________组 学号：__________ 姓名：__________

十、评价反馈

表 5-1-6 评分表

班级		组名		学号		姓名		
评价指标	评价内容					分值	自己评价	小组评价	教师评价
信息检索	能有效利用网络、图书资源、工作手册查找有用的相关信息等；能用自己的语言有条理地去解释、表达所学知识；能将查到的信息有效地传递到工作中					10 分			
感知工作	熟悉工作岗位，认同工作价值；在工作中能获得满足感					10 分			
参与态度	积极主动参与工作，能吃苦耐劳，崇尚劳动光荣、技能宝贵；与教师、同学之间相互尊重、理解；与教师、同学之间能够保持多向、丰富、适宜的信息交流					10 分			
	探究式学习、自主学习不流于形式，处理好合作学习和独立思考的关系，做到有效学习；能提出有意义的问题或能发表个人见解；能按要求正确操作；能够倾听别人意见、协作共享					10 分			
学习方法	学习方法得当，有工作计划；操作技能符合规范要求；能按要求正确操作；能获得进一步学习的能力					10 分			
工作过程	遵守管理规程，操作过程符合现场管理要求；平时上课的出勤情况和每天完成工种任务情况良好；善于多角度分析问题，能主动发现、提出有价值的问题					15 分			
思维能力	能发现问题、提出问题、分析问题、解决问题					10 分			
自评反馈	按时按质完成工作任务；较好地掌握了专业知识点；具有较强的信息分析能力和理解能力；具有较为全面、严谨的思维能力并能条理清晰地表达成文					25 分			
各方评价得分									
各方评价权重							20%	30%	50%
总得分									
有益的经验和做法									
总结反馈建议									

班级__________　　第__________组　　学号：__________　　姓名：__________

任务2　钢筋混凝土板模板施工

一、任务描述

根据“附录某框架结构工程施工图”“结施-07”二层梁、板配筋图，进行板模板支架搭设、板模板的配制与安装，并按规范要求进行验收。

二、学习目标

1. 知识目标

1）掌握板模板（钢模板）支架搭设方法。

2）掌握板模板（钢模板）的配制与安装方法。

3）掌握板模板（钢模板）搭设的安全技术要领。

2. 能力目标

1）能够按照板模板支架搭设方案完成支架搭设。

2）能够通过完成支架搭设检查加固任务来掌握板模板的安装过程。

3）能够按照规范要求进行板模板的质量验收。

三、任务分析

1. 重点

1）掌握板底支架标高确定。

2）掌握板模板支承节点处做法。

2. 难点

板模板的安装施工。

四、主教材相关知识链接

1）板模板支架搭设方案。

2）板模板的施工操作工艺流程。

3）板模板的具体施工操作。

五、职业素养养成

1）培养学生理论知识学习与实践技能融合的运用能力，重视工序流程，注重上一道工序质量，是为了保障下一道工序的能够按时施工，不做无用功，尽量一次按照质量要求完成，不返工。

2）培养学生节约材料的意识，钢模板的组装、顶层设计拼接尺寸，决定一线施工的成效，为避免浪费时间，要提高工作生产效率。

班级__________　　第__________组　　学号：__________　　姓名：__________

六、任务分组

表 5-2-1　学生任务分配表

<table>
<tr><td>班级</td><td colspan="2"></td><td>组号</td><td></td><td>指导教师</td><td></td></tr>
<tr><td>组长</td><td colspan="2"></td><td>学号</td><td></td><td></td><td></td></tr>
<tr><td rowspan="8">组员</td><td>姓名</td><td>学号</td><td>姓名</td><td>学号</td><td colspan="2"></td></tr>
<tr><td></td><td></td><td></td><td></td><td colspan="2"></td></tr>
<tr><td></td><td></td><td></td><td></td><td colspan="2"></td></tr>
<tr><td></td><td></td><td></td><td></td><td colspan="2"></td></tr>
<tr><td></td><td></td><td></td><td></td><td colspan="2"></td></tr>
<tr><td></td><td></td><td></td><td></td><td colspan="2"></td></tr>
<tr><td></td><td></td><td></td><td></td><td colspan="2"></td></tr>
<tr><td></td><td></td><td></td><td></td><td colspan="2"></td></tr>
<tr><td>任务分工</td><td colspan="6"></td></tr>
</table>

七、任务安排

子任务 1：识读板模板放样图。

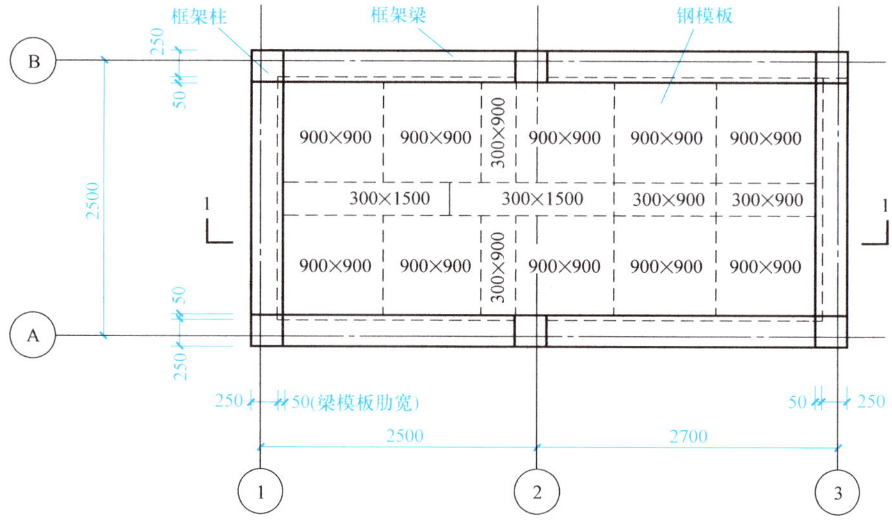

图 5-2-1　二层板模板平面放样图

班级＿＿＿＿＿　第＿＿＿＿＿组　学号：＿＿＿＿＿　姓名：＿＿＿＿＿

子任务 2：绘制板模板支架剖面图。

八、工作方案

子任务 1：准备工具。

表 5-2-2　实训工具表

序号	工具名称	数量	序号	工具名称	数量
1			5		
2			6		
3			7		
4			8		

子任务 2：依据板模板支架搭设方案，正确选用材料和工具。

九、工作实施

子任务 1：板模板的主要施工流程。

子任务 2：搭设板底大横杆要求。

子任务 3：铺设板底小横杆要求。

子任务 4：铺板模板要求。

班级__________ 第__________组 学号：__________ 姓名：__________

十、评价反馈

表 5-2-3 模板工程（现浇结构模板安装）质量验收记录

<table>
<tr><th colspan="2">序号</th><th colspan="4">检查项目要求</th><th>小组检查评定记录</th><th>教师验收记录</th></tr>
<tr><td rowspan="2">主控项目</td><td>1</td><td colspan="4">安装现浇结构的上层模板及其支架时，下层楼板应具有承受上层荷载的承载能力，或加设支架；上、下层支架的立柱应对准，并铺设垫板</td><td></td><td rowspan="10"></td></tr>
<tr><td>2</td><td colspan="4">在涂刷模板隔离剂时，不得沾污钢筋和混凝土接槎处</td><td></td></tr>
<tr><td rowspan="8">一般项目</td><td>1</td><td colspan="4">模板安装应满足下面要求：
1. 模板的接缝不应漏浆；在浇筑混凝土前，木模板应浇水湿润，但模板内不应有积水
2. 模板与混凝土的接触面应清理干净并涂刷隔离剂，但不得采用影响结构性能或防碍装饰工程施工的隔离剂
3. 浇筑混凝土前，模板内的杂物应清理干净
4. 对清水混凝土工程及装饰混凝土工程，应使用能达到设计效果的模板</td><td></td></tr>
<tr><td rowspan="7">2</td><td>项次</td><td colspan="2">项目（现浇结构模板安装）</td><td>允许偏差/mm</td><td></td></tr>
<tr><td>1</td><td colspan="2">轴线位置</td><td>5</td><td></td></tr>
<tr><td>2</td><td colspan="2">底模上表面标高</td><td>±5</td><td></td></tr>
<tr><td>3</td><td>截面内部尺寸</td><td>柱、墙、梁</td><td>+4，-5</td><td></td></tr>
<tr><td>4</td><td>层高垂直度</td><td>不大于 5m</td><td>6</td><td></td></tr>
<tr><td>5</td><td colspan="2">相邻两板表面高低差</td><td>2</td><td></td></tr>
<tr><td>6</td><td colspan="2">表面平整度</td><td>5</td><td></td></tr>
<tr><td colspan="2">实训小组检查评定结果</td><td colspan="6">小组质量检查员：　　　　年　月　日</td></tr>
<tr><td colspan="2">实训指导教师验收结论</td><td colspan="6">实训指导教师：　　　　年　月　日</td></tr>
</table>

班级__________　第__________组　学号：__________　姓名：__________

任务3　钢筋混凝土板钢筋施工

一、任务描述

根据实训任务图纸进行板钢筋的配料、加工、绑扎，并按规范要求进行验收。

二、学习目标

1. 知识目标

1）掌握板钢筋的配料方法。

2）掌握板钢筋加工制作方法。

3）掌握板钢筋板绑扎工艺流程。

2. 能力目标

1）能够按照板配筋图完成钢筋下料计算与下料单填写。

2）能够完成板钢筋制作与绑扎作业。

3）能够按照规范要求进行板钢筋质量验收。

三、任务分析

1. 重点

1）掌握板钢筋构造与连接。

2）掌握板钢筋的下料计算。

2. 难点

板钢筋绑扎安装。

四、主教材相关知识链接

1）板钢筋构造。

2）板钢筋连接。

3）板钢筋下料计算与加工安装。

五、职业素养养成

1）培养板钢筋绑扎的实操能力，要求按照优质工程的做法进行，充分利用实训机会，完成高质量的作品，提升精细化施工管理的良好职业素养。

2）使学生明白楼板作为支承构件，承担楼板上静荷载或动荷载作用，然后传递给梁、梁再传递给柱子，起着承上启下的重要作用。

班级__________ 第__________组 学号：__________ 姓名：__________

六、任务分组

表 5-3-1 学生任务分配表

<table>
<tr><td>班级</td><td></td><td>组号</td><td></td><td>指导教师</td><td></td></tr>
<tr><td>组长</td><td></td><td>学号</td><td></td><td></td><td></td></tr>
<tr><td>组员</td><td colspan="5">
<table>
<tr><td>姓名</td><td>学号</td><td>姓名</td><td>学号</td></tr>
<tr><td></td><td></td><td></td><td></td></tr>
<tr><td></td><td></td><td></td><td></td></tr>
<tr><td></td><td></td><td></td><td></td></tr>
<tr><td></td><td></td><td></td><td></td></tr>
<tr><td></td><td></td><td></td><td></td></tr>
<tr><td></td><td></td><td></td><td></td></tr>
<tr><td></td><td></td><td></td><td></td></tr>
</table>
</td></tr>
<tr><td>任务分工</td><td colspan="5"></td></tr>
</table>

七、任务安排

子任务 1：识读图纸。

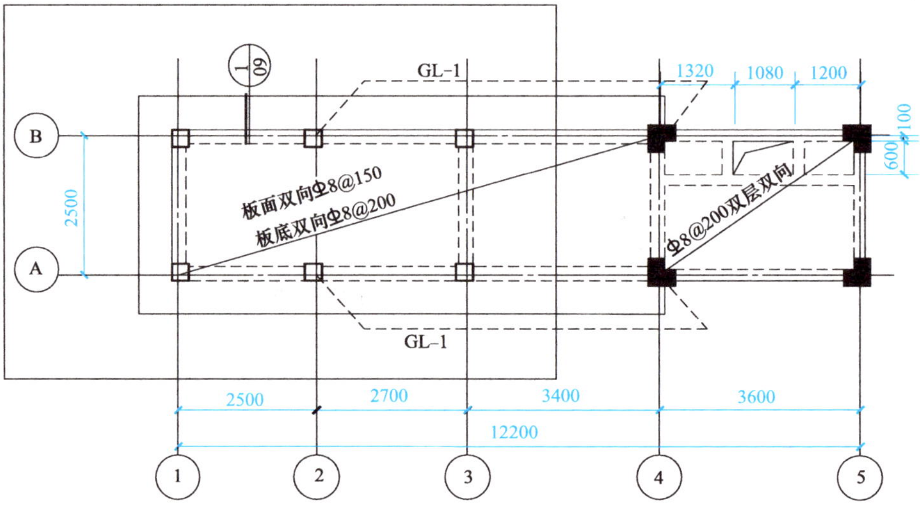

图 5-3-1 二层板配筋图

班级________ 第________组 学号：________ 姓名：________

子任务 2：绘制①~②轴间板短方向截面配筋钢筋排布图。

八、工作方案

子任务 1：准备工具。

表 5-3-2 实训工具表

序号	工具名称	数量	序号	工具名称	数量
1			5		
2			6		
3			7		
4			8		

子任务 2：依据板配筋图，正确选用材料和工具。

九、工作实施

子任务 1：板钢筋下料计算与下料单填写。

表 5-3-3 钢筋下料单

构件名称	钢筋编号	简图及计算公式	钢号及直径	计算长度/mm	根数	质量/kg

子任务 2：板钢筋加工工序与要求。

子任务 3：板钢筋绑扎安装工艺流程。

子任务 4：板钢筋绑扎安装工艺中每一个步骤具体操作要点。

班级__________ 第__________组 学号：__________ 姓名：__________

十、评价反馈

表 5-3-4 钢筋工程（钢筋连接、钢筋安装）质量验收记录

<table>
<tr><th colspan="3">序　　号</th><th colspan="5">检查项目要求</th><th>小组检查评定记录</th><th>教师验收记录</th></tr>
<tr><td rowspan="2">主控项目</td><td>钢筋连接</td><td>1</td><td colspan="5">纵向受力钢筋的连接方式应符合设计要求</td><td></td><td rowspan="15"></td></tr>
<tr><td>钢筋安装</td><td>2</td><td colspan="5">钢筋安装时，受力钢筋的品种、级别、规格和数量必须符合设计要求</td><td></td></tr>
<tr><td rowspan="12">一般项目</td><td rowspan="3">钢筋连接</td><td>1</td><td colspan="5">钢筋的接头宜设置在受力较小处。同一纵向受力钢筋不宜设置两个或两个以上接头。接头末端至钢筋弯起点的距离不应小于钢筋直径的 10 倍</td><td></td></tr>
<tr><td>2</td><td colspan="5">同一构件相邻纵向受力钢筋的绑扎搭接接头宜相互错开，绑扎搭接接头中钢筋的横向净距不应小于钢筋直径，且不应小于 25mm</td><td></td></tr>
<tr><td>3</td><td colspan="5">板、柱类构件的纵向受力钢筋搭接长度范围的箍筋配置</td><td></td></tr>
<tr><td rowspan="9">钢筋安装</td><td rowspan="9">4</td><td>项次</td><td colspan="3">项目（钢筋安装位置）</td><td>允许偏差/mm</td><td></td></tr>
<tr><td rowspan="2">1</td><td colspan="2" rowspan="2">绑扎钢筋骨架</td><td>长</td><td>±10</td><td></td></tr>
<tr><td>宽、高</td><td>±5</td><td></td></tr>
<tr><td rowspan="3">2</td><td colspan="2" rowspan="3">受力钢筋</td><td>间距</td><td>±10</td><td></td></tr>
<tr><td>排距</td><td>±5</td><td></td></tr>
<tr><td>保护层厚度（梁）</td><td>±5</td><td></td></tr>
<tr><td>3</td><td colspan="3">绑扎箍筋、横向钢筋间距</td><td>±20</td><td></td></tr>
<tr><td>4</td><td colspan="3">钢筋弯起点位置</td><td>20</td><td></td></tr>
<tr><td colspan="3">实训小组检查评定结果</td><td colspan="7">小组质量检查员：　　　　　　年　月　日</td></tr>
<tr><td colspan="3">实训指导教师验收结论</td><td colspan="7">实训指导教师：　　　　　　年　月　日</td></tr>
</table>

班级__________　第__________组　学号：__________　姓名：__________

任务4　钢筋混凝土柱、梁、板混凝土施工

一、任务描述

根据前面实训完成的柱、梁、板钢筋模板任务，进行柱、梁、板混凝土浇筑，拆模后并按规范要求进行验收。

二、学习目标

1. 知识目标

1）掌握柱、梁、板混凝土的用量计算方法。

2）掌握柱、梁、板混凝土的施工工艺流程。

2. 能力目标

1）能够按图进行柱、梁、板混凝土的用量计算。

2）能够完成柱、梁、板混凝土浇筑。

3）能按照规范要求进行拆模后混凝土质量验收。

三、任务分析

1. 重点

1）掌握混凝土振捣方法。

2）掌握混凝土顶标高控制方法。

3）掌握混凝土表面抹面方法。

2. 难点

混凝土的用量计算。

四、主教材相关知识链接

1）柱、梁、板混凝土的用量计算方法。

2）柱、梁、板混凝土的施工工艺流程。

3）混凝土质量验收。

五、职业素养养成

1）培养混凝土浇筑的实操能力，按照优质工程的做法进行，充分利用实训机会，完成高质量的作品，提升精细化施工管理的良好职业素养。

2）培养学生吃苦耐劳及团队合作的精神，给学生相互合作提供一个很好的平台。

班级__________ 第__________组 学号：__________ 姓名：__________

六、任务分组

表 5-4-1 学生任务分配表

<table>
<tr><td>班级</td><td></td><td>组号</td><td></td><td>指导教师</td><td></td></tr>
<tr><td>组长</td><td></td><td>学号</td><td></td><td></td><td></td></tr>
<tr><td>组员</td><td colspan="5"><table><tr><td>姓名</td><td>学号</td><td>姓名</td><td>学号</td></tr><tr><td></td><td></td><td></td><td></td></tr><tr><td></td><td></td><td></td><td></td></tr><tr><td></td><td></td><td></td><td></td></tr><tr><td></td><td></td><td></td><td></td></tr><tr><td></td><td></td><td></td><td></td></tr><tr><td></td><td></td><td></td><td></td></tr><tr><td></td><td></td><td></td><td></td></tr></table></td></tr>
<tr><td>任务分工</td><td colspan="5"></td></tr>
</table>

七、任务安排

子任务 1：计算实训柱、梁、板混凝土方量。

____

____

____

____

____

子任务 2：柱、梁、板混凝土浇筑流程。

____

____

____

____

____

班级＿＿＿＿＿＿　第＿＿＿＿＿＿组　学号：＿＿＿＿＿＿　姓名：＿＿＿＿＿＿

八、工作方案

子任务 1：准备工具

表 5-4-2　实训工具表

序号	工具名称	数量	序号	工具名称	数量
1			5		
2			6		
3			7		
4			8		

子任务 2：柱、梁、板混凝土浇筑。

九、工作实施

子任务 1：柱、梁、板混凝土浇筑施工准备。

子任务 2：商品混凝土常用的运输工具。

子任务 3：混凝土浇筑。

如何防止柱混凝土产生离析现象？如何控制楼面混凝土标高？

子任务 4：混凝土养护。

柱混凝土养护方式有哪些？楼面混凝土养护方式有哪些？

班级__________ 第__________组 学号：__________ 姓名：__________

十、评价反馈

表 5-4-3 现浇结构分项工程（结构施工）检验批质量验收记录

序号		检查项目要求				允许偏差/mm	小组检查评定记录	教师验收记录
主控项目	1	现浇结构的外观质量不应有严重缺陷						
	2	现浇结构不应有影响结构性能和使用功能的尺寸偏差						
一般项目	1	现浇结构的外观质量不宜有一般缺陷。对已经出现的一般缺陷,应由施工单位按技术处理方案进行处理,并重新检查验收						
	2	项次	项目(现浇结构)			允许偏差/mm		
		1	轴线位置	1	基础	15		
				2	独立基础	10		
				3	墙、柱、梁	8		
				4	剪力墙	5		
		2	垂直度	层高	≤5m	8		
					>5m	10		
				全高(*H*)		*H*/100 且≤30		
		3	标高	层高		±10		
				全高		±30		
		4	截面尺寸			+8,-5		
		5	电梯井	井筒长、宽对定位中心线		+25,0		
				井筒全高(*H*)垂直度		*H*/1000 且≤30		
		6	表面平整度			8		
		7	预埋设施中心线位置	预埋件		10		
				预埋螺栓		5		
				预埋管		5		
		8	预留洞中心线位置			15		
实训小组检查评定结果	小组质量检查员： 年 月 日							
实训指导教师验收结论	实训指导教师： 年 月 日							

班级__________　　第__________组　　学号：__________　　姓名：__________

项目6　剪力墙施工

任务1　剪力墙施工图识读

一、任务描述

学习图集《混凝土结构施工图平面整体表示方法制图规则和构造详图（现浇混凝土框架、剪力墙、梁、板）》(22G101-1）中剪力墙平法施工图制图规则，完成剪力墙平法施工图的识读。

二、学习目标

1. 知识目标

1）了解剪力墙的组成。

2）熟悉剪力墙的平法制图规则。

2. 能力目标

1）能解释剪力墙平法施工图符号的含义。

2）能看懂剪力墙平法施工图。

三、任务分析

1. 重点

剪力墙柱、墙身、梁识读。

2. 难点

剪力墙墙身水平筋的锚固构造要求。

四、主教材相关知识链接

1）剪力墙的组成。

2）剪力墙的平法制图规则。

五、职业素养养成

在框剪结构中，在识读剪力墙结构施工图纸时，要结合梁结构施工图纸，在剪力墙相应的部位标出框架梁纵筋的锚固位置，判别支座位置钢筋是否冲突而无法锚固，要养成在图纸上作记号的好习惯。

班级__________ 第__________组 学号：__________ 姓名：__________

六、任务分组

表 6-1-1 学生任务分配表

<table>
<tr><td>班级</td><td></td><td>组号</td><td></td><td>指导教师</td><td></td></tr>
<tr><td>组长</td><td></td><td>学号</td><td></td><td></td><td></td></tr>
<tr><td rowspan="8">组员</td><td colspan="5">
<table>
<tr><td>姓名</td><td>学号</td><td>姓名</td><td>学号</td></tr>
<tr><td></td><td></td><td></td><td></td></tr>
<tr><td></td><td></td><td></td><td></td></tr>
<tr><td></td><td></td><td></td><td></td></tr>
<tr><td></td><td></td><td></td><td></td></tr>
<tr><td></td><td></td><td></td><td></td></tr>
<tr><td></td><td></td><td></td><td></td></tr>
<tr><td></td><td></td><td></td><td></td></tr>
</table>
</td></tr>
<tr><td>任务分工</td><td colspan="5"></td></tr>
</table>

七、任务安排

子任务：准备某框剪结构局部施工图纸。

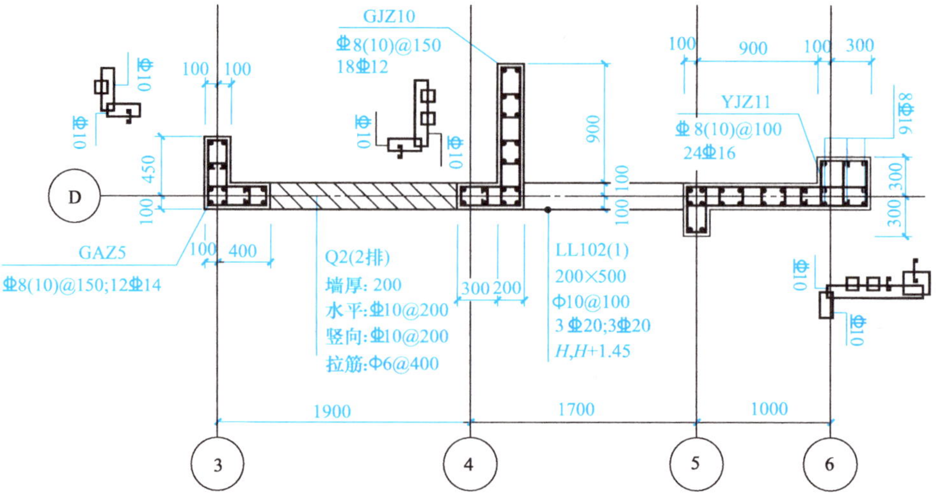

图 6-1-1 框剪结构局部图纸

班级__________ 第__________组 学号：__________ 姓名：__________

八、工作实施

子任务 1：识读图 6-1-1 中剪力墙柱 GAZ5、GJZ10 及 YJZ11，从柱编号、柱截面几何尺寸、纵向钢筋、箍筋、拉筋等方面进行识读，并归纳总结。

子任务 2：识读图 6-1-1 中剪力墙身 Q2，从墙身编号、墙厚尺寸、水平分布钢筋、竖向分布钢筋和拉筋等方面进行识读，并归纳总结。

子任务 3：识读图 6-1-1 中剪力墙梁 LL102，从墙梁编号及跨数、墙梁截面尺寸、墙梁箍筋、上部纵筋、下部纵筋和墙梁顶面标高等方面进行识读，并归纳总结。

班级__________ 第__________组 学号：__________ 姓名：__________

九、评价反馈

表 6-1-2 评分表

班级		组名		学号		姓名		
评价指标	评价内容					分值	自己评价	小组评价	教师评价
信息检索	能有效利用网络、图书资源、工作手册查找有用的相关信息等；能用自己的语言有条理地去解释、表达所学知识；能将查到的信息有效地传递到工作中					10分			
感知工作	熟悉工作岗位，认同工作价值；在工作中能获得满足感					10分			
参与态度	积极主动参与工作，能吃苦耐劳，崇尚劳动光荣、技能宝贵；与教师、同学之间相互尊重、理解；与教师、同学之间能够保持多向、丰富、适宜的信息交流					10分			
	探究式学习、自主学习不流于形式，处理好合作学习和独立思考的关系，做到有效学习；能提出有意义的问题或能发表个人见解；能按要求正确操作；能够倾听别人意见、协作共享					10分			
学习方法	学习方法得当，有工作计划；操作技能符合规范要求；能按要求正确操作；能获得进一步学习的能力					10分			
工作过程	遵守管理规程，操作过程符合现场管理要求；平时上课的出勤情况和每天完成工种任务情况良好；善于多角度分析问题，能主动发现、提出有价值的问题					15分			
思维能力	能发现问题、提出问题、分析问题、解决问题					10分			
自评反馈	按时按质完成工作任务；较好地掌握了专业知识点；具有较强的信息分析能力和理解能力；具有较为全面、严谨的思维能力并能条理清晰地表达成文					25分			
各方评价得分									
各方评价权重							20%	30%	50%
总得分									
有益的经验和做法									
总结反馈建议									

班级__________　　第__________组　　学号：__________　　姓名：__________

任务2　剪力墙钢筋施工

一、任务描述

学习图集《混凝土结构施工图平面整体表示方法制图规则和构造详图（现浇混凝土框架、剪力墙、梁、板）》(22G101-1）以及18G901-1《混凝土结构施工钢筋排布规则与构造详图（现浇混凝土框架、剪力墙、梁、板)》中剪力墙墙柱、墙身及墙梁钢筋连接构造的规定，完成剪力墙钢筋的下料计算、制作、安装并按规范要求进行验。

二、学习目标

1. 知识目标

1）掌握剪力墙钢筋的翻样计算原则。

2）掌握剪力墙钢筋的制作流程。

3）掌握剪力墙钢筋的绑扎工艺。

4）了解剪力墙钢筋的质量验收要求。

2. 能力目标

1）能独自进行剪力墙钢筋的下料计算。

2）会进行剪力墙钢筋的下料制作。

3）会进行剪力墙钢筋的绑扎。

4）能进行剪力墙钢筋的隐蔽工程质量验收。

三、任务分析

1. 重点

1）剪力墙竖向钢筋下料长度及数量计算。

2）剪力墙水平钢筋下料长度及数量计算。

3）剪力墙拉筋下料长度及数量计算。

2. 难点

钢筋锚固长度的确定。

四、主教材相关知识链接

1）剪力墙钢筋分类。

2）剪力墙钢筋下料。

3）剪力墙钢筋施工。

五、职业素养养成

1）能够独自依据图集22G101-1以及18G901-1中剪力墙钢筋的构造要求，对图6-1-1中剪力墙竖向钢筋、水平钢筋以及拉筋的下料长度和数量进行计算。如计算有误，能够自行分析原因并解决。

2）在下料的过程中，能够根据料单上面下料长度选择适合的钢筋长度下料，将钢筋的利用率做到最大化，节约钢材用量，降低项目化教学成本。

3）由于剪力墙钢筋品种繁多，在钢筋绑扎的过程中，确保钢筋的型号和位置正确，绑扎完成后对钢筋进行自验收。

六、任务分组

表 6-2-1 学生任务分配表

<table>
<tr><td>班级</td><td></td><td>组号</td><td></td><td>指导教师</td><td></td></tr>
<tr><td>组长</td><td></td><td>学号</td><td></td><td></td><td></td></tr>
<tr><td>组员</td><td colspan="5">
<table>
<tr><td>姓名</td><td>学号</td><td>姓名</td><td>学号</td></tr>
<tr><td></td><td></td><td></td><td></td></tr>
<tr><td></td><td></td><td></td><td></td></tr>
<tr><td></td><td></td><td></td><td></td></tr>
<tr><td></td><td></td><td></td><td></td></tr>
<tr><td></td><td></td><td></td><td></td></tr>
<tr><td></td><td></td><td></td><td></td></tr>
<tr><td></td><td></td><td></td><td></td></tr>
</table>
</td></tr>
<tr><td>任务分工</td><td colspan="5"></td></tr>
</table>

七、任务安排

子任务 1：图 6-1-1 中有哪些型号的钢筋，分别属于哪根构件？

子任务 2：本次实训中钢筋有哪些型号？

班级__________ 第__________组 学号：__________ 姓名：__________

八、工作方案

子任务 1：准备工具清单。

表 6-2-2 实训工具表

序号	工具名称	数量	序号	工具名称	数量
1			5		
2			6		
3			7		
4			8		

子任务 2：剪力墙钢筋下料、制作、安装。

九、工作实施

子任务 1：标准层剪力墙如图 6-1-1 所示（层高为 2.9m，现浇板为 120mm），计算剪力墙标准层剪力墙钢筋下料长度及数量，填写钢筋下料单。

表 6-2-3 钢筋下料单

构件名称	钢筋编号	钢号及直径	计算过程	简图	计算长度/mm	根数

子任务 2：绘制剪力墙钢筋的排布图。

绘制立面图和平面图时标出钢筋编号（与下料单钢筋编号要一致）。

子任务 3：剪力墙钢筋绑扎施工工艺流程。

班级__________　　第__________组　　学号：__________　　姓名：__________

十、评价反馈

表 6-2-4　评分表

<table>
<tr><td>班级</td><td></td><td>组名</td><td></td><td>学号</td><td></td><td>姓名</td><td colspan="3"></td></tr>
<tr><td>评价指标</td><td colspan="5">评价内容</td><td>分值</td><td>自己评价</td><td>小组评价</td><td>教师评价</td></tr>
<tr><td>信息检索</td><td colspan="5">能有效利用网络、图书资源、工作手册查找有用的相关信息等；能用自己的语言有条理地去解释、表达所学知识；能将查到的信息有效地传递到工作中</td><td>10 分</td><td></td><td></td><td></td></tr>
<tr><td>感知工作</td><td colspan="5">熟悉工作岗位，认同工作价值；在工作中能获得满足感</td><td>10 分</td><td></td><td></td><td></td></tr>
<tr><td rowspan="2">参与态度</td><td colspan="5">积极主动参与工作，能吃苦耐劳，崇尚劳动光荣、技能宝贵；与教师、同学之间相互尊重、理解；与教师、同学之间能够保持多向、丰富、适宜的信息交流</td><td>10 分</td><td></td><td></td><td></td></tr>
<tr><td colspan="5">探究式学习、自主学习不流于形式，处理好合作学习和独立思考的关系，做到有效学习；能提出有意义的问题或能发表个人见解；能按要求正确操作；能够倾听别人意见、协作共享</td><td>10 分</td><td></td><td></td><td></td></tr>
<tr><td>学习方法</td><td colspan="5">学习方法得当，有工作计划；操作技能符合规范要求；能按要求正确操作；能获得进一步学习的能力</td><td>10 分</td><td></td><td></td><td></td></tr>
<tr><td>工作过程</td><td colspan="5">遵守管理规程，操作过程符合现场管理要求；平时上课的出勤情况和每天完成工种任务情况良好；善于多角度分析问题，能主动发现、提出有价值的问题</td><td>15 分</td><td></td><td></td><td></td></tr>
<tr><td>思维能力</td><td colspan="5">能发现问题、提出问题、分析问题、解决问题</td><td>10 分</td><td></td><td></td><td></td></tr>
<tr><td>自评反馈</td><td colspan="5">按时按质完成工作任务；较好地掌握了专业知识点；具有较强的信息分析能力和理解能力；具有较为全面、严谨的思维能力并能条理清晰地表达成文</td><td>25 分</td><td></td><td></td><td></td></tr>
<tr><td colspan="7">各方评价得分</td><td></td><td></td><td></td></tr>
<tr><td colspan="7">各方评价权重</td><td>20%</td><td>30%</td><td>50%</td></tr>
<tr><td colspan="7">总得分</td><td colspan="3"></td></tr>
<tr><td>有益的经验和做法</td><td colspan="9"></td></tr>
<tr><td>总结反馈建议</td><td colspan="9"></td></tr>
</table>

班级__________　　第__________组　　学号：__________　　姓名：__________

任务3　剪力墙模板施工

一、任务描述

依据剪力墙平法结构施工图进行剪力墙模板的配制、安装，并按规范要求进行验收。

二、学习目标

1. 知识目标

1）掌握剪力墙铝合金模板的配制方法。

2）掌握剪力墙铝合金模板的安装工艺。

3）了解剪力墙铝合金模板的质量验收要求。

2. 能力目标

1）能独自配置剪力墙铝合金模板。

2）会进行剪力墙铝合金模板的安装。

3）能进行剪力墙铝合金模板的工程质量验收。

三、任务分析

1. 重点

1）剪力墙铝合金模板配制。

2）剪力墙铝合金模板安装。

2. 难点

剪力墙铝合金模板平面位置及垂直度的控制。

四、主教材相关知识链接

1）内外剪力墙支模方法。

2）保证支模质量的技术措施。

3）模板施工的安全技术。

五、职业素养养成

1）在配置剪力墙铝合金模板的过程中，学生要根据事先绘制的剪力墙模板展开图分工进行，相互配合，提高配模的效率。模板配置完成后要保持原先模板堆放区的整齐。

2）在安装模板的过程中，要注意模板方案的细节，确保所有的销钉、销片、对拉螺栓及支撑安装牢靠；确保混凝土浇筑过程中模板垂直度及平面位置不发生移动。

班级__________ 第__________组 学号：__________ 姓名：__________

六、任务分组

表 6-3-1 学生任务分配表

<table>
<tr><td>班级</td><td></td><td>组号</td><td></td><td>指导教师</td><td></td></tr>
<tr><td>组长</td><td></td><td>学号</td><td></td><td></td><td></td></tr>
<tr><td>组员</td><td colspan="5"><table>
<tr><td>姓名</td><td>学号</td><td>姓名</td><td>学号</td></tr>
<tr><td></td><td></td><td></td><td></td></tr>
<tr><td></td><td></td><td></td><td></td></tr>
<tr><td></td><td></td><td></td><td></td></tr>
<tr><td></td><td></td><td></td><td></td></tr>
<tr><td></td><td></td><td></td><td></td></tr>
<tr><td></td><td></td><td></td><td></td></tr>
<tr><td></td><td></td><td></td><td></td></tr>
</table></td></tr>
<tr><td>任务分工</td><td colspan="5"></td></tr>
</table>

七、任务安排

子任务 1：剪力墙底标高复核（理论值/实测值）。

子任务 2：剪力墙模板边线位置复核。

班级__________　　第__________组　　学号：__________　　姓名：__________

八、工作方案

子任务 1：准备工具清单。

表 6-3-2　实训工具表

序号	工具名称	数量	序号	工具名称	数量
1			5		
2			6		
3			7		
4			8		

子任务 2：剪力墙铝合金模板施工。

九、工作实施

子任务 1：绘制剪力墙铝合金模板配置的展开图。

子任务 2：剪力墙铝合金模板施工要点。

班级__________ 第__________组 学号：__________ 姓名：__________

十、评价反馈

表 6-3-3 评分表

班级		组名		学号		姓名		
评价指标	评价内容					分值	自己评价	小组评价	教师评价
信息检索	能有效利用网络、图书资源、工作手册查找有用的相关信息等；能用自己的语言有条理地去解释、表达所学知识；能将查到的信息有效地传递到工作中					10分			
感知工作	熟悉工作岗位，认同工作价值；在工作中能获得满足感					10分			
参与态度	积极主动参与工作，能吃苦耐劳，崇尚劳动光荣、技能宝贵；与教师、同学之间是否相互尊重、理解；与教师、同学之间是否能够保持多向、丰富、适宜的信息交流					10分			
	探究式学习、自主学习不流于形式，处理好合作学习和独立思考的关系，做到有效学习；能提出有意义的问题或能发表个人见解；能按要求正确操作；能够倾听别人意见、协作共享					10分			
学习方法	学习方法得当，有工作计划；操作技能符合规范要求；能按要求正确操作；能获得进一步学习的能力					10分			
工作过程	遵守管理规程，操作过程符合现场管理要求；平时上课的出勤情况和每天完成工种任务情况良好；善于多角度分析问题，能主动发现、提出有价值的问题					15分			
思维能力	能发现问题、提出问题、分析问题、解决问题					10分			
自评反馈	按时按质完成工作任务；较好地掌握了专业知识点；具有较强的信息分析能力和理解能力；具有较为全面、严谨的思维能力并能条理清晰地表达成文					25分			
各方评价得分									
各方评价权重							20%	30%	50%
总得分									
有益的经验和做法									
总结反馈建议									

班级__________ 第__________组 学号：__________ 姓名：__________

任务4 剪力墙混凝土施工

一、任务描述

完成剪力墙混凝土浇筑。

二、学习目标

1. 知识目标

1）掌握剪力墙混凝土浇筑用量计算。

2）掌握剪力墙混凝土施工工艺流程。

3）了解剪力墙混凝土的质量验收要求。

2. 能力目标

1）能计算剪力墙混凝土浇筑用量。

2）能安排剪力墙混凝土浇筑。

3）能进行剪力墙混凝土施工质量验收。

三、任务分析

1. 重点

1）剪力墙混凝土浇筑注意事项。

2）剪力墙混凝土振捣要求。

2. 难点

混凝土量计算。

四、主教材相关知识链接

1）剪力墙混凝土操作工艺。

2）剪力墙混凝土质量标准。

五、职业素养养成

1）剪力墙混凝土浇筑过程中，严格按照施工方案进行施工，在施工的过程中要注意保护自己，爱护设备及工具，做到安全施工、文明施工。

2）在混凝土浇筑完成后，要认真打扫场地、清洗设备工具并规范摆放器具，要养成热爱劳动的意识。

班级__________ 第__________组 学号：__________ 姓名：__________

六、任务分组

表 6-4-1 学生任务分配表

<table>
<tr><td>班级</td><td></td><td>组号</td><td></td><td>指导教师</td><td></td></tr>
<tr><td>组长</td><td></td><td>学号</td><td></td><td></td><td></td></tr>
<tr><td>组员</td><td colspan="5">
<table>
<tr><td>姓名</td><td>学号</td><td>姓名</td><td>学号</td></tr>
<tr><td></td><td></td><td></td><td></td></tr>
<tr><td></td><td></td><td></td><td></td></tr>
<tr><td></td><td></td><td></td><td></td></tr>
<tr><td></td><td></td><td></td><td></td></tr>
<tr><td></td><td></td><td></td><td></td></tr>
<tr><td></td><td></td><td></td><td></td></tr>
<tr><td></td><td></td><td></td><td></td></tr>
</table>
</td></tr>
<tr><td>任务分工</td><td colspan="5"></td></tr>
</table>

七、任务安排

子任务 1：计算实训剪力墙混凝土方量。

____

____

____

____

____

____

子任务 2：

根据实验室配合比和现场砂石含水率，计算实训剪力墙所需混凝土中各种材料用量。

____

____

____

____

____

班级__________　第__________组　学号：__________　姓名：__________

八、工作方案

子任务 1：准备工具清单。

表 6-4-2　实训工具表

序号	工具名称	数量	序号	工具名称	数量
1			5		
2			6		
3			7		
4			8		

子任务 2：自拌混凝土浇筑剪力墙。

九、工作实施

子任务 1：混凝土搅拌方法有哪种？

子任务 2：剪力墙混凝土浇筑流程及注意事项。

班级＿＿＿＿＿　　第＿＿＿＿＿组　　学号：＿＿＿＿＿　　姓名：＿＿＿＿＿

十、评价反馈

表 6-4-3　评分表

班级		组名		学号		姓名			
评价指标	评价内容					分值	自己评价	小组评价	教师评价
信息检索	能有效利用网络、图书资源、工作手册查找有用的相关信息等；能用自己的语言有条理地去解释、表达所学知识；能将查到的信息有效地传递到工作中					10 分			
感知工作	熟悉工作岗位，认同工作价值；在工作中能获得满足感					10 分			
参与态度	积极主动参与工作，能吃苦耐劳，崇尚劳动光荣、技能宝贵；与教师、同学之间相互尊重、理解；与教师、同学之间能够保持多向、丰富、适宜的信息交流					10 分			
	探究式学习、自主学习不流于形式，处理好合作学习和独立思考的关系，做到有效学习；能提出有意义的问题或能发表个人见解；能按要求正确操作；能够倾听别人意见、协作共享					10 分			
学习方法	学习方法得当，有工作计划；操作技能符合规范要求；能按要求正确操作；能获得进一步学习的能力					10 分			
工作过程	遵守管理规程，操作过程符合现场管理要求；平时上课的出勤情况和每天完成工种任务情况良好；善于多角度分析问题，能主动发现、提出有价值的问题					15 分			
思维能力	能发现问题、提出问题、分析问题、解决问题					10 分			
自评反馈	按时按质完成工作任务；较好地掌握了专业知识点；具有较强的信息分析能力和理解能力；具有较为全面、严谨的思维能力并能条理清晰地表达成文					25 分			
各方评价得分									
各方评价权重							20%	30%	50%
总得分									
有益的经验和做法									
总结反馈建议									

班级__________　　第__________组　　学号：__________　　姓名：__________

项目 7　现浇楼梯施工

任务 1　现浇楼梯施工图识读

一、任务描述

学习现浇混凝土板式楼梯平法施工图制图规则。

二、学习目标

1. 知识目标

1）了解楼梯的分类。

2）掌握楼梯平法施工图制图规则。

2. 能力目标

1）能解释楼梯平法施工图符号的含义。

2）能够识读楼梯平法施工图。

三、任务分析

1. 重点

1）掌握现浇混凝土板式楼梯平面注写方式。

2）掌握现浇混凝土板式楼梯剖面注写与列表注写。

2. 难点

楼梯板配筋构造。

四、主教材相关知识链接

1）现浇混凝土板式楼梯平面注写方式。

2）现浇混凝土板式楼梯剖面注写与列表注写。

3）楼梯板配筋构造。

五、职业素养养成

1）楼梯是楼层间转换平台，楼梯的位置与方向非常重要，通过识读楼梯平法施工图，培养学生们按图施工的能力。

2）通过学生自己查阅相关图集，养成自我学习的能力。

班级__________ 第__________组 学号：__________ 姓名：__________

六、任务分组

表 7-1-1 学生任务分配表

<table>
<tr><td>班级</td><td></td><td>组号</td><td></td><td>指导教师</td><td></td></tr>
<tr><td>组长</td><td></td><td>学号</td><td></td><td></td><td></td></tr>
<tr><td>组员</td><td colspan="5">
<table>
<tr><td>姓名</td><td>学号</td><td>姓名</td><td>学号</td></tr>
<tr><td></td><td></td><td></td><td></td></tr>
<tr><td></td><td></td><td></td><td></td></tr>
<tr><td></td><td></td><td></td><td></td></tr>
<tr><td></td><td></td><td></td><td></td></tr>
<tr><td></td><td></td><td></td><td></td></tr>
<tr><td></td><td></td><td></td><td></td></tr>
<tr><td></td><td></td><td></td><td></td></tr>
</table>
</td></tr>
<tr><td>任务分工</td><td colspan="5"></td></tr>
</table>

七、任务安排

子任务：现浇混凝土板式楼梯平面注写图识读。

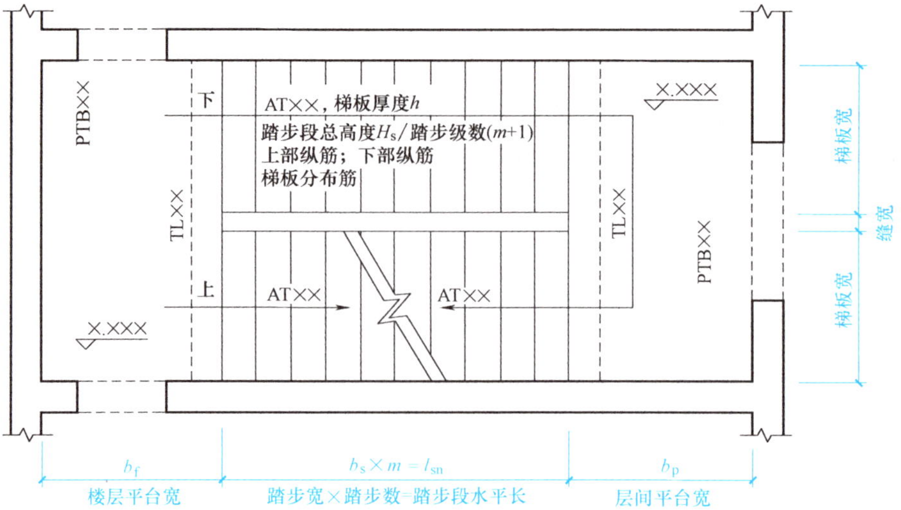

图 7-1-1 AT 型楼梯平面注写方式图

班级__________　　第__________组　　学号：__________　　姓名：__________

八、工作实施

子任务 1：现浇混凝土楼梯的分类。

从结构形式上划分，现浇混凝土楼梯可以分为哪几种？含义分别是什么？

____

____

____

____

____

子任务 2：板式楼梯。

现浇结构楼梯多以板式楼梯为主，板式楼梯所包含的构件一般有（　　　　　）、（　　　　　）、（　　　　　）、（　　　　）和（　　　　　）等。板式楼梯的代号以（　　　　　）表示，其中 AT 型适用条件为（　　　　　　　　　　　　　　　）。

子任务 3：AT 型楼梯平面注写方式。

根据图 7-1-2，理解各标注含义，PTB1 表示（　　　　　　　　　　　　）；TL1（1）表示（　　　　　　　　　）；$h=120$ 表示（　　　　　　　　　）；1800/12 表示（　　　　　　　　　　　　　　　　　　　　　　　）；⏀10@200；⏀12@150 表示（　　　　　　　　　　　　　　　　　　　　　）；F⏀8@250 表示（　　　　　　　　　　　　　　　　　　　　　）。

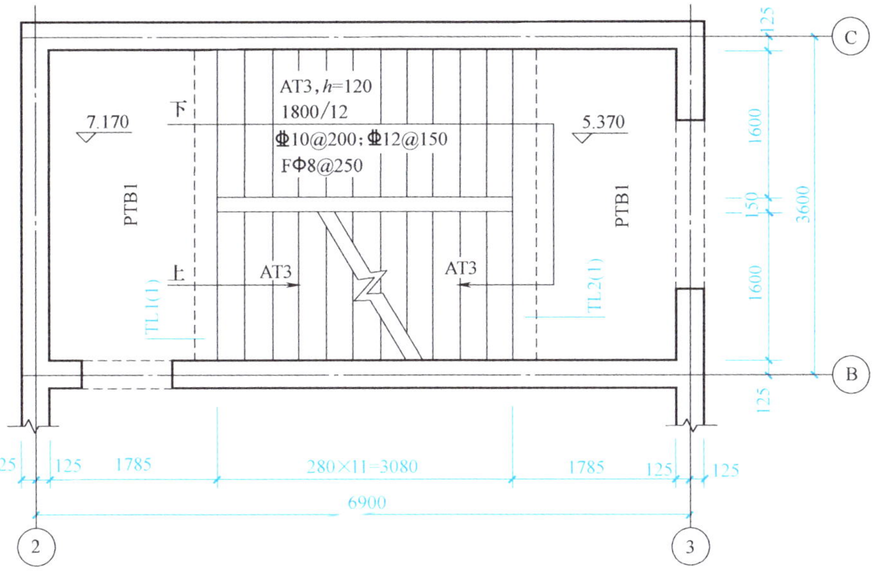

图 7-1-2　AT 型楼梯示例图

子任务 4：AT 型楼梯剖面注写方式。

根据图 7-1-1，理解各标注含义，梯板宽度为（　　　）mm；梯板间缝宽为（　　　）mm；-0.030 标高处楼层平台宽（　　　　　）mm；一层层高为表示（　　　　）mm；踏步宽为（　　　）mm；1.450 标高至 2.770 标高平台间踏步高度为（　　　）mm。

班级__________　第__________组　学号：__________　姓名：__________

九、评价反馈

表 7-1-2　评分表

班级		组名		学号		姓名			
评价指标	评价内容					分值	自己评价	小组评价	教师评价
信息检索	能有效利用网络、图书资源、工作手册查找有用的相关信息等；能用自己的语言有条理地去解释、表达所学知识；能将查到的信息有效地传递到工作中					10 分			
感知工作	熟悉工作岗位，认同工作价值；在工作中能获得满足感					10 分			
参与态度	积极主动参与工作，能吃苦耐劳，崇尚劳动光荣、技能宝贵；与教师、同学之间相互尊重、理解；与教师、同学之间能够保持多向、丰富、适宜的信息交流					10 分			
	探究式学习、自主学习不流于形式，处理好合作学习和独立思考的关系，做到有效学习；能提出有意义的问题或能发表个人见解；能按要求正确操作；能够倾听别人意见、协作共享					10 分			
学习方法	学习方法得当，有工作计划；操作技能符合规范要求；能按要求正确操作；能获得进一步学习的能力					10 分			
工作过程	遵守管理规程，操作过程符合现场管理要求；平时上课的出勤情况和每天完成工种任务情况良好；善于多角度分析问题，能主动发现、提出有价值的问题					15 分			
思维能力	能发现问题、提出问题、分析问题、解决问题					10 分			
自评反馈	按时按质完成工作任务；较好地掌握了专业知识点；具有较强的信息分析能力和理解能力；具有较为全面、严谨的思维能力并能条理清晰地表达成文					25 分			
各方评价得分									
各方评价权重							20%	30%	50%
总得分									
有益的经验和做法									
总结反馈建议									

班级__________　　第__________组　　学号：__________　　姓名：__________

任务2　现浇楼梯模板施工

一、任务描述

根据图纸进行楼梯模板的配制、安装，并按规范要求进行验收。

二、学习目标

1. 知识目标

1）掌握楼梯模板（木模板）支架搭设方法。

2）掌握楼梯模板（木模板）的配制与安装方法。

3）了解楼梯模板的质量验收要求。

2. 能力目标

1）能够按照楼梯模板支架搭设方案完成支架搭设。

2）能够进行楼梯模板的配制与安装。

3）能进行楼梯模板的工程质量验收。

三、任务分析

1. 重点

1）掌握楼梯模板（木模板）的配制方法。

2）掌握楼梯模板（木模板）的安装方法。

2. 难点

楼梯模板（木模板）的安装。

四、相关知识链接

1）楼梯模板（木模板）的配制。

2）楼梯模板（木模板）的安装。

五、职业素养养成

1）楼梯模板的位置决定了成形后楼梯的位置，培养学生按图施工的习惯。

2）培养学生的节约材料意识，相对来说楼梯的尺寸较小，一般所用模板尺寸较小，所以应充分利用大模板切割的剩料。

班级__________ 第__________组 学号：__________ 姓名：__________

六、任务分组

表 7-2-1 学生任务分配表

班级		组号		指导教师	
组长		学号			

组员：

姓名	学号	姓名	学号

任务分工	

七、任务安排

子任务 1：楼梯模板制作方法和要求。

子任务 2：楼梯模板安装流程和要求。

____
____
____
____
____
____
____
____
____
____

八、工作实施

子任务 1：楼梯模板制作方法和要求。

楼梯梯段模板由哪几部分组成的？

____
____
____
____
____
____
____
____
____
____
____

子任务 2：楼梯模板安装流程和要求。

楼梯模板安装主要流程有哪些？

____
____
____
____
____
____
____
____
____
____
____

班级__________ 第__________组 学号：__________ 姓名：__________

九、评价反馈

表 7-2-2 评分表

<table>
<tr><td>班级</td><td></td><td>组名</td><td></td><td>学号</td><td></td><td>姓名</td><td colspan="3"></td></tr>
<tr><td>评价指标</td><td colspan="5">评价内容</td><td>分值</td><td>自己评价</td><td>小组评价</td><td>教师评价</td></tr>
<tr><td>信息检索</td><td colspan="5">能有效利用网络、图书资源、工作手册查找有用的相关信息等；能用自己的语言有条理地去解释、表达所学知识；能将查到的信息有效地传递到工作中</td><td>10 分</td><td></td><td></td><td></td></tr>
<tr><td>感知工作</td><td colspan="5">熟悉工作岗位，认同工作价值；在工作中能获得满足感</td><td>10 分</td><td></td><td></td><td></td></tr>
<tr><td rowspan="2">参与态度</td><td colspan="5">积极主动参与工作，能吃苦耐劳，崇尚劳动光荣、技能宝贵；与教师、同学之间相互尊重、理解；与教师、同学之间能够保持多向、丰富、适宜的信息交流</td><td>10 分</td><td></td><td></td><td></td></tr>
<tr><td colspan="5">探究式学习、自主学习不流于形式，处理好合作学习和独立思考的关系，做到有效学习；能提出有意义的问题或能发表个人见解；能按要求正确操作；能够倾听别人意见、协作共享</td><td>10 分</td><td></td><td></td><td></td></tr>
<tr><td>学习方法</td><td colspan="5">学习方法得当，有工作计划；操作技能符合规范要求；能按要求正确操作；能获得进一步学习的能力</td><td>10 分</td><td></td><td></td><td></td></tr>
<tr><td>工作过程</td><td colspan="5">遵守管理规程，操作过程符合现场管理要求；平时上课的出勤情况和每天完成工种任务情况良好；善于多角度分析问题，能主动发现、提出有价值的问题</td><td>15 分</td><td></td><td></td><td></td></tr>
<tr><td>思维能力</td><td colspan="5">能发现问题、提出问题、分析问题、解决问题</td><td>10 分</td><td></td><td></td><td></td></tr>
<tr><td>自评反馈</td><td colspan="5">按时按质完成工作任务；较好地掌握了专业知识点；具有较强的信息分析能力和理解能力；具有较为全面、严谨的思维能力并能条理清晰地表达成文</td><td>25 分</td><td></td><td></td><td></td></tr>
<tr><td colspan="7">各方评价得分</td><td></td><td></td><td></td></tr>
<tr><td colspan="7">各方评价权重</td><td>20%</td><td>30%</td><td>50%</td></tr>
<tr><td colspan="7">总得分</td><td colspan="3"></td></tr>
<tr><td>有益的经验和做法</td><td colspan="9"></td></tr>
<tr><td>总结反馈建议</td><td colspan="9"></td></tr>
</table>

班级__________ 第__________组 学号：__________ 姓名：__________

任务3 现浇楼梯钢筋施工

一、任务描述

根据任务图纸进行楼梯钢筋的配料、加工、绑扎，并按规范要求进行验收。

二、学习目标

1. 知识目标

1）掌握楼梯钢筋配料方法。

2）掌握楼梯钢筋加工制作方法。

3）掌握楼梯钢筋绑扎工艺流程。

2. 能力目标

1）能够按照楼梯配筋图完成钢筋下料计算与下料单填写。

2）能够完成楼梯钢筋制作与绑扎作业。

3）能够按照规范要求进行楼梯钢筋质量验收。

三、任务分析

1. 重点

1）掌握楼梯钢筋构造与连接。

2）掌握楼梯钢筋的下料计算。

2. 难点

楼梯钢筋的下料计算。

四、主教材相关知识链接

1）楼梯钢筋下料计算。

2）楼梯钢筋加工安装。

五、职业素养养成

1）钢筋下料计算是钢筋工程的重点与难点，通过楼梯钢筋下料计算培养学生钢筋计算能力，及分析问题与解决问题的能力。

2）在下料的过程中，能够根据料单上的下料长度选择适合的钢筋长度下料，将钢筋的利用率做到最大化，节约钢材用量，降低项目成本。

班级__________　　第__________组　　学号：__________　　姓名：__________

六、任务分组

表 7-3-1　学生任务分配表

<table>
<tr><td>班级</td><td></td><td>组号</td><td></td><td>指导教师</td><td></td></tr>
<tr><td>组长</td><td></td><td>学号</td><td></td><td></td><td></td></tr>
<tr><td>组员</td><td colspan="5"><table>
<tr><td>姓名</td><td>学号</td><td>姓名</td><td>学号</td></tr>
<tr><td></td><td></td><td></td><td></td></tr>
<tr><td></td><td></td><td></td><td></td></tr>
<tr><td></td><td></td><td></td><td></td></tr>
<tr><td></td><td></td><td></td><td></td></tr>
<tr><td></td><td></td><td></td><td></td></tr>
<tr><td></td><td></td><td></td><td></td></tr>
<tr><td></td><td></td><td></td><td></td></tr>
</table></td></tr>
<tr><td>任务分工</td><td colspan="5"></td></tr>
</table>

班级__________ 第__________组 学号：__________ 姓名：__________

七、任务安排

子任务 1：楼梯钢筋的下料计算。

子任务 2：楼梯钢筋的施工过程。

八、工作实施

子任务 1：楼梯钢筋下料计算与下料单填写。

表 7-3-2 钢筋下料单

构件名称	钢筋编号	简图及计算公式	钢号及直径	计算长度/mm	根数	质量/kg

子任务 2：楼梯钢筋加工工序与要求。

子任务 3：楼梯钢筋绑扎安装工艺流程。

班级__________　　第__________组　　学号：__________　　姓名：__________

九、评价反馈

表 7-3-3　钢筋工程（钢筋连接、钢筋安装）质量验收记录

<table>
<tr><th colspan="3">序　号</th><th colspan="4">检查项目要求</th><th>小组检查评定记录</th><th>教师验收记录</th></tr>
<tr><td rowspan="2">主控项目</td><td>钢筋连接</td><td>1</td><td colspan="4">纵向受力钢筋的连接方式应符合设计要求</td><td></td><td rowspan="13"></td></tr>
<tr><td>钢筋安装</td><td>2</td><td colspan="4">钢筋安装时，受力钢筋的品种、级别、规格和数量必须符合设计要求</td><td></td></tr>
<tr><td rowspan="11">一般项目</td><td rowspan="3">钢筋连接</td><td>1</td><td colspan="4">钢筋的接头宜设置在受力较小处。同一纵向受力钢筋不宜设置两个或两个以上接头。接头末端至钢筋弯起点的距离不应小于钢筋直径的 10 倍</td><td></td></tr>
<tr><td>2</td><td colspan="4">同一构件相邻纵向受力钢筋的绑扎搭接接头宜相互错开，绑扎搭接接头中钢筋的横向净距不应小于钢筋直径，且不应小于 25mm</td><td></td></tr>
<tr><td>3</td><td colspan="4">楼梯、柱类构件的纵向受力钢筋搭接长度范围的箍筋配置</td><td></td></tr>
<tr><td rowspan="8">钢筋安装</td><td rowspan="8">4</td><td>项次</td><td colspan="2">项目（钢筋安装位置）</td><td>允许偏差/mm</td><td></td></tr>
<tr><td rowspan="2">1</td><td rowspan="2">绑扎钢筋骨架</td><td>长</td><td>±10</td><td></td></tr>
<tr><td>宽、高</td><td>±5</td><td></td></tr>
<tr><td rowspan="3">2</td><td rowspan="3">受力钢筋</td><td>间距</td><td>±10</td><td></td></tr>
<tr><td>排距</td><td>±5</td><td></td></tr>
<tr><td>保护层厚度（梁）</td><td>±5</td><td></td></tr>
<tr><td>3</td><td colspan="2">绑扎箍筋、横向钢筋间距</td><td>±20</td><td></td></tr>
<tr><td>4</td><td colspan="2">钢筋弯起点位置</td><td>20</td><td></td></tr>
<tr><td colspan="3">实训小组检查评定结果</td><td colspan="6">小组质量检查员：　　　　　年　月　日</td></tr>
<tr><td colspan="3">实训指导教师验收结论</td><td colspan="6">实训指导教师：　　　　　年　月　日</td></tr>
</table>

班级__________ 第__________组 学号：__________ 姓名：__________

任务4 现浇楼梯混凝土施工

一、任务描述

根据前面实训完成的楼梯的模板钢筋任务，进行楼梯混凝土浇筑，拆模后并按规范要求进行验收。

二、学习目标

1. 知识目标

1）掌握楼梯混凝土的用量计算方法。

2）掌握楼梯混凝土的施工工艺流程。

2. 能力目标

1）能够按图进行楼梯混凝土的用量计算。

2）能够完成板楼梯混凝土浇筑。

3）能按照规范要求进行拆模后混凝土质量验收。

三、任务分析

1. 重点

1）掌握混凝土振捣方法。

2）掌握混凝土表面抹面方法。

2. 难点

混凝土的用量计算。

四、主教材相关知识链接

1）楼梯混凝土的用量计算方法。

2）楼梯混凝土的施工工艺流程。

3）混凝土质量验收。

五、职业素养养成

1）培养混凝土浇筑的实操能力，按照优质工程的做法进行，充分利用实训机会，完成高质量的作品，提升精细化施工管理的良好职业素养。

2）培养学生吃苦耐劳及团队合作的精神，给学生相互合作提供一个很好的平台。

班级__________　　第__________组　　学号：__________　　姓名：__________

六、任务分组

表 7-4-1　学生任务分配表

<table>
<tr><td>班级</td><td></td><td>组号</td><td></td><td>指导教师</td><td></td></tr>
<tr><td>组长</td><td></td><td>学号</td><td></td><td></td><td></td></tr>
<tr><td>组员</td><td colspan="5">
<table>
<tr><td>姓名</td><td>学号</td><td>姓名</td><td>学号</td></tr>
<tr><td></td><td></td><td></td><td></td></tr>
<tr><td></td><td></td><td></td><td></td></tr>
<tr><td></td><td></td><td></td><td></td></tr>
<tr><td></td><td></td><td></td><td></td></tr>
<tr><td></td><td></td><td></td><td></td></tr>
<tr><td></td><td></td><td></td><td></td></tr>
<tr><td></td><td></td><td></td><td></td></tr>
</table>
</td></tr>
<tr><td>任务分工</td><td colspan="5"></td></tr>
</table>

班级__________　第__________组　学号：__________　姓名：__________

七、任务安排

子任务 1：计算实训楼梯混凝土方量。

____
____
____
____
____
____
____
____

子任务 2：楼梯混凝土浇筑流程。

____
____
____
____
____
____
____
____

八、工作实施

子任务 1：楼梯混凝土浇筑施工准备。

____
____
____
____
____
____
____

子任务 2：混凝土浇筑。

如何保证楼梯踏面混凝土平整？

____
____
____
____
____
____
____

班级__________　　第__________组　　学号：__________　　姓名：__________

九、评价反馈

表 7-4-2　评分表

班级		组名		学号		姓名		
评价指标	评价内容					分值	自己评价	小组评价	教师评价
信息检索	能有效利用网络、图书资源、工作手册查找有用的相关信息等；能用自己的语言有条理地去解释、表达所学知识；能将查到的信息有效地传递到工作中					10 分			
感知工作	熟悉工作岗位，认同工作价值；在工作中能获得满足感					10 分			
参与态度	积极主动参与工作，能吃苦耐劳，崇尚劳动光荣、技能宝贵；与教师、同学之间相互尊重、理解；与教师、同学之间能够保持多向、丰富、适宜的信息交流					10 分			
	探究式学习、自主学习不流于形式，处理好合作学习和独立思考的关系，做到有效学习；能提出有意义的问题或能发表个人见解；能按要求正确操作；能够倾听别人意见、协作共享					10 分			
学习方法	学习方法得当，有工作计划；操作技能符合规范要求；能按要求正确操作；能获得进一步学习的能力					10 分			
工作过程	遵守管理规程，操作过程符合现场管理要求；平时上课的出勤情况和每天完成工种任务情况良好；善于多角度分析问题，能主动发现、提出有价值的问题					15 分			
思维能力	能发现问题、提出问题、分析问题、解决问题					10 分			
自评反馈	按时按质完成工作任务；较好地掌握了专业知识点；具有较强的信息分析能力和理解能力；具有较为全面、严谨的思维能力并能条理清晰地表达成文					25 分			
各方评价得分									
各方评价权重							20%	30%	50%
总得分									
有益的经验和做法									
总结反馈建议									

班级__________　　第__________组　　学号：__________　　姓名：__________

项目8　高层建筑施工

任务1　高层建筑测量

一、任务描述

学习高层建筑测量的特点及其原理，能够掌握高层建筑的常用测量方法，正确进行仪器使用，针对高层建筑案例工程，编制一份测量方案。

二、学习目标

1. 知识目标

1）熟悉高层建筑施工测量的主要任务，能够将建筑物的基础轴线准确地向高层引测，学会控制与检核轴线向上投测的竖向偏差。

2）熟悉高层建筑物轴线的竖向投测，外控法和内控法两种方法。

3）学会常见的标高传递方法，悬吊钢尺法和全站仪天顶测距法。

2. 能力目标

1）能够将建筑物的基础轴线准确的向高层引测。

2）掌握激光铅垂仪法进行楼层轴线投测。

3）能够使用全站仪天顶测距法进行标高的传递。

三、任务分析

1. 重点

1）掌握建筑物轴线的竖向投测外控法。

2）掌握建筑物轴线的竖向投测内控法。

2. 难点

测量仪器使用。

四、主教材相关知识链接

1）高层建筑的轴线投测。

2）高层建筑物的标高传递。

五、职业素养养成

1）在测量仪器使用中，培养学生善于观察、仔细学习的能力；通过示范引领，培养学生能够自主练习巩固，锻炼熟练运用仪器的动手能力。

2）在高层建筑的轴线投测任务中，锻炼学生理论学习与实践掌握融会贯通的能力，达到不断练习、反复操作、提升精确度、完成精益求精的目标。

六、任务分组

表 8-1-1 学生任务分配表

班级		组号		指导教师	
组长		学号			
组员	姓名	学号	姓名	学号	
任务分工					

七、任务安排

子任务 1：高层建筑物轴线的竖向投测方法。

____

____

____

____

____

子任务 2：高层建筑物的高程传递方法。

____

____

____

____

____

班级__________ 第__________组 学号：__________ 姓名：__________

八、工作方案

子任务 1：准备工具

表 8-1-2 实训工具表

序号	工具名称	数量	序号	工具名称	数量
1			5		
2			6		
3			7		
4			8		

子任务 2：依据测量方案，正确选用材料和工具。

九、工作实施

子任务 1：内控法轴线控制点的设置。

子任务 2：吊线坠法的具体步骤。

子任务 3：激光铅垂仪法的具体测设过程。

子任务 4：练习利用实训场地进行吊线坠法施工。

子任务 5：练习利用实训场地进行激光铅垂仪法复核。

子任务 6：练习巩固

根据高层建筑案例工程，编制一份测量方案。

班级__________ 第__________组 学号：__________ 姓名：__________

十、评价反馈

表 8-1-3 评分表

<table>
<tr><td>班级</td><td></td><td>组名</td><td></td><td>学号</td><td></td><td>姓名</td><td colspan="3"></td></tr>
<tr><td>评价指标</td><td colspan="5">评价内容</td><td>分值</td><td>自己评价</td><td>小组评价</td><td>教师评价</td></tr>
<tr><td>信息检索</td><td colspan="5">能有效利用网络、图书资源、工作手册查找有用的相关信息等；能用自己的语言有条理地去解释、表达所学知识；能将查到的信息有效地传递到工作中</td><td>10 分</td><td></td><td></td><td></td></tr>
<tr><td>感知工作</td><td colspan="5">熟悉工作岗位，认同工作价值；在工作中能获得满足感</td><td>10 分</td><td></td><td></td><td></td></tr>
<tr><td rowspan="2">参与态度</td><td colspan="5">积极主动参与工作，能吃苦耐劳，崇尚劳动光荣、技能宝贵；与教师、同学之间相互尊重、理解；与教师、同学之间能够保持多向、丰富、适宜的信息交流</td><td>10 分</td><td></td><td></td><td></td></tr>
<tr><td colspan="5">探究式学习、自主学习不流于形式，处理好合作学习和独立思考的关系，做到有效学习；能提出有意义的问题或能发表个人见解；能按要求正确操作；能够倾听别人意见、协作共享</td><td>10 分</td><td></td><td></td><td></td></tr>
<tr><td>学习方法</td><td colspan="5">学习方法得当，有工作计划；操作技能符合规范要求；能按要求正确操作；能获得进一步学习的能力</td><td>10 分</td><td></td><td></td><td></td></tr>
<tr><td>工作过程</td><td colspan="5">遵守管理规程，操作过程符合现场管理要求；平时上课的出勤情况和每天完成工种任务情况良好；善于多角度分析问题，能主动发现、提出有价值的问题</td><td>15 分</td><td></td><td></td><td></td></tr>
<tr><td>思维能力</td><td colspan="5">能发现问题、提出问题、分析问题、解决问题</td><td>10 分</td><td></td><td></td><td></td></tr>
<tr><td>自评反馈</td><td colspan="5">按时按质完成工作任务；较好地掌握了专业知识点；具有较强的信息分析能力和理解能力；具有较为全面、严谨的思维能力并能条理清晰地表达成文</td><td>25 分</td><td></td><td></td><td></td></tr>
<tr><td colspan="7">各方评价得分</td><td></td><td></td><td></td></tr>
<tr><td colspan="7">各方评价权重</td><td>20%</td><td>30%</td><td>50%</td></tr>
<tr><td colspan="7">总得分</td><td colspan="3"></td></tr>
<tr><td>有益的经验和做法</td><td colspan="9"></td></tr>
<tr><td>总结反馈建议</td><td colspan="9"></td></tr>
</table>

班级__________　第__________组　学号：__________　姓名：__________

任务2　高层建筑垂直运输

一、任务描述

对于一般的高层建筑，能够根据工程实际情况完成高层建筑起重体系方案的选择，掌握塔式起重机的种类和特点，了解施工电梯的种类、特点及适用范围，掌握混凝土泵的种类、工作原理、特点及位置。

二、学习目标

1. 知识目标

1）掌握高层建筑垂直运输机械的分类。

2）掌握垂直运输机械的安全保护装置、安装与拆卸以及安全使用方法。

3）掌握施工机具安全操作管理要求。

2. 能力目标

1）能够依据施工组织设计方案选择何时的垂直运输机械。

2）能够掌握混凝土泵的安全操作要求。

3）能够按照规范要求检查管理施工现场的垂直运输机械。

三、任务分析

1. 重点

1）掌握垂直运输机械的分类。

2）掌握垂直运输机械的安全保护装置、安装与拆卸以及安全使用。

2. 难点

能够按照规范要求检查管理施工现场的垂直运输机械。

四、主教材相关知识链接

1）塔式起重机。

2）施工外用电梯。

3）混凝土泵。

五、职业素养养成

1）在垂直运输机械方案编制过程中，考察学生的规范查阅选用能力；运用所学知识整理完善方案，方案的细致编写是全过程安全管理的重要依据。

2）在垂直运输机械安装、拆除管理过程中，培养学生的高处作业安全管理意识，时刻要把安全第一放在心中；同时也检验学生是否具备将所学的“建筑工程安全管理”课程中施工现场机械安全管理的知识与实践结合应用的能力。

班级__________　　第__________组　　学号：__________　　姓名：__________

六、任务分组

表 8-2-1　学生任务分配表

<table>
<tr><td>班级</td><td></td><td>组号</td><td></td><td>指导教师</td><td></td></tr>
<tr><td>组长</td><td></td><td>学号</td><td></td><td></td><td></td></tr>
<tr><td>组员</td><td colspan="5">
<table>
<tr><td>姓名</td><td>学号</td><td>姓名</td><td>学号</td></tr>
<tr><td></td><td></td><td></td><td></td></tr>
<tr><td></td><td></td><td></td><td></td></tr>
<tr><td></td><td></td><td></td><td></td></tr>
<tr><td></td><td></td><td></td><td></td></tr>
<tr><td></td><td></td><td></td><td></td></tr>
<tr><td></td><td></td><td></td><td></td></tr>
<tr><td></td><td></td><td></td><td></td></tr>
</table>
</td></tr>
<tr><td>任务分工</td><td colspan="5"></td></tr>
</table>

七、任务安排

子任务 1：查阅《建筑施工起重吊装工程安全技术规范》（JGJ 276—2012），掌握起重机安装与拆卸的要求。

____

____

____

____

____

____

子任务 2：结合知识的积累与规范查阅，熟悉混凝土泵的安全操作要点。

____

____

____

____

____

____

班级__________ 第__________组 学号：__________ 姓名：__________

八、工作方案

子任务 1：塔式起重机的平面布置要求。

子任务 2：施工电梯选择要求。

子任务 3：混凝土泵选择要求。

子任务 4：垂直运输机械的安全管理要求。

班级________ 第________组 学号：________ 姓名：________

九、评价反馈

表 8-2-2 评分表

班级		组名		学号		姓名			
评价指标	评价内容					分值	自己评价	小组评价	教师评价
信息检索	能有效利用网络、图书资源、工作手册查找有用的相关信息等；能用自己的语言有条理地去解释、表达所学知识；能将查到的信息有效地传递到工作中					10分			
感知工作	熟悉工作岗位，认同工作价值；在工作中能获得满足感					10分			
参与态度	积极主动参与工作，能吃苦耐劳，崇尚劳动光荣、技能宝贵；与教师、同学之间相互尊重、理解；与教师、同学之间能够保持多向、丰富、适宜的信息交流					10分			
	探究式学习、自主学习不流于形式，处理好合作学习和独立思考的关系，做到有效学习；能提出有意义的问题或能发表个人见解；能按要求正确操作；能够倾听别人意见、协作共享					10分			
学习方法	学习方法得当，有工作计划；操作技能符合规范要求；能按要求正确操作；能获得进一步学习的能力					10分			
工作过程	遵守管理规程，操作过程符合现场管理要求；平时上课的出勤情况和每天完成工种任务情况良好；善于多角度分析问题，能主动发现、提出有价值的问题					15分			
思维能力	能发现问题、提出问题、分析问题、解决问题					10分			
自评反馈	按时按质完成工作任务；较好地掌握了专业知识点；具有较强的信息分析能力和理解能力；具有较为全面、严谨的思维能力并能条理清晰地表达成文					25分			
各方评价得分									
各方评价权重							20%	30%	50%
总得分									
有益的经验和做法									
总结反馈建议									

班级__________ 第__________组 学号：__________ 姓名：__________

任务3 高层建筑钢筋工程

一、任务描述

对于一般的高层建筑，能够根据工程实际情况完成钢筋工程施工方案的编制。

二、学习目标

1. 知识目标

1）掌握高层建筑钢筋工程的施工准备工作。

2）熟悉《混凝土结构施工图平面整体表示方法制图规则和构造详图》（22G101-3）、《混凝土结构施工钢筋排布规则和构造详图》（18G901-3）等相关图集。

3）掌握高层建筑钢筋的施工要点。

2. 能力目标

1）能够掌握筏板基础和主体钢筋施工工艺流程。

2）能够进行基础和主体钢筋制作与绑扎作业。

3）能够按照规范要求进行钢筋隐蔽工程质量验收。

三、任务分析

1. 重点

1）掌握钢筋加工制作要求。

2）掌握钢筋绑扎工艺流程与要求。

2. 难点

梁钢筋绑扎安装规范要求。

四、主教材相关知识链接

1）高层建筑钢筋工程的施工准备。

2）基础钢筋施工。

3）主体钢筋施工。

五、职业素养养成

1）培养高层建筑钢筋工程施工准备的充分能力，熟悉整个施工工艺流程，具备施工负责人的统筹现场、综合协调、进度控制与质量把控能力。

2）学生通过钢筋工程施工方案的编制，培养专业知识的积累综合运用能力，具备较强的责任心，考虑问题要全面，千里之堤、毁于蚁穴，对待建筑工程要具有工匠精神，要做出精品，让质量经受得起时间的考验。

班级__________　第__________组　学号：__________　姓名：__________

六、任务分组

表 8-3-1　学生任务分配表

班级		组号		指导教师	
组长		学号			
组员					
任务分工					

组员：

姓名	学号	姓名	学号

班级＿＿＿＿＿　第＿＿＿＿＿组　学号：＿＿＿＿＿　姓名：＿＿＿＿＿

七、任务安排

子任务 1：高层建筑钢筋工程的施工准备工作。

子任务 2：查阅 18G901-3 图集，抄绘平板式筏形基础平板边缘侧面封边构造图。

八、工作方案

子任务 1：筏形基础钢筋加工制作要求。

子任务 2：筏板钢筋绑扎施工顺序。

子任务 3：绑扎筏板下层钢筋要求。

子任务 4：绑扎筏板上层钢筋要求。

子任务 5：筏板钢筋完成后，绑扎柱插筋和墙插筋要求。

班级__________ 第__________组 学号：__________ 姓名：__________

九、评价反馈

表 8-3-2 评分表

班级		组名		学号		姓名		
评价指标	评价内容					分值	自己评价	小组评价	教师评价
信息检索	能有效利用网络、图书资源、工作手册查找有用的相关信息等；能用自己的语言有条理地去解释、表达所学知识；能将查到的信息有效地传递到工作中					10 分			
感知工作	熟悉工作岗位，认同工作价值；在工作中能获得满足感					10 分			
参与态度	积极主动参与工作，能吃苦耐劳，崇尚劳动光荣、技能宝贵；与教师、同学之间相互尊重、理解；与教师、同学之间能够保持多向、丰富、适宜的信息交流					10 分			
	探究式学习、自主学习不流于形式，处理好合作学习和独立思考的关系，做到有效学习；能提出有意义的问题或能发表个人见解；能按要求正确操作；能够倾听别人意见、协作共享					10 分			
学习方法	学习方法得当，有工作计划；操作技能符合规范要求；能按要求正确操作；能获得进一步学习的能力					10 分			
工作过程	遵守管理规程，操作过程符合现场管理要求；平时上课的出勤情况和每天完成工种任务情况良好；善于多角度分析问题，能主动发现、提出有价值的问题					15 分			
思维能力	能发现问题、提出问题、分析问题、解决问题					10 分			
自评反馈	按时按质完成工作任务；较好地掌握了专业知识点；具有较强的信息分析能力和理解能力；具有较为全面、严谨的思维能力并能条理清晰地表达成文					25 分			
各方评价得分									
各方评价权重							20%	30%	50%
总得分									
有益的经验和做法									
总结反馈建议									

班级__________ 第__________组 学号：__________ 姓名：__________

任务4 高层建筑模板系统

一、任务描述

通过高层建筑模板系统的学习，根据工程实际情况，可以完成一般的高层建筑模板工程施工方案的编制。

二、学习目标

1. 知识目标

1）掌握高层建筑模板的类型。

2）掌握高层建筑模板工程的施工要点。

2. 能力目标

1）根据实物，能够辨别建筑模板的类型。

2）能够根据工程实际情况，可以自行编制高层建筑模板工程专项方案。

三、任务分析

1. 重点

1）滑模组成。

2）掌握滑模施工技术要点。

2. 难点

模板的滑升。

四、主教材相关知识链接

1）模板工程的组成和基本要求。

2）模板体系的选择依据。

3）大模板体系。

4）滑模体系。

5）爬模体系。

6）滑模与爬模工艺技术的主要异同点。

五、职业素养养成

学生通过编制一般的高层建筑模板工程施工方案，培养自学能力，锻炼专业知识综合运用能力、理论联系实际能力。

班级__________ 第__________组 学号：__________ 姓名：__________

六、任务分组

表 8-4-1 学生任务分配表

<table>
<tr><td>班级</td><td></td><td>组号</td><td></td><td>指导教师</td><td></td></tr>
<tr><td>组长</td><td></td><td>学号</td><td></td><td></td><td></td></tr>
<tr><td>组员</td><td colspan="5"><table><tr><td>姓名</td><td>学号</td><td>姓名</td><td>学号</td></tr><tr><td></td><td></td><td></td><td></td></tr><tr><td></td><td></td><td></td><td></td></tr><tr><td></td><td></td><td></td><td></td></tr><tr><td></td><td></td><td></td><td></td></tr><tr><td></td><td></td><td></td><td></td></tr><tr><td></td><td></td><td></td><td></td></tr><tr><td></td><td></td><td></td><td></td></tr></table></td></tr>
<tr><td>任务分工</td><td colspan="5"></td></tr>
</table>

七、任务安排

子任务 1：模板体系的选择依据。

____

____

____

子任务 2：简述大模板施工工艺特点。

____

____

____

子任务 3：简述大模板的优势。

____

____

____

八、工作方案

子任务 1：准备工具。

班级__________ 第__________组 学号：__________ 姓名：__________

表 8-4-2 实训工具表

序号	工具名称	数量	序号	工具名称	数量
1			5		
2			6		
3			7		
4			8		

子任务 2：编制一般的高层建筑模板工程施工方案。

九、工作实施

子任务 1：获取常见高层建筑的施工图。

子任务 2：获取高层建筑的施工组织方案。

子任务 3：收集高层建筑模板工程施工方案的资料。

班级__________ 第__________组 学号：__________ 姓名：__________

十、评价反馈

表 8-4-3 评分表

<table>
<tr><td>班级</td><td></td><td>组名</td><td></td><td>学号</td><td></td><td>姓名</td><td colspan="3"></td></tr>
<tr><td>评价指标</td><td colspan="5">评价内容</td><td>分值</td><td>自己评价</td><td>小组评价</td><td>教师评价</td></tr>
<tr><td>信息检索</td><td colspan="5">能有效利用网络、图书资源、工作手册查找有用的相关信息等；能用自己的语言有条理地去解释、表达所学知识；能将查到的信息有效地传递到工作中</td><td>10 分</td><td></td><td></td><td></td></tr>
<tr><td>感知工作</td><td colspan="5">熟悉工作岗位，认同工作价值；在工作中能获得满足感</td><td>10 分</td><td></td><td></td><td></td></tr>
<tr><td rowspan="2">参与态度</td><td colspan="5">积极主动参与工作，能吃苦耐劳，崇尚劳动光荣、技能宝贵；与教师、同学之间相互尊重、理解；与教师、同学之间能够保持多向、丰富、适宜的信息交流</td><td>10 分</td><td></td><td></td><td></td></tr>
<tr><td colspan="5">探究式学习、自主学习不流于形式，处理好合作学习和独立思考的关系，做到有效学习；能提出有意义的问题或能发表个人见解；能按要求正确操作；能够倾听别人意见、协作共享</td><td>10 分</td><td></td><td></td><td></td></tr>
<tr><td>学习方法</td><td colspan="5">学习方法得当，有工作计划；操作技能符合规范要求；能按要求正确操作；能获得进一步学习的能力</td><td>10 分</td><td></td><td></td><td></td></tr>
<tr><td>工作过程</td><td colspan="5">遵守管理规程，操作过程符合现场管理要求；平时上课的出勤情况和每天完成工种任务情况良好；善于多角度分析问题，能主动发现、提出有价值的问题</td><td>15 分</td><td></td><td></td><td></td></tr>
<tr><td>思维能力</td><td colspan="5">能发现问题、提出问题、分析问题、解决问题</td><td>10 分</td><td></td><td></td><td></td></tr>
<tr><td>自评反馈</td><td colspan="5">按时按质完成工作任务；较好地掌握了专业知识点；具有较强的信息分析能力和理解能力；具有较为全面、严谨的思维能力并能条理清晰地表达成文</td><td>25 分</td><td></td><td></td><td></td></tr>
<tr><td colspan="7">各方评价得分</td><td></td><td></td><td></td></tr>
<tr><td colspan="7">各方评价权重</td><td>20%</td><td>30%</td><td>50%</td></tr>
<tr><td colspan="7">总得分</td><td colspan="3"></td></tr>
<tr><td>有益的经验和做法</td><td colspan="9"></td></tr>
<tr><td>总结反馈建议</td><td colspan="9"></td></tr>
</table>

班级__________　　第__________组　　学号：__________　　姓名：__________

任务5　高层建筑混凝土工程

一、任务描述

通过高层建筑混凝土的学习，结合工程实际情况，完成大体积混凝土工程施工方案编制工作。

二、学习目标

1. 知识目标

1）掌握高层建筑大体积混凝土工程施工工艺流程。

2）掌握高层建筑大体积混凝土工程的施工要点。

2. 能力目标

1）能够根据工程实际情况，自学完成混凝土工程施工方案编制的专项方案。

2）能够根据施工方案，组织混凝土现场浇筑的工作能力。

三、任务分析

1. 重点

大体积混凝土的施工。

1）材料要求。

2）配合比设计。

3）施工准备工作。

4）施工方案的编制。

5）施工工艺。

2. 难点

混凝土浇筑过程。

四、主教材相关知识链接

1）大体积混凝土施工的特点。

2）大体积混凝土的施工。

五、职业素养养成

通过编制高层建筑大体积混凝土施工方案，培养学生的自学能力，锻炼学生的专业知识综合运用能力、理论联系实际能力。

班级__________ 第__________组 学号：__________ 姓名：__________

六、任务分组

表 8-5-1 学生任务分配表

<table>
<tr><td>班级</td><td></td><td>组号</td><td></td><td>指导教师</td><td></td></tr>
<tr><td>组长</td><td></td><td>学号</td><td></td><td></td><td></td></tr>
<tr><td>组员</td><td colspan="5">
<table>
<tr><td>姓名</td><td>学号</td><td>姓名</td><td>学号</td></tr>
<tr><td></td><td></td><td></td><td></td></tr>
<tr><td></td><td></td><td></td><td></td></tr>
<tr><td></td><td></td><td></td><td></td></tr>
<tr><td></td><td></td><td></td><td></td></tr>
<tr><td></td><td></td><td></td><td></td></tr>
<tr><td></td><td></td><td></td><td></td></tr>
<tr><td></td><td></td><td></td><td></td></tr>
</table>
</td></tr>
<tr><td>任务分工</td><td colspan="5"></td></tr>
</table>

七、任务安排

子任务 1：大体积混凝土施工的特点。

子任务 2：大体积混凝土施工方案编制的原则。

班级__________ 第__________组 学号：__________ 姓名：__________

八、工作方案

子任务1：准备工具。

表 8-5-2 实训工具表

序号	工具名称	数量	序号	工具名称	数量
1			5		
2			6		
3			7		
4			8		

子任务2：编制高层建筑大体积混凝土施工方案。

九、工作实施

子任务1：收集高层建筑大体积混凝土施工方案。

子任务2：大体积混凝土施工方案的主要内容。

子任务3：根据收集的方案简述大体积混凝土浇筑要点。

子任务4：根据收集的方案简述大体积混凝土施工的重难点。

班级__________　　第__________组　　学号：__________　　姓名：__________

十、评价反馈

表 8-5-3　评分表

班级		组名		学号		姓名		
评价指标	评价内容					分值	自己评价	小组评价	教师评价
信息检索	能有效利用网络、图书资源、工作手册查找有用的相关信息等；能用自己的语言有条理地去解释、表达所学知识；能将查到的信息有效地传递到工作中					10 分			
感知工作	熟悉工作岗位，认同工作价值；在工作中能获得满足感					10 分			
参与态度	积极主动参与工作，能吃苦耐劳，崇尚劳动光荣、技能宝贵；与教师、同学之间相互尊重、理解；与教师、同学之间能够保持多向、丰富、适宜的信息交流					10 分			
	探究式学习、自主学习不流于形式，处理好合作学习和独立思考的关系，做到有效学习；能提出有意义的问题或能发表个人见解；能按要求正确操作；能够倾听别人意见、协作共享					10 分			
学习方法	学习方法得当，有工作计划；操作技能符合规范要求；能按要求正确操作；能获得进一步学习的能力					10 分			
工作过程	遵守管理规程，操作过程符合现场管理要求；平时上课的出勤情况和每天完成工种任务情况良好；善于多角度分析问题，能主动发现、提出有价值的问题					15 分			
思维能力	能发现问题、提出问题、分析问题、解决问题					10 分			
自评反馈	按时按质完成工作任务；较好地掌握了专业知识点；具有较强的信息分析能力和理解能力；具有较为全面、严谨的思维能力并能条理清晰地表达成文					25 分			
各方评价得分									
各方评价权重							20%	30%	50%
总得分									
有益的经验和做法									
总结反馈建议									